黄河流域部分省区农业灌溉耗水试验研究

吕文星　刘东旭　阎永军　王志雄
白　娜　鲍宏喆　孙　娟　黄　静　著

黄河水利出版社
·郑州·

图书在版编目(CIP)数据

黄河流域部分省区农业灌溉耗水试验研究/吕文星等著. —郑州:黄河水利出版社,2022. 8

ISBN 978-7-5509-3298-2

Ⅰ. ①黄… Ⅱ. ①吕… Ⅲ. ①黄河流域-农业灌溉-灌溉试验-研究 Ⅳ. ①S274

中国版本图书馆 CIP 数据核字(2022)第 091087 号

组稿编辑:王志宽 电话:0371-66024331 E-mail:wangzhikuan83@126.com

出 版 社:黄河水利出版社 网址:www.yrcp.com

地址:河南省郑州市顺河路黄委会综合楼 14 层 邮政编码:450003

发行单位:黄河水利出版社

发行部电话:0371-66026940、66020550、66028024、66022620(传真)

E-mail:hhslcbs@126.com

承印单位:河南新华印刷集团有限公司

开本:787 mm×1 092 mm 1/16

印张:18

字数:416 千字

版次:2022 年 8 月第 1 版 印次:2022 年 8 月第 1 次印刷

定价:120.00 元

前 言

2011年中央一号文件指出,“水是生命之源、生产之要、生态之基”。同时指出,“水利是现代农业建设不可或缺的首要条件,是经济社会发展不可替代的基础支撑”。

随着流域社会、经济、生态环境需水量的增长,黄河流域水资源供需矛盾十分突出,已成为流域经济社会可持续发展的主要瓶颈。自20世纪90年代以来,黄河的来水量呈逐年减少的趋势,特别是进入90年代以来黄河来水量减少了10%左右,致使本已用水紧张的黄河流域下游出现连续断流,给下游地区造成了巨大的经济、社会、生态环境损失。

在我国用水结构中,农业用水一直占较大比重,用水量约占全国用水总量的63%,其中农田灌溉占90%以上。按现状用水量统计,全国中等干旱年缺水358亿 m^3,其中农业灌溉缺水300亿 m^3。农业干旱缺水和水资源短缺已成为我国农业持续发展的重要制约因素,而且加剧了生态环境的恶化。农业作为各行业中的耗水大户,如何提高用水效率、挖掘节水潜力、科学合理地确定农业灌溉耗水系数成为一个迫切需要解决的课题。

依托2014—2016年中央分成水资源费项目“黄河流域部分省区地表水耗水系数率定”(2014年选取青海省和陕西省、2015年选取甘肃省、2016年选取河南省),以及青海省水利厅水资源费项目“青海省农业灌区耗水系数监测试验研究”和甘肃省水利厅水资源费项目“甘肃省黄河流域典型综合耗水系数监测试验研究”,开展重点省区年度农业地表水耗水系数率定工作。本书是在对以上成果总结提炼的基础上形成的。

本书研究主要采用“引排差法”,研究内容包括:①分别在黄河流域范围内的青海省、甘肃省、陕西省和河南省选取典型灌区作为研究对象,调查分析灌区社会经济发展状况、灌区分布、作物种植结构、气候条件、水文地质等情况,收集整理近年农业取、用水情况、灌区农田水利设施建设、灌区水资源管理和主要农作物品种耗水规律研究成果等资料。②以“引排差法”为基础,采用外业调查、水文观测试验等方法,在不同类型农业灌区开展不同尺度上的灌溉供、用、耗、排水规律研究,并在典型灌区选择代表性地块开展土壤含水量和灌溉水下渗规律研究,并推算出灌区和典型地块耗水系数。③综合灌溉定额推广应用方法,利用本次典型试验的结果,进行科学分析,把典型灌区耗水系数或亩均地表水综合用水量进行一定的修正,按自流引水灌区、高抽引水灌区和小型高效节水灌区进行加权计算,最后推求各省黄河流域灌区地表耗水系数。④将本研究成果得到的各省灌区农业地表水耗水系数与黄河水资源公报中耗水系数进行对比分析。

本书主要由黄河水文水资源科学研究院吕文星和刘东旭,中国电建集团北京勘测设计研究院有限公司阎永军,黄河水利委员会临潼黄河职工疗养院王志雄,黄河水土保持天水治理监督局(天水水土保持科学试验站)白娜,以及黄河水利委员会黄河水利科学研究院鲍宏喆、孙娟和黄静共同撰写完成。

本书撰写人员及分工如下:前言由刘东旭撰写;第1章由吕文星撰写;第2章由阎永军、王志雄、白娜和鲍宏喆撰写;第3章由孙娟和黄静撰写;第4章由吕文星、阎永军、王志雄、白娜、鲍宏喆、孙娟和黄静撰写;第5章由刘东旭和鲍宏喆撰写;第6章由吕文星撰写;第7章由阎永军和王志雄撰写;第8章由黄静撰写。

全书共计41.6万字,其中吕文星撰写约6.9万字,刘东旭撰写约0.6万字,阎永军撰写约5.8万字,王志雄撰写约5.7万字,白娜撰写约5.7万字,鲍宏喆撰写约5.6万字,孙娟撰写约5.6万字,黄静撰写约5.7万字。

全书由吕文星、刘东旭统稿,张学成、周鸿文和李东校稿审核,唐洪波、王永峰、徐存东、赵清、王启优、任东、李忠亭、韩西宏、黄福贵、卞艳丽、王玉明、高亚军、蒋秀华、王国重、郭邵萌等参与了项目的研究工作,在此向参加研究的所有科研人员表示衷心的感谢。

项目在研究过程中得到了黄河水利委员会、青海省水利厅、甘肃省水利厅、陕西省水利厅、河南省水利厅、项目涉及的市(州)县(区)水行政主管部门和各灌区管理部门的大力支持和指导,在此一并表示感谢。

由于灌区耗水系数研究涉及多学科交叉融合,难度较大,编者水平有限,书中存在错误和不足之处,恳请读者批评指正。

作　者

2022年8月

目　录

1 绪 论

1.1 研究背景

水是人类赖以生存和发展的最基本要素,是人们生活和社会经济发展必不可少的重要资源。随着人口的剧增和经济的高速发展,社会各方面对水资源的需求迅速增长,水资源供需矛盾日益突出。我国水资源总量为 2.8 万亿 m^3,居世界第六位。虽然资源总量较大,但时空分布不均,水资源人均占有量为 1 700 m^3,不足世界平均水平的 1/4(吴爱民等,2016),水资源短缺严重。

我国是一个人口众多的农业大国,农业的持续发展对确保国家的粮食安全和社会经济的可持续发展具有十分重要的作用。灌溉农业是我国农业和农村经济发展的基础,大型灌区是我国粮食安全的重要保障。

在我国用水结构中,农业用水一直占较大比重,用水量约占全国用水总量的 63%,其中农田灌溉占 90%以上。按现状用水量统计,全国中等干旱年缺水 358 亿 m^3,其中农业灌溉缺水 300 亿 m^3。20 世纪 90 年代以来,我国农业年均受旱面积达 2 000 万 hm^2 以上,全国 660 多个城市中有一半以上发生过水危机,北方河流断流的问题日益突出,缺水已从北方蔓延到南方的许多地区。由于地表水资源不足导致地下水超采,全国区域性地下水降落漏斗面积已达 8.2 万 km^2。农业干旱缺水和水资源短缺已成为我国农业持续发展的重要制约因素,而且加剧了生态环境的恶化。

黄河是我国第二大河流,是西北和华北地区的重要水源。黄河流域及其下游引黄地区总土地面积约 85 万 km^2,占我国国土总面积的 9%。据统计,黄河流域灌溉农业较旱地农业一般增产 3~5 倍。在占全流域总耕地面积 45%左右的灌溉面积上,生产了占全流域总量 70%以上的粮食和大部分经济作物,引黄灌区已成为黄河流域及沿黄各省(区)乃至全国重要的粮棉生产基地,灌区的开发与建设极大地促进了流域经济社会的发展。

黄河流域和下游引黄灌区有效灌溉面积为 1.126 7 亿亩[1](不包括下游流域外引黄灌区范围内的纯井灌面积)。30 万亩以上的大型灌区有 70 处,有效灌溉面积 6 678 万亩,占总有效灌溉面积的 59.27%;1 万~30 万亩的中型灌区 670 处,有效灌溉面积 1 755 万亩,仅占总有效灌溉面积的 15.58%;1 万亩以下的小型灌区有效灌溉面积为 2 834 万亩,占总有效灌溉面积的 25.15%。

由于地形和水资源条件制约,引黄灌区主要分布在黄河干支流的川、台及平原地区,耕地灌溉率达 70%以上,山区和丘陵区灌区面积很少,耕地灌溉率仅占 12%左右。宁蒙

---

[1] 1 亩 = 1/15 hm^2,全书同。

平原、汾渭河盆地和黄河下游沿黄平原是黄河灌区的主要分布区，其灌溉面积约占全河总灌溉面积的70.6%，占农业引用水总量的90%以上，是黄河灌溉的主体。据统计，2019年黄河取用水量为441.62亿m^3，其中农业灌溉用水量304.06亿m^3，占总取水量的68.9%。由此可见，农业灌溉用水是黄河水资源的耗用大户。

受气候变化和人类活动的影响，20世纪90年代以后黄河的河川径流量明显减少，随着黄河流域及下游沿黄地区人口增长和经济社会的不断发展，黄河水资源供需矛盾日益突出。严峻的水资源供需矛盾，使水利部、流域管理机构、省(区)水行政主管部门、生产建设单位和社会公众日益关注用水分配方案的合理性及配水计划的制定与实施。作为向社会发布水资源情势以及水资源开发、利用、配置、节约和保护情况的水资源公报更成为各方关注的重点。农业作为各行业中的耗水大户，其用水效率如何、节水潜力大小、用耗水分析评价方法是否合理、耗水的概念和统计口径以及基础数据来源是否一致，都成为社会各界普遍关心的问题，因此科学合理地确定农业灌溉耗水系数成为一个迫切需要解决的课题。

由于黄河存在“八七分水方案”的缘故，与全国、各省(区、市)及其他流域机构相比，在水资源公报编制过程中，黄河水利委员会(简称黄委会)从流域水资源管理目标出发，采用“引、退(排，下同)水差”的方法计算地表水耗水量。即采用水量平衡的原理，统计引水量、引水利用后的退水量，它们之间的差值即耗水量，以此测算耗水系数。需要指出的是，退水量不仅包括通过明渠退入河道的水量，也包括通过地下含水层退入河道的水量。

黄委会的“地表水耗水量”是按河段统计的，不管用水属地；只要是从黄河干、支流引水，从哪个河段引水就计入哪个河段的引出水量，一个河段的引出水量在另一个河段退入河道，在退入河段则视为加入水量。而全国、各省(区、市)及其他流域机构，均是按照《水资源公报编制规程》(GB/T 23598—2009)的规定计算耗水量，其耗水量为在输水、用水过程中，通过蒸腾蒸发、土壤吸收、产品吸附、居民和牲畜饮用等多种途径消耗掉，而不能回归至地表水体和地下饱和含水层的水量，且仅计算用水(包括地表水与地下水)的混合耗水量。两者存在较大差异。近年，黄委会黄河水资源管理部门非常重视流域内省(区)与《黄河水资源公报》中地表水耗水系数的差异，支持开展相关试验研究，以探讨地表水耗水系数的相对“真值”。

《中共中央　国务院关于加快水利改革发展的决定》(中发〔2011〕1号)提出实行最严格的水资源管理制度，把严格水资源管理作为加快转变经济发展方式的战略举措，大力发展民生水利，努力走出一条中国特色的水利现代化道路。2012年《国务院关于实行最严格水资源管理制度的意见》(国发〔2012〕3号)要求加强水资源开发利用控制红线管理，严格实行用水总量控制；加强用水效率控制红线管理，全面推进节水型社会建设。2013年《国务院办公厅关于印发实行最严格水资源管理制度考核办法的通知》(国办发〔2013〕2号)，明确了实行最严格水资源管理制度的责任主体与考核对象，明确了各省(区)水资源管理控制目标，明确了考核内容、考核方式、考核程序、奖惩措施等，标志着我国最严格水资源管理责任与考核制度的正式确立。

1987年国务院批准了黄河可供水量分配方案,该方案成为黄河流域水资源管理的基础性文件;2010年国务院批复了《全国水资源综合规划》和《黄河流域水资源综合规划》,提出了近期2020年和远期2030年水平黄河流域水资源配置方案;2013年国务院以国函〔2013〕34号批复了《黄河流域综合规划(2012—2030年)》,明确提出了建立水资源合理配置与高效利用的目标,要求做好黄河水资源配置和优化调度。

《黄河水资源公报》自1998年编印以来,在黄河水资源管理中的作用越来越强,社会关注度也越来越高,其中黄河流域各省(区)年度取耗水量成果直接影响"三条红线"考核指标的确定。本书的研究依托2014—2016年中央分成水资源费项目"黄河流域部分省区地表水耗水系数率定"(2014年度选取青海省和陕西省、2015年度选取甘肃省、2016年度选取河南省),以及青海省水利厅水资源费项目"青海省农业灌区耗水系数监测试验研究"和甘肃省水利厅水资源费项目"甘肃省黄河流域典型综合耗水系数监测试验研究",开展重点省(区)年度农业地表水耗水系数率定工作。为厘清流域相关省(区)地表水取退水关系,准确确定相关省(区)地表水耗水量和耗水系数,协助开展相关省(区)年度水资源管理考核指标核算,配合开展"三条红线"考核工作,落实最严格水资源管理制度提供技术支撑。

1.2 国内外研究现状

1.2.1 国内研究成果概述

灌区耗水量的研究,由于研究对象和目的不同,目前国内不同学者在灌区耗水量研究中对灌区耗水量的概念界定差异较大。张永勤等(2001)在南京地区农业耗水量估算时,认为农业用水仅指农业生产用水,不包括农村生活及牲畜用水,故农业耗水量就是农田蒸散发量。王少丽等(2004)在用相关分析法进行河北雄县水量平衡分析计算时,将耕地、非耕地的腾发量,农村人畜用水量以及农村工副业用水量均纳入了灌区耗水量计算的范畴。肖素君等(2002)研究沿黄省(区)耗用黄河水量时,从河道耗水的角度提出了耗水量的概念,即从河道引出的水量与该水量回归原河道的水量之差,其定量表达式为灌区作物蒸腾蒸发量、地面水蒸发量、田间入渗量及渠系入渗量之和。秦大庸等(2003)在宁夏引黄灌区耗水量及水均衡模拟计算中,认为耗水量包括作物耗水量、潜水蒸发量和水面蒸发量。

目前,国内外多侧重于对灌区耗水量某单一组成部分研究,提出的计算方法和拟合的经验公式对本地区耗水量计算比较准确,但地域性比较强,适用的范围较小。同时灌区耗水量各组成因素是相互转化的,在研究灌区耗水量计算方法时应考虑各种水相互转化的影响。随着对灌区耗水量计算方法研究的深入,一种全面较准确定量计算灌区耗水量的方法将是研究的重点。

以上灌区耗水量的概念仅是从某种研究对象或某种研究目出发而提出的,对于多种水源联合利用,且用水对象呈多元化的灌区有一定的局限性。一是没有从灌区水循环的角度出发,同时考虑地表水与地下水的联合供水量,不利于灌区水资源利用效率的提高。二是对灌区耗水对象及耗水过程考虑不够全面,如仅考虑了农田灌溉耗水,而没有考虑灌区内其他工副业或生活耗水,或仅考虑了用水环节中的水量消耗,而忽视了输水环节中的水量消耗。

耗水系数是评价流域用水消耗程度的关键指标。以往研究中,在研究方法、尺度、对象和目的、水循环过程等方面各不相同,归纳起来主要有四种:一是从水资源总量角度定义消耗,表达与耗水相关的水量比例指标;二是从经济产出角度定义消耗,表达水分生产率指标(陈玉民 等,1987);三是从社会产出角度定义消耗,表达社会水循环中耗水效率的指标(朱永霞,2017);四是从水资源循环的流域属性,表达耗水效率的指标。

与水资源总量比例相关的指标主要有 Israelsen O W(1932)提出的"水分利用效率""有效效率"和"灌溉水利用系数",反映作物耗水量和灌溉引水量之比,各指标差异表现在灌溉引水量为田间净灌水量或渠道总引水量。表达水分生产率的指标主要有史俊通等(1995)提出的"耗水系数",反映单位经济产出所消耗的水量;其他指标还有"阶段耗水率""耗水模系数""耗水变率"和"耗水强度"等。从水资源循环的流域属性,表达社会水循环中耗水效率的指标主要有张学成等(2006)在《黄河流域水资源调查评价》中采用的"流域耗水率"、《黄河流域水资源综合规划(2010—2030)》中采用的"地表水消耗率",不同研究对耗水系数指标有不同的解释。

关于灌区耗水系数计算问题不同单位先后研究和提出了一些不同的计算方法(谢新民 等,2002),取得了一些重要研究成果,其中比较有代表性的研究方法包括:一是河段差法,也称为节点控制法,其基本依据为入境和出境水文测站实测资料,以及区间有汇入、调出水量等资料,根据水平衡原理来分析计算耗水量;其缺陷为当控制断面比较复杂时,测量误差不好控制,且没有考虑地表水与地下水之间的转换量,即使考虑,也无法测定。二是引退水法,对实测引排水量进行统计计算,计算出控制区域的引水量和排水量,二者之差即耗水量(李东 等,2020;李东 等,2021)。这种方法计算结果取决于引退水资料的精度,但由于各水文站的监测标准不一定统一,测验误差大,且还有其他一些人为因素,造成引水资料误差大。三是最大蒸发量法,这种方法也主要是针对灌溉耗水量的。最大蒸发量一般采用彭曼公式计算作物蒸腾蒸发量(植物株蒸腾量和棵间蒸发量的总和)再换算成灌区耗水量,其不足之处为利用点试验数据进行区域的大面积估算,计算误差比较大,且仅考虑和计算实际灌溉面积上的蒸发量,而没有考虑大型灌区其他面积上的蒸发情况。四是灌区水均衡原理(秦大庸 等,2003),主要是用来计算灌溉耗水量的,此方法的主要技术特点为:利用力学"隔离体"的概念,对于某一计算分区考虑所有来水量、耗水量、退水(排水)以及水的相互转化关系。其中,来水量包括各种引水量和降水量;耗水量包括作物耗水量、潜水蒸发量和水面蒸发量;排水量包括地表排水量、地下侧向排泄量;水量转化关系则考虑各种入渗、蒸发等。但该方法主要着眼于灌区内部水系统,仍没有与供水系统结合(岳卫峰 等,2004)。五是数值模拟方法,在分析水循环过程机制的基础上,利用数学方法和计算机技术建立模拟与预测水循环过程的数学模型，如模拟流域和区域水文循环过程的SWAT等分布式水文模型(刘昌明 等，2004；代俊峰 等，2009；张秋玲，2010)、模拟典型田块灌溉水循环机制的VSMB模型(王西平 等，1998；周鸿文 等，2015；吕文星 等，2017；吕文星 等，2018)、模拟耗水量的BP神经网络模型(周志轩 等，2011)、模拟水分渗漏的GIS技术(李晓鹏 等，2009)等。由于空间异质性，研究区空间网格划分对模拟结果有较大影响，如控制网格划分过粗导致模拟精度受限，划分过细则高精度模型构建中大量数据难以获得，不同尺度上模型耦合，以及在人类活动扰动强烈的情况下，对成熟模型进行大量改进或重新设计等问题。

1.2.2 国外研究成果概述

国内外有关耗水量的概念或定义，由于研究对象和目的的不同，其涵义也有所不同。在1900年以前还没有用耗水量一词来表示水的消耗量，国外有关耗水量的研究是从研究作物耗水量开始的。美国土木工程师学会灌溉分部灌溉定额委员会在1927年编制过一份生长季耗水量的出色总结(马文 E，1982)，后来就出版了Anongmous(1930)，该委员会将耗水量定义为作物所吸收和蒸腾掉的或直接用于构成植物组织的以及从作物生长地上蒸发掉的水量，以每年每英亩作物地的英尺数表示。

美国国家资源委员会Blaney等(1938)提出了耗水量(蒸发蒸腾量)的定义，即在任何特定时间内在给定面积上因植物生长而在蒸腾和构成植物组织上所用掉的水量，以及从邻近的土壤、雪或从拦截的降水量中蒸发掉的水量的总和除以该地块的面积。河谷平原耗水量指被作物和天然植被及其赖以生长的土地所吸收和蒸发掉的水量，以及从河谷平原内裸露的地面和水面上所蒸发掉的水量的总和。

耗水量的研究最初源于对区域耗水量的研究。对于区域耗水量的研究，目前国内外均有一定的研究成果。国外将区域耗水量分为有益耗水量和无益耗水量。有益耗水量指水分的消耗能产生一定效益，如农业用水的消耗能产生粮食，环境用水能改善生态环境等。无益耗水量指水分的消耗不能产生效益或产生负效益，如涝渍地上的水分蒸发，深层渗漏的水进入咸水含水层等。在国内将区域耗水量分为用水耗水量和非用水耗水量。用水耗水量是指毛用水量在输水、用水过程中，通过蒸发、土壤吸收、产品带走、居民和牲畜饮用等多种途径消耗掉而不能回归到地表水体或地下含水层的水量。非用水耗水量是指河道、湖泊、水库等地表水体的蒸发量(含水面蒸发与土壤浸润蒸发)和地下水的潜水蒸发量。

关于作物耗水量的计算方法很多(佟玲 等，2004)，概括起来分为直接计算法和间接计算法。直接计算法由于具有区域局限性而使其应用受到限制，间接计算法是通过参考作物需水量ET_0与作物系数K_c的乘积得到的(刘钰 等，1997)。国际上应用最广泛的关于ET_0的计算方法是由联合国粮食组织(FAO-56)推荐的Peman-Monteith方法，但这些方法对作物耗水量的研究以单点的和单一作物的计算模型较多。区域作物耗水(粟晓玲等，2004；康绍忠 等，1994；李金柱，2003；许迪 等，1997；邵爱军 等，1996)的空间分布受气候、地形、植被或土地利用、土壤水分状况等因素影响;20 世纪 60 年代后期遥感技术的应用为用能量平衡法计算区域作物耗水量提供了可能;20 世纪 80 年代以后,利用遥感作物冠层温度估算区域耗水量分布的研究变得十分活跃,并在一些发达国家得到了一定的应用。Hussein O 等(2001)和 Schmugge T 等(1998)利用遥感波谱数据研究了地表参数(表层温度、表面反射率、归一化植被指数 *NDVI*)的空间变化对区域蒸发的影响。Tim R 等(1999)研究用阻力能量平衡模型和 AVHRR 遥感数据获得气温、相对湿度、太阳辐射和风速,进一步估算 *NDVI*,并分析了这些参数对潜在腾发量与实际腾发量的影响。

在水文学方面,近年较多地应用区域水文模型估算区域作物耗水总量,如 Pater D 等(2001)采用一个农业水文模型估算了实际耗水量。

1.3 研究目的和意义

1.3.1 研究目的

本研究旨在研究黄河流域农业灌溉耗水量及耗水系数在灌区的区域特征,揭示黄河流域灌区流域耗水机制与水量平衡关系,探究农业灌溉水资源节水机制,为区域农业灌溉耗水研究提供理论方法。通过在青海省、甘肃省、陕西省、河南省等重点省(区)选择典型灌区,采用"引排差法"开展农业灌溉耗水量及耗水系数研究,深入剖析灌区耗水机制和水平衡关系,认识灌区耗水量的变化过程及机制,掌握农业灌溉耗水系数现状,以期为提高各方水资源公报编制水平及其公信力、准确性和权威性提供科学依据,为制定水利发展规划和战略,挖掘农业节水潜力、提高用水效率、建立初始水权制度、优化配置水资源、加强水资源管理,进而促进区域社会经济发展提供理论支撑,同时为全国其他灌区的农业灌溉耗水研究提供参考。

1.3.2 研究意义

2011 年中央一号文件指出,"水是生命之源、生产之要、生态之基"。同时指出,"水利是现代农业建设不可或缺的首要条件,是经济社会发展不可替代的基础支撑"。国务院批准的黄河可供水量"八七"分配方案和《黄河水资源公报》从流域角度出发,采用"引排差法"计算各省(区)及流域地表水耗水量。

本研究通过整合 2014 年、2015 年、2016 年中央分成水资源费项目"黄河流域部分省区地表水耗水系数率定",先后选取青海省、甘肃省、陕西省和河南省具有代表性的典型灌区,进行耗水系数研究,分析其影响因素,拟定流域耗水系数评价理论方法,确定不同尺度具有较强代表性的农业灌溉耗水系数分析评价方案,剖析耗水机制,提高黄河流域耗水量计算精度,提出科学合理的耗水指标,为灌区耗水系数测定提供技术支撑,揭示农业灌区水循环机制和演变规律,进而完善灌区取水、需水和配水计划,制定合理的灌溉制度,为黄河流域其他地区相关研究提供一定的借鉴,为进一步完善流域管理与行政区管理相结合的水资源管理体制提供技术支撑,对于提高节水效率、水资源的可持续利用、粮食安全和促进区域社会经济的可持续发展具有重要意义。

本研究是在借鉴其他研究的基础上进行的,有继承也有创新,对于今后《黄河水资源公报》编制、取水许可总量控制、相关省(区)年度水资源管理考核指标核算,以及黄河流域其他灌区或者其他流域的农田水资源的高效利用研究具有重要的参考价值。

1.4 研究内容

本研究针对甘肃省农业灌溉用水利用率低、水资源时空分布不均造成水资源浪费等一系列问题,紧扣农业灌溉耗水系数的区域特征,重点开展黄河流域重点省(区)典型灌区耗水系数研究,探究流域农业灌溉耗水系数的机制与水量平衡关系。具体的研究内容包括以下几个方面:

(1)分别在黄河流域范围内的青海省选取礼让渠灌区、大峡渠灌区、官亭泵站灌区、西河灌区、黄丰渠灌区、格尔木市农场灌区、香日德河谷灌区、德令哈灌区,在甘肃省选取洮河洮惠渠灌区、泾河南灌区和景电泵站灌区,在陕西省选取洛东灌区和东雷灌区,在河南省选取人民胜利渠、渠村灌区、南小堤灌区、彭楼灌区和大功灌区作为研究对象,调查分析灌区社会经济发展状况、灌区分布、作物种植结构、气候条件、水文地质等情况,收集整理近年农业取用水情况、灌区农田水利设施建设、灌区水资源管理和主要农作物品种耗水规律研究成果等资料。

(2)以"引排差法"为基础,采用外业调查、水文观测试验等方法,在不同类型农业灌区开展不同尺度上的灌溉供、用、耗、排水规律研究,并在典型灌区选择代表性地块开展土壤含水量和灌溉水下渗规律研究,并推算出灌区和典型地块耗水系数。

(3)综合灌溉定额推广应用方法,利用本次典型试验的结果,进行科学分析,把典型灌区耗水系数或亩均地表水综合用水量进行一定的修正,按自流引水灌区、高抽引水灌区和小型高效节水灌区进行加权计算,最后推求各省黄河流域灌区地表耗水系数。

(4)将本研究成果得到的各省灌区农业地表水耗水系数与《黄河水资源公报》中耗水系数进行对比分析。

1.5 技术路线

总结以往黄河流域灌区耗水系数相关研究成果,调查分析青海省、甘肃省、陕西省、河南省四省黄河流域灌区社会经济发展状况、灌区分布、作物种植结构、气候条件、水文地质等情况,收集整理近年农业取用水情况、灌区农田水利设施建设、灌区水资源管理和主要农作物品种耗水规律研究成果等资料。通过对自然地理、社会经济、用水管理等综合分析,选择典型灌区和典型地块,进行灌溉试验设计和观测设施布设,进而开展灌区引退水、灌溉水入渗等观测试验,在此基础上,采用"引排差法"分析农业灌溉耗水系数。

农业灌溉用水耗水系数研究技术路线见图1-1。

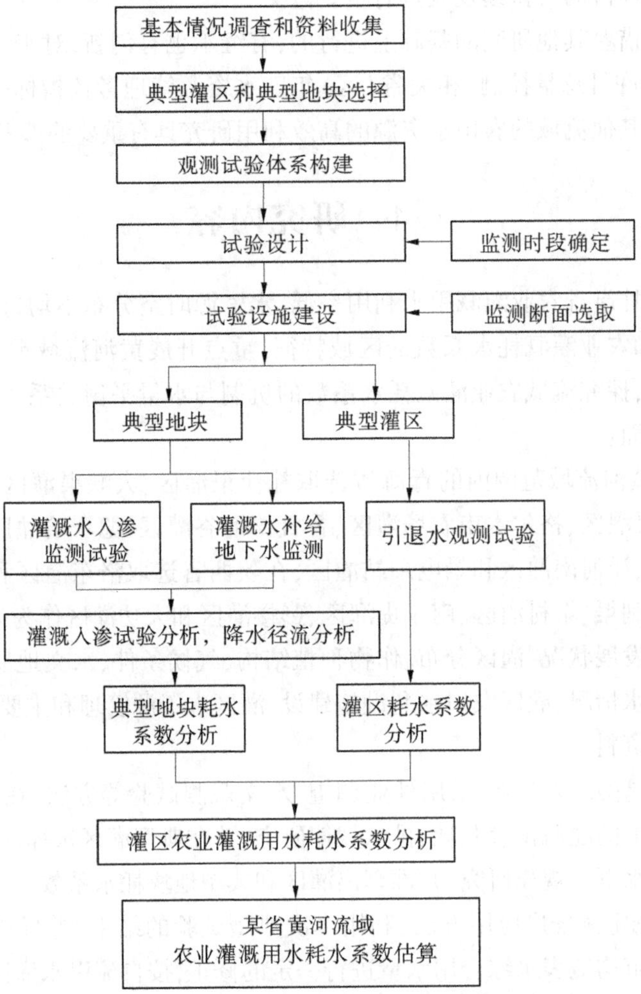

图1-1 农业灌溉用水耗水系数研究技术路线

2 研究区概况

2.1 黄河流域农业灌溉现状

黄河流域耕地资源丰富、土壤肥沃、光热资源充足,有利于小麦、玉米、棉花等多种粮油和经济作物生长。上游宁蒙平原、中游汾渭盆地及下游沿黄平原是我国粮食、棉花、油料的重要产区,在我国国民经济建设中具有十分重要的战略地位。黄河流域的气候条件与水资源状况决定了农业发展在很大程度上依赖于灌溉。中华人民共和国成立初期黄河流域灌溉面积仅有 80.0 万 hm^2,现状有效灌溉面积达到 570.4 万 hm^2,其中:设计规模 0.67 万 hm^2 以上的灌区有 87 处,有效灌溉面积 281.5 万 hm^2,占流域有效灌溉面积的 49.4%;设计规模 6.7 万 hm^2 以上的特大型灌区有 16 处,有效灌溉面积 187.2 万 hm^2,占流域有效灌溉面积的 32.8%。灌区主要分布在上游宁蒙平原、中游汾渭盆地和伊洛沁河平原、下游黄淮海平原地区,其余较为集中的地区还有青海湟水地区、甘肃中部沿黄高扬程提水地区。山区和丘陵地带灌区分布较少,灌溉率为 5%~15%。

黄河流域现状农田有效灌溉面积为 517.7 万 hm^2,农田实灌面积 438.1 万 hm^2,粮食总产 3 958 万 t,人均粮食产量 350 kg,农村人口人均农田有效灌溉面积 0.047 hm^2,均低于全国平均水平。现状林草灌溉面积 52.7 万 hm^2,其中灌溉林果地面积 37.0 万 hm^2、灌溉草场面积 15.7 万 hm^2,林草灌溉面积主要分布在兰州至河口镇河段、龙门至三门峡河段。黄河流域灌溉面积分布情况见表 2-1。

表 2-1 黄河流域现状灌溉面积统计

省(区)	流域内灌溉面积/万 hm^2							人均农田有效灌溉面积/(hm^2/人)
	农田有效灌溉面积				灌溉林果地	灌溉草场	合计	
	渠灌区	井灌区	井渠结合灌区	小计				
青海	18.0	0	0.2	18.2	1.1	1.5	20.8	0.040
四川	0.037			0.037		0.073	0.1	0.003
甘肃	43.8	4.9	2.2	50.9	2.5	1	54.4	0.027
宁夏	42.3	2.3	0	44.6	7.2	0.4	52.2	0.073
内蒙古	77.9	20.2	5.8	103.9	8.7	12.4	125.0	0.120
陕西	60.8	30.1	19.3	110.2	10.4	0.1	120.7	0.040
山西	14.2	22.0	45.9	82.1	1.7	0.2	84.0	0.040
河南	38.2	36.1	0	74.3	2.7	0	77.0	0.047
山东	10.7	20.2	2.6	33.5	2.7	0	36.2	0.040
黄河流域	305.9	135.8	76.0	517.7	37.0	15.7	570.4	0.047

黄河流域灌区现状平均灌溉水利用系数为0.49,其中:山西、陕西和山东三省的灌溉水利用系数为0.60左右,达到较高水平;宁夏灌溉水利用系数为0.40。大型灌区和自流灌区灌溉水利用系数较低,小型灌区和井灌区灌溉水利用系数较高。

黄河流域灌溉发展面临的主要问题:一是灌区老化失修、配套不完善。现有大中型灌区大多在20世纪50年代至70年代修建,普遍存在建设标准低、配套不全的现象。流域内667 hm^2以上灌区的有效灌溉面积仅相当于设计规模的74.6%。在长期运行中,建筑物老化损坏、干支渠漏水和坍塌问题严重,提水灌区的水泵、电机等机电设备中应淘汰的高耗能设备占12%左右。特别是遇到干旱年份,常因工程基础条件差而不能满足抗旱要求。二是水源不足,部分灌区难以发挥应有的作用。随着经济的快速发展,水资源供需矛盾加剧,灌溉用水日趋紧张。如汾渭盆地灌区水源不足,遇干旱年份,部分灌区灌水不足或得不到灌溉,致使农业生产受到影响。三是流域内山丘区耕地灌溉率低,农业生产条件较差。受地形复杂、投入不足等因素制约,流域内部分浅山丘陵区耕地资源相对丰富,农田水利设施薄弱,灌溉率低,农业综合生产能力低下,群众生产生活条件差,制约了当地群众脱贫致富和经济社会发展。

2.2 典型灌区选择

2.2.1 选择原则

(1)选择灌区相对集中且灌溉规模较大的灌区。

(2)选择地形地貌具有较强代表性且灌溉比例较高的灌区。

(3)选择灌区取水方式和灌溉方式占比高的灌区。

(4)选择种植结构和品种、耕作土壤具有区域代表性的灌区。

(5)选取试验条件比较成熟,灌溉渠道系统相对完善,用水计量基础条件较好、具备水量监测系统的灌区。

(6)选取距离水文测站较近、便于开展试验观测的灌区。

2.2.2 选择依据

2.2.2.1 青海省典型灌区选择

1.灌区集中度

青海省总灌溉面积389.1万亩,其中黄河流域总灌溉面积233.2万亩,占全省总灌溉面积的59.9%。湟水流域为全省农业灌溉最集中的区域,总耕地灌溉面积为122.6万亩,占湟水流域总灌溉面积的84.4%;黄河干流谷地总耕地灌溉面积为60.3万亩,占黄河干流谷地总灌溉面积的68.8%;柴达木盆地总耕地灌溉面积为47.2万亩,占柴达木盆地总灌溉面积的44.5%,见表2-2。

表 2-2 青海省农业灌区灌溉面积统计 单位:万亩

项目	总灌溉面积统计		节水灌溉面积统计	
	总灌溉面积	其中耕地面积	节水灌溉面积	其中耕地面积
青海省	389.1	273.6	11.9	6.6
青海省黄河流域	233.2	182.9	4.9	2.3
湟水流域	145.2	122.6	2.3	2.3
黄河干流谷地	87.7	60.3	2.6	0.0
柴达木盆地	106	47.2	5.6	3.9

2. 灌溉水源

从灌溉水源来看,在青海省黄河流域总灌溉面积中,水库、塘坝、河湖引水闸、河湖泵站、机电井、井渠结合灌溉及其他引水灌溉的面积分别为 45.0 万亩、4.4 万亩、150.7 万亩、23.6 万亩、5.2 万亩、1.7 万亩、2.6 万亩,分别占总灌溉面积的 19.3%、1.9%、64.6%、10.2%、2.2%、0.7%、1.1%。

在湟水流域总灌溉面积中,水库、塘坝、河湖引水闸、河湖泵站、机电井、井渠结合灌溉及其他引水灌溉的面积分别为 31.7 万亩、1.1 万亩、103.3 万亩、4.5 万亩、3.0 万亩、1.5 万亩、0.1 万亩,分别占总灌溉面积的 21.8%、0.8%、71.1%、3.1%、2.1%、1.0%、0.1%。

在黄河干流谷地总灌溉面积中,水库、塘坝、河湖引水闸、河湖泵站、机电井、井渠结合灌溉及其他引水灌溉的面积分别为 13.3 万亩、3.3 万亩、47.3 万亩、19.0 万亩、2.1 万亩、0.2 万亩、2.5 万亩,分别占总灌溉面积的 15.2%、3.8%、53.9%、21.7%、2.4%、0.2%、2.8%。

在柴达木盆地总灌溉面积中,由水库、塘坝、河湖引水闸、河湖泵站、机电井、井渠结合灌溉及其他引水灌溉的面积分别为 28.9 万亩、0.1 万亩、61.8 万亩、0.7 万亩、7.4 万亩、6.4 万亩、0.7 万亩,分别占总灌溉面积的 27.2%、0.1%、58.3%、0.7%、7.0%、6.0%、0.7%。

表 2-3 为青海省黄河流域不同水源灌溉面积情况。根据灌溉水源和取水方式分析,典型灌区应选择占比较高的河湖引水闸自流灌溉灌区和黄河干流提水灌区。

3. 灌溉方式

在青海省黄河流域灌溉面积中,97.8%的灌溉面积采用重力灌水法,根据不同作物耕作灌溉需要,分别以畦灌、沟灌和漫灌等地面灌溉方式。采用渗灌、滴灌和喷灌等高效节水灌溉面积仅 4.9 万亩,占总灌溉面积的 2.1%。湟水流域 98.4%的灌溉面积为地面灌溉,高效节水灌溉面积占总面积的 1.6%;黄河干流谷地 97.0%的灌溉面积为地面灌溉,高效节水灌溉面积占总面积的 3.0%;柴达木盆地 94.7%的灌溉面积为地面灌溉,高效节水灌溉面积占总面积的 5.3%。

根据灌溉方式分析,典型灌区和典型地块应选择占比高、耗水量大的以地面灌溉为主的灌区和地块。

4. 地形地貌

青海省东部地区地形地貌主要类型包括河谷冲积平原区、河漫滩区、浅山丘陵区和脑山丘陵区四种。农业灌区主要分布于河谷冲积平原区和浅山丘陵区,典型灌区应在上述两个区域选择。

表 2-3 青海省黄河流域、柴达木盆地不同水源灌溉面积统计

项目		青海省黄河流域		湟水流域		黄河干流谷地		柴达木盆地	
		灌溉面积/万亩	占比/%	灌溉面积/万亩	占比/%	灌溉面积/万亩	占比/%	灌溉面积/万亩	占比/%
总灌溉面积		223.2	100	145.2	100	87.7	100	106	100
水库		45.0	19.3	31.7	21.8	13.3	15.2	28.9	27.2
塘坝		4.4	1.9	1.1	0.8	3.3	3.8	0.1	0.1
河湖引水闸		150.7	64.6	103.3	71.1	47.3	53.9	61.8	58.3
河湖泵站	小计	23.6	10.2	4.5	3.1	19.0	21.7	0.7	0.7
	固定	23.5	10.1	4.4	3.1	19.0	21.7	0.7	0.7
	流动	0.1	0	0.1	0	0	0	0	0
机电井		5.2	2.2	3.0	2.1	2.1	2.4	7.4	7.0
井渠结合灌溉面积		1.7	0.7	1.5	1.0	0.2	0.2	6.4	6.0
其他		2.6	1.1	0.1	0.1	2.5	2.8	0.7	0.7

黄河谷地地形以川地和峡谷为主,为构造断陷谷地。地势北高东低,平均海拔为1 800 m,地貌类型主要为侵蚀性构造高山、堆积侵蚀中低山、堆积阶地、准平原、黄河现代河床。农业灌区主要分布于峡谷河滩阶地,典型灌区应在上述区域选择。

柴达木盆地为我国四大盆地之一,是我国海拔最高的封闭型内陆盆地,是一个构造陷落盆地。地貌复杂多样,垂直分异明显。从盆地四周边缘到盆地中心依次为高山、戈壁、固定半固定沙丘和风蚀丘陵、细土平原带、沼泽、盐沼、湖泊等地貌类型。盆地南部为山前洪积平原,有一条东西漫长的戈壁带,其上有大面积沙丘分布。盆地西部风力强劲,形成以剥蚀作用占优势的丘陵区,“雅丹”地形分布很广。盆地中部和南部为湖积冲积平原,多盐湖和盐水沼泽。农业灌区主要分布于山前洪积平原和湖积冲积平原,典型灌区应在上述两个区域选择。

5. 土壤特性

由于母质、气候、地形等因素影响,湟水流域土壤分布有明显的垂直差异,主要有灰钙土、栗钙土、灌淤土、黑钙土、灰褐土、山地草甸土和高山草甸土等。耕作土壤以栗钙土、灰钙土、灌淤土等为主,成土母质有冲积物、洪积物和次生黄土等,土质松散,底部多为砂砾石层。

黄河干流谷地内有12个土类,26个亚类,19个土种。土壤有灰钙土、栗钙土、黑钙土、灰褐土、山地草甸土、高山草甸土,其中多以栗钙土为主,为青海省主要农业基地。低山地区多为红、灰栗钙土;高山地区多为草原土和草甸土;部分台地、坡地和河谷沟谷地,土壤质地多为砂质壤土;河滩地土层较薄,富含砂砾石,部分为撂荒地,土壤熟化程度较高,土壤养分含量普遍低下。

柴达木盆地主要土类为盐化荒漠土和石膏荒漠土。后者主要分布于盆地西部,草甸土、沼泽土一般均有盐渍化现象。土壤在垂直分布上表现为:东北部为祁连山最西段,其土壤垂直分布以哈拉湖为基带,哈拉湖北沿湖低地为沼泽土—高山荒漠草原土(海拔4 130~4 250 m)—高山草甸土(海拔4 250~4 500 m)—高山寒漠土(海拔>4 500 m);哈拉湖南向湖滨为高山荒漠草原土(海拔4 096~4 550 m);以德令哈的棕钙土(海拔2 900~3 600 m)的耕种土壤上线3 200 m为基带,往北至宗务隆山的土壤垂直分布为棕钙土—石灰性灰褐土(海拔3 700~4 050 m)—山地草原草甸土(海拔3 600~3 900 m)—高山草原土(海拔3 900~4 500 m)—高山寒漠土(海拔>4 500 m);柴达木盆地西部约在东经92°,从湖积平原盐壳和石膏盐盘灰棕漠土(海拔2 720~3 200 m)—粗骨土(海拔3 200~3 800 m)—高山漠土(海拔3 800~4 200 m)。

典型灌区典型地块应选择以主要耕作土类为主的区域。

6. 种植结构

在青海省黄河流域灌溉面积中,耕地182.9万亩,占总灌溉面积的78.4%;园林草地等灌溉面积50.3万亩,占总灌溉面积的21.6%;湟水流域耕地灌溉面积122.6万亩,占总灌溉面积的84.4%;黄河干流谷地耕地灌溉面积60.3万亩,占总灌溉面积的68.8%;柴达木盆地耕地灌溉面积47.2万亩,占总灌溉面积的44.5%。

根据农业结构灌溉面积分析,典型灌区应选择以耕地为主的灌区。

7. 农作物品种

根据青海省及湟水流域农作物播种面积统计分析，粮食作物占农作物种植面积的比例为57.6%，油料作物占农作物种植面积的比例为34.3%，两者合计占比高达91.9%。其中，西宁市小麦种植面积占粮食作物面积的比重最高，达48%，而油类作物种植面积中油菜种植面积高达99.8%。乐都区为区域蔬菜主要种植基地，蔬菜种植面积占农作物种植面积的比例高达25.0%，小麦和油菜占比仅为9.0%和13.2%。

黄河干流谷地粮食作物占农作物种植面积的比例为58.4%，经济作物占农作物种植面积的比例为30.7%（其中油料占农作物种植面积的比例为30.4%），蔬菜占农作物种植面积的比例为10.9%。

柴达木盆地种植业结构较为单一，20世纪50年代至80年代以粮食生产为主，粮食作物播种面积占农作物播种面积的80%以上，1995年以后逐步形成了“粮食-油料”二元种植结构。1998年农作物播种3.156万 hm^2，其中粮食作物种植面积为2.15万 hm^2，占68.1%；油料作物0.93万 hm^2，占29.5%；蔬菜及其他作物760 hm^2，占2.4%。粮食作物中以春小麦为主，年产量6 840万kg，占粮食总产量的75.65%，青稞、豌豆、蚕豆等年总产量2 000万kg，占粮食总产量的22.10%；油料年产量为1 460万kg；蔬菜年产量为2 110万kg。

青海省围绕提高农牧业综合生产能力和发展生态农牧业的目标，建设东部农业区麦类、豆类、油菜、马铃薯、果蔬产业带。按照农产品种植结构现状及规划分析，典型灌区农作物主要选择播种面积大的小麦、油菜和蔬菜品种。

8. 灌区规模

目前，青海省各类规模灌区共3 020处。根据水利普查资料分县统计，青海全省大于2 000亩的灌区有248个。青海省湟水流域大于2 000亩的灌区有89个，其中总灌溉面积超过2万亩的灌区有13个，总灌溉面积超过3万亩的灌区有4个。柴达木盆地大于2 000亩的灌区有45个，其中总灌溉面积超过2万亩的灌区有13个，总灌溉面积超过3万亩的灌区有11个。

根据灌区规模分析，选择中型灌区作为典型灌区。

青海省不同灌溉规模灌区统计见表2-4。

表2-4　青海省不同灌溉规模灌区统计

单位：个

区域	≥10万亩	≥5万亩	≥3万亩	≥2万亩	≥1万亩	≥0.2万亩
青海省	2	14	29	41	82	248
湟水流域	0	2	4	13	39	89
柴达木盆地	1	6	11	13	16	45

9. 灌区条件

典型灌区应选择灌溉渠道系统相对完善、灌溉取用水管理水平较高、用水计划编制和执行记录完整、前期灌排试验有工作基础、交通便利等条件的灌区。

10. 试验条件

应具备相关试验设施配套完整，观测试验技术人员水平较高、人员数量满足观测要求，交通安全等有保障，水行政主管部门和灌区主管单位支持等条件。

可以看出，以青海省黄河流域灌溉为研究对象进行耗水系数研究，从现场监测人员配备、工作经费、观测试验精度要求等各方面都较难以实现，况且大部分灌区在水文气象、地质地貌、灌溉方式和农业种植结构等方面较为相似。因此，以气候、土地利用、地学、地下水影响和灌溉方式等灌溉耗水影响因子来进行分类，选择典型灌区为代表，通过对典型灌区的研究来分析青海省黄河流域灌区耗水系数的方法是切实可行的。同时，在典型灌区选择典型地块重点研究农田灌溉排水和渗漏问题，在典型地块上对土体尺度灌溉下渗问题进行深入研究，对地块尺度试验成果进行验证，以提高研究的精度和合理性。

湟水流域、黄河干流谷地和柴达木盆地典型灌区基本情况分别见表 2-5~表 2-7。

表 2-5 湟水流域典型灌区基本情况

项目	礼让渠灌区	大峡渠灌区	官亭泵站灌区
地理位置	湟中县多巴镇	乐都县高店镇	黄河干流民和县段
主要土壤类型	轻中壤	轻中壤	轻中壤
地形地貌	河谷冲积平原	河谷冲积平原	浅山丘陵区
灌溉方式	渠灌	渠灌	提灌
灌溉水源	西川河、西纳川河	湟水	黄河水
设计灌溉面积/万亩	2.24	4.5	5.84
实际灌溉面积/万亩	1.7	4.0	5.16
干渠长度/km	25	57	12.9
年供水量/万 m^3	1 510	6 700	1 730
渠首设计流量/(m^3/s)	1.6	3.5(加大流量 3.9)	14
现引水流量/(m^3/s)	0.8	2.9	
渠系建筑物/座	156	298	
斗门/处	56	137	150
进、退水闸/处	9	17	0
渡槽/座	2	36	7
涵洞/座	2	17	3

表 2-6 黄河干流谷地典型灌区基本情况

项目	西河灌区	黄丰渠灌区
地理位置	贵德县河西镇	循化撒拉族自治县 街子镇和查汗都斯乡
主要土壤类型	中壤	砂壤土
地形地貌	构造断陷谷地	构造断陷谷地
灌溉方式	渠灌+提灌	渠灌+提灌

续表 2-6

项目	西河灌区	黄丰渠灌区
灌溉水源	西河水系、黄河干流	黄河干流
设计灌溉面积/万亩	3.70	2.96
实际灌溉面积/万亩	1.78	2.96
干渠长度/km	12.5	15.7
年供水量/万 m^3	—	1 198.01
渠首设计流量/(m^3/s)	2.5	10.0
渠系建筑物/座	498	39
过车桥梁/座		9
进、退水闸/处		2
排洪槽/座		1
渡槽/座		1
涵洞/座		1
电灌站/座	6	10
管理房/座	10	
跌水/座	105	
分水口/座	21	

表 2-7 柴达木盆地典型灌区基本情况

项目	格尔木市农场灌区	香日德河谷灌区	德令哈灌区
地理位置	格尔木市	都兰县香日德镇	德令哈市
主要土壤类型	壤土	中粉质壤土	砂壤土
地形地貌	构造陷落盆地	构造陷落盆地	构造陷落盆地
灌溉方式	渠灌	渠灌	渠灌
灌溉水源	格尔木河	香日德河	巴音河、黑石山水库
设计灌溉面积/万亩	4.14	4.00	13.64
实际灌溉面积/万亩	8.81	4.63	6.49
干渠长度/km	东干 39.0/西干 41.0/中干 7.36	7.69	33.1
年供水量/万 m^3	16 000	—	12 238
渠首设计流量/(m^3/s)	东干 5.6/西干 7.2/中干 4.0	6.0	12
渠系建筑物/座		659	
进、退水闸/处		1	
分水闸/座	西干 26	6	4

续表 2-7

项目	格尔木市农场灌区	香日德河谷灌区	德令哈灌区
渡槽/座	东干 2		9
涵洞/座	东干 4	2	
跌水/座	东干 41/西干 8	33	
节制闸/座	东干 11/西干 24		
排沙闸/座	东干 4/西干 2		
排洪桥/座	东干 2/西干 4		
公路桥/座	西干 4		
溢流坝/座	1		
引水口/座	1		
农桥/座	5	31	
闸门/座		7	

根据灌区选择原则进行综合分析，湟水流域选取的典型灌区研究对象为西宁市礼让渠灌区、乐都县大峡渠灌区和民和县官亭泵站灌区，这 3 个灌区灌溉面积总和占青海省黄河流域灌溉面积的 5.6%；黄河干流谷地选取的典型灌区研究对象为贵德县西河灌区、循化撒拉族自治县黄丰渠灌区，这两个灌区灌溉面积总和占青海省黄河流域灌溉面积的 2.5%；柴达木盆地选取的典型灌区研究对象为格尔木市农场灌区、香日德河谷灌区、德令哈灌区，这 3 个灌区灌溉面积总和占青海省柴达木盆地灌溉面积的 23.7%。8 个灌区灌溉面积总和占青海省黄河流域灌区总面积和柴达木盆地灌区总面积的 12.7%。

综上可以看出，典型灌区在灌溉规模、地形地貌、土壤、性质、灌溉水源、灌溉方式、主要作物品种等方面具有青海省黄河流域引黄灌区的典型特征，开展农业灌溉耗水系数研究具有较强的代表性和可行性。

2.2.2.2 甘肃省典型灌区选择

根据灌区选择原则，对甘肃省黄河流域典型灌区进行了现场查勘，收集分析了第一次全国水利普查成果、甘肃省及相关市（县、区）国民经济统计资料、农业综合区划、区域水文地质普查成果、土壤志等资料，从灌区集中度、灌区灌溉水源、农业结构、主要农作物品种、灌区规模、灌区条件和试验条件等方面进行了综合分析，选择确定了典型试验灌区。

（1）灌区集中度：甘肃省黄河流域总灌溉面积 555.3 万亩；其中泾河流域（崆峒区）总灌溉面积 13.7 万亩，分别占甘肃省黄河流域总灌溉面积和自流引水面积的 2.5%和 4.5%；洮河流域（临洮县）总灌溉面积 28.5 万亩，分别占甘肃省黄河流域总灌溉面积和自流引水面积的 5.1%和 9.4%；景电泵站灌区灌溉总面积为 100 万亩，分别占甘肃省黄河流域总灌溉面积和提水面积的 18.0%和 48.4%。根据上述统计分析，所选灌区相对集中。

（2）灌溉水源：从灌溉水源来看，在甘肃省黄河流域总灌溉面积中，提水和自流引水灌溉的面积分别为 206.61 万亩和 303.37 万亩,分别占甘肃省黄河流域总灌溉面积的 37.21%和 54.63%。根据灌溉水源和取水方式分析,典型灌区应选择占比较高的河湖引水闸自流灌溉灌区和提水灌区。

在洮河流域总灌溉面积中,由河湖引水闸、河湖泵站、机电井引水灌溉的面积分别为 26.5 万亩、1.6 万亩、0.43 万亩,分别占总灌溉面积的 93.0%、5.6%和 1.5%。

在泾河流域(崆峒区)总灌溉面积中,由水库、河湖引水闸引水灌溉的面积分别为 11.1 万亩和 2.59 万亩,分别占总灌溉面积的 81.0%和 18.9%。

(3)农业结构:在甘肃省黄河流域灌溉面积中,耕地 577.6 万亩,占总灌溉面积的 96.1%;园林草地等灌溉面积 56.1 万亩,占总灌溉面积的 10.1%。根据农业结构灌溉面积分析,典型灌区应选择以耕地为主的灌区。

(4)农作物品种:根据《2016 甘肃发展年鉴》,甘肃省黄河流域 2015 年农作物播种面积 4 417.71 万亩,占甘肃省总播种面积的 69.6%,其中粮食作物为 3 065.17 万亩,油料为 341.32 万亩,中药材为 537.25 万亩,果蔬为 302.53 万亩。从甘肃省黄河流域种植结构来看,其与全省类似,粮食作物种植面积最多,接近总面积的 70%,其次为中药材。根据种植结构分析,典型灌区应选择以粮食作物、经济作物为主的灌区。

(5)灌区规模:目前,甘肃省各类规模灌区共 423 处。根据水利普查资料分县统计,甘肃全省大于 2 000 亩的灌区有 419 个。甘肃省黄河流域大于 2 000 亩的灌区有 329 个,其中总灌溉面积超过 2 万亩的灌区有 42 个,超过 3 万亩的灌区有 31 个,超过 5 万亩的灌区有 19 个,超过 10 万亩的灌区有 7 个。甘肃省洮河流域(临洮县)大于 2 000 亩的灌区有 3 个,其中总灌溉面积超过 2 万亩的灌区有 1 个,总灌溉面积超过 3 万亩的灌区有 1 个,总灌溉面积超过 5 万亩的灌区有 1 个,总灌溉面积超过 10 万亩的灌区有 1 个。甘肃省泾河流域(崆峒区)大于 2 000 亩的灌区有 4 个,其中总灌溉面积超过 2 万亩的灌区有 1 个,总灌溉面积超过 3 万亩的灌区有 1 个,总灌溉面积超过 5 万亩的灌区有 1 个。根据灌区规模分析,选择中型灌区作为典型灌区。

(6)灌区条件:典型灌区应选择具备灌溉渠道系统相对完善、灌溉取用水管理水平较高、用水计划编制和执行记录完整、前期灌排试验和耗水试验有工作基础、交通便利等条件。

(7)试验条件:应具备相关试验设施配套完整,观测试验技术人员水平较高、人员数量满足观测要求,交通安全等有保障,水行政主管部门和灌区主管单位支持等条件。

由以上分析可以看出,以甘肃省黄河流域全部灌区为研究对象进行耗水系数研究,从现场监测人员配备、工作经费、观测试验精度要求等各方面都较难以实现,况且大部分灌区在水文气象、地质地貌、灌溉方式和农业种植结构等方面较为相似。因此,以气候、土地利用、地学、地下水影响和灌溉方式等灌溉耗水影响因子来进行分类,选择典型灌区为代表,通过对典型灌区的研究来分析甘肃省黄河流域灌区耗水系数的方法是切实可行的。同时,在典型灌区选择典型地块重点研究农田灌溉排水和渗漏问题,在典型地块上对土体尺度灌溉下渗问题进行深入研究,对地块尺度试验成果进行验证,以提高研究的精度和合理性。

根据灌区选择原则进行综合分析,甘肃省黄河流域选取的典型灌区研究对象为临洮县洮惠渠灌区、平凉市泾河南干渠灌区和景泰县景电泵站灌区，这3个灌区灌溉面积总和占甘肃省黄河流域灌溉面积的20.2%。

典型灌区在灌溉规模、地形地貌、土壤性质、灌溉水源、灌溉方式、主要作物品种等方面具有甘肃省黄河流域引黄灌区的典型特征，开展农业灌溉耗水系数研究具有较强的代表性和可行性。

2.2.2.3　陕西省典型灌区选择

通过对陕西省黄河流域主要灌区进行现场查勘，收集分析第一次全国水利普查成果、陕西省及相关市（县、区）国民经济统计资料、农业综合区划、区域水文地质普查成果、土壤志等资料，从灌区集中度、区域典型地形地貌、耕作区代表性土壤、灌区灌溉水源、主要灌溉方式、农业结构、主要农作物品种、灌区规模、灌区条件和试验条件等方面进行了综合分析，选择确定典型试验灌区。

陕西省黄河流域灌区主要集中在关中地区泾洛渭流域。渭河流域水利事业历史悠久，早在战国时期，就兴修了郑国渠引泾水灌溉农田。中华人民共和国成立前，已建成引泾、洛、渭、梅、黑、涝、沣、泔等灌溉工程，被称为"关中八惠"，初步形成200万亩的灌溉规模。中华人民共和国成立后，进行了大规模的水利建设，不仅改造扩建了原来的老灌区，而且兴建了巴家嘴、宝鸡峡、冯家山、石头河、交口抽渭、羊毛湾、石堡川、桃曲坡等大中型水利工程。流域内形成了以自流引水和井灌为主、地表水和地下水相结合的灌溉供水网络。农业节水方面取得一定成绩，现有节水灌溉面积346.5万亩。大型灌区有洛惠渠、泾惠渠、渭惠渠、宝鸡峡引渭灌区、冯家山水库灌区、交口抽渭灌区、东雷抽黄灌区等（见表2-8）。

以蓄水工程为主要水源的大型灌区有冯家山（1974年开始灌溉）和石头河、羊毛湾、桃曲坡、巴家嘴（1940年开始灌溉）；以无调节自流引水工程为主要水源的大型灌区有宝鸡峡（1973年开始灌溉）、泾惠渠（1932年开始灌溉）、洛惠渠（1950年开始灌溉）；以抽水为主要水源的大型灌区有交口抽渭（1963年开始灌溉）和东雷抽黄。

经过前期查勘并与陕西省相关部门和灌区管理局协商认为，泾惠渠灌区面积较大（约140万亩），不仅渠首有水电站，南干渠也有长期发电的水电站，电站退水和节制闸退水无法控制，灌区除北面塬上以外，四周为泾河、渭河、石川河包围干支渠，退水口门较多。由于发电且农灌与纯发电用水无法分清，属于"大引大排"，经初步估算耗水系数不超过0.7。洛惠渠灌区是民国时期"关中八惠"之一，是北洛河最大的灌区，也是我国高含沙灌区，中华人民共和国成立初期就提出"不分昼夜"连续灌溉，"先下而上，先左后右"的用水原则，早在1980年陕西省洛惠渠管理局就实施了《洛惠渠计划用水暂行规范》，不仅包含井渠双灌、高含沙情况下计划用水，还有水量配置等。分级管理局、站、斗，实行"流量包段，水量包干"，干、支渠闸口每2 h观测记载一次，斗口4 h观测一次。现在斗口是一家灌溉完，另一家轮灌，记录用水时间，一般采用巴歇尔量水堰进行水尺水位相对应的简表查算。灌区有12个管理站直接与斗口配水员进行水量交接，管理站之间水量由管理局配水站人员进行驻站监测，实现第三方监测。

表 2-8 大型灌区查勘基本情况

灌区	设计流量/(m^3/s)	有效灌溉面积/万亩	粮经比	复种指数	产量/(kg/亩)	年(均)取水/亿 m^3	农灌用水(斗口落实)/亿 m^3	发电及退水/亿 m^3
泾惠渠	46(加大 50)	131.9	7:3		850(粮)	27.6 (5.52)	12 (2.38)	15.6(发电) 3.18(冲沙)
洛惠渠		74.3 (47.8 实灌)	3:7			1.6	1.3(0.82)	0.3
东雷一黄	渠首 40 (加大 60) 输水渠道 120	83.7 (56.5 实灌) 102(设计)	3:7	1.35	580(粮) 200(棉)	1.4	0.67	0.15(发电) 0.38(冲沙)
东雷二黄	40	83.7 (56.5 实灌) 126.5(设计)		1.5~1.8	1 000(粮)	渠首 2.1(2009 年) 2.3(2010 年) 3.05(2011 年)	斗口 1.12(2010 年) 1.56(2011 年)	0.15(发电) 0.38(冲沙)

2.2.2.4 河南省典型灌区选择

黄河下游引黄供水始于 1952 年河南人民胜利渠大型引黄灌溉工程的兴建,到目前已有 70 年的历史。70 年来,黄河下游引黄灌溉供水走过了曲折的道路,经历了试办(1952—1957 年)、大办(1958—1961 年)、停灌(1962—1964 年)、复灌(1965—1969 年)和健康发展(1970 年至今)5 个发展时期。自 1989 年以来水量调度及调水调沙又是一个新的阶段,有待于进一步论证。

黄河下游引黄灌区是我国最大的连片自流灌区,中华人民共和国成立以来,黄河下游引黄灌溉事业得到了长足的发展,目前,黄河下游河南省共建成万亩以上引黄灌区 26 处。河南引黄灌区规划总土地面积 19 973 km^2,耕地面积 1 944 万亩。总设计灌溉面积 1 817 万亩,其中正常灌溉面积 1 063 万亩,补源灌溉面积 754 万亩。有效灌溉面积 635 万亩。河南黄河下游万亩以上引黄灌区基本情况见表 2-9,受益县基本情况见表 2-10。

表 2-9 河南黄河下游万亩以上引黄灌区基本情况

省份	岸别	不同规模灌区数量/个				土地面积/km^2	耕地面积/万亩	设计灌溉面积/万亩			有效灌溉面积
		特大型	大型	中型	合计			正常	补源	合计	
河南	左岸	0	7	11	18	10 886	1 062	553	441	994	387
	右岸	2	1	5	8	9 087	882	510	313	823	248
	合计	2	8	16	26	19 973	1 944	1 063	754	1 817	635

表 2-10 黄河下游引黄受益县基本情况

省份	岸别	受益区/个		土地面积/km^2	耕地面积/万亩
		市	县(区)		
河南	左岸	5	18	15 309	1 062
	右岸	3	15	15 116	882
	小计	8	33	30 425	1 944

黄河下游引黄灌区是我国重要的粮棉油生产基地,多年来在保证豫鲁两省粮棉油稳产高产方面发挥着重要作用。目前,引黄受益县作物总播种面积 10 213 万亩,复种指数 1.75。其中,粮食播种面积为 7 394 万亩,占 72.4%;棉花播种面积为 797 万亩,占 7.8%;油料播种面积为 694 万亩,占 6.8%;蔬菜播种面积为 1 011 万亩,占 9.9%;其他作物播种面积 317 万亩,占 3.1%。

2013 年黄河下游引黄渠首工程水价格调整,发改价格〔2013〕540 号规定:黄河下游引黄渠首工程供水价格类型分为农业用水价格和非农业用水价格。工程供非农业用水价格,自 2013 年 4 月 1 日起,4—6 月份调整为 0.14 元/m^3,其他月份调整为 0.12 元/m^3。供农业用水价格暂不作调整,仍维持 4—6 月份 0.012 元/m^3,其他月份 0.01 元/m^3。

黄河下游河南引黄灌区横跨黄河、淮河、海河三大流域,涉及河南省焦作、新乡、郑州、开封、商丘、濮阳、鹤壁、安阳等市。黄河下游河南省引黄受益范围见表 2-11,各流域灌区分区情况见表 2-12。

表 2-11 黄河下游引黄受益范围

省	地(市)	个数	受益县(区、市)
河南	郑州市	3	金水区、惠济区、中牟县
	开封市	6	郊区、杞县、通许县、尉氏县、开封县、兰考县
	商丘市	6	梁园区、睢阳区、虞城县、民权县、宁陵县、睢县
	焦作市	2	修武县、武陟县
	新乡市	8	牧野区、新乡县、获嘉县、卫辉市、原阳县、延津县、封丘县、长垣县
	濮阳市	6	濮阳市区、清丰县、南乐县、范县、台前县、濮阳县
	安阳市	1	滑县
	鹤壁市	1	浚县
	小计	33	

表 2-12　黄河下游引黄灌区分区基本情况

省	流域	分区名称	分区内主要市(县、区)	分区内主要引黄灌区
河南	海河	豫北区	武陟县、修武县、获嘉县、新乡市牧野区、新乡县、卫辉市，濮阳市区、清丰县、南乐县、浚县	白马泉、武加、人民胜利渠、濮清南补源区
	黄河	豫北区	原阳县、延津县、封丘县、长垣县，濮阳县、范县、台前县、滑县	韩董庄、祥符朱、堤南、大功、石头庄、辛庄、渠村、南小堤、王称固、彭楼、邢庙、于庄、孙口、王集、满庄
	淮河	豫中、豫东区	郑州市金水区、惠济区、中牟县，开封市郊区、开封县、尉氏县、通许县、杞县、兰考县，商丘市梁园区、睢阳区、民权县、濉县、宁陵县、虞城县	花园口、杨桥、三刘寨、赵口、黑岗口、柳园口、三义寨
	小计		33	26

根据典型灌区选择原则和河南省黄河流域大型灌区的实际情况，同时考虑与灌溉管理局的商议结果，以及外业实地查勘情况，选择人民胜利渠灌区、渠村灌区和南小堤灌区、彭楼灌区和大功灌区为典型灌区，以上均为自流引水灌区。

2.3　典型灌区概况

2.3.1　礼让渠灌区

2.3.1.1　灌区地理位置

礼让渠灌区位于湟水左岸，始建于 1948 年，1964 年更名为四清渠灌区，1982 年更名为礼让渠灌区。该工程西起湟中县多巴镇黑嘴村，东至城北区马坊办事处三其村，跨越城北区、湟中县两个行政区。礼让渠灌区以湟水和西纳川为灌溉水源。

2.3.1.2　灌区地形地貌

西宁市位于西宁盆地的腹部，地貌类型基本包括低中山丘陵区、河谷冲积平原区和河漫滩区 3 种。礼让渠灌区属湟水河谷冲积平原区，以壤土为主，下部为砂砾石层，土体较薄。地貌景观呈明显四级阶梯状。

2.3.1.3　灌区气象水文

礼让渠灌区区域属半干旱气候区，降水量小而集中，年降水量为 330~450 mm，44%的降水集中在 7—8 月，85%的降水集中在 5—9 月，作物生长期 3—10 月内缺水 20%~90%，对农业生产极为不利；蒸发量大，年平均气温 3~6 ℃，主要气象灾害有干旱、霜冻等，根据历史统计资料，春旱占干旱年份的 58%，年平均风速 1.6~1.9 m/s，川水地区在 11 月初上冻，解冻期一般 3 月下旬至 4 月上旬，冻土层深在 134 cm 以内。

云谷川、北川河、南川河和沙塘河4条支流在市内相继汇入湟水穿境而过,其中云谷川为穿过礼让渠灌区,并根据灌区来水情况及灌溉需要向干渠补退水,灌区部分农田退水退入云谷川。河流均属于大气降水补给型河流,地表水和地下水年际变化和年内变化与降水周期规律基本一致。受地质构造影响地下水埋藏深度不一,滩区地下水埋深一般为1.2~2.5 m,Ⅰ级阶地地下水埋深5~8 m,Ⅱ级阶地地下水埋深8~16 m,过境水量约18亿 m^3,其开发利用为农业发展提供了有利条件。

2.3.1.4 灌区土壤类型

区域土壤共有6个土类,13个亚类,主要地带性土壤类型有栗钙土、灌淤土和潮土,占总土地面积的97.1%。土壤成土母质系坡积、冲洪积黄土和第三纪红土,呈灰黄或淡黄色。从整体看,土壤质地均一、土性绵散,有明显的钙积层,耕作土以栗钙土和灌淤土为主,70.3%的耕作土分布在川水地区,土体薄,质地为轻壤土—中壤,土壤结构较好呈团粒状,耕性好。

2.3.1.5 灌区基本情况

礼让渠灌区干渠自西向东至城北区马坊办事处三其村,跨越城北区、湟中县两个行政区。灌区取水水源为湟水(称西川河)和西纳川,为有坝式引水。根据渠首来水和灌区需水情况,湟水支流云谷川择机向干渠补水或干渠向云谷川退水。干渠全长25 km,年均供水总量1 510万 m^3,渠道设计流量1.6 m^3/s,现引水流量0.8 m^3/s,该渠设计灌溉面积2.24万亩,实际灌溉面积1.7万亩。沿渠有各类渠系建筑物156座,其中斗门56处,进、退水闸9座,输水渡槽2座,车桥30座,跌水27座,沿渠巡渠养护点10个,电灌站6座,输水涵洞2.6 km(其中西钢1.6 km,转运站1 km),有渠道防护林1.6万株。干渠已全部采用水泥U形渠衬砌完成,斗农渠衬砌率达85%,其中50 cm宽U形槽衬砌35%,混凝土衬砌65%。经过多年运行,老化失修率约20%。灌溉斗门开闭由灌区管理人员控制。

经实地查勘,礼让渠灌区与其上游以西纳川作为水源的团结渠灌区有水量交换,团结渠灌区部分退水进入礼让渠干渠。礼让渠干渠有多处直排退水闸,部分退水重复利用,渠系复杂,田间引水无计量。

灌区管理机构为青海省西宁市礼让渠管理所,为财政全额拨款事业单位,现有管理人员30人,其中正式职工12人,聘用巡渠养护工18人,主要负责灌区供水、建筑物维护、监测、渠道运行及沿渠的绿化、垃圾外运、清淤等工作及管理。灌区管理所建立了一系列的工程管理、用水管理、组织管理和经营管理制度。管理人员分工明确,严格实施驻点实地管护和轮灌制度,随时观测渠道引水流量,进行合理配水,严把斗门关、退水关、杜绝浪费水的现象。

礼让渠灌区主要作物种类为小麦、油菜和蔬菜,由于农户承包,种植结构随市场需求而变化,主要作物种植结构为小麦、油料等大田作物和蔬菜各占50%。

根据《青海省用水定额》(青政办〔2009〕62号),在中水年,礼让渠灌区小麦灌溉定额为4 275 m^3/hm^2,灌水5次;油料作物灌溉定额为3 525 m^3/hm^2,灌水4次;蔬菜灌溉定额为7 500 m^3/hm^2,灌水10次。在干旱年,小麦灌溉定额为5 025 m^3/hm^2,灌水6次;油料作物灌溉定额为4 275 m^3/hm^2,灌水5次;蔬菜灌溉定额为7 500 m^3/hm^2,灌水11次。

2.3.2 大峡渠灌区

2.3.2.1 灌区地理位置

大峡渠灌区位于湟水左岸的高店镇河滩寨村，水源引自湟水，下游有引胜沟等湟水一级支流作为补充水源。灌区贯穿于湟水左岸的高店、雨润、共和、碾伯、高庙5个乡(镇)的43个行政村和单位，工程始建于1948年，灌区的大部分工程是20世纪50年代和70年代修建的。

2.3.2.2 灌区地形地貌

根据地形和海拔，该区域地貌类型包括河谷平原川水区、黄土浅山丘陵区和石质高山脑山区三种。大峡渠灌区位于河谷平原川水区，该区沿湟水干流及其一级支流呈带状分布，由河滩和Ⅰ~Ⅴ级阶地坡洪积扇组成，土体构型较好，质地松，是全县的主要产粮区。

2.3.2.3 灌区气象水文

区域地形复杂，海拔高差大，各地降水量不尽一致，山区一般大于川区，脑山大于浅山，川水地区年降水量为320~340 mm。蒸发量川区大于山区，川区年蒸发量达843 mm。降水年际变化大，季节性分布不均，年内3—5月农业春灌、苗灌时期降水量仅为全年的18%，汛期降水高度集中，多以高强度暴雨形式出现，不利于农业生产利用。最大冻土深度为86 cm。全县人均水资源仅为全省的11.7%，亩均水资源仅为全省的11.7%，较全国的低61.6%。引胜沟、岗子沟、下水磨沟和上水磨沟的水资源均有较大开发利用价值，其中引胜沟和下水磨沟是大峡渠灌区的补充水源。水资源时空分布和地域分布极不均匀，70%~90%分布在6—9月，且多为暴雨而形成的洪流，不利于开发利用；从地域上看，石山森林水源涵养区水源较充沛，在河谷上游修建一些水库等蓄水工程和输水工程，对发展工农业生产极为重要。

2.3.2.4 灌区土壤类型

该区土壤共有9个土类，22个亚类，由于母质、气候、地形等因素影响，各类土壤分布有明显的垂直差异，由低向高，依次为灰钙土、栗钙土、黑钙土、灰褐土、山地草甸土和高山草甸土。农业规划根据地貌类型和土壤类型将全县划分为5个分区，即湟水河谷灌淤型灰钙土区、沟岔河谷灌淤型栗钙土区、浅山丘陵沟壑灰钙土区栗钙土区、脑山暗栗钙土区、黑钙土区。大峡渠灌区主要包括前2个土区，成土母质有冲积物、洪积物和次生黄土等，土质松散，质地均一，可耕性好，结构呈团粒状或粒状。

2.3.2.5 灌区基本情况

大峡渠灌区大部分工程是20世纪50年代和70年代修建的，水源来自于湟水，下游有引胜沟等湟水一级支流作为补充水源。渠首设计流量3.5 m^3/s，加大流量3.9 m^3/s，年均引水量约7 700万m^3，设计灌溉面积4.5万亩，实际灌溉面积4.0万亩。灌渠始建于1948年，20世纪70年代扩建一次，扩建后的渠道全长57 km，灌区贯穿于湟水北岸的高店、雨润、共和、碾伯、高庙5个乡(镇)的43个行政村和单位。

渠首引水枢纽位于乐都县高店镇河滩寨村，干渠渠道全长57 km(于2005年立项维修27 km)。干渠有各类建筑物298座，其中渡槽36座，长1 950 m，隧洞50座，长19 200

m;倒虹吸 1 座,长 384 m;退水闸 17 座;涵洞 17 座。其他建筑物 168 座(完好 117 座),其中斗门 137 处。农渠退水口多达 198 处。由于水污染加重和径流量年内分配不均匀,每年 4—6 月供需矛盾极为突出,严重影响灌溉。

大峡渠灌区引水枢纽经过三四十年运行,渠道老化失修严重,险工段逐年增多。2011 年 12 月乐都市农业综合开发湟水左岸中型灌区节水改造配套项目全面完工,改造大峡渠 15.418 km,其中防渗明渠 2.938 km,维修渡槽 15 座,维修隧洞 23 座,新建渠系建筑物 50 座。该项目投入运行后,改善灌溉面积 2.8 万亩,恢复灌溉面积 0.5 万亩,取得了良好的经济效益和社会效益。目前,大峡渠灌区干渠尚有 3 km 未衬砌,衬砌部分 80%为现浇混凝土,20%为浆砌石;斗农渠衬砌率为 30%。

灌区管理机构为青海省乐都县大峡渠灌区管理局,隶属乐都县水利局,为财政全额拨款事业单位,现有管理人员 61 人,其中职工 16 人,合同制工人 7 人,聘用巡渠管理员 40 人。2008 年大峡渠灌区成立农民用水户协会,负责供水和收费、渠道管理维修养护和更新工作,实施“统一调配、分级管理、均衡受益”的水量调配原则。

大峡渠灌区种植结构复杂,以小麦、蔬菜和苗木为主,灌区已成为青海省主要蔬菜生产基地。小麦、大棚蔬菜、大蒜、土豆、苗木等种植面积占灌区总面积的比例分别为 31%、27%、18%、15%和 9%。

根据《青海省用水定额》(青政办〔2009〕62 号),在中水年,大峡渠灌区小麦灌溉定额为 4 275 m^3/hm^2,灌水 5 次;油料作物灌溉定额为 3 525 m^3/hm^2,灌水 4 次;大蒜灌溉定额为 6 750 m^3/hm^2,灌水 10 次;蔬菜灌溉定额为 7 500 m^3/hm^2,灌水 10 次;马铃薯灌溉定额为 2 400 m^3/hm^2,灌水 3 次。在干旱年,大峡渠灌区小麦灌溉定额为 5 025 m^3/hm^2,灌水 6 次;油料作物灌溉定额为 4 275 m^3/hm^2,灌水 5 次;大蒜灌溉定额为 7 500 m^3/hm^2,灌水 11 次;蔬菜灌溉定额为 7 500 m^3/hm^2,灌水 11 次;马铃薯灌溉定额为 3 000 m^3/hm^2,灌水 4 次。

2.3.3 官亭泵站灌区

2.3.3.1 灌区地理位置

官亭泵站灌区位于民和县城以南约 89 km 的黄河左岸,东临寺沟峡,西至积石峡,北依公伯山,南与甘肃省积石县隔河相望。灌区水利工程建成于 1969 年 10 月,由动力渠引水至水轮泵站,经水轮泵机组提水至支渠后灌溉农田。旧提灌站建于 1984 年,主要为三支渠提供灌溉。新提灌站于 2012 年建成,主要为一支渠和二支渠提供灌溉。

2.3.3.2 灌区地形地貌

区域地貌类型划分为黄河、湟水河谷平原区,浅山丘陵沟壑区,脑山高山区三种。官亭泵站灌区位于浅山丘陵沟壑区,该区介于川水与脑山之间,地形破碎,坡度较大,土壤瘠薄,土壤含水量低,水利是发展本区农业建设的关键。

2.3.3.3 灌区气象水文

民和县具有典型的大陆性气候特点,又具有显著和垂直性差异,农业区存在着川、浅、脑三种不同的气候区。境内降水差异大，浅山区年降水量为400~500 mm，年内分布不均匀，汛期降水占全年的60%，而且降水强度大，最大日降水量142 mm，形成冬春干旱、夏季洪涝的特点。最大冻土深度为108 cm。湟水从县北穿过，黄河从县南流过。水资源除有濒临灌区南部的黄河水可供取用外，还有较大沟道鲍家沟、吕家沟、岗沟、大马家沟等，虽属黄河一级支流，但都因集水面积不大，源短坡陡，径流很小，属季节性河流，灌溉期间，沟内干涸无水，加上上游节节拦截引用，下游可利用水量不大。另据调查，灌区内地下水源也不丰富，且埋藏较深，所以灌区利用地下水灌溉希望不大，黄河水是理想的灌溉水源，中华人民共和国成立以来兴修的东垣渠和官亭泵站水利工程，使湟河和黄河成为县农业灌溉的主要水源。

2.3.3.4 灌区土壤特征

该区地形较为复杂，海拔变化幅度大，土壤沿等高线呈带状分布，从河谷阶地、丘陵、中山到高山依次分布有灰钙土、栗钙土、黑钙土、山地草甸土、灰褐土和高山草甸土。灰钙土分布在黄河、湟水河谷及邻近的中低山地带，其中中川、官亭等分布较广，耕种灰钙土腐殖质不明显，缺少团粒结构，成土母质主要为黄土，质地为粉砂壤土，粉砂粒含量为40%~56%，孔隙度高达50%以上，土壤渗透性强，剖面发育微弱，钙积层出现部位高不明显，多为轻壤土至中壤土，土层厚10~20 m，下部为砂砾石层。

2.3.3.5 灌区基本情况

官亭泵站灌区水利工程建成于1969年10月，由动力渠引水至水轮泵站，经水轮泵机组提取黄河干水至支渠后灌溉农田。灌区供水工艺流程为：渠首控制闸—输水渠（长2.07 km，$Q=32\ m^3/s$）—进水、冲砂闸—动力渠（长10.79 km，$Q=16\ m^3/s$）—压力前池—水轮泵站—支渠—田间渠系—农田。现工程控制面积为5.84万亩，实际灌溉面积为5.16万亩，其中动力渠1.42万亩，峡口支渠0.37万亩，为自流灌溉；一支渠0.80万亩，二支渠1.69万亩，三支渠0.88万亩，为提水灌溉。

官亭泵站灌区一级泵站现有旧提灌站和新建提灌站共2处。旧提灌站建于1984年，主要为三支渠提供灌溉水量。旧提灌站机房内目前安装有5台机组（6.3 kV高压线路供电），其中3台可用，设计扬程150 m，设计流量为0.45 m^3/s，1号电机组提灌运行时工作电流在50~77 A变化，2号电机组提灌运行时工作电流在35~40 A变化，3号电机组提灌运行时工作电流在45~52 A变化。新提灌站于2012年建成，共有5台机组，主要为一支渠和二支渠提供灌溉水量。新提灌站内1号、2号机组（10 kV高压线路供电）扬程50 m，设计流量为0.33 m^3/s，电流均在13~16 A变化，提灌时一般只开启1台机组，另1台机组作为备用，提灌水量直接到一支渠，灌溉区域为中川乡灌区。新提灌站内3号、4号、5号机组（10 kV高压线路供电）扬程100 m，设计流量为0.79 m^3/s，电流均在35~40 A变化，提灌时一般只开启2台机组，另1台机组作为备用，2台机组的水量从二支渠出水口混合，流至渠道某段时水流分为两岔，一岔供应官亭镇灌区，另一岔进入中川乡灌区。

官亭泵站灌区基本情况见表2-13。

表 2-13 官亭泵站灌区基本情况

渠道名称	控制面积/万亩	实际面积/万亩	扬程/m	流量/(m^3/s)	渠长/km	衬砌长/km
动力渠	0.680	0.30		16	12.86	4.8
一支渠	0.583	0.44	50	0.33	9.86	6
二支渠	1.382	1.26	95	0.79	12.96	8.98
三支渠	0.629	0.44	141	0.45	9.2	8.7
峡口支渠	0.34	0.17		0.33	5	2
合计	3.614	2.61			49.88	30.48

官亭泵站灌区种植结构简单，春小麦、玉米和冬小麦等主要作物占种植总面积的比例分别为30%、60%和10%。

根据《青海省用水定额》(青政办〔2009〕62号)，在中水年，官亭泵站灌区小麦灌溉定额为3 000 m^3/hm^2，灌水4次。在干旱年，小麦灌溉定额为3 600 m^3/hm^2，灌水5次。

2.3.4 西河灌区

2.3.4.1 灌区地理位置

西河灌区位于青海省贵德县河西镇，河西镇地处贵德县西南部，东与河阴镇、河东乡、常牧镇相邻，南与新街回族乡接壤，西与贵南县过马营镇相连，北与拉西瓦镇、尕让乡交界，距县城2.5 km，距省会西宁113 km。

2.3.4.2 灌区地形地貌

灌区地貌类型以堆积阶地和中低山丘陵为主，河谷地带的地形比较平坦；从全镇区域看，地势南北高，由南北两侧山区向黄河河谷低落，海拔2 218~3 400 m，黄河谷地最低，西山最高。

2.3.4.3 灌区气象水文

河西镇属大陆性高原气候，春季干旱多风，秋季天高气爽，日照时间长，太阳辐射强，昼夜温差大，特别是黄河河谷地区气温高、干燥少雨；年平均气温7.2 ℃，年均降水量为240~370 mm，无霜期166 d。

河西镇境内主要河流有黄河，汇入黄河的支流南岸有西河、暖泉河，北岸有贺尔加河，其中西河平均流量为3.94 m^3/s，暖泉河平均流量为0.4 m^3/s，贺尔加河平均流量1.32 m^3/s。

2.3.4.4 灌区土壤特征

灌区土壤类型主要有栗钙土、灰钙土、灌淤土和潮土。栗钙土成土母质为黄土或坡积物；灰钙土土体深厚，质地均匀；灌淤土是人为泥沙含量较多的混水，经过不断的耕作培育形成的一种土壤；潮土分布在河流两岸的水漫滩，由于受地下水季节性侵蚀影响，土壤母质为洪积物或冲积沉淀物，土层较薄，多在1 m之内，地下水水位较高。

2.3.4.5 灌区基本情况

西河灌区工程始建于1971年，涉及河西镇下辖的18个行政村，约23 000人口，土地面积 80.0 km^2,有效灌溉面积 27 000 亩,实际灌溉面积 17 800 亩,是贵德县国营三大万亩灌区之一。灌区有干渠 1 条,渠道为 U 形衬砌渠和土渠结构,设计流量为 2.5 m^3/s,总长度为 12.5 km;有支渠 14 条,设计流量为 0.06~0.56 m^3/s,总长度为 54.8 km,共有各类水工建筑物 498 座,其中管理房 10 座、跌水 105 处、分水口 21 处,引水水源主要为西河水系;有电灌机房 6 座(扬程 39 m),电灌渠道 26.0 km,经过 9 个村,主要建筑物分水口共有 8 处,引水水源主要为黄河干流。

灌区内设有 2 处供水管道工程,分上、下 2 片,干管长度为 57.1 km,支管长度为 89.0 km,可为 14 426 人、7 744 头(只)牲畜供水。共有泵站 6 座,装机 18 台,总装机容量 1 330 kW;变压器 7 台,压力管总长 498 km。有效灌溉面积 5 800 亩,实际灌溉面积 4 200 亩。

灌区内农作物种植主要以小麦为主,其次为油菜、马铃薯和果园蔬菜等。其中,小麦种植面积为 27 173 亩,占灌区内耕地总面积的 78%;油菜、马铃薯种植面积为 3 484 亩,占灌区内耕地总面积的 10%;果园蔬菜种植面积为 2 090 亩,占灌区内耕地总面积的 6%;其余为林地等,占灌区内耕地总面积的 6%。

西河灌区管理所是西河灌区的主要管理部门,为贵德县水务局下属的自收自支事业单位,现有职工 9 名,其中助工 6 名、技术员 2 名、普工 1 名。贵德县西河灌区地理位置示意见图 2-1。

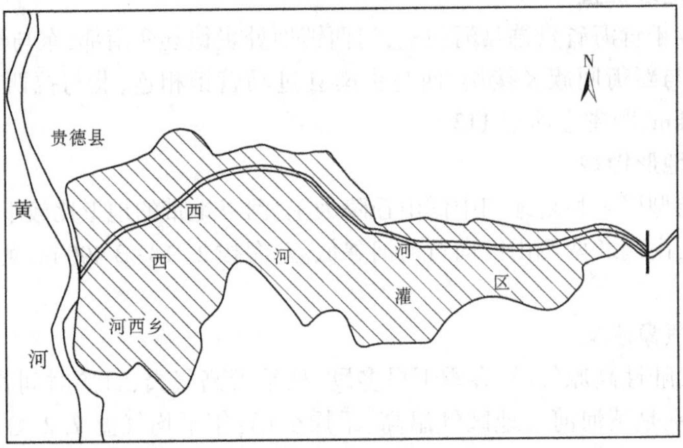

图 2-1 贵德县西河灌区地理位置示意

2.3.5 黄丰渠灌区

2.3.5.1 灌区地理位置

黄丰渠灌区地处循化撒拉族自治县西南部街子镇和查汗都斯乡,东邻积石镇丁江村,南连文都乡,北接积石镇。

2.3.5.2 灌区地形地貌

街子镇地势群山环抱,丘陵起伏。主要山脉有孟达山、吾土斯山,境内最高峰孟达山,海拔 4 636 m,最低处海拔 1 820 m。查汗都斯乡地势南高北低,南面为高山,中部为黄河谷地,北端为黄河,属河谷地貌。黄河谷地地势平坦,可利用土地面积广阔,土壤多系红黏土,土质较厚,碱性较大,平均海拔 1 892 m。

2.3.5.3 灌区气象水文

街子镇属大陆性高原气候,其基本特点是四季分明,春夏多雨,秋季易旱,光照充足,春夏雨热同步,秋冬光温互补,气候垂直变化明显,灾害性天气较多。年平均气温 16.8 ℃;1 月平均气温 4.5 ℃,极端最低气温-19.8 ℃(1961 年 1 月 17 日);7 月平均气温 28.8 ℃,极端最高气温 34.1 ℃(1988 年 6 月 28 日)。生长期年平均 210 d,无霜期年平均 220 d,最长达 281 d,最短为 223 d。年平均日照时数 2 683.3 h,年总辐射 532.1 $kcal/cm^2$。年平均降水量 264.4 mm,年平均降雨日数为 153.4 d,最多达 169 d,最少为 137 d(2003 年)。查汗都斯乡属大陆性高原气候,其基本特点是:高寒、干旱,日照时间长,太阳辐射强,昼夜温差大。年平均气温 6~9 ℃:1 月平均气温-6 ℃,7 月平均气温 24 ℃。年降水量 260 mm,无霜期 180~220 d,年平均日照 2 708~3 636 h,农作物生长期 196~250 d,由于黄河流贯全境,四周又多是大山,大西北干燥的季风相对不易侵入,黄河上游蒸发的水分增加了空气中的湿度,全年降水量大多集中在 7—9 月,形成春季干旱、秋季多雨的气候。

街子镇境内属黄河水系,流经境内的街子河穿过全镇 16 个村民委员会,境内河道长约 15 km。全镇境内的 16 个村民委员会都实现了自流灌溉。查汗都斯乡境内属黄河水系,黄河从古什群峡口入境,从阿河滩村出境,流经全乡 17 个村民委员会,境内河道长约 15 km。农田灌溉主要以 1964 年建成的查汗都斯水库引流灌溉。黄河从尖扎县黄河大桥处开始进入公伯峡峡谷,流经近 30 km 的高山峡道和 15 km 的河谷地段,为修建水利发电站创造了得天独厚的资源优势。查汗都斯乡全乡境内形成了约 3 万亩的水域,也为进一步发展水产养殖创造了条件。

2.3.5.4 灌区土壤

灌区位于川水地区,主要分布在黄河沿岸,地形平坦,土壤多系红黏土,适宜麦类作物和瓜果、蔬菜生长,一年可两熟。

2.3.5.5 灌区基本情况

黄丰渠灌区位于循化撒拉族自治县街子镇和查汗都斯乡,工程始建于 1957 年底,主要目的是进一步完善全县的灌溉体系和解决黄河南岸川水地区灌溉用水问题,一期工程于 1958 年 4 月竣工,二期扩建工程于 1967 年 3 月完成。黄丰渠灌区是青海省主要农业灌区之一,是循化县主要的粮食、水果、蔬菜生产基地,共涉及 21 个行政村,人口 21 062 人,牲畜 18 306 头(只)。灌区干渠渠道全长 15.7 km,渠道形状为梯形,从渠首向下游逐渐变窄变浅,顶宽在 8~18 m,底宽在 8~14 m,高 2~3 m。干渠进水口利用苏只电站专用管道直接从水库引水,设计引水流量为 10.0 m^3/s。

黄丰渠沿黄河Ⅰ级阶地绕行而下,至街子镇大别列村结束。沿线共有渠系建筑物 39 座,其中过车桥梁 9 座、渡槽 1 座、退水建筑物 2 座、排洪槽 1 座、穿河暗涵 1 座;有电灌站 10 座,用于从干渠中抽水。

灌区总面积为 26 600 亩(其中自流灌溉 19 900 亩、提灌 6 700 亩),其中小麦种植面积 21 300 亩,占种植总面积的 72%;油料种植面积 8 300 亩,占种植总面积的 28%;复种作物主要为蔬菜,种植面积为 10 600 亩。另外,20 世纪 90 年代耕地中曾栽有大量核桃树。

黄丰渠灌区管理所是黄丰渠灌区的主要管理部门,为循化县水务局下属的自收自支事业单位,现有职工 19 名。循化县黄丰渠灌区地理位置示意见图 2-2。

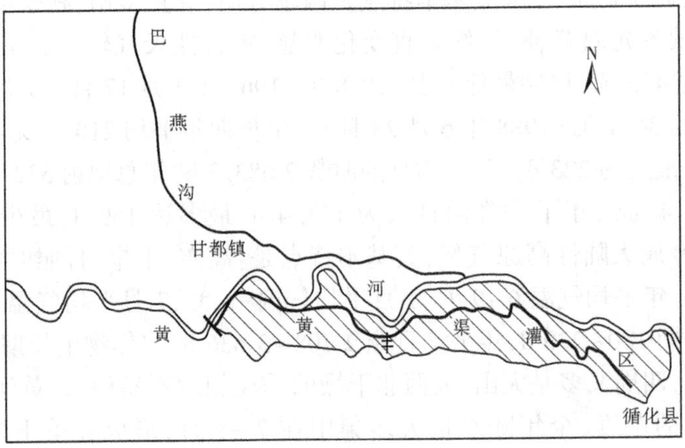

图 2-2 循化县黄丰渠灌区地理位置示意

2.3.6 格尔木市农场灌区

2.3.6.1 灌区地理位置

格尔木市农场灌区位于柴达木盆地中南边缘,南依可可西里自然保护区,东与都兰县接壤,北部是大柴旦和茫崖行政区,西和新疆维吾尔自治区巴音郭楞蒙古自治州的若羌县交接。唐古拉山区位于柴达木盆区之西南方向,南部、西南部与西藏自治区接壤,东部、北部和玉树藏族自治州相邻。

2.3.6.2 灌区地形地貌

格尔木市境内辖区地形复杂,大体可分为盆地高原和唐古拉山北麓两部分。盆地高原海拔 2 625~3 350 m,在地形结构和地貌特征上大体呈同心圆分布,自盆地南侧边缘到中心,依次为高山、戈壁、风蚀丘陵、平原、盐湖。按地貌类型可分为山地和平原。山地又可分为极高山、高山、中山山地。极高山分布于唐古拉山与祖尔肯乌拉山的主脊部位。海拔大于 5 800 m,相对高差 1 000~2 500 m,属大起伏极高山,其山峰高度一般均在 6 000 m 以上,最高山峰为各拉丹冬雪峰,海拔为 6 621 m。高山分布在格尔木市南部的东昆仑山东部布尔汗布达山及格尔木河以西沙松乌拉山和唐古拉地区的祖尔肯乌拉山。中山分布于布尔汗布达山脉北麓,海拔为 3 000~4 000 m,相对高差 200~1 000 m,属中海拔小起伏中山和中起伏中山,山体走向与高海拔高山相一致。

格尔木市境内平原又可分为高海拔平原、高海拔洪积平原、中海拔洪积平原、中海拔冲洪积平原、中海拔冲湖积平原、中海拔盐湖沉积平原和中海拔剥蚀平原。高海拔平原分布于唐古拉山及其西端的祖尔肯乌拉山山间盆地、谷地。高海拔洪积平原主要位于那棱格勒河与格尔木河河源宽谷地带,海拔 4 000 m 左右,由砾卵石组成。中海拔洪积平原分布在布尔汗布达山北侧山前地带,由格尔木河、大灶火河、乌图美仁河、那棱格勒河形成的洪积扇联结而成。中海拔冲洪积平原分布于大格勒—格尔木市—乌图美仁一线北部。中海拔冲湖积平原分布于洪积与盐湖沉积平原之间。中海拔盐湖沉积平原亦称盐类化学沉积平原,分布在东、西达布逊湖,东台吉乃尔湖,甘森湖的北部至格尔木市域边界。中海拔剥蚀平原分布于格尔木市域北部和西北部边界地带。

格尔木市境内盆区南缘从东到西为昆仑山脉,主要山峰有布喀达板峰、沙松乌拉山、马兰山、博卡雷克塔格山、唐格乌拉山;唐古拉山是与西藏的界山,主要山峰有乌兰乌拉山、祖尔肯乌拉山、各拉丹冬、小唐古拉山。

2.3.6.3 **灌区气象水文**

格尔木市的气候属典型的高原大陆性气候。冬季平均气温-6.5 ℃左右,夏季平均气温在17.5 ℃左右;唐古拉山地区冬季平均气温在-15 ℃左右,夏季平均气温在7 ℃左右。降水量少,雨热同季,降水量随空间的分布差异悬殊。唐古拉山地区年降水量约为柴达木盆地地区的10倍;盆区降水量总的分布趋势是由东向西逐渐递减。年日照时数盆区最多为3 265.6 h,最少为2 553.0 h;唐古拉山地区最多为3 211.9 h左右,最少为2 766.2 h。市区年平均风速为2.4 m/s,极大风速为24.7 m/s;沱沱河年平均风速为4.0 m/s,极大风速为32.4 m/s。盆区的无霜期相对于唐古拉山地区明显较长,为200 d左右;唐古拉山地区无霜期只有20 d左右。

格尔木市境内主要河流有格尔木河、那棱格勒河、沱沱河、尕尔曲河、当曲河。格尔木河发源于昆仑山脉阿克坦齐钦山,流经格尔木汇入达布逊湖,为内陆河,全长468 km(干流长352 km),流域面积18 648 km^2;那棱格勒河发源于昆仑山布喀达坂峰南坡(海拔5 598 m),拉克阿干(那棱格勒北支)汇口以上名洪水河,是青海省最大的内陆河,全长439.5 km(河源至公路),汇入台吉乃尔湖,流域面积21 898 km^2;沱沱河为长江源头区,河流从各拉丹冬到沱沱河水文站,长290 km,流域面积15 924 km^2;尕尔曲河(木鲁乌苏河)为通天河的上游,发源于唐古拉山的各拉丹冬,流域面积5 625 km^2;当曲河流域面积31 251 km^2。盆地区另有楚拉克阿拉干河、雪水河、昆仑河、东台吉乃尔河、托拉海河、小灶火河、大灶火河、五龙沟河、大格勒河、那棱灶火河等。

格尔木地区共有灌区38个,其中盆地区10个、唐古拉山区28个,总面积2 193 km^2。湖泊以咸水湖为多,也有少量的淡水湖。昆仑山以北盆地范围内,湖泊面积在100 km^2以上的咸水湖有南、北霍布逊潮,达布逊湖,东、西台吉乃尔湖。以达布逊湖为最大,面积342.8 km^2。淡水湖主要分布在唐古拉山地区的长江源头区,而且多是些无名湖。最大的淡水湖泊有多尔改措(叶鲁苏湖),位于楚玛尔河上游,面积151.3 km^2。还有库赛湖、可可西里湖、勒斜武旦湖、西金乌兰湖等,这些多为咸水湖,其形成原因系地处高原高山凹地,由雪山、冰川、暴雨积水而成。这些湖泊均系封闭式湖泊,其中以库赛湖为最大,面积达307.5 km^2。

2.3.6.4 **灌区土壤**

灌区以洪积(冲积)扇组成的倾斜平原及湖积平原为主体,还包括部分河流的开阔阶地、滩地。山前带洪积扇顶部组成物质粗大、松散,多为砾质戈壁。扇缘地带逐渐变细,形成细土带。细土带以下紧接湖积平原,从倾斜平原的顶部向盆地中心,依次分布着灰棕漠土、石膏灰棕漠土、石膏盐盘灰棕漠土、风沙土、草甸岩土、沼泽盐土等。其间分布着流动状态的风沙土。

2.3.6.5 灌区基本情况

格尔木市农场灌区始建于2008年12月，主要承担格尔木市河东农场、河西农场、园艺公司、郭勒木德镇的灌溉供水任务。灌区有效灌溉面积8.81万亩。其中耕地面积3.23万亩，枸杞2.31万亩，蔬菜0.36万亩，林地及城市园林灌溉面积2.90万亩。灌溉周期为220 d（3月25日至11月5日），年均取水量为1.6亿m^3。

格尔木市农场灌区东西干渠引水枢纽位于格尔木河干流上，距格尔木市约18.0 km，是以农业灌溉为主的中等水利枢纽工程。干渠由东干渠、西干渠、中干渠组成。东干渠全长39.0 km，设计流量5.6 m^3/s，有效灌溉面积4.12万亩，共有支渠19条、渡槽2座、跌水41座、节制闸11座、排沙闸4座、排洪桥2座、涵洞4座；西干渠全长41.0 km，设计流量7.2 m^3/s，有效灌溉面积4.68万亩，共有支渠26条、分水闸26座、节制闸24座、跌水8座、排沙闸2座、公路桥4座、排洪桥4座；中干渠全长7.36 km，设计流量4.0 m^3/s，有效灌溉面积2.8万亩，因工程质量、渗漏等问题，建成后一直没有运行。

灌区典型地块地理坐标为东经94°34′00″，北纬36°23′30″。西干渠引水断面为梯形，比降为0.001 7，糙率为0.022。

经实地查勘，格尔木市农场灌区支渠较多，干渠渠系复杂，引退水量没有计量，水费按亩收缴。

2.3.7 香日德河谷灌区

2.3.7.1 灌区地理位置

香日德河谷灌区位于香日德镇，地处都兰县中部，东南、东北与香加乡相连，西临巴隆乡，北部与宗加镇接壤。

2.3.7.2 灌区地形地貌

香日德镇南部为布尔汗布达山，东北部是荒漠地带，土地属冲积性斜坡平原，平均海拔2 950 m。

2.3.7.3 灌区气象水文

香日德镇境内气候寒冷干燥，属于典型的大陆性荒漠气候。无霜期127 d。年均气温3.7 ℃，1月平均气温-10.1 ℃，7月平均气温16 ℃。年均降水量166.8 mm。年均日照时数2 904 h，太阳年辐射量41.87 MJ/m^2，年蒸发量为2 285.44 mm。

香日德河横断镇区，将其分为河东、河西两部分，该河年均流量为12.5 m^3/s，水利资源十分丰富。

2.3.7.4 灌区土壤

香日德土壤主要以棕钙土、栗钙土和风沙土为主。

2.3.7.5 灌区基本情况

香日德河谷灌区始建于1956年2月26日，1972年正式投入使用，灌溉面积6.78万亩，主要种植作物有枸杞、马铃薯、小麦、油菜、青稞、豆类等，1979年灌区种植的春小麦创造了亩产1 013 kg的世界纪录。灌区在每年的3月25日左右开始放水，11月10日左右停水，5—8月灌区用水量较大，9—11月灌区用水量逐渐减小。

香日德河谷灌区引水枢纽位于都兰县香日德镇大桥下游河道左岸，距香日德镇大桥

0.48 km，修建于1972年9月，主要建筑物有进水闸（设3孔，每孔净宽3.0 m，净高1.2 m，进水闸地板比冲砂闸地板高1.0 m，闸室后设5.0 m的斜坡段，闸顶以上有启闭机工作室）、泄洪冲砂闸（设5孔，每孔净宽3.1 m）、溢流坝（长330 m，由主坝、消力池、浆砌石海漫等组成）。引水总干渠全长7.69 km，渠道断面为梯形，渠底宽2.0 m，渠口宽4.5 m，渠深1.1 m，浆砌石砌筑，主要建筑物有引水闸1座、分水闸6座、农桥5座，灌溉总面积4.87万亩，过闸设计流量6.00 m^3/s，最大流量9.00 m^3/s。

香日德河谷灌区全长60.8 km，共有支渠7条，支渠断面为梯形；共有斗渠52条，全长86.9 km；拥有各类建筑物659座，均为混凝土预制板梯形衬砌。

经实地查勘，香日德河谷灌区支渠较多，干渠渠系复杂，引退水量没有计量，水费按亩收缴。

2.3.8 德令哈灌区

2.3.8.1 灌区地理位置

灌区所在地德令哈市，位于柴达木盆地东北边缘，地理位置处于东经96°15′~98°15′、北纬36°55′~38°22′，平均海拔2 980 m。

2.3.8.2 灌区地形地貌

德令哈市位于青海省西北部，在地貌单元上分属祁连山地和柴达木盆地。柴达木盆地在大地构造上属秦岭昆仑祁连地槽褶皱系的一部分，为中新代凹陷盆地。盆地中心大致沿北纬37°20′（宗务隆山前地带）的纬向基底断裂控制了盆地新生构造运动的性质，该断裂线以北的盆地西部和盆地东北部，自第三纪以来，一直缓慢上升，形成主要有第三系和中下更新统砂岩组成的丘陵带。盆地南部剧烈下沉，是第四系的主要堆积场所，厚达1 200 m，形成由上更新统的近代洪积、冲积及湖积层组成的山前倾斜平原。

2.3.8.3 灌区气象水文

德令哈市属高原大陆性气候区，具有高寒缺氧、空气干燥、少雨多风、年内四季不分的特点。德令哈市地处青藏高原，日照充足，阳光充沛，日光辐射量为160~175 kcal/cm^2，全年日照为3 554 h。

德令哈市主要河流有巴音河、白水河、巴勒更河。德令哈市面积较大的湖泊有哈拉湖、柯鲁可湖、托素湖、尕海湖4个，面积分别为617 km^2、57.96 km^2、140 km^2、32.5 km^2。巴音河为内陆河，属克鲁克湖水系，总长全长326 km，流域面积7 462 km^2，上游有9条支流，年平均流量10.4 m^3/s；白水河全长15 km，比降1/25，集水面积54 km^2，年平均流量0.65 m^3/s，年径流量0.205亿m^3；巴勒更河全长66.5 km，比降1/66，集水面积882 km^2，年平均流量0.75 m^3/s，年径流量0.237亿m^3。

2.3.8.4 灌区土壤

土壤形成方式及熟化程度差别大。其中，蓄积地区土壤钙积化明显，剖面有钙菌丝及假结核状；尕海地区为山前平原，土壤普遍盐渍化；宗务隆戈壁他拉地区山前洪积扇宽大连片，土层厚，剖面简单，自然结构体不分明，质地轻，保墒性能差。

2.3.8.5 灌区基本情况

根据2012年灌区管理所统计，德令哈灌区实际灌溉面积6.49万亩，其中粮食作物

5.10 万亩，退耕还林 0.62 万亩，公益林带 0.77 万亩。2012 年全年灌溉总引水量为 12 238 万 m^3，亩均毛用水量为 1 880 m^3。

灌区干渠总长 33.1 km，其中土渠为 18.33 km，未衬砌渠段大部分已形成自然冲沟，渠系严重老化失修；分干渠总长 18.9 km，全部为衬砌渠道，经多年运行，现大部分渠段已老化失修；南干渠总长 6 km，经多年运行，渠道已老化失修；支渠共有 56 条，总长 213.22 km，多数为衬砌渠道。

2.3.9　洮惠渠灌区

2.3.9.1　自然地理概况

1. 地理位置

临洮县地处甘肃省中部洮河下游，位于东经 103°29′08″～104°19′34″，北纬 35°03′42″～35°56′46″。东邻定西市安定区，南连渭源县，西与临夏回族自治州的康乐、广河、东乡三县接壤，北接兰州市；辖区东西最大距离 78 km，南北最大距离 103 km，总面积 2 851 km^2，总耕地面积 108 万亩，其中水浇地 38 万亩。

临洮县所辖洮河灌区主要分布于临洮县境内洮河沿岸河谷及沿坪一带的狭长区域，用于全县 12 个乡镇 30.25 万多人的农田灌溉和沿途部分群众的人畜饮水。

洮惠渠灌区是临洮县洮河灌区最大的以自流为主的灌区，位于临洮县洮河东岸，地势南高北低、东高西低，平坦开阔，南北长 56 km，东西平均宽约 3 km，与洮河平行布置，海拔 1 863.8～1 907.2 m，控制面积 168 km^2。洮惠渠灌区是定西市最大的自流灌溉区，也是临洮县重要的商品粮、蔬菜、瓜果和花卉生产基地，提供了全县 8 个乡镇 65 村 12 万人的农田灌溉和沿途部分群众的人畜饮水，成为当地粮食安全、农民增收、农村经济社会发展和构建社会主义和谐社会的重要支撑。

2. 地形地貌

洮河灌区位于陇西黄土高原西缘的临夏—临洮盆地南端，属洮河下游的临洮谷地，洮河两岸山地为构造剥蚀中高山区，北有马啣山，南有南屏山石质山地，海拔 2 950～3 625 m，地势总体南高北低；河谷地区海拔 1 750～2 200 m，呈河谷阶状平原景观，河谷在区内宽 3～9 km，由河床、河漫滩和Ⅰ～Ⅴ级阶地构成，其中Ⅰ级阶地为堆积阶地，Ⅱ～Ⅴ级阶地均为基座阶地，洮河两岸Ⅰ、Ⅱ级阶地较发育，其阶面宽 1～3.5 km，平坦完整，是洮河流域重要自流灌区；Ⅲ、Ⅳ级基座阶地在左岸保留相对完整，在两岸以坪塬形式分布，是当地主要的电灌区；Ⅴ级阶地一般残缺不全，为风积黄土覆盖，后又被冲沟切割，呈丘陵地貌。

洮惠渠灌区位于Ⅱ～Ⅳ级阶地和Ⅴ级阶地前缘，阶面宽阔、平坦，适宜发展粮食、蔬菜、林果等农业经济。

3. 气象条件

临洮县属温带大陆性气候，洮河灌区地处温带半干旱区，县城南部多年平均气温 4.5 ℃，平均最高气温 14.3 ℃，平均最低气温 1.3 ℃，极端最高气温 36.1 ℃，极端最低气温 −29.6 ℃，多年平均降水量 519.2 mm；县城北部多年平均气温 7.0 ℃，多年平均降水量 360.5 mm。年蒸发量 1 259.3 mm，无霜期 80～190 d，年日照时数 2 437.9 h，平均相对湿度 67%，最大风速 12 m/s。

洮惠渠灌区降水量从上游到下游逐渐减少,降水量主要集中在6—9月,占全年的68.9%,特别是7—8月,降水量占到全年的42.4%,多以局部暴雨、冰雹、雷阵雨等形式出现,致使农作物经常遭受旱灾、雹灾和洪灾危害。

4. 水资源状况

黄河上游最大的一级支流洮河从海巅峡入境,于茅笼峡出境流入刘家峡水库,纵贯9个乡镇115 km,流域面积2 649 km^2。洮河多年平均天然径流量46.6亿m^3。

洮惠渠取水枢纽位于洮河姬家河大桥上游右岸,直接从洮河干流自流取水。取水枢纽上游150 m处李家村水文站监测断面多年平均流量127 m^3/s,多年平均径流量39.9亿m^3。来水量年内分布极不均匀,主要集中在7—10月,其来水量占全年的56.4%;12月至次年3月来水量仅占全年的13.2%。丰富的过境水资源,为当地发展农业灌溉提供了保障。

2.3.9.2 区域水文地质特征

1. 水文地质特征

洮河的河谷中分布的第四系潜水是该区域最主要的地下水类型,它与地表水有直接的水力联系,表现为山间盆地中地表水补给地下水,而流经峡谷时地下水补给河水,在一条河谷中地表水与地下水反复转化。河谷盆地的单井涌水量1 000~3 000 m^3/d,局部大于5 000 m^3/d,矿化度1~2 g/L。该区深层承压水的主要补给来源有河流、降水直接入渗补给,表层潜水向深部循环补给,但以河流和河谷洪水入渗补给为主。

洮河灌区地下水以冲积砂砾孔隙潜水、黄土层孔隙裂隙潜水和基岩裂隙潜水三类为主,主要分布并赋存于洮河河床、河漫滩及Ⅰ、Ⅱ级阶地的砂卵砾石层中。据钻孔抽水试验资料,砂卵砾石透水系数70~90 m/d,属强透水层;洮河河漫滩及Ⅰ级阶地水位埋深一般在1~7 m,含水层厚度在1~18 m;Ⅱ级阶地水位埋深一般在1~19 m,含水层厚度在5~32 m。地下水受大气降水、地表水、灌溉回归水、渠系渗水等的补给;地下水主要向洮河径流排泄。河床、漫滩地下水水质良好,水化学类型为HCO_3^--Ca^{2+}-Na^+型,矿化度0.33~0.35 g/L,为淡水;pH值8.24~8.30,呈弱碱性。

灌区中的高阶地地区也有少量孔隙潜水分布,主要受大气降水、灌溉回归水及基岩裂隙水的补给,排泄于低阶地或邻近的大型冲沟中,水量较小,水质较差。

2. 水文地质参数

水文地质参数的确定是本次试验研究田间灌溉的重要基础工作,地下退水为灌溉退水的一部分,对耗水系数有直接的影响。本次研究区域水文地质参数选择的主要依据是《甘肃省水资源调查评价》、《黄河流域平原区水文地质参数取值范围》、《洮河流域水资源调查评价》、《黄河流域水资源调查评价》(第二次)、《平凉市水资源调查评价》等成果,主要的水文地质参数值为灌溉入渗补给系数β。

灌溉入渗补给系数是指田间灌溉入渗补给地下水的量与进入田间的灌溉水量(斗渠口水量)的比值,它表征灌溉用水量对地下水的补给程度。在田间灌溉用水总量中,用来湿润作物根系活动层,供作物利用的水量只占一部分,其余水量都消耗于各种蒸发(水面蒸发和土壤蒸发)和下渗。对地下水的补给量,是入渗量的一部分。灌溉水对地下水的补给,主要是经过田间入渗和田间渠道入渗进行的。影响β值大小的因素主要是包气带岩性、地下水埋深、灌水定额及耕地的平整程度。根据以上研究成果，结合研究灌区实际情况，确定出各研究灌区β取值，取用β值时还参考各典型灌区灌水定额、灌溉轮次、灌溉定额、包气带岩性。北方平原区灌溉入渗补给系数(β)综合取值见表2-14。

表2-14　北方平原区灌溉入渗补给系数(β)综合取值

包气带岩性	灌水定额/(m^3/亩次)	年均浅层地下水埋深/m					
		1~2	2~3	3~4	4~5	5~6	>6
粉细砂	20~40	—	—	—	—	—	—
	40~60	0.13~0.22	0.09~0.20	0.09~0.18	0.08~0.15	0.08~0.12	0.04~0.10
	60~80	0.18~0.22	0.10~0.25	0.10~0.22	0.08~0.20	0.08~0.18	0.08~0.18
	>80	0.20~0.35	0.16~0.30	0.12~0.28	0.10~0.22	0.08~0.20	0.08~0.18
亚砂土	≤40	—	—	—	—	—	—
	40~60	0.10~0.25	0.08~0.20	0.06~0.17	0.04~0.15	0.02~0.14	0.02~0.14
	60~80	0.12~0.22	0.10~0.22	0.08~0.18	0.04~0.18	0.04~0.15	0.04~0.14
	>80	0.14~0.32	0.12~0.28	0.10~0.25	0.08~0.20	0.06~0.18	0.06~0.14
亚黏土	≤40	—	—	—	—	—	—
	40~60	0.10~0.18	0.06~0.16	0.03~0.14	0.03~0.12	0.02~0.12	0.01~0.10
	60~80	0.10~0.18	0.08~0.20	0.06~0.15	0.05~0.15	0.03~0.12	0.02~0.11
	>80	0.12~0.25	0.10~0.25	0.08~0.22	0.06~0.18	0.04~0.18	0.03~0.11
黏土	≤40	—	—	—	—	—	—
	40~60	0.06~0.22	0.05~0.20	0.05~0.18	0.02~0.15	0.02~0.15	0.01~0.13
	60~80	0.09~0.27	0.06~0.25	0.05~0.23	0.03~0.20	0.02~0.20	0.01~0.17
	>80	0.10~0.234	0.08~0.26	0.08~0.24	0.05~0.22	0.03~0.20	0.02~0.20

注:浅埋深(如:$z \leqslant 2$ m时)，当排水条件良好时，取较大值，否则取较小值。

灌溉水入渗补给系数值的变化情况如下：入渗水流经过砂质土壤时大于经过黏质土壤；土层的原始含水量高的大于原始含水量低的；灌溉定额大的大于灌溉定额小的。如灌溉入渗水量小于包气带土层的蓄水能力，则入渗的水全部蓄存在包气带，不能到达地下水面，灌溉水入渗补给系数等于零。在利用田面进行较长时间的人工引渗回灌，或使田面维持一定水层进行连续的冲洗漫灌时，灌溉水入渗补给系数接近1。在同一岩性土层和适量的灌水定额条件下，地下水水位较浅时，灌溉水入渗补给系数较大，随着地下水埋深的增加，入渗水量被包气带土层拦蓄的部分也相应增加，补给地下水的水量相应减少。

2.3.9.3　社会经济状况

洮河灌区总辖12个乡(镇)，2015年灌区总人口33.75万人，其中非农业人口4.82万人，农业人口28.93万人。

洮惠渠灌区总辖 8 个乡(镇),2015 年灌区总人口 11.58 万人,其中非农业人口 0.35 万人,农业人口 11.23 万人,人均年收入 5 200 元。

2.3.9.4　水资源利用状况

1.水资源利用

洮河灌区多年平均降水量在 360~519 mm,降水量年际变化大,年内高度集中,严重制约了降水的利用率,增加了其利用难度,大部分降水以暴雨形式出现,难以利用,农业生产用水只能以工程供水为主。

洮河灌区水资源利用现状全部为地表水,灌溉水源为黄河一级支流洮河和洮河一级支流三岔河。洮河多年平均径流量 46.6 亿 m^3,三岔河多年平均径流量 1.416 亿 m^3。2015 年灌区可供水量 2.175 亿 m^3。洮河灌区共划分为 9 片,分别是三甲片、临康片、溥济片、东干片、洮惠片、红星片、新民片、民主片和中铺片,除临康片从三岔河取水外,其余均从洮河取水。

洮惠渠灌区取水枢纽位于洮河姬家河大桥上游右岸,直接从洮河干流自流取水。2013—2016 年洮惠渠灌区取用水量情况见表 2-15。

表 2-15　2013—2016 年洮惠渠灌区取用水量情况

年份	引水时间	塔沟节制闸过水量/万 m^3	东峪沟渡槽过水量/万 m^3
2013	3 月 31 日至 5 月 2 日;5 月 16 日至 7 月 15 日;7 月 18 日至 7 月 21 日;7 月 28 日至 8 月 31 日;10 月 8 日至 12 月 3 日	11 110	9 980.83
2014	4 月 5 日至 8 月 23 日;10 月 7 日至 11 月 28 日	11 100	9 834.17
2015	4 月 4 日至 8 月 25 日;10 月 3 日至 11 月 30 日	11 990	10 444.21
2016	4 月 10 日至 8 月 25 日;10 月 8 日至 11 月 30 日	11 471	9 948.14

2.农田灌溉利用

洮河灌区土地肥沃,灌溉区内植被良好、地势平坦、耕地连片,具有发展农业的优越条件。洮河灌区总土地面积 64.13 万亩,其中总耕地面积 41.68 万亩;设计灌溉面积 31.245 万亩,耕地有效灌溉面积 26.615 万亩,其中自流灌溉面积 19.894 万亩;粮食作物灌溉面积 16.34 万亩,蔬菜灌溉面积 8.94 万亩,其他经济作物灌溉面积 4.45 万亩。2015 年实际灌溉面积 25.25 万亩,其中粮食作物灌溉面积 16.73 万亩,粮食总产量 3 416 t。

洮惠渠灌区设计灌溉面积 15.03 万亩,有效灌溉面积 12.20 万亩,保灌面积 9.99 万亩。2016 年实际灌溉面积 10 万亩,其中粮食作物灌溉面积 2.8 万亩,蔬菜灌溉面积 4.2 万亩,其他经济作物灌溉面积 3 万亩。

2.3.9.5　水利工程及运行管理状况

1.水利工程状况

洮惠渠灌区东汉时就开始灌溉,是甘肃水利事业开发较早的地区之一。1938 年建成洮惠渠,亦为甘肃新型渠道之首创,干渠全长28.3 km,设计流量2.5 m^3/s,灌溉面积2.2万亩。洮惠渠灌区经过1952年和1972年先后两次改(扩)建,将洮惠渠延至中铺。洮惠渠纵贯玉井、洮阳、龙门、八里铺、新添、辛店、太石、中铺等8个乡(镇),控制面积168 km^2。

洮惠渠灌区现有干渠1条,自玉井镇洮河右岸姬家河大桥以南取水。2008年洮惠渠农发项目实施后,从塔沟节制分水闸分水。干渠全长78.47 km,设计流量8.2 m^3/s,加大流量9 m^3/s,实际引水流量7 m^3/s,年灌溉引水量10 600万 m^3,干渠高标准衬砌长度32.36 km。支渠165条,长248.04 km,其中高标准衬砌支渠73条,长129.38 km。灌区渠系建筑物主要有:水闸22座,倒虹吸1座,遂洞23座,涵洞19座,农桥44座,泵站62座,基本形成较为完备的灌溉渠系网络。

2008年在水利部、国家农发办及各级部门的大力支持下,完成了临洮县农业综合开发洮惠渠灌区续建配套节水改造工程,经过节水工程改造,结合灌区种植结构的调整,干渠渠道水利用系数由原来的0.60提高到了0.75,渠系水利用系数由原来的0.408提高到了0.550,灌溉水利用系数由原来的0.38提高到了0.51,毛灌溉定额也有所减小,有限的水资源得到了高效合理利用,为农业发展提供了有力保障。

2.运行管理状况

洮惠渠灌区在洮河灌区管理局成立前,由洮惠渠管理处统一管理,下设3个电灌站和6个水管所。洮河灌区管理局成立后,统一由灌区管理局管理,洮惠渠灌区设有建宁、八里铺、新添、辛店、太石、中铺等6个水管所。

临洮洮河灌区多年来实行"专管与群管"相结合的管理模式,即支渠以上水利骨干工程实行由灌区"专管"机构管理,骨干工程维修由灌区投资材料,用水户投工投劳维修的管理模式;斗渠及斗渠以下的田间工程采取谁受益谁承担管护维修义务和水管站、段监督维修的"群管"模式进行管理。

2.3.9.6 灌溉制度及种植结构

1.灌溉制度

洮惠渠灌区节水改造工程实施后,按照灌区产业结构调整规划,全灌区以常规节水灌溉为主,同时示范推广节水灌溉方式。常规节水灌溉是将田间斗、农渠全部衬砌防渗,同时田间实行0.3亩以下的小畦灌;在经济作物区大力推广高效节水灌溉即滴灌,提供灌溉水利用系数。高效节水灌溉主要分布在土壤肥力好的经济作物区和交通条件便利、经济较发达的区域。

洮惠渠灌区涉及范围较大,上、中、下游局部小气候及降水量差异明显,现状灌溉制度及作物种植比例差异亦较大。根据灌区实际情况分为三个区域,第一区域渠首—大碧河段,灌溉面积3.5万亩;第二区域大碧河—改河段,灌溉面积2.5万亩;第三区域改河—中铺段,灌溉面积4.0万亩。

根据灌区近几年的灌溉定额和灌水次数以及作物种植比例确定现状灌溉制度。各区域现状灌溉制度见表2-16~表2-18。

表 2-16 洮惠渠灌区灌溉制度(渠首—大碧河段)

作物名称	灌水方式	种植面积/万亩	种植比例/%	灌水次数/次	灌水定额/（m^3/亩）	灌溉定额/（m^3/亩）	灌水时间 起	灌水时间 止	灌水天数/d
冬小麦	渠灌	0.4	15	1	90	255	10月25日	11月25日	42
				2	55		4月25日	5月10日	16
				3	55		5月25日	6月10日	17
				4	55		6月25日	7月10日	16
玉米	渠灌	1.3	37	1	100	295	10月15日	11月25日	42
				2	65		5月11日	5月24日	14
				3	65		6月20日	7月5日	16
				4	65		8月1日	8月15日	15
豆类	渠灌			1	90	220	10月15日	11月25日	42
				2	65		5月1日	5月20日	20
				3	65		6月25日	7月15日	21
马铃薯	渠灌	0.35	10	1	65	195	10月15日	11月25日	42
				2	65		4月10日	4月24日	15
				3	65		5月1日	5月20日	20
				4	90		5月31日	6月19日	20

续表 2-16

作物名称	灌水方式	种植面积/万亩	种植比例/%	灌水次数/次	灌水定额/（m^3/亩）	灌溉定额/（m^3/亩）	灌水时间		灌水天数/d
							起	止	
蔬菜	渠灌	0.60	17	1	90	340	10月15日	11月25日	42
				2	50		4月1日	4月24日	24
				3	50		5月1日	5月20日	20
				4	50		6月5日	6月24日	20
				5	50		7月11日	7月30日	20
				6	50		8月10日	8月25日	16
苗木	渠灌	0.85	24	1	80	330	10月15日	11月25日	42
				2	50		4月1日	4月24日	24
				3	50		5月1日	5月15日	15
				4	50		6月1日	6月30日	30
				5	50		7月1日	7月15日	15
				6	50		8月16日	8月30日	15
油料	渠灌			1	90	180	11月5日	11月25日	21
				2	90		5月1日	5月20日	20
药材	渠灌			1	90	180	11月5日	11月25日	21
				2	90		5月31日	6月19日	20
复种	渠灌	0.65	18	1	60	180	5月31日	6月19日	20
				2	60		7月16日	8月9日	25
				3	60		8月16日	9月9日	25

表 2-17 洮惠渠灌区灌溉制度(大碧河—改河段)

作物名称	灌水方式	种植面积/万亩	种植比例/%	灌水次数/次	灌水定额/(m^3/亩)	灌溉定额/(m^3/亩)	灌水时间 起	灌水时间 止	灌水天数/d
马铃薯	渠灌	1.0	40	1	90	245	10月15日	11月25日	42
				2	55		4月15日	5月5日	21
				3	50		5月25日	6月15日	22
				4	50		6月25日	7月15日	21
玉米	渠灌	0.6	24	1	100	300	10月15日	11月25日	42
				2	70		4月1日	4月25日	25
				3	65		5月16日	6月10日	26
				4	65		7月1日	7月25日	25
蔬菜	渠灌	1.1	44	1	80	330	10月15日	11月25日	42
				2	50		4月1日	4月25日	25
				3	50		5月1日	5月24日	24
				4	50		6月1日	6月24日	24
				5	50		7月1日	7月25日	25
				6	50		8月1日	8月25日	25
复种	渠灌	1	40	1	60	180	7月20日	7月31日	12
				2	60		8月5日	8月16日	12
				3	60		8月26日	9月15日	21

表 2-18　洮惠渠灌区灌溉制度（改河—中铺段）

作物名称	灌水方式	种植面积/万亩	种植比例/%	灌水次数/次	灌水定额/（m^3/亩）	灌溉定额/（m^3/亩）	灌水时间 起	灌水时间 止	灌水天数/d
冬小麦	渠灌			1	110	300	10月15日	11月25日	42
				2	70		4月5日	4月25日	21
				3	60		5月15日	6月5日	22
				4	60		6月25日	7月15日	21
马铃薯	渠灌	0.8	20	1	110	290	10月15日	11月26日	42
				2	70		4月10日	4月30日	21
				3	60		5月25日	6月15日	22
				4	50		7月1日	7月20日	20
玉米	渠灌	0.5	12.5	1	110	320	10月15日	11月25日	42
				2	70		5月6日	5月31日	26
				3	70		6月6日	6月30日	25
				4	70		8月1日	8月25日	25
葵花	渠灌	0.2	5	1	110	310	10月15日	11月25日	42
				2	50		4月1日	4月20日	20
				3	50		5月15日	6月3日	20
				4	50		6月20日	7月5日	16
				5	50		7月16日	7月31日	16

续表 2-18

作物名称	灌水方式	种植面积/万亩	种植比例/%	灌水次数/次	灌水定额/（m^3/亩）	灌溉定额/（m^3/亩）	灌水时间		灌水天数/d
							起	止	
蔬菜	渠灌	2.5	62.5	1	110	470	10月15日	11月25日	42
				2	60		3月10日	3月31日	22
				3	60		4月10日	4月30日	21
				4	60		5月6日	5月24日	19
				5	60		6月6日	6月24日	19
				6	60		7月1日	7月15日	15
				7	60		8月1日	8月25日	25
复种	渠灌	1.8	45	1	60	180	7月10日	7月31日	22
				2	60		8月5日	8月25日	21
				3	60		8月30日	9月20日	22

2. 种植结构

近年来，临洮县紧紧围绕农民增收这个中心，不断优化农业种植结构和产业布局积极引导农民发展无公害蔬菜种植，先后建成了洮阳南园 5 000 亩无公害马铃薯收后复种蔬菜示范点、辛店镇欧黄家 2 000 亩马铃薯套大蒜示范点等 20 多个县级农业综合示范点，形成了以洮阳镇为中心的 3 万亩花卉高新技术产业区、以新添镇为中心的 10 万亩无公害蔬菜产业区等 7 个规模大、效益好的产业基地，形成了水川区蔬菜、花卉，山坪区马铃薯，南部二阴地区中药材三大优势产业带，马铃薯、蔬菜及中药材等优势经济作物的种植面积占全县总耕地面积的 75%。

洮惠渠灌区以续建配套节水改造工程和调整农业种植结构为突破口，着力发展马铃薯、蔬菜、花卉等特色产业，提高复种指数，拓宽村民增收渠道，经济效益显著提升。近年来农经比保持在 3∶7左右，目前种植的粮食作物主要有小麦、玉米、马铃薯、大豆等；经济作物主要有蔬菜、瓜果、花卉、药材及树苗等。

2.3.9.7　存在的主要问题

根据调研和现场查勘，洮惠渠存在以下几方面的问题：

(1) 险工段仍不同程度地存在。经过近几年的续建配套与节水改造，灌区工程面貌虽得到一定程度的改善，但进度远远落后于规划目标，仍存在大量险工险段和卡脖子工程。部分深挖方地段，没有排水措施，遇暴雨或冻融变化，两岸坍塌，致使渠道淤积，清淤困难，部分高填方渠段，由于防渗措施不佳，渠道渗漏，造成边坡失稳和渠堤决口；剩余大部分为不规则断面土渠，且渠道纵坡起伏不定，淤积渗漏严重。

(2) 部分渠段和渠系建筑物带病运行。洮惠渠渠道及渠系建筑物破损现象比较普遍，渠系水利用系数较低，已衬砌的部分干渠段落冻胀破坏严重，老化失修，超期服役，带病运行，险工险段逐年增加，渠道不安全隐患逐年增多，部分渠道混凝土预制块、浆砌石衬砌因无防渗、排水措施，冻胀破坏严重。

(3) 斗渠以下的田间工程改造滞后。田间工程与骨干工程改造脱节，影响灌溉效益的最终发挥。洮惠渠灌区由于不少支、斗渠无控制水量的建筑物，无法实现计量管理，加上渠道防渗差，用水浪费十分严重，部分斗渠以下的农渠工程缺乏调控建筑物，渠渠相通，沟沟相连，跑水漏水现象明显，田间以上渠道输水损失严重。

(4) 信息化建设步伐缓慢。洮惠渠灌区信息采集、数据传输、安全监测、水量调配等基本还停留在手工处理阶段，仍以人工管理为主，造成田间工程管理和农田灌溉工作的被动，很大程度上制约着灌区效益的进一步发挥。

2.3.10　泾河南干渠灌区

2.3.10.1　自然地理概况

1. 地理位置

平凉市位于甘肃省东部，六盘山东麓，北靠庆阳市镇原县和宁夏回族自治区固原市彭阳县，西连宁夏回族自治区固原市原州区、泾源县，东邻泾川县，南接华亭县、崇信县，是古“丝绸之路”必经重镇，亦是陕甘宁三省(区)交通要塞和陇东传统商品集散地，素有陇东

"旱码头"之称。现为平凉市政治、经济、文化和交通中心,是一座新兴的工贸旅游城市。全区总土地面积 1 936.18 km^2,地理坐标介于东经 106°25′~107°21′,北纬 35°12′~35°45′。崆峒区泾河南干渠由总干渠和南干渠组成,总干渠位于泾河南岸,西起崆峒水库输水洞尾水渠,东至十里铺大岔河,西接南干渠,穿越崆峒和柳湖两乡(镇),全长 20.221 km。南干渠由柳湖乡双桥子村傍西兰公路北侧东行,经柳湖、四十铺、白水和花所四乡(镇),至下王沟(崆峒区与泾川县界处),全长 41.93 km。灌溉田地沿渠道两侧分布。

2. 地形地貌

崆峒区地形东西狭长,全区东西长 75 km,南北宽 45 km,平均海拔 1 540 m。其中,山塬地占总面积的 85%,西北高峻多山,东南丘陵起伏,属黄土高原沟壑区的木楔内槽形带。泾河纵贯中部川区,境内长度约 70 km,泾河川区是崆峒区重要的政治、经济、文化和交通中心区域。

崆峒区总的地势是西高东低,海拔在 1 089~2 240 m,由于地貌景观受到晚、近期地质构造运动和地层岩性的控制,大致可分三种不同的地貌形态,即河谷川地地形、黄土残塬地形、中山丘陵地形。崆峒区泾河南干渠灌区位于泾河川区沿泾河南岸由西向东分布。

3. 气象条件

崆峒区地处中纬度内陆地带,属温带半干旱大陆性季风气候,全年大部分季节受西北环流影响,水、光、热随四季变化明显,南部山区阴湿多雨,北部塬区干旱多风,中部川区比较温和,冬半年(10 月至次年 4 月)受蒙古冷高压控制,冬季盛行西北风,气候寒冷干燥少雪;春季风大少雨,冷暖无常,多寒潮霜冻;夏半年(5—9 月)高压西风带波动活跃,形成夏季高温,干燥多暴雨;秋季低温,阴湿多雨。海拔较高、日照时间长、太阳辐射强,水面蒸发量大于降水量。

崆峒区多年平均降水量 507.5 mm,且降水量分布不均,南部降水量最大,北部塬区降水量最小,最大年降水量 744.5 mm(1964 年),最小年降水量 272.4 mm(1991 年),连续最大 4 个月(6—9 月)降水量 345.4 mm,占年降水量的 68.9%;5—10 月降水量占全年降水量的 86.5%,1—4 月和 11—12 月降水量仅占全年的 13.5%。

崆峒区 20 cm 口径蒸发器实测多年平均水面蒸发量为 1 421.1 mm,换算为 E-601 型蒸发器蒸发量为 923.8 mm,是年平均降水量的 1.82 倍,最大年蒸发量为 1 098.6 mm(1995 年),最小蒸发量为 776.4 mm(1988 年),蒸发量以 4—8 月的 5 个月最大,占全年蒸发量的 64.0%。

4. 水资源状况

根据《甘肃省平凉市崆峒区水资源开发利用与保护规划》(2011),崆峒区自产地表水资源量为 16 054 万 m^3,地下水资源量为 7 211 万 m^3,扣除地表与地下重复计算量 6 372 万 m^3,水资源总量为 16 893 万 m^3,入境水量 15 501 万 m^3,总水资源量 32 394 万 m^3。

2.3.10.2 区域水文地质特征

1. 水文地质特征

泾河南干渠灌区地处平凉市泾河南岸的泾河河谷中,起于崆峒水库,止于花所。根据平凉市境内地层岩性及地貌单元,其地下水大体分为以下六种类型。

1)河谷沟谷砂砾卵石孔隙潜水

砂砾卵石孔隙潜水主要分布于泾河、汭河等河谷与较大沟谷的Ⅰ、Ⅱ级阶地,以及华亭关山前洪积扇地区。这些河谷、沟谷分布范围是平凉市境内地下水最丰富、开采最有利的含水区域。

2)黄土梁峁丘陵孔隙裂隙潜水

黄土梁峁丘陵孔隙裂隙潜水分布于平凉市广大梁峁丘陵地形区。由于沟谷的切割,地表支离破碎,被分割成无数个独立的水文地质单元。如黄土涧、黄土坪、黄土壕沟及黄土掌形洼地等,这些地貌特别是黄土掌形洼地,是黄土梁峁丘陵区地下水相对富集地段。潜水主要由大气降水补给,其次是上游沟谷地表流补给以及与塬区相连的部分接受塬区潜水补给。

3)黄土塬孔隙裂隙潜水

黄土塬主要分布于六盘山以东的崆峒、泾川、灵台、崇信4县(区)。塬面普遍覆盖5~10 m厚的马兰黄土,具大孔隙,垂直裂隙发育,透水性强;其下伏为中更新统离石黄土,是孔隙裂隙潜水的主要含水层。含水层埋深总的规律是:较大的塬水位埋深浅,较小的塬水位深;同一塬,其中心部位水位浅,四周及边缘地带水位深。

4)基岩裂隙潜水

平凉市境内普遍出露的基岩地层自老至新有三叠系、侏罗系、白垩系、新第三系等。基岩潜水赋存在上述各地质时代岩层的风化裂隙中,补给来源主要是大气降水。潜水的径流途径较短,一般几百米至2 km,以泉的形式在冲沟沟头排泄。单泉流量多在0.01~0.5 L/s,动态变化比较大,分布也不均匀。

5)构造裂隙承压水

构造裂隙承压水除庄浪、静宁2县很少外,六盘山以东5县(区)普遍赋存有构造裂隙承压水。承压水主要赋存于三叠系、侏罗系、白垩系、新第三系各套岩层之中。

6)碳酸盐类岩溶水

碳酸盐类岩溶水集中分布于崆峒区西北部安国—西阳一带,华亭县马峡野狐一带,赋存于震旦系、寒武系和奥陶系碳酸盐岩中,赋水空间主要由岩溶裂隙构成。岩溶水的补给主要来源于大气降水。

泾河河谷盆地的水文地质剖面见图2-3。

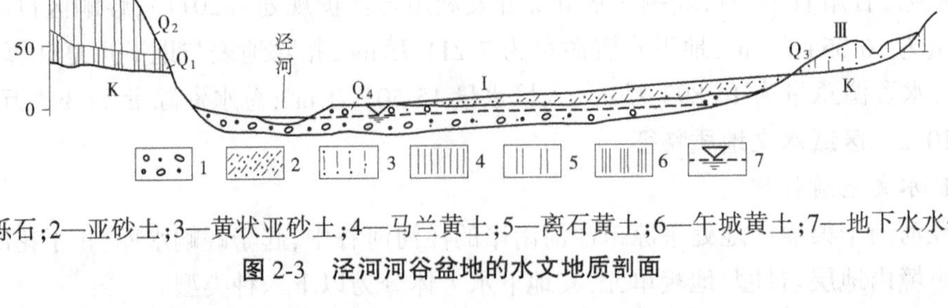

1—砂砾石;2—亚砂土;3—黄状亚砂土;4—马兰黄土;5—离石黄土;6—午城黄土;7—地下水水位。

图2-3 泾河河谷盆地的水文地质剖面

2. 水文地质参数

本研究区水文地质参数的确定主要依据《甘肃省水资源调查评价》、《平凉市水资源调查评价》、《平凉市水资源可持续利用规划》、《黄河流域平原区水文地质参数取值范围》、《黄河流域水资源调查评价》(第二次)等成果,确定了研究区的水文地质参数值,主要参数有灌溉入渗补给系数β,确定方法如前所述。

2.3.10.3 社会经济状况

根据《平凉市崆峒区2016年政府工作报告》全区有252个村、14个城市社区。全区总面积1 936.18 km^2,城市规划区面积48 km^2。2015年经济增长的稳定性、协调性更好。生产总值跨过百亿元大关,预计达到112.5亿元,年均增长10.9%,经济增速高于全国、全省平均水平。公共财政预算收入达到4.68亿元,较2011年翻了一番。城镇居民人均可支配收入达到21 747元,农村居民人均可支配收入达到8 389元,较2011年分别增长64.8%和82.9%。三次产业结构由12.0:40.3:47.7调整到15.5:21.0:63.5,商贸、旅游、肉牛、果菜四大特色产业对经济增长的贡献率达到42.5%。全面小康实现程度达到81.7%,区域经济综合竞争力进一步提升。

项目投资的带动性、拉动性更强。五年累计实施各类重点建设项目908项,其中过亿元项目276项,完成投资427.4亿元,较上一个五年翻了一番,是项目建设数量最多、投资规模最大的时期。在重点项目支撑带动下,固定资产投资年均增长17.6%,累计完成560.1亿元,是上一个五年的2.3倍,投资对经济增长的贡献率达到67%,项目投资仍然是拉动经济增长的主要动力和促进产业转型升级的重要引擎。

招商引资的互动性、实效性更高。全方位推进招商引资,引进实施利用海螺水泥窑资源化协同处理城市生活垃圾、平凉新阳光陇东农副产品批发交易市场等重点项目261项,落实到位资金331.5亿元,分别是上一个五年的2.8倍和3.7倍。多渠道向上申报项目和争取资金,累计到位专项建设基金、财政专项补助等资金89.8亿元,是上一个五年的2.5倍,为基础设施建设、特色产业发展、民计民生改善等提供了有力的资金支撑。

2.3.10.4 水资源利用状况

1. 水资源利用

根据《甘肃省平凉市崆峒区水资源开发利用与保护规划》(2011),崆峒区2008年各行业总用水量为11 461万m^3,全区自产水资源总量为16 893万m^3(扣除入境水资源总量15 501万m^3),水资源开发利用程度67.8%。

2. 农田灌溉利用

泾河南干渠灌区设计灌溉面积1 737万亩;2016年实际灌溉面积2万亩,其中粮食作物灌溉面积1.9万亩,蔬菜灌溉面积0.05万亩,其他经济作物灌溉面积0.05万亩,灌区的灌溉属于漫灌,未发展高效节水灌溉。

2.3.10.5 水利工程及运行管理状况

1. 水利工程状况

1)崆峒灌区基本情况

崆峒管理所管辖干渠2条,其中总干渠长7.62 km,全部衬砌,建筑物43座;官庄渠长6.14 km,全部衬砌,建筑物96座;支渠2条,总长0.38 km,全部衬砌,建筑物47座;斗渠37条,总长2.56 km,衬砌1.02 km。

2)柳湖灌区基本情况

柳湖管理所管辖总干渠1条,长12.35 km,全部衬砌,建筑物79座;南干渠1条,长3 km,全部衬砌,建筑物15座;支渠6条,总长8.88 km,全部衬砌,建筑物178座;斗渠40条,总长20.13 km,衬砌13.22 km。

3)四十里铺灌区基本情况

四十里铺水管所管辖南干渠1条,长18.08 km,全部衬砌,建筑物163座;支渠21条,总长11.45 km,衬砌8.05 km,建筑物229座;斗渠71条,总长73.70 km,衬砌48.70 km。

4)白水灌区基本情况

白水管理所管辖干渠3条,其中南干渠长11.76 km,衬砌7.74 km,建筑物48座;跃进渠长3.81 km,全部衬砌,建筑物27座;永乐渠长3.67 km,全部衬砌,建筑物67座;支渠7条,总长9.08 km,全部衬砌,建筑物103座;斗渠87条,总长68.70 km,衬砌23.80 km。

5)花所灌区基本情况

花所管理所管辖干渠2条,其中南干渠长8 640 m,衬砌1 870 m,建筑物41座;团结渠长5 700 m,全部衬砌,建筑物46座;支渠22条,总长8 709 m,衬砌1 698 m,建筑物157座;斗渠76条,总长32 770 m,衬砌6 391 m。花所管理所管理小(1)型水库1座(寺沟水库),设计灌溉面积3 600亩,有效灌溉面积2 300亩。

2.运行管理状况

泾河灌区在1959年6月成立了平凉泾河南干渠管理所,1989年将崆峒、柳湖、四十里铺、白水和花所渠管所合并为泾河灌区管理处,1996年晋升为甘肃省二等灌区,现为科级差额事业单位。

崆峒区泾河灌区管理处隶属于崆峒区水务局,机关设有综合办公室、业务股和财务股3个股室,下设5个水管所和1个寺沟水库管理所。灌区内主要水利工程有1条崆峒总干渠、5条独立进水干渠和1座寺沟水库。灌溉水源主要是崆峒水库,并在泾河上设有官庄渠、南干渠、跃进渠和团结渠多口引水渠道和永乐渠枢纽(涧沟河)引水工程,作为灌区的补充水源。

泾河灌区管理处目前有职工92人,受益乡(镇)5个,行政村46个,合作社225个,农户21 836户,总人口88 536人。1992年完成灌区6条干渠工程的划界确权和发证工作,办理国有土地使用证6本,划定管护面积1 501亩,其中工程管理面积1 274亩,保护面积227亩。

泾河南干渠灌区渠道目前除灌溉通水外,同时兼平凉城区防洪和排污的功能。

平凉市崆峒区泾河南干渠灌区包括崆峒、柳湖、四十里铺、白水、花所5个管理所,即泾河南干渠灌区由5个分灌区组成。

2.3.10.6 灌溉制度及种植结构

1. 灌溉制度

灌溉制度是在一定的自然气候和农业栽培技术条件下，使农作物获得高产稳产所需的灌水时间、灌水次数和灌水量的总称。

目前，泾河灌区灌溉制度采用的是原平凉地区试验站灌溉试验的结果。全年进行春灌、夏灌、秋灌和冬灌4次灌溉，根据泾河灌区水源的实际情况，只保证春灌和冬灌两次。每次灌溉前要编制用水计划和轮灌计划，一般采取先下游后上游灌溉，灌水方法主要是畦灌法和沟灌法，部分井灌区采用低压管道灌溉。渠系水利用系数0.55，灌溉水利用系数0.5。

四季灌溉的时间区间为：春灌1月1日至4月30日，夏灌5月1日至8月15日，秋灌8月16日至9月30日，冬灌10月1日至12月31日。在每年的灌溉时间内，根据测地温和测墒的数据分析结果，选择该季最佳的灌水时间。

在泾河灌区主要粮食作物小麦灌水定额为：春灌55 m^3/亩，夏灌60 m^3/亩，冬灌70 m^3/亩，灌溉定额235 m^3/亩，用水总量1 460 m^3。玉米、高粱灌水定额为：春灌70 m^3/亩，夏灌65 m^3/亩，灌溉定额255 m^3/亩，用水总量520 m^3/亩。果园蔬菜林灌水定额为：春、夏灌均为70 m^3/亩，灌溉定额270 m^3/亩，用水总量580 m^3。复种灌溉定额195 m^3/亩，用水总量430 m^3。

泾河灌区全年引水总量4 400万 m^3 左右，其中春灌1 260万 m^3，夏灌1 180万 m^3，秋灌810万 m^3，冬灌1 150万 m^3。崆峒全年引水总量635万 m^3 左右，春灌110万 m^3，夏灌145万 m^3，秋灌190万 m^3，冬灌190万 m^3。柳湖全年引水总量735万 m^3 左右，春灌155万 m^3，夏灌220万 m^3，秋灌140万 m^3，冬灌220万 m^3。四十里铺全年引水总量1 095万 m^3 左右，春灌250万 m^3，夏灌300万 m^3，秋灌230万 m^3，冬灌315万 m^3。白水全年引水总量1 105万 m^3 左右，春灌440万 m^3，夏灌340万 m^3，秋灌150万 m^3，冬灌175万 m^3。花所全年引水总量830万 m^3 左右，春灌300万 m^3，夏灌175万 m^3，秋灌105万 m^3，冬灌250万 m^3。

2. 种植结构

崆峒区泾河南干渠灌区农作物种植比例为：小麦占60%，玉米占20%，经济作物占20%，复种占20%。

2.3.10.7 存在的主要问题

（1）电站3台机组发电时，流量4.8 m^3/s 左右，除去给平凉电厂的水量，总干渠进水4.0 m^3/s 左右，根本达不到当初设计的7 m^3/s，影响轮灌计划的正常执行。

（2）干渠完好率在逐年降低，渗漏水量不断增加，沿途水损失大，输水能力大幅下降。

（3）南干渠改扩建时，干渠斗门增加太多，斗门闸封闭不死，漏水严重，这些对轮灌计划都有影响。

（4）夏灌时，水源不足，不能保证下游灌溉，严重影响部分村社蔬菜等经济作物的收入。

(5)根据访问及现场调查,四十里铺和白水还有一部分土地不在灌溉计划中,而且数量相当大,严重影响轮灌计划正常进行。部分土地主要是各村包产到户后剩余土地和泾河北岸军张、上湾两村的一部分土地。

2.3.11 景电泵站灌区

2.3.11.1 自然地理概况

1.地理位置

景泰川电力提灌工程(简称景电工程)位于甘肃省中部景泰县城,距省城兰州以北180 km处。北倚腾格里沙漠,东临黄河,南靠长岭山。灌区横跨甘、蒙两省(区),白银、武威、内蒙古阿拉善盟三市(盟),景泰、古浪、民勤、左旗四县(旗)。河西走廊东端,跨黄河、石羊河流域的大(2)型电力提灌水利工程。整个工程由景电一期工程、景电二期工程(简称二期工程)、景电二期延伸向民勤调水工程(简称民调工程)三部分组成,其中景电一期是一个独立的供水系统,景电二期和民勤调水工程共用一个提水系统。

2.地形地貌

景电灌区地形地貌具有明显的盆地构造地貌特征,差异性升降控制着侵蚀与堆积作用,山脉走向与区域构造线相一致,大的地貌分区则多以现代活动性断裂为界。总体地势呈西高东低、南高北低。以总干七泵站为界,东部属黄河水系,以褶皱隆起的低中山为构架,其间属新生代断陷沉积盆地堆积,由于遭受较强烈侵蚀与切割,区内多沟谷,发育有基岩山地、剥蚀丘陵、冲沟与阶地,侵蚀与堆积滩地等地貌。西部属内陆河流域,地势南高北底,其南部为秦家大山—长岭山等褶皱隆起的中高山区,向北依次为山麓堆积丘陵,山前冲洪积倾斜平原,再北为腾格里沙漠,具有典型的山地堆积地貌特征。工程总干渠即沿山前堆积丘陵及冲洪积倾斜平原中上部由东向西穿行,灌区多为山前倾斜细土平原及部分梁间滩地。

民调干渠地形地貌具有明显的山前冲洪积堆积地貌与风蚀波状丘陵地貌相变带,继而过渡到典型的风积地貌特点。前段从二期工程的末端——南北干分水口到红柳湾一带,为剥蚀山梁及丘陵地貌区,红柳湾以后为大靖河冲洪积细土平原——海子滩灌区,以后渠道向西北逐渐进入腾格里沙漠。

3.气象条件

灌区所在地区深居欧亚大陆腹地,远离海洋,常受内蒙古高压控制,属典型的大陆性气候。气候干燥,降水量少,蒸发强烈,温差大,风沙多,日照时间长,无霜期短是本地区最为显著的气候特征。

景泰县属温带干旱型大陆性气候,气候干燥,降水稀少,蒸发强烈,光照资源充足,冬春两季风沙较多,尤以春季为甚。多年平均气温 8.2 ℃,最高气温 36.2 ℃,最低气温 −27.3 ℃。多年平均降水量 181.1 mm,多年平均蒸发量 3 038 mm,是降水量的 16.78 倍,且降水时空分布不均,多集中在 7、8、9 月三个月,约占全年降水量的 64%。平均无霜期 141 d,年平均日照时数 2 725.5 h,年平均风速 3.6 m/s,相应风向 WNW;多年平均相对湿度 47%;年均大风天数 29 d,历年沙尘暴最多日数 47 d,大多发生在春季与春夏之交。

古浪多年平均气温5.2 ℃,多年平均降水量361.8 mm,多年平均蒸发量1 783.8 mm,多年平均日照时数2 635.4 h;历年最大冻土深度138.0 cm,历年最大积雪深度24.0 cm;多年平均风速3.6 m/s,历年最大风速17.0 m/s,相应风向为南向;多年平均相对湿度52%;历年沙尘暴最多日数28 d,大多发生在春季与春夏之交。

景泰县地处亚欧大陆腹地,降水受东南暖湿气流和西伯利亚干冷气流及本县特殊地形的影响,形成本县降水稀少且集中、年内分配和地区分布不均、年际变化大的特点。西部山地降水量大于东部河谷盆地,山地降水量呈梯度变化,降水量随高度增加而增加。根据一条山镇雨量站多年统计资料看,多年平均降水量181.1 mm,降水量年内分配表现为汛期(7—10月)相对较多而集中,占全年降水量的70%,春季雨水少而不稳定,冬季雨雪甚少。降水量年际变化很大,最大年降水量295.7 mm(1961年),最小年降水量94.8 mm(1982年),最大年降水量是最小年降水量的3.1倍。

2.3.11.2 区域水文地质特征

工程区地层区划属河西走廊六盘山分区,武威中宁小区。区内地层发育完全,从下古生界到新生界均有出露,包括了岩浆岩、变质岩、沉积岩及第四系松散沉积物多种类型。上、下古生界之间,新生界与中生界之间的不整合面普遍发育。与工程有关的地层由老至新依次为:奥陶系中下统(O_{1-2}),岩性为浅灰绿色变质砂岩、浅紫红色绢云母片岩及千枚岩夹硅质岩;泥盆系(D),岩性为紫红色厚层石英砂岩、粉砂岩、泥质粉砂岩夹砾岩;石炭系(C_{1-3}),下统主要为中厚层块状灰岩,中统为石英砂岩、长石石英砂岩夹泥质灰岩,上统为碳质页岩、粉砂质页岩及石英砂岩互层,夹有劣质煤层;二叠系(P),岩性为杂色长石石英砂岩夹粉细砂岩,底部为砾岩及含砾砂岩;三叠系(T_{1-3}),中、下统岩性为紫红、灰白色中厚层—厚层中粗粒长石石英砂岩,长石石英砂岩夹含砾粗砂岩,薄层细砂岩及砂质泥岩,上统岩性为黄绿色、灰绿色、灰黑色页岩,砂质页岩,粉砂岩,砂岩夹灰白色、暗紫色中粗粒砂岩,含砾粗砂岩、煤质页岩及劣质煤层;第三系上新统(N_2),岩性为一套砖红色的内陆河湖相地层,广泛分布于二期工程区东段,与工程建筑物关系密切,按岩性进一步划分为三个岩组:黏土质粉砂岩、泥钙质半胶结砂砾岩、泥质微胶结粗砂岩及含砾粗砂岩;第四系(Q_{1-4})地层在工程区广泛分布,据其成因有冲积、洪积、风积及混合成因,其次还有少量坡积、残积成因,据其岩性分为砂砾石、砂碎石、砂壤土(砂土)、黄土状壤土、粉细砂(沙)等。风积成因的粉细沙和冲洪积成因的黄土状壤土为特殊性土,主要分布在民调工程区上段。区内第四系地层与工程建筑物关系最为密切,构成二期总干渠及民调干渠等渠系建筑物的主要地基持力土层。

工程区属陇西旋卷构造体系古浪—同心褶皱带的外缘,主要构造形迹为近东西向展布的压扭性断裂及复式褶皱。由于经向构造的复合叠加,区内构造格局进一步复杂化,差异性升降更为明显,形成了诸多新生代断陷盆地及隆起山地。区内新构造活动也较强烈,多表现为老断层的继承性复活,使上覆第四系地层受牵引变形,更新统地层见有剪张裂隙及小断层发育。

根据《中国地震动参数区划图》,地震动峰值加速度为0.2g,地震动反应谱特征周期值 0.45 s，相应的地震基本烈度为Ⅷ度。

景电灌区降水量偏少，干燥多风，地面径流贫乏，区内除东部的黄河流域大沙河、西部的大靖河外，无其他长年流水河流。地下水主要受山区雨雪降水、暂时性沟道洪流及灌溉回归水入渗补给。在东部的黄河流域，以本次二期工程改建所在的大沙河为代表，地下水赋存于现代沟床及其Ⅰ、Ⅱ级阶地的砂砾石层中，为第四系孔隙潜水，有水量不大、径流循环较差、矿化度较高（大于 1 g/L）的特点，其中硫酸根离子含量较高（大于 500 mg/L），对普通混凝土普遍具有硫酸盐结晶型腐蚀性。

2.3.11.3 社会经济状况

灌区总面积 1 496 km^2，总土地面积 197 万亩，宜农地面积 142.40 万亩，实灌面积 100 万亩。

灌区自南向北有包兰铁路贯通，省道 201、308 公路从灌区中部穿越，灌区各乡、镇均有公路通往，交通比较便利。从白银市架往灌区的有 330 kV 及 220 kV 的高压输电线路，灌区内所有的乡、镇、村及农户均通了电。灌区内主要农产品有小麦、玉米、啤酒大麦、马铃薯等；主要畜牧产品有羊肉、猪肉等；矿产资源主要为石灰石、石膏、煤及少量的铁、铜、锰矿。

景泰县 1972 年有人口 12.5 万人，劳动力 5 万人，耕地 48 万亩，仅有五佛乡近 1 万亩河滩地为水浇地。中华人民共和国成立后，在县委和县政府领导下，曾开展过打井掏泉的工作。20 世纪 60 年代花费巨资打井，仅有一眼井能灌溉 1 300 亩地，其余均为干井，掏泉仅能灌溉 6 000 亩地，所以大部分耕地均为闯田和砂田，其余大面积属荒滩。一般年景，亩产多则百斤，少则几十斤，遇到大旱，颗粒无收，或靠救济艰难度日，或流落他乡。1965 年全县农业人口 9.6 万人，返销粮达 818 万 kg。2016 年全灌区实现农业生产总值 14.31 亿元。

景电工程经过 45 年的运行，灌区灌溉面积已发展到 108 万亩，累计生产粮食 77.51 亿 kg，经济作物 29.12 亿 kg，产生直接经济效益 138.38 亿元，是工程总投资的 16.09 倍。

2.3.11.4 水资源利用状况

1. 当地水资源状况

景电一期灌区范围全部为黄河水系。景电二期灌区以长岭山—十里岘—白墩子南山为分水岭，东南部为黄河水系；西北部大靖河、古浪河等为内陆河石羊河水系；其间为白墩子盐池。在灌区范围内，无论地表径流或是地下水源都很匮乏。灌区各条河道平时干涸无水，每年夏、秋二季如降暴雨，方能形成沟道洪水，但历时较短。地下水的补给条件不充沛，所以地下水量较少，埋藏较深，且水质较差。

自产地表水资源：景泰县年降水量少，年内年际变化大，根据《甘肃省地表水资源》资料，景泰县全县自产地表水资源量为 993 万 m^3，产流形式主要是季节性洪流，又无调蓄设施，最终在沟谷中入渗为地下水，或以河川径流的形式补给黄河或入渗为地下水。

地下水资源：景泰县地下水以潜水为主，按地下水储存条件，可分为坚硬岩石类裂隙水和松散岩石类孔隙水两种基本类型。

景泰县地下水动态变化总体上受灌溉、降水、开采等因素影响，根据各因素影响程度的大小，分灌溉径流型、开采灌溉径流型和降水补给径流型三种动态类型。

景泰县地下水水质大部分地区矿化度较高，以 1~3 g/L 的微咸水为主，矿化度变化趋势随距山区距离的增加而增高。

根据《甘肃省景泰县区域水文地质调查报告》（地质部甘肃地勘局第一水文地质工程地质队，1997 年），景泰县山区地下水天然补给量为 3 819.43 万 m^3/年，其中低矿化度（≤3 g/L）水资源量为 2 943.3 万 m^3/年；盆地、沟谷区地下水天然补给量为 6 819.25 万 m^3/年，其中重复计算量 1 918.34 万 m^3/年。因此，景泰县地下水总资源量为 8 720.84 万 m^3/年，其中低矿化度水资源量为 7 844.72 万 m^3/年，允许开采量为 2 867.3 万 m^3。

水资源总量：景泰县自产地表水资源量为 993 万 m^3，山区地下水补给量为 3 819.43 万 m^3，沟谷区地下水补给量为 6 819.26 万 m^3，水资源总量应为地表水资源量与地下水资源量之和减去重复计算量。渠道及灌溉入渗补给量应为地表水资源量和地下水资源量的重复计算量。灌溉入渗补给量 3 261.25 万 m^3，渠系入渗补给量 1 051.75 万 m^3。所以，景泰县水资源总量为 7 318.69 万 m^3。

过境水资源：黄河流域面积 5 256 km^2，占全县总面积的 97%，黄河是景泰唯一的过境地表水资源，由南向东北流经景泰 110 km，据安宁渡水文站多年观测资料，黄河平均流量为 1 043.25 m^3/s，多年平均径流量 328 亿 m^3，是全县唯一可供利用的地表水资源。

2. 景泰县现状用水情况

2013 年，景泰县共建成各类供水工程 290 处，其中地表水供水工程 98 处，现状年供水能力 33 128.98 万 m^3，地下水供水工程 192 处，现状年供水能力 2 052.585 万 m^3。全县各类水源工程现状年可供水 35 181.565 万 m^3。

2013 年景泰县辖区内用水总量为 33 215.01 万 m^3。各行业用水量分别为：农业灌溉用水 30 722.95 万 m^3，工业用水 954.6 万 m^3；生活用水 594.81 万 m^3，生态用水 120 万 m^3，其他用水 822.65 万 m^3，其中包括城镇公共用水和农村畜禽用水等。

3. 景泰县供水水源

景泰县城区现有井子川水源地、景电管理局净水厂和“引大入秦”延伸景泰供水工程 3 个供水水源。

1）井子川水源地

井子川水源地位于景泰县城西南 17.8 km 的寺滩乡井子川村，始建于 20 世纪 70 年代，现有机井 7 眼，井深均为 200 m，总装机容量 265 kW。井子川地下水补给来源主要是山间基岩裂隙水和地表雨水渗入补给。因 30 多年来的过渡开采，加之气候变化，干旱少雨，降水补充不足，导致地下水水位急剧下降，已由 20 世纪 70 年代的 40 m 下降到 2013 年 200 m，单井出水量已由最初的 50 m^3/h 下降至现在的 24 m^3/h，日产水能力已由最初的 8 400 m^3/d 下降至现在的 4 000 m^3/d，并且还在不断下降。目前，井子川水源地已不能保证县城及周边乡镇居民的正常生产生活用水，仅能维持至城区主管道沿途部分村镇生活用水。

2)景电管理局净水厂

为了解决城区供水问题,2000 年由景电管理局投资,在景泰县城东建成了一座设计日产水能力 30 000 t 的景电管理局净水厂。2005 年 6 月 25 日投入运行,其实际产水能力为 10 000 m^3。

该净水厂水源为黄河,通过景电灌溉工程引水渠提水,因无蓄水水库,受电力提灌工程自身的限制,冬季不能上水,净水厂仅能补充景电灌区夏、秋季节农灌期间 207 d 的城区供水,且中途还有多次间断,其余冬、春季 158 d 的城区供水则无法提供。因黄河水受污染严重,水质较差。

3)"引大入秦"延伸景泰供水工程

引大入秦灌溉工程是将大通河水从天堂寺跨流域调至景泰县以南的秦王川地区的一项大型自流灌溉工程,引大入秦延伸景泰县城及周边乡镇,给居民生产生活供水,具有水质良好,水量充足,成本低廉等有利条件,经济效益和社会效益十分明显。

水质良好:引大入秦灌溉工程水来自大通河上游祁连山脉木里山雪水,沿途无工业污染,根据黄河上游水环境检测中心连续 3 年对引大天堂寺取水口的水质进行检测,结果显示,水中除大肠杆菌超标外,其他 20 项指标均达到国家一类水质标准。由于引大入秦灌溉工程为封闭的给水渠道,经过总干及东二干渠近 150 km 的渠道自净,经检测,东二干渠道水大肠杆菌已达到标准。引大入秦灌溉工程引水作为城市生产生活用水水源,水质良好。

水量充足:引大入秦灌溉工程引水能力为 4 043 亿 m^3/年,延伸景泰段除沿途农灌外,供水能力有较大富余,可以稳定保证景泰县城区及周边乡镇居民生产生活用水。

4. 景泰县污水处理

景泰县现有污水处理厂 1 座,景泰县给排水公司景泰县城区污水处理厂位于景泰县城区东郊,总占地 28 亩。污水处理厂设计日处理污水能力 0.9 万 t,现实际日处理污水量约为 0.25 万 t。污水处理采用较为先进的活性污泥法 CASS 生物反应池工艺,城区污水全收集、全处理,污水处理率为 55%,达到了国家和省污染物减排的总体目标要求,达标后直接排入厂区附近的兰炼农场排水洪沟,最终进入黄河。污泥处理采用机械浓缩脱水处理工艺,泥饼外运填埋。

2015 年污水处理量为 89.48 万 t,年度生产运行总费用 436.92 万元,年污水处理费收入 147 万元,亏损 289.92 万元,县政府补助资金 356.92 万元,城市污水处理单位成本 0.90 元/t。

2016 年售水污水及收集率数据,景泰县城区供水总量 201 万 t,年售水 161 万 t,城区年产生污水 113 万 t。目前,城区污水收集率为 82%,污水处理厂年收集处理污水 92.51 万 t。

在调研中污水处理厂工作人员介绍污水主要排入门前道路以北的排水沟里,为当地农民再次利用,包括下游的林木灌溉等,几乎不排水进入黄河。

5. 大唐景泰发电厂

大唐景泰发电厂位于甘肃、宁夏、内蒙古三省交界的白银市景泰县草窝滩乡陈槽村,距省会兰州 170 km,距白银市 70 km,距景泰县城 11 km。项目规划容量 2×660 MW+2×1 000 MW,分两期建设。一期建设 2×660 MW 直接空冷超临界燃煤机组(超临界国产空冷机组),750 kV 一级电压接入系统。工程建成投产后,按照中国大唐集团公司新体制模式组织生产,成为大唐甘肃发电有限公司人员效率最高的企业。预留二期工程扩建用地。工程于 2007 年 6 月 15 日开工,2010 年 1 月 7 日建成并投入试运行。

大唐景泰电厂的建设,不仅可以满足甘肃电网电力负荷增长的需要,而且对于改善甘肃电源结构和布局,为 750 kV 北通道输电线路提供重要的电源支撑,增强网络传输能力,提高系统稳定水平,具有重要作用。

大唐景泰电厂地处兰州白银负荷中心地区,煤炭运输便捷,属于路口电厂,建厂条件优越,该电厂将成为甘肃电网甚至是西北电网的主力电厂之一。景泰电厂的建设对于带动地方经济发展和促进甘肃省的经济发展具有重要意义。

新建机组为国产高参数、大容量、高效率、节水环保型和数字化管理的火力发电机组,采用等离子无油点火、低氮燃烧、干除灰和直接空冷等技术,同步建设国产湿法高效脱硫装置和高效静电除尘器、烟气连续监测设备等先进的环保设施。工程建成后排向大气中的烟尘、二氧化硫、氮氧化物等污染物排放浓度完全符合国家环保排放标准。电厂的废水、污水处理后二次利用,完全达到"零排放"要求。

大唐景泰电厂 2 台 66 万 kW"上大压小"一期工程于 2009 年 5 月 12 日经国家发改委核准。机组采用高效静电除尘器、干除灰方式,同步建设湿法脱硫设施,750 kV 一级电压接入系统。年需燃煤 312 万 t,由宁夏灵武矿区和甘肃靖远矿区供给景泰地方煤矿作为补充,铁路运输进厂。年用水量为 540 万 t,以黄河干流地表水作为供水水源,用水指标以水权转换方式获得。工程动态总投资为 47 亿元。

2011 年 3 月颁证,2015 年换发取水许可证,编号:取水(国黄)字〔2015〕第 211007 号,有效期至 2020 年。2016 年总取水量为 197.50 万 m^3,其中生产用水为 163.80 万 m^3,生活用水为 33.71 万 m^3,水重复利用率 97.05%。工业污水处理量为 34.07 万 t,生活污水处理量为 27.95 万 t,中水回用至极力通风冷却塔,生活污水夏天用于林带灌溉用水。

6. 景泰县土地盐碱现状

灌区干渠未监测的退水量计算,这部分退水属于灌区内退水,不涉及回归到黄河河道,经过工程措施后有可能随排水沟进入黄河河道内。

由于景电工程有灌无排致使地下水水位持续抬高,景泰县土地盐碱化以每年增加 6 000 亩的速度不断蔓延,全县 11 个乡镇中有 6 个位于盐碱区,因碱致贫返贫人口占到全县贫困人口的 29%。耕地大面积盐碱化,成为严重制约景泰社会经济发展的重要因素,真正到了"盐碱不治、穷根不除"的境地。

景电一期工程上水以后,农民陆续迁来这里开始种地,当时每亩地的小麦产量能达到 400~500 kg。到了 1980 年左右,土地陆续开始盐碱化,当时采取开挖排碱渠的方式恢复了耕种,过了几年土地又开始盐碱,直到今天看到的这种程度。

草窝滩镇位于景泰县城北,距离县城 8.4 km,平均海拔 1 600 m,是景电灌区最低洼的地区，也是受次生盐碱侵害最重的地区。草窝滩镇的地势西高东低，东片受盐碱侵害较重，以陈槽、杨庄、红跃、三道梁、西和等村最为典型。该盐碱区总人口 6 390 人，耕地总面积 12 800 亩。自 20 世纪 70 年代景电一期工程上水以来，这一片区土地的小麦亩产量都在 600~800 kg，属于全县的上等耕地，草窝滩被称为景泰的粮仓。从 1986 年开始，由于灌溉面积猛增，灌水量也随着猛增，周边碱水倒灌，土地出现次生盐碱化，丧失农作物生长功能，致使万余亩土地因碱撂荒，群众被迫四处谋生，流离失所。后经采取综合措施，大部分土地恢复生产功能，但至今仍有 2 800 亩土地没有得到改良，处于撂荒状态。另外处于受盐碱侵害最严重地区外围的黑嘴子、三道梁、八道泉、丰泉、清泉、常丰等村，总人口 5 971 人，耕地面积 14 000 亩，主要受景电二期大面积用水、大唐运煤专线的建成等因素的综合影响，地表碱水无法排出，从 2006 年开始出现土地返碱的情况，且有逐年加重的趋势。截至 2011 年，共有 2 750 亩土地因碱撂荒。

白敦子盆地回归水主要在景电一期工程总二支东侧的兰炼农场及景泰县白墩子乡红跃村、总三支中段的马鞍山村，以及景电二期工程总干十三泵站上游的红水镇、漫水滩乡、上沙窝镇梁槽村等地。地下回归水汇集于封闭的白敦子盆地，地下水水位逐年升高，因地形条件限制，暂时没有有效的排泄通道。目前景泰县正在进行盐碱化治理，开挖排碱沟，修建排水隧洞。经对 8 条排碱沟排水流量初步估算，总流量约 1. 3 m^3/s，年排水量约 4 099. 68 万 m^3。

景泰县草窝滩治碱排水工程总投资 1 669. 74 万元，工程设计排水沟进口接草窝滩排水干渠，排水沟出口接青崖子沙河，沿沙河排入黄河。项目区范围北至兰大农场，南至兰炼农场，东至营双高速公路，西至景电一期总七支渠。预计工程完成以后，年可排水量达到 440 万 m^3，可使受次生盐碱化危害严重的 3. 6 万亩耕地逐渐回复耕种，可有效解决贫困区 23 500 户 1 万人的脱贫致富问题。

在大力实施治碱排水工程的同时，景泰县在双联单位省委办公厅的帮助支持下，通过深入调研、多地考察、专家论证，提出“挖塘降水、抬土造田、渔农并重、治理盐碱”思路，充分利用盐碱水资源，发展现代休闲渔业，治理修复生态环境。

2. 3. 11. 5 水利工程及运行管理状况

1. 灌区系统

景电工程包括景电一期、景电二期和景电二期延伸向民勤调水工程三部分。景电一期工程建有总干渠 1 条 20. 38 km，总干泵站 6 座；建有干渠 1 条 17. 998 km，干渠泵站 5 座；建有支渠 17 条 181. 91 km；建有斗渠 406 条 651 km。景电二期工程建有总干渠 1 条 99. 618 km，总干泵站 13 座；建有干渠 2 条 13. 62 km，干渠泵站 5 座；建有支渠、分支渠 48 条 341 km；建有斗渠 809 条 1 172 km。景电二期延伸向民勤调水工程建有干渠 1 条 99. 46 km。

景电工程自黄河提水，总干一泵站位于景泰县五佛盐寺。黄河设计枯水位 1 303. 29 m，Q_p = 293 m^3/s；黄河设计水位 1 303. 80 m，Q_p = 525 m^3/s；黄河设计常年水位 1 304. 80 m，Q_p = 1 042 m^3/s；黄河设计洪水位 1 310. 80 m，Q_p = 6 770 m^3/s；校核洪水位

1 310.40 m，Q_p=8 480 m^3/s，设计保证率95%，设计流量28.6 m^3/s。一期总干6级泵站，二期总干13级泵站，最大提水高度为612.88 m。景电一、二期工程干支渠衬砌以混凝土预制板加防渗膜为主，斗渠主要采用混凝土U形槽衬砌，农渠未衬砌。

景电工程总体规划面积100万亩，提水流量40 m^3/s，分期建设。景电工程是一项跨省(区)、高扬程、多梯级、大流量的大Ⅱ型电力提水灌溉工程，总体规划，分期建设。

目前，整个景电工程设计提水流量28.56 m^3/s，加大流量33 m^3/s，兴建泵站43座，装机容量270 MW，最高扬程713 m，设计年提水量4.75亿 m^3。建成干、支、斗渠1 391条，长2 422 km。灌区总面积1 496 km^2，总土地面积197万亩，宜农地面积142.40万亩，控制灌溉面积100万亩。灌溉水利用系数0.59，亩均毛用水量523 m^3/亩。灌区干旱、少雨、风沙多，属于干旱型大陆性气候；灌区范围内地表径流和地下水都极度匮乏，灌溉水源来自从黄河提水。

景电一期工程1969年10月开工建设，1971年10月上水，1974年建成。设计流量10.6 m^3/s，加大流量12 m^3/s，年均提水量1.48亿 m^3。建成泵站13座，装机容量6.7万kW，总扬程472 m。国家投资6 608万元。设计灌溉面积30.42万亩。

灌区地表径流和地下水源极为贫乏，地表径流仅有来源于长岭山和老虎山的洪水，经各条沙沟河或渗入地下，或汇入黄河。地下水因地表径流条件差，补给来源不充沛，所以水量极少，埋藏深度在100 m以下，近山麓地带多在30 m以下。水质差，总矿化度为2.5~5 g/L。灌区唯一的灌溉水源为黄河。在五佛乡，黄河多年平均流量是993 m^3/s，年径流量为313亿 m^3。由于地高水低，仅能灌溉黄河沿岸的滩地。灌区土地高于黄河水面365~460 m，所以景泰县虽有黄河流过县境，只能望河兴叹，却不能得黄河之利，长期受到干旱的严重威胁，成为甘肃中部最干旱的县份之一。

景电二期工程于1984年7月开工建设，1987年10月上水。设计流量18 m^3/s，加大流量21 m^3/s，年均提水量2.66亿 m^3。建成泵站30座，装机容量19.27万kW，总扬程713 m。国家投资4.88亿元。设计灌溉面积52.05万亩。

景电二期延伸向民勤调水工程是一项利用景电二期工程的灌溉间隙和空闲容量向民勤调水，缓解民勤水资源枯竭、生态环境恶化趋势的应急工程。1995年开工建设，2000年建成，2001年3月开始向民勤调水。工程设计流量6 m^3/s，年调水量6 100万 m^3。工程概算3.02亿元。恢复灌溉面积15.2万亩。

百万亩灌区与三北防护林带和石羊河综合治理交错连接，有效遏制了腾格里沙漠的南侵。景电工程使昔日沙荒地变为富饶的绿洲，现已成为灌区40万人民群众生存致富的依托，成为灌区经济社会发展的命脉，成为省会兰州北部的生态屏障，成为建设高扬程工程的典范，成为综合评价而冠名的“中华之最”。景泰县城因一期工程的修建，于1976年由芦阳镇迁到一条山镇，已成为景泰县经济、政治、文化及信息交流的中心；干旱沙侵的古浪县已发展了30多万亩黄灌区；民勤的生态恶化问题得到了有效的遏制。

本灌区的灌溉水源主要依赖从黄河提水。景电灌区批准的年设计取水总量为46 600万 m^3。其中：景电一期工程每年从黄河提水14 810万 m^3；景电二期工程每年从黄河提水

25 700 万 m^3；景电二期延伸向民勤调水工程每年从黄河提水 6 100 万 m^3。景电灌区用水主要为农业灌溉，只有很少一部分工业用水，灌区建成运行多年用水情况基本无变化。

景电灌区工程 2016 年从 3 月 4 日开机上水至 12 月 3 日冬灌结束，安全运行 260 d，完成提水量 4.60 亿 m^3，向民勤调水 7 940.42 万 m^3；完成水费收入 1.25 亿元；干渠利用率一期完成 91.00%，二期完成 90.48%；提水能耗一期 1.44 kW/m^3，较计划指标降低 0.09%，二期（含民调）1.84 kW/m^3，较计划指标降低 3.02%；工程、设备完好率达到 98%，安全运行率达到 100%；完成灌溉面积 110 万亩，保证了灌区经济社会发展所需和农作物适时适量灌溉，促进了灌区农业持续增产。全灌区年生产粮食 3.85 亿 kg，经济作物 2.36 亿 kg，农业生产总值 14.4 亿元。

2017 年计划提水 4.60 亿 m^3，其中向民勤调水 0.8 亿 m^3；实现水费收入 12 543.2 万元，水费回收率 100%；渠系水利用率一期 65.95%，二期达到 66.38%；干渠利用率一期 91%，二期 90.48%，力争 91.00%；能源单耗一期 1.442 kW · h/m^3，力争 1.435 kW · h/m^3，二期 1.850 kW · h/m^3，力争 1.835 kW · h/m^3；完成灌溉面积 110 万亩（含民勤 15.2 万亩）；设备及工程完好率 98%以上，安全运行率 100%。

2. 灌区管理

甘肃省景泰川电力提灌管理局（简称甘肃省景电管理局），经省委、省政府同意，于 1995 年 10 月 11 日成立，是由原“甘肃省景泰川电力提灌二期工程指挥部”“甘肃省景泰川灌区管理处”“甘肃省景泰川电力提灌管理局筹备处”三家合并组成的，为正地级全民所有制事业单位。甘肃省景电管理局与景电二期工程指挥部一套机构，两块牌子。有职工 1 318 人，担负着景电一、二期工程和景电二期向民勤调水工程管理和建设任务。其主要职能是：负责景电工程的管理和发展，负责一期大型泵站更新改造等工程建设，技术改造、计划用水、灌溉试验、水费征收、安全生产、水利执法。

2.3.11.6　灌溉制度及种植结构

1. 灌溉制度

景电灌区地处腾格里沙漠南缘，甘肃北部黄河西岸，地跨景泰、古浪、民勤、左旗 4 县（旗），灌区总灌溉面积近百万亩，海拔在 1 500~1 910 m。

景电灌区属沙漠性气候，干旱少雨，风沙大，日照充足，温差大。平均年日照时数为 3 049.8 h，年平均气温 8.6 ℃，最大冻土深度 120 cm。相对湿度 47%，无霜期 173 d，年平均风速 3.2 m/s。年平均降水 186.2 mm，降水时空分布不均，一年中 7、8、9 月三个月降水约占 61.5%。根据气象资料统计，海拔 1 300 m 的总干一泵站黄河沿岸区，降水量为 168 mm，海拔 1 500~1 800 m 的一期灌区降水量为 170~190 mm，海拔 1 600~1 910 m 的二期灌区降水量为 180~200 mm。多年平均年蒸发量为 3 038.5 mm，相当于降水量的 16 倍。

景电灌区目前采用的灌溉制度是根据一期灌溉试验站的试验成果制定的，工程的提水能力也是根据该试验成果计算确定的。由于试验地与大田各方面的条件有所差异，故目前灌溉制度中的灌水定额相对于实际灌溉比较紧张。对灌区的大多数地方来说，采用灌区设计的灌溉制度，对供水相对充足的区间，采用调整后的推荐灌溉制度。景电灌区主要农作物设计、推荐灌溉制度分别见表 2-19、表 2-20。

表 2-19 景电灌区主要农作物设计灌溉制度

作物名称	灌水次数	灌水定额(斗口)/(m³/亩)	灌溉定额(斗口)/(m³/亩)	灌水时间	灌水天数/d	备注
泡地水		125		3月28日至4月18日	22	沙化地增加一次苗水
				10月12日至11月24日	44	
小麦	1	75	363	4月26日至5月14日	19	
	2	88		5月15日至6月8日	25	
	3	75		6月9日至7月5日	27	
	4	(88)				
玉米	1	75	363	6月18日至7月7日	20	
	2	88		7月8日至7月31日	24	
	3	75		8月1日至8月28日	28	
	4	(88)				
胡麻	1	75	238	5月14日至6月1日	19	
	2	88		6月2日至6月24日	23	
	3	75		6月25日至7月23日	29	
马铃薯	1	63	309	7月6日至7月23日	18	
	2	70		7月24日至8月10日	18	
	3	63		8月11日至8月28日	18	

表 2-20　景电灌区主要农作物推荐灌溉制度

作物名称	灌水次数	灌水定额(斗口)/(m³/亩)	灌溉定额(斗口)/(m³/亩)	灌水时间	灌水天数/d	备注
泡地水		125		3月28日至4月18日	22	
				10月10日至11月23日	45	
小麦套种	1	75	408	4月19日至5月6日	18	
	2	88		5月7日至5月28日	22	
	3	75		5月29日至6月20日	23	
	4	45		6月21日至7月8日	18	
玉米套种	1	75	455	5月25日至6月15日	22	
	2	75		6月16日至7月10日	25	
	3	90		7月11日至8月5日	26	
	4	90		8月9日至8月26日	18	
胡麻	1	75	238	5月14日至6月15日	33	
	2	88		5月16日至6月9日	25	
	3	75		6月10日至7月5日	26	
马铃薯	1	45	385	4月20日至5月7日	18	
	2	45		5月8日至5月25日	18	
	3	40		5月26日至6月12日	18	
	4	40		6月13日至6月30日	18	
	5	45		7月1日至7月18日	18	
	6	45		7月19日至8月5日	18	

2. 灌溉用水计划

景电灌区由于灌溉面积大、分布地域广、水的成本高,实行计划用水尤为重要。景电灌区为高扬程提水灌区,工程的取、输水能力有限,提水成本较高,故在各灌溉季节均编制合理的用水计划,严格实行计划用水。景电灌区用水计划的编制采用“自上而下”和“自下而上”两种方法。结合灌区需水的实际情况,夏、冬灌溉用水计划的编制采用“自上而下”的方法,即灌溉管理处根据全灌区灌溉面积、灌水定额、种植比例等编制用水计划并下达到各水管所,各水管所再下达到各支渠、段;支渠、段分配到受益单位执行,即以灌区所有灌溉面积的一定比例分配灌溉面积(供给主导型)。春灌和秋灌则采取“自下而上”的方法,首先由受益单位自报需水量,由各支渠汇总各段用水量后上报水管所,水管所审核后报灌溉处,再由灌溉处平衡审定后下达执行;春、秋灌时自下而上统计灌溉面积制订用水计划(需求主导型)。

景电灌区在编制和实施用水计划的过程中坚持以亩定量,限额灌溉,按照“两不补水”(即超定额灌溉水量不够不补,不按计划用水视为自动放弃水权,过期水量不补)的原则向用水户配水,在督促按用水计划用水的同时促进节水灌溉工作的开展。景电灌区用水计划编制流程见图 2-4。

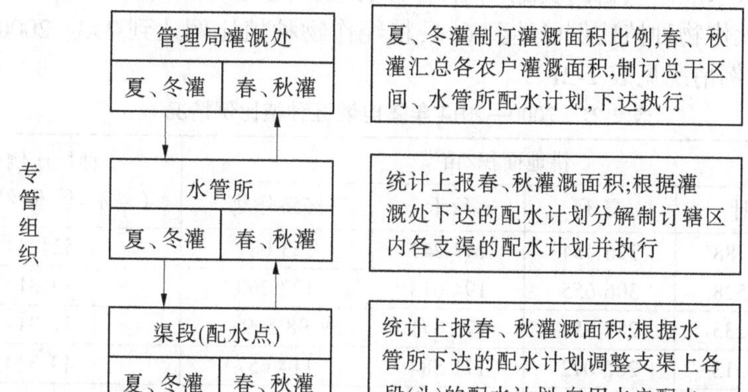

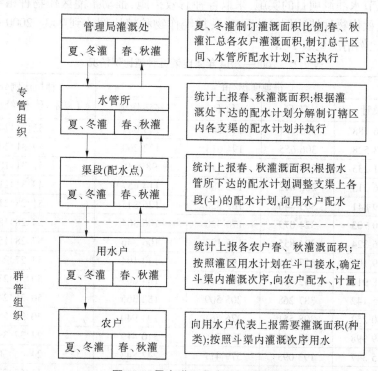

图 2-4 景电灌区用水计划编制流程

以亩定量。根据景电灌区的实际情况,在试验分析的基础上,制定了基本符合灌区实际情况的灌水定额,即以斗口计量,春、冬灌灌水定额为 125 m^3/亩,夏一苗为 75 m^3/亩,夏二苗为 88 m^3/亩,夏三苗为 75 m^3/亩。秋一、二、三苗定额同夏灌。另外,对沙化地增加一次苗水定额。

坚持轮灌与续灌相结合的原则,支渠实行续灌,斗、农渠全面推行轮灌制。为保证灌区各受益单位均衡受益和促进水利用率的提高,在制订支、斗渠配水计划时根据斗渠的分布、灌溉面积的大小、作物的种植情况划分轮灌组,实行轮灌制度。轮灌制度的推行,使灌区有一个良好的灌溉秩序,确保了各用水户均衡受益,提高了支渠水的利用率。

灌区用水管理制度主要有:《景电灌区用水制度》《景电管理局灌溉管理操作规程》《景电管理局灌溉管理奖惩制度》《景电管理局灌溉管理工作优质服务十项承诺》《景电灌区严格水资源管理办法(试行)》等。

3. 种植结构

景电灌区属一季有余、两季不足的农作物种植区。根据灌区自然气候和水土资源状况,灌区作物种植结构中农作物主要有小麦、大麦、大田玉米、制种玉米、马铃薯、胡麻、豆类、油葵、葵花、枸杞、孜然、瓜类、果类等。种植模式有单种和套种两类。套种主要有小麦套玉米(覆膜或不覆膜)、玉米套豆类、玉米套胡麻、油葵套胡麻、孜然套玉米、玉米-胡麻-胡萝卜三套田等;经济作物包括枸杞、早酥梨、制种玉米、马铃薯等。

灌区规划设计夏秋作物比例为6:4(可使工程夏秋提水流量基本保持均衡),粮经作物比例为3:1。灌区节水灌溉项目实施前,灌区夏秋作物实际种植比例为8:2,粮经作物比例为5:1。近几年,景电管理局和地方政府密切配合,大力宣传作物种植结构调整的重要性,结合灌区节水灌溉项目的实施,采取各种有效措施,推动了灌区作物种植结构的调整,目前灌区夏秋作物种植比例已达到6:4,粮经作物种植比例达到7:3。2000—2014年景电灌区种植比例情况见表2-21。

表 2-21 2000—2014 年景电灌区种植比例情况

年份	耕地面积/亩				种植比例分析(夏禾:秋禾:经济作物)
	总计	夏禾	秋禾	经济作物	
2000	626 788	326 454	147 247	153 087	52:24:24
2001	623 528	306 655	194 613	122 260	49:31:20
2002	561 233	287 353	175 371	98 509	51:31:18
2003	546 313	260 072	171 584	114 657	48:31:21
2004	599 841	303 446	169 550	126 845	51:28:21
2005	600 703	324 079	170 320	106 304	54:28:18
2006	696 324	394 855	195 123	106 346	57:28:15
2007	709 108	377 451	192 463	139 194	53:27:20
2008	718 914	362 480	192 371	164 063	50:27:23
2009	775 142	387 268	205 509	182 365	50:26:24
2010	780 252	308 551	276 761	194 940	40:35:25
2011	789 998	187 863	291 716	310 419	24:37:39
2012	815 347	193 093	379 411	242 843	24:46:30
2013	815 769	90 854	503 947	220 968	11:62:27
2014	827 800	174 220	476 056	177 524	21:58:21

景电灌区设计的种植比例为夏秋6:4,在市场经济的调节下,灌区出现了夏秋比例倒挂的情况,即由原来的夏秋7:3变为现在的秋夏7:3甚至到8:2。夏秋种植比例失调造成了夏、秋灌用水不平衡和灌区局部用水十分紧张。灌区主要采用畦灌、沟灌、膜上灌溉、淹

灌等传统的地面灌溉方式,灌区有3.8万亩面积采用滴灌。

2.3.11.7 存在的主要问题

景电一、二期灌区建成后,从根本上改变了灌区农业生产条件。截至2013年底,灌区灌溉面积已发展到108万亩,占设计灌溉面积的108%;累计完成提水量106.8亿m^3;全灌区累计生产粮食77.51亿kg、经济作物29.12亿kg,累计产生直接经济效益138.36亿元,是工程建设总投资的16.09倍。

截至2015年底,景电累计提水119.15亿m^3,灌溉面积达110万亩,产粮84.38亿kg、经济作物32.17亿kg,直接经济效益167.93亿元,是工程建设总投资的19.62倍。

灌区安置甘、蒙两省(区)景泰、古浪、左旗等7县(旗)移民40万人,新建10个乡(镇)、178所学校和123所医院(所),交通便利,百业兴旺,经济繁荣,人民安居乐业。

昔日苦瘠甲天下的亘古荒原变成了绿树成荫、粮丰林茂、瓜果飘香的米粮川,百万亩灌区与十余万亩三北防护林带,有效阻止了腾格里沙漠南侵,成为祖国北部的生态屏障。百万亩灌区与十余万亩三北防护林带连成一片,有效地阻止了腾格里沙漠的南侵,成为省会兰州最大的生态屏障。据工程上水前后的气象资料对比,年平均降水量由185 mm增加到201.6 mm,相对湿度由46%增加到47%,平均风速由3.5 m/s降低到2.4 m/s,8级以上大风天数由29 d减为16.7 d,年蒸发量由3 390 mm降低到2 361 mm,灌区小气候得到明显改善。尤其是向民勤调水为石羊河流域综合治理发挥了重要作用。

同时灌区还存在以下一些问题:

(1)灌区群众意识不强,节水措施不到位。目前,公众对节水的认识并没有从人与水和谐相处和可持续发展的高度来认识,对未来的水危机,尤其是对生态环境恶化趋势缺乏足够认识,因而水危机意识淡薄,节水措施不力,对水资源的浪费行为习以为常。

(2)节水示范工程建设薄弱,未形成规模布局。灌区节水示范点自2006年陆续开始建设,重点发展高效节水滴灌工程,但由于建设资金缺乏,进度缓慢,还未形成节水示范样板工程,缺乏一些告示制度、建设规模、观测记录、灌溉制度等软件制度的建设,很难为全灌区示范带动提供科学依据。

(3)水价激励机制未形成,节水缺乏利益驱动。水价是配置水资源的重要手段,但目前水价偏低的问题比较突出,在用水、节水方面的调节功能弱化。水资源价值和用水成本在水价中没有得到充分反映,景电灌区监管成本水价为0.395元/m^3,而执行水价为0.33元/m^3,水价的长期倒挂,一方面造成水资源的严重浪费,另一方面造成渠系配套建设和供水设施的维修改造投资不到位,同时导致用水户的商品意识不易形成,增加了推广使用节水器具和节水技术的难度。

(4)管灌、喷灌、滴灌等高效节水措施由于一次性投入大,管理成本高,一般农户无力承担,直接影响高效节水措施的推广。

(5)灌区种植结构受市场影响变化较大,种植什么作物主要由农民自已决定,不易形成规模化的高效经济作物区和粮食作物区,直接影响高效节水措施的推广。

2.3.12 洛东灌区

2.3.12.1 灌区地理位置

洛东灌区位于大荔县境,处于东经109°47′~110°08′,北纬34°47′~34°56′。东起黄河右岸，西南洛河环绕，西北抵黄土塬。

2.3.12.2　**灌区地形地貌**

灌区总的地势是北高南低，由北向南呈阶梯状下降，平均地面坡度3%~5%。地貌为河流冲积平原，有四级阶地，呈东西向平行排列，阶面比较完整，阶阶之间为陡坎或较大坡度的斜坡。阶地的排列顺序由北向南分别为Ⅳ级、Ⅲ级、Ⅱ级、Ⅰ级、洛河，其海拔分别为420 m、370 m、350 m、335 m、330 m。阶地后缘均有东西走向的蝶形或槽形盐碱洼地，其中以盐池洼为最大。黄河南北横截各级阶地，以陡坎30~80 m突跌河滩，造成深切的河堑。

2.3.12.3　**灌区气象水文**

洛东灌区东南高山环绕，阻挡来自东南亚暖流气团；北有黄土高塬为屏，受西伯利亚寒冷气流影响不大，属半干旱大陆性气候，多风而风力不强，少雨而雨量集中，蒸发相当强烈，一年变化多及日变化也较大；四季气候是春季晴朗干旱，夏季炎热，秋季集中降雨，冬季寒冷降霜雪，四季多风，且以东北及东北偏东风居多，最大风力达10级，最大风速为25~28 m/s。年平均降水量为507.5 mm，多年平均蒸发量1 689.34 mm(20 mm蒸发皿观测值)，区内多年平均气温13.3 ℃，最高气温42.8 ℃，最低气温-16.7 ℃。灌区无霜期219 d，最大冻土深0.28 m，年平均日照总时数为2 385.2 h。

洛东灌区为黄河支流洛河水系，黄河从东边自北而南流过，洛河环绕西南经朝邑注入渭河。

2.3.12.4　**灌区土壤**

土壤属褐土，由于母质、地下水、地形、灌溉等条件不同，在低凹处有浅色草甸土和盐渍化土及沼泽化土。

2.3.12.5　**灌区基本情况**

洛惠渠灌溉工程从1934年开始修建，1950年开灌受益。灌区属大(2)型工程，灌区设计灌溉面积50万亩，灌溉设计保证率75%。开灌后经多次扩建改造，到20世纪70年代有效灌溉面积达77.7万亩。目前，有效灌溉面积74.32万亩，其中：自流53.21万亩，抽灌21.11万亩(包括井渠双灌10.5万亩)。渠首采用低坝自流引水方式，总干渠引水能力25 m^3/s。灌区主要灌溉设施有：总干渠1条，长21.4 km，已全部衬砌；干渠4条，长83.3 km，已衬砌61.8 km，渠道衬砌率74%；支(分渠)13条，长131.96 km，斗渠333条，长932 km，分引渠5 804条；各类建筑物14 712座，其中重点建筑物36座。灌区排水系统有干沟4条，支沟27条，分毛沟542条，总长度为776.9 km，建筑物1 612座。骨干建筑物有渠首枢纽、总干渠、4座隧洞、2座渡槽、洛西倒虹等。

2013年洛东灌区基本情况：设施灌溉面积77.60万亩，农田灌溉面积74.25万亩，当年实际灌溉面积45.96万亩，节水灌溉面积22.40万亩；干渠总长104.37 km，衬砌率90.75%；支渠131.05 km，衬砌率62.77 %；斗渠1 105.00 km，衬砌率38.19%；当年引提水量12 363.41万 m^3，当年输水干渠渠首引水量9 046.71万 m^3，斗渠口全年出水量5 518.49万 m^3，亩均灌溉用水量268.73 m^3；粮食播种面积16.84万亩，棉花播种面积2.41万亩，油料播种面积2.33万亩。农民用水户协会20个，灌溉面积25.83万亩。

从近年来的作物种植结构来看，洛惠渠灌区主要作物为果树，占50%左右，其次是棉花，占13.4%，再次是麦田和玉米，占10.7%，其他的占到了25%。

从洛惠渠灌区($P=75\%$)灌溉制度(现状年)来看,小麦、玉米、棉花、果林、经济作物及其他灌溉定额分别为 17.05 m^3/亩、16.2 m^3/亩、54.4 m^3/亩、46.5 m^3/亩、39 m^3/亩和 19.5 m^3/亩,综合灌溉净定额 192.65 m^3/亩;灌溉毛定额 370.48 m^3/亩;灌溉水利用系数 0.52。

洛惠渠灌区管理局提供的 1997 年和现状年灌区($P=75\%$)灌溉制度分别见表 2-22 和表 2-23。

表 2-22　洛惠渠灌区($P=75\%$)灌溉制度(1997 年)

作物	灌水次序	种植面积/万亩	种植比例/%	灌水阶段	灌水日期	灌水定额/(m^3/亩)	灌溉定额/(m^3/亩)	综合灌溉定额/(m^3/亩)	备注
小麦	1	37.16	50	冬灌	11 月 18 日至 12 月 11 日	60	77.5	218.1	
	2			返青拔节	3 月 10 日至 3 月 29 日	50			
	3			抽穗	4 月 11 日至 4 月 30 日	45			
玉米	0	29.73	40	播种	6 月 11 日至 6 月 22 日	45	54		
	1			抽穗	7 月 7 日至 7 月 20 日	45			
	2			灌浆	7 月 27 日至 8 月 6 日	45			
棉花	0	10.4	14	播前	2 月 22 日至 2 月 28 日	50	23.8		
	1			现蕾	5 月 30 日至 6 月 11 日	40			
	2			开花	7 月 7 日至 7 月 14 日	40			
	3			结铃	8 月 6 日至 8 月 12 日	40			
果林	0	11.15	15	冬灌	12 月 25 日至 1 月 9 日	60	22.5		
	1			花后水	4 月 11 日至 4 月 20 日	45			
	2			膨果期	7 月 27 日至 8 月 12 日	45			
经济作物	0	11.15	15	播前灌	3 月 1 日至 3 月 10 日	50	19.5		
	1			苗期	5 月 30 日至 6 月 11 日	40			
	2			中期	6 月 23 日至 6 月 30 日	40			
其他	0	11.89	16	越冬	12 月 25 日至 1 月 9 日	50	20.8		
	1			返青	3 月 10 日至 3 月 25 日	40			
	2			开花	4 月 5 日至 4 月 10 日	40			
合计		111.48	150				218.1		

注:综合灌溉净定额 218.1 m^3/亩;灌溉毛定额 445.1 m^3/亩;灌溉水利用系数为 0.49。

由表 2-22 可以看出,2000 年以前,灌区农作物主要以种植小麦、玉米为主,两者的灌溉定额占灌区灌溉净定额的 60.3%,其他作物的灌溉定额占灌区灌溉净定额的 39.7%。

由表 2-23 可以看出,现状年灌区的作物种植结构发生了巨大的变化,小麦和玉米的种植比例由 50%、40%下降到 11%、12%,果林和经济作物的种植比例均由 15%增加到 31%和 30%。小麦和玉米两者的灌溉定额占灌区灌溉净定额的由 60.3%下降到 17.3%,其他作物的灌溉定额占灌区灌溉净定额的 39.7%增加到 82.7%。

表 2-23　洛惠渠灌区（$P=75\%$）灌溉制度（现状年）

作物	灌水次序	种植面积/万亩	种植比例/%	阶段	灌水日期	灌水定额/（m^3/亩）	灌溉定额/（m^3/亩）	综合灌溉定额/（m^3/亩）	备注
小麦	1	8.17	11	冬灌	11月18日至12月11日	60	17.05	192.65	
	2			返青拔节	3月10日至3月29日	50			
	3			抽穗	4月11日至4月30日	45			
玉米	0	8.92	12	播种	4月11日至4月30日	45	16.2		
	1			抽穗	6月11日至6月22日	45			
	2			灌浆	7月7日至7月20日	45			
棉花	0	23.78	32	播前	2月22日至2月28日	50	54.4		
	1			现蕾	5月30日至6月11日	40			
	2			开花	7月7日至7月14日	40			
	3			结铃	8月6日至8月12日	40			
果林	0	23.03	31	冬灌	12月25日至1月9日	60	46.5		
	1			花后水	4月11日至4月20日	45			
	2			膨果期	7月27日至8月12日	45			
经济作物	0	22.29	30	播前灌	3月1日至3月10日	50	39		
	1			苗期	5月30日至6月11日	40			
	2			中期	6月23日至6月30日	40			
其他	0	11.15	15	越冬	12月25日至1月9日	50	19.5		
	1			返青	3月10日至3月25日	40			
	2			开花	4月5日至4月10日	40			
合计		97.33	131				192.65		

注：综合灌溉净定额 192.65 m^3/亩；灌溉毛定额 370.48 m^3/亩；灌溉水利用系数为 0.52。

2.3.13 东雷灌区

2.3.13.1 灌区地理位置

东雷抽黄灌区(简称东雷灌区)位于陕西省渭南市的合阳、大荔、澄城、蒲城4县,东雷抽黄工程渠首设在合阳县以东25 km的东雷村下,总引水流量40~60 m^3/s的渠道工程在赤白嘴引水,通过进水闸由一级站抽水入总干渠沿黄河右岸滩地南下,穿过合阳县东王乡和金水沟至大荔县华原乡加西村塬下,全长35.5 km,沿总干渠西侧,在合阳县的东雷、新民,大荔县的南乌牛和加西等4个地方分别设4个二级上塬抽水站,与滩地上的2个灌排系统一起构成东雷、新民、南乌牛、加西、新民滩和朝邑滩6个灌溉系统。总土地面积146.1万亩,耕地面积126万亩,设计灌溉面积102万亩,有效灌溉面积83.7万亩。

2.3.13.2 灌区地形地貌

合阳县呈阶梯地形,自东南向西北逐渐升高,海拔在342~1 543.2 m,南北长41.8 km,东西宽35.6 km。耕地面积93.2万亩。地貌类型依次为河谷阶地、黄土台塬和低中山。在总面积中,塬面占65.6%,沟壑占18.2%,素有"一山一滩川,二沟六分塬"之称。

大荔地处渭河断陷盆地东部偏北坳陷区,属渭河断陷地堑构造。地质构造特征为北部(台塬)断块隆起,中部(洛灌区)断坡阶梯状,南部(沙苑)和东部(黄河滩)为地堑构造深陷区。大荔地史屡经地堑断裂,湖、河交替沉积、深切,构成北高南低,依次下降,地面趋向渭、洛倾斜,台、阶、沙、滩多级格局的地貌特征。

澄城县属渭北黄土台塬一部分,地貌以黄土塬为主体。黄龙山横亘北部边界,洛河从西南流经,支沟流贯塬体,并成为与东西邻县的天然分界。总体上,地形北高南低,海拔470~1 285 m,全县地貌可分低中山、山前洪积裙、黄土塬及河谷四种类形。

蒲城县地处陕北黄土高原和关中平原交接地带。地形以台塬为主,地势西北高东南低。地貌分为北塬山地、中部台塬、洪积扇裙、东部河谷四种类型。

2.3.13.3 灌区气象水文

本区属于干旱半干旱季风气候,年积温3 894.2 ℃,平均气温为13.1 ℃,年内以7月温度最高,多年平均气温为30.6 ℃,1月气温最低,多年平均为-0.6 ℃。由于受大气环流、纬度和地形的影响,该地区长期干旱少雨,素有"十年九旱"之说。蒸发量因受大陆性气候影响显著而大于降水量,其多年平均为1 500 mm,降水量多年平均仅542 mm,且时空分布不均,多集中在7、8、9月三个月,以暴雨或连阴雨的形式出现。无霜期约200 d。结冻期一般由12月上旬至次年2月末,约60 d,最大冻土深度0.67 m左右。

境内两条小河大部分时间干涸无水,地下水埋藏深度在150~200 m,且储量小,无开采利用价值。黄河是灌区唯一可以利用的水源,据2005年黄河干流主要水文控制站实测水沙特征值与多年平均值资料分析:1934—2009年龙门站年均径流量287亿m^3,平均流量910 m^3/s,其中:75%年份径流量为203亿m^3,平均流量为644 m^3/s;95%特枯年份径流量为136亿m^3,平均流量为413 m^3/s。

2.3.13.4 灌区基本情况

东雷二期抽黄引水枢纽位于一期抽黄工程渠首以下5.9 km附近,即黄淤断面56#上游1.76 km,穿越东雷一期抽黄、洛惠渠、龙阳抽水、交口抽渭等4个灌区。共计灌溉126.5万亩,其中洛河以东15.5万亩,剩余的111万亩在洛河以西的蒲、富黄土台塬区。控制高程550 m,规划抽水高程为515 m,抽水净扬程200 m左右。黄河水源引入进水闸,经一级站抽4~6 m,进入太里湾抽黄总干渠,引至夏阳村北汇入东雷一期抽黄总干渠南下,经新民、南乌牛、加西等东雷二级站至大荔县北干村于塬下设北干抽水站上塬进入渭河Ⅲ级阶地(扬程56 m)。从北干站出水池后沿398 m高程西行,到大荔县双泉镇,沿洛惠渠东西干渠的北侧向西输水。分设孙镇、蒲城、兴镇、流曲、刘集等5个灌溉系统,最大的灌溉系统控制24万亩。各灌溉系统根据年费用最小的原则结合地形条件,又分别设4~5级抽水。另外本灌区除扩灌外,还有补水灌区,补水面积位于390 m高程以下,分别为洛惠渠和交口2大灌区的一部分,这2个灌区系统配套齐全,自成系统,根据就近补水、方便管理的原则,规划为洛东补水灌区(10万亩,4 m^3/s),洛西补水灌区(10万亩,4 m^3/s),交口抽渭补水灌区(21万亩,8 m^3/s),共计补水41万亩。

东雷抽黄(Ⅰ)灌溉工程是以黄河为水源的大(2)型高扬程电力提灌工程,渠首位于黄河小北干流中段右岸,黄淤58#、59#断面之间,取水方式为无坝式引水。枢纽工程防洪标准为百年一遇洪水设计,千年一遇洪水校核。渠首设计引水流量40 m^3/s,加大引水流量60 m^3/s,灌溉保证率为75%。灌区于1975年8月开工修建,1979年10月相继建成受益,1988年塬上系统(滩区工程除外)竣工交付使用。工程投运30多年来,累计渠首引水33.1亿 m^3,斗口用水15.7亿 m^3,灌溉农田2 145万亩。

东雷抽黄灌区工程等别为Ⅱ等,属大(2)型灌区。共建成总干、干、支、斗、农渠五级渠系。其中,总干渠从一级站出水池起,沿黄河右岸向南延伸至大荔县华原乡加西村塬下,全长35.5 km,设计流量85 m^3/s,加大流量115 m^3/s,为东雷一、二期抽黄灌区共用输水渠道;干渠8条(含总干渠退水渠2条),总长95.2 km;支渠42条,总长220.3 km;斗渠389条,总长636 km;农渠2 361条,总长1 847 km。修建各类渠系建筑物16 287座,其中干支渠系建筑物2 775座,斗农渠系建筑物13 512座,完成生产生活设施建筑面积7.5万 m^2。建成各级抽水泵站28座,安装各类抽水机组133台,最多9级提水,累计扬程331.7 m,加权平均扬程214.7 m,总装机容量11.86万kW。建设变电站29座,其中局管变电站25座。架设输电线路19条,长260.7 km,其中局管输电线路4条,长62.39 km。

东雷抽黄管理局是渭南市水务局下属正县级差额拨款事业单位。灌区现行"以条为主,条块结合,分级管理"的管理体制,即管理局为灌区专管机构,负责抽水泵站、总干渠及三县共用干渠的管理,配水至支渠口,收费至管理段;灌区合阳、大荔、澄城各县设立抽黄管理处,负责管理县属干、支、斗渠工程维修养护及用水、水费收缴及段、斗干部的管理。

2010年,东雷抽黄灌区按照相关规定在黄委会办理了取水许可登记手续,取得了《取水许可证》(取水国黄字〔2010〕第61007号,首次批准渠首取水量1.5亿 m^3,后换证核减为1.3亿 m^3)。

在取用水方面,东雷抽黄管理局严格按照国务院《取水许可和水资源费征收管理条例》、水利部《取水许可管理办法》以及黄委会关于加强水资源管理及取水许可等有关文件精神执行,坚持最严格的水资源管理制度。近年来,通过国家节水改造与续建配套项目实施,不仅改善了工程运行状况,保证了渠道工程的安全运行,还大力推行节水技术和节水灌溉,强化各级渠道计量设施建设和考核,做到了计划用水、科学用水,提高了灌溉水的利用率。

在灌区测水量水方面,东雷抽黄管理局多次修订了《东雷抽黄灌区水量调配与对口落实管理办法》《出、供水口测流计量管理办法》《水量管理办法》,在总干渠沿线共布设有2个测流点,管理局配水站派专业施测人员,每天上午和下午各进行测流一次,报配水站统一核实计算渠首引水量。每年灌溉结束后,管理局农水科对各站流速仪统一回收后重新校定,确保了流速仪的使用准确无误。

灌区近5年渠首平均取水量1.66亿 m^3,斗口平均用水量0.84亿 m^3。总干渠退水量1 453万 m^3(含二黄退水)。灌区总干渠水利用系数0.85,干渠水利用系数0.92,支渠水利用系数0.93,斗渠水利用系数0.88,灌溉水利用系数0.49。

2.3.14 人民胜利渠灌区

2.3.14.1 灌区地理位置

人民胜利渠灌区是黄河下游兴建的第一个大型引黄自流灌溉工程。灌区位于河南省黄河北岸,北以卫河、南长虹渠为界;南为原阳县的师寨、新乡县的郎公庙、延津县的榆林、滑县的齐庄一线;西以武嘉灌区和共产主义渠为界;东以红旗总干渠为邻。渠首位于河南省黄河北岸武陟县秦厂村。开灌至今已70年,经过多次规划和数次不同程度的改建、扩建已形成相当规模的工程体系,构成了相对比较完整的骨干渠系,虽然存在一些问题,但总的布局是合理的。目前,人民胜利渠灌区的地域主要包括新乡、焦作、安阳3市的新乡县、新乡市郊、原阳、获嘉、延津、卫辉、武陟、滑县共7县1市郊,控制总面积1 486.84 km^2,规划设计灌溉面积为148.84万亩。按照灌区面积与工程布局设计,人民胜利渠灌区分西一灌区、白马灌区、东一灌区、东二灌区、东三灌区和北分干、南分干灌区及其分散小灌区。根据水利普查成果,2011年总灌溉面积72.79万亩,有效灌溉面积69.08万亩,实际灌溉面积66.65万亩。人民胜利渠灌区供水工程主要包括渠首工程、渠系工程、井灌工程。

2.3.14.2 灌区地形地貌

灌区地处古黄河冲积平原的北翼和太行山前冲洪积扇的南缘地带,海拔70~82 m,地势西高东低,一般坡降为1/4 000。从西北到东南,可分为3个地貌单元。西北部卫河以北地区,为太行山前冲洪积倾斜平地。北高南低,约占全县总面积的12%,中部古阳堤以北至卫河以南,是古黄河、沁河泛流地区与背河洼地,由黄河沁河泛滥沉积形成,地貌复杂,多为槽状洼地和龙岗坡地,约占全县总面积的39%,南部与东南部为黄河故道漫滩沙丘地区,地势起伏较大。一般高出背河洼地3~5 m,约占全县总面积的49%。

2.3.14.3 灌区气象水文

灌区属暖温带大陆性季风型气候,年平均气温14 ℃,无霜期220 d,年平均水面蒸发量 1 300 mm,年平均降水量 620 mm。开灌至 2000 年,灌区共引水 300.6 亿 m^3,其中农业用水 174 亿 m^3,新乡城市用水 9.6 亿 m^3,向天津市送水 11 亿 m^2,补给卫河水 68 亿 m^3,回灌补充地下水 38 亿 m^3。

2.3.14.4 灌区土壤

灌区土质以轻壤土和中壤土为主,主要种植小麦、玉米、棉花、水稻、花生等。复种指数 1.8。

2.3.14.5 灌区基本情况

1.渠首工程

渠首工程包括临黄大堤的引黄渠首闸、黄河大堤上的引黄穿堤闸(张菜园闸)以及渠首闸前的引水渠。

引黄渠首闸:位于河南省武陟县嘉应观乡秦厂东南,京广铁路黄河铁路桥上游北岸 1.5 km 的秦厂大坝上,渠首为无坝引水,渠首闸为开敞式钢筋混凝土结构五孔闸。1952 年建成,设计正常过水流量 60 m^3/s,加大为 100 m^3/s,闸前水位为 93.98 m,闸后水位为 93.7 m(大沽基面)。

引黄穿堤闸(张菜园闸):为人民胜利渠穿黄河大堤的闸。位于河南省武陟县何营张菜园村西,黄河北岸大堤公里桩号 86+620。为五孔涵闸,1977 年建成,设计正常过水流量 100 m^3/s,加大为 130 m^3/s,闸前水位为 90.87 m,闸后水位为 90.42 m(大沽基面)。

引水渠:为引黄渠首闸前至引水口之间的引水渠。原引水口位于京广铁路黄河铁路桥西,靠铁路桥,渠线为东南西北向,引黄河倒流水至引黄渠首闸前,原引水渠长约 2 km。由于 1999 年 10 月小浪底水库建设蓄水,拦浑排清,引水口处黄河主槽冲刷下切逐渐加大,灌区渠首闸引水条件逐渐恶化,再加上引水口处的黄河主流向南滚动,引水渠长度由原来的 2 km 向南延伸到现在的 3 km,引水比降由 2000 年的 1/800,减缓到现在的约 1/4 000。

2001 年以来黄河人民胜利渠渠首段主槽逐步下切,黄河水位相应下降。目前灌区引水口处黄河主槽已下切至 3 m 左右。黄河除调水调沙期前水源有保证外,大多时间花园口流量为 400~800 m^3/s,其概率为 70%左右。当黄河花园口流量在 500 m^3/s 以下时,灌区基本上无法自流引水。2009 年遭遇大旱,在省防汛抗旱办公室的支持下,购置了 6 台水陆两用挖掘机,专门用于引水渠的清淤,并扩挖引水渠 0.5 km、新开挖输水渠 0.2 km,解决了当时抗旱应急的燃眉之急。

为应对闸前水位下降、口门引水能力下降问题,2012 年灌区管理局根据现有渠首引水工程布置,在现引水渠的老滩入口处,修建了渠首浮箱式移动泵站,设置安装了 20 台水泵,最大引水能力为 30 m^3/s,目前实际运行能力为 10~15 m^3/s,临时在引水渠上筑坝,将引水渠分为南北两段,黄河水由泵站提入引水渠北段,供给渠首闸引水,以解决新乡市城市工业生活临时供水紧张的应急水源问题。但由于泵站运行成本及维修费用较高,提水能力有限,引水能力不足成为制约灌区及新乡市发展用水的瓶颈。

2.渠系工程

总干渠工程:总干渠从京广铁路黄河铁路桥西秦厂引黄渠首闸开始,在大堤内穿铁路桥后基本平行京广铁路至新乡市入卫河，总长 52.7 km。渠道河槽为复式河槽，主槽深 2.1 m，两岸均有 2 m 宽平台，从渠首闸到张菜园闸渠段，渠底宽为 20 m，其他渠段均为 15 m。从渠首闸到张菜园闸，渠长 8.69 km，设计正常过水流量 100 m^3/s，渠道比降约 1/4 240；从张菜园闸到一号跌水，渠长 0.77 km，设计正常过水流量 100 m^3/s，渠道比降约 1/1 830；从一号跌水到二号跌水，渠长 7.03 km，设计正常过水流量 80 m^3/s，渠道比降约 1/3 220；从二号跌水到三号跌水，渠长 23.339 km，设计正常过水流量 80 m^3/s，渠道比降约 1/3 700；从三号跌水到新乡—津延公路，渠长 12.021 km，设计正常过水流量 56 m^3/s，渠道比降约 1/3 880；从新乡—津延公路到四号跌水，渠长 0.662 km，设计正常过水流量 56 m^3/s，渠道比降约 1/385；从四号跌水到卫河，渠长 0.2 km，设计正常过水流量 56 m^3/s。在总干一号跌水上，布设电站 1 处，总装机容量 625 kW。

渠系工程：骨干渠系主要由总干渠及西干、东一干、新东一干、东二干、东三干等 6 条干渠和 46 条支渠组成，现状年输水干渠长度 258 km，配水渠道 1 144 km；西干渠位于灌区西北，现状年实灌面积 16.36 万亩；东一干、新东一干位于灌区西南，现状年实灌面积 16.36 万亩；东二干位于灌区东北，现状年实灌面积 6.83 万亩；东三干位于灌区东部；现状年实灌面积 12.0 万亩。东三干南分干位于东南，现状年补水实灌面积 13.5 万亩。

东三干灌区位于人民胜利渠灌区的下游，是人民胜利渠灌区距渠首最远、灌溉面积最大的灌区。东三干渠从人民胜利渠总干渠三号跌水上游（在新乡县田庄附近）引水，设计灌溉面积 35 万亩，有效灌溉面积 25 万亩，多年平均灌溉面积 20 万亩，设计流量 35 m^3/s。干渠全长 56.98 km。现有支渠 7 条，长 49.2 km，其中三支、加三支、四支、加四支、五支、六支、七支共 7 条支渠，控制延津县和卫辉市设计灌溉面积 12 万亩。

南分干渠自第五疃西南东三干渠王堤节制闸引水，1979 年建成引水。向东沿获小庄至张河东延伸。总长度 24 km，宽 14 m 左右，年引水 6~9 次，平均引水天数 87 d，引水量 4 870 万 m^3。南分干灌区干渠的设计流量 12 m^3/s，加大流量 15 m^3/s。控制延津县设计灌溉面积 16 万亩，补源面积 25 万亩。

井灌工程：由农用机井、低压输配电线路以及相应的田间工程组成。目前灌区有农用机井约 1.6 万眼，配套 1.4 万眼，农用机井均在第一含水层取水，井深一般在 30~40 m。机井在灌区上游及渠灌用水较方便的地区，分布密度较小，一般每千亩耕地有 8~9 眼；在灌区下游及边远地区，分布密度较大，每千亩耕地有机井 11~12 眼。从单井出水量来看，在抽降 3~5 m 的情况下，古黄河漫滩区大于古黄河背河洼地区，古黄河背河洼地区大于卫河淤积区，且自灌区东南部向西北部递减。

3. 人民胜利渠灌区工程供水状况

根据 2005—2014 年人民胜利渠灌区张菜园闸年实际引水量统计，自 2005 年以来，多年平均实际引水量 31 343 万 m^3（见表 2-24）。其中，农业灌溉供水 29 383 万 m^3，新乡市工业与城市生活供水 1 835 万 m^3，其他供水 125 万 m^3。现状年 2014 年实际引水量 22 693 万 m^3，其中农业灌溉供水 20 726 万 m^3，工业与城市生活供水 1 967 万 m^3。

表 2-24　2005—2014 年人民胜利渠张菜园闸实际引水量

年份	实际引黄水量/万 m^3			
	农业	工业及城市生活	其他	合计
2005	24 272	799	0	25 071
2006	28 338	2 075	0	30 413
2007	33 740	2 075	0	35 815
2008	34 375	1 166	1 247	36 788
2009	32 535	1 198	0	33 733
2010	30 503	2 041	0	32 544
2011	27 476	2 436	0	29 912
2012	35 207	1 928	0	37 135
2013	26 657	2 670	0	29 327
2014	20 726	1 967	0	22 693
平均	29 383	1 835	125	31 343

2.3.15　渠村灌区

2.3.15.1　灌区地理位置

渠村引黄灌区位于濮阳市西部，东经 114°49′~115°18′，北纬 35°22′~36°10′，南起黄河，北抵卫河及省界，西至滑县境内黄庄河及市界，东抵董楼沟、潴龙河、大屯沟，东与南小堤引黄灌区毗邻，南北长约 90 km，东西宽约 29 km，灌区地跨两个流域，以金堤为界，金堤以南为黄河流域，金堤以北为海河流域，涉及濮阳县、华龙区、高新区、市城乡一体化示范区、清丰县、南乐县和安阳市的滑县 5 县，共计 46 个乡镇，1 313 个自然村。

2.3.15.2　灌区地形地貌

灌区位于华北坳陷带，属黄河冲积平原，历史上由于黄河多次决口泛滥，形成了自然排水沟、河，整个地形由西南向东北倾斜，河沟流向与地势基本一致。地形微有起伏，坡降平缓。南北纵坡 1/4 000~1/10 000，地面高程 49~56 m（黄海标高）。

2.3.15.3　灌区气象水文

灌区属北温带大陆性季风气候区，是半干旱、半湿润地区，四季交替明显，光、热资源丰富，夏季炎热多雨，冬季寒冷干燥，春季干旱多风，多年平均气温 13.4 ℃，历年最高气温 42.2 ℃，最低气温-18.9 ℃，1 月平均气温-2.1 ℃，7 月平均气温 27 ℃，多年平均气温 15.9 ℃，无霜期多年平均 205 d 左右，最长 278 d，最短 185 d。年均干旱天数为 148 d。平均日照 2 585 h。最大风力在 2—4 月，平均 5.3 级，最小风力在 8 月，平均 2.6 级，春夏多南风，秋冬多北风。光照条件充足，气候条件适宜小麦、玉米、棉花、大豆、红薯等多种作物生长。

灌区内多年平均降水量 578.7 mm，多年平均蒸发量 1 663 mm。降水特点是由北向南递增，年际变化较大，季节分布不均。雨量主要集中于夏、秋两季，春季降水量占年降水量的14%，夏季占61%，秋季占21%，冬季占4%，因此冬、春两季旱象突出，且有十年九旱、先旱后涝、涝后又旱、旱涝交替的特点，严重影响夏粮生产和春季播种，旱灾为该区的主要自然灾害。

地下水来源于大气降水和黄河侧渗水，地下水埋深金堤以南1~9 m，金堤以北13~22.3 m，地下水矿化度在1 g/L左右，在金堤以南的五星、子岸、庆祖东部及八公桥一带，地下水矿化度在2 g/L以上，局部在4 g/L以上，属于苦碱水。在金堤以北也有一苦水区，自清丰大流乡以北马颊河东侧，南乐县城关周围向东北延伸至省界，地下水层属于较严重的苦碱水。据1974年取样化验，地下水埋深60 m以上，矿化度3 g/L左右；地下水埋深60~100 m，矿化度大于4 g/L，最高6~7 g/L。水化学类型，阴离子以Cl^-、SO_4^{2-}最多，阳离子以Na^+、Mg^{2+}最多。水质评价为盐碱水，尤以盐害为主，对人畜有害，也不能作为农田灌溉水源。

2.3.15.4　灌区土壤

灌区的成土母质主要是黄河冲积物，为第四纪全新统地层，这些冲积物来源于黄土高原的黄土，厚度均匀，颗粒细，富含钙质。沉积层达300 m左右，由于黄河多次决口泛滥、改道和“急沙、慢淤、清水碱”的分选作用，在地质剖面上呈现砂质土和黏质土交错分布，构成了重叠交替的沉积特征。土壤分为3个土类：潮土类、风沙土类和碱土类。潮土类主要是在黄河冲积物基础上发育而成的潮土，占灌区总面积的95%；风沙土类占4.9%；碱土类占0.1%。土壤分为9个亚类：潮土、脱潮土、灌淤土、碱化潮土、盐化潮土、湿潮土、草甸碱土、半固定风砂土、固定风砂土。大体上可分为15个土属，其中主要有4个土属：砂土（包括小部荒砂）都分布在境内西部边界，土层较薄、大部分均可种植；两合土（壤土）和黏土，约占全区耕地面积的60%以上，分布在各主要河沟两侧，土壤肥沃，是主要的粮食产区；盐碱土分布于沿黄河大堤背河洼地和潴龙河流域洼地。

2.3.15.5　灌区基本情况

灌区总土地面积2 019 km²，耕地面积193.1万亩，受益人口157.73万人，其中农业人口131.2万人，劳动力60.84万人。受益范围包括濮阳县、滑县，设计灌溉面积193.1万亩，实际灌溉面积161.8万亩。取水闸为渠村引黄闸。设计流量100 m³/s，加大流量100 m³/s。

渠村引黄灌区近几年平均引黄水量为4亿m³，2015年引黄水量超过5.17亿m³，属河南省引黄水量最大的灌区之一。自1986年大规模引黄灌溉以来，渠村灌区效益区连续30年持续稳产高产，近几年粮食平均亩产480 kg，人均粮食750 kg，农民人均收入超2 000元，为濮阳市农业经济发展发挥了重要的支撑作用，也为河南省建设国家粮食生产核心区建设做出了重要贡献。

渠村引黄灌区设计灌溉面积193.1万亩，其中金堤河以南属黄河流域，耕地面积74.59万亩；金堤以北为海河流域，耕地面积118.51万亩。金堤以南，从1958年引黄灌溉以来，由于运用不当，大引大灌，致使土壤次生盐碱；1961年被迫停灌，1966年因长期干旱，恢复引黄灌溉，确立了“灌排分设、水、旱、涝、碱综合治理的方针”，使该区步入正常引黄灌溉。在金堤以北，20世纪70年代以前为井灌区，地下水埋深仅4 m左右，机井深度一般为30~40 m。1976年后，由于气候偏旱，地下水超量开采，地下水水位大幅下降，使得机井加深,水泵更新换代加快,出水量越来越小,为缓解用水矛盾,开挖了输水、蓄水渠(沟)道,并先后在马颊河等干支沟(渠)上修建了部分拦河闸和提灌站等,形成了当前的工程现状。

渠村引黄灌区于1986年和1998年先后建成了通往金堤以北的第一、第三两条濮清南引黄工程,效益覆盖濮阳市濮阳县、清丰县、南乐县、华龙区、高新区和城乡一体化市范区,总干渠长度188 km,设计灌溉补源面积193.1万亩,是河南省38处大型灌区之一,以金堤为界,其中金堤以南灌区设计灌溉面积74.56万亩,金堤以北补源区设计灌溉补源面积118.54万亩。

渠村新引黄闸位于黄河大堤左岸47+120处,6孔钢筋混凝土涵洞式水闸,设计流量为100 m^3/s。左侧5孔设计流量90 m^3/s,每孔宽3.9 m、高3.0 m,满足渠村灌区193.1万亩农田灌溉和滑县西部以及河北邯郸魏县、邢台县部分乡镇农田灌溉用水;右侧1孔设计流量为10 m^3/s,宽2.5 m,高3.0 m,供应濮阳市区及中原油田的工业和城市生产、生活用水,该闸为Ⅰ级建筑物,年均引水量约为4.5亿 m^3。

2.3.16 南小堤灌区

2.3.16.1 灌区地理位置

广义上的南小堤灌区位于濮阳市的东南部,南临黄河大堤,北到河北省界,西与渠村灌区毗邻,东至王称堌灌区、山东莘县,南北长约85 km,东西宽约33 km,涉及濮阳市3县1区,26个乡(镇),893个自然村,总人口80多万,总土地面积1 060 km^2,耕地面积110.21万亩。

2.3.16.2 灌区地形地貌

灌区属于黄河冲积平原的一部分。地势较为平坦,自西南向东北略有倾斜,地面自然坡降南北为1/4 000~1/6 000,东西为1/6 000~1/9 000。地面海拔一般在48~58 m。濮阳县西南滩区局部高达61.8 m,台前县东北部最低仅39.3 m。由于历史上黄河沉积、淤塞、决口、改道等作用,造就了濮阳平地、岗洼、沙丘、沟河相间的地貌特征。境内有临黄堤、金堤及一些故道残堤。平地约占全市面积的70%,洼地约占20%,沙丘约占7%,水域约占3%。

2.3.16.3 灌区气象水文

灌区属华北平原大陆性季风气候,四季交替分明,洪、涝、旱、霜冻、低温、干热风灾害俱全,灌区年平均降水量565.9 mm,多年平均蒸发量1 879.6 mm。

灌区水资源十分贫乏。多年平均水资源量1.87亿 m^3,其中地表径流量0.46亿 m^3,地下水资源量1.41亿 m^3,人均水资源量263 m^3,占全省人均水资源量的51%,占全国人均水资源量的10%。灌区共分两大部分,以金堤为界,金堤以南属正常灌区,金堤以北属补水灌区。

2.3.16.4 灌区土壤

灌区属于黄河冲积平原,灌区土壤系母质黄河沉积物,南部为砂土和砂壤土,北部土质稍重为壤土和少量黏土。

2.3.16.5 灌区基本状况

正常灌区(狭义上的南小堤灌区)位于濮阳县东南部,南临黄河大堤,北抵金堤河,西至董楼沟与渠村灌区为邻。南北长 35 km,东西宽 17 km,控制面积413 km^2,涉及郎中、习城、徐镇、梨元、白罡、梁庄、八公桥、胡状、鲁河、文留、柳屯 11 个乡(镇),374 个行政村,389 个自然村,地处黄河中下游,属黄河流域,设计灌溉面积 48.21 万亩,2012 年有效灌溉面积达 41 万亩。灌区内作物以小麦、玉米、水稻、花生、棉花、大豆为主。

1961 年和 1969 年,由于采取大灌漫灌,运用不当造成大面积次生盐碱,地下水水位抬高,而停灌两次,1973 年第三次开始复灌。老引黄闸兴建于 1960 年,设计简易,引水量少,随着灌区引水量的逐年增大,老引黄闸已不能满足灌区的灌溉需要,经专家考证和上级部门的批准,1983 年投资 180 万元,改建了灌区引黄闸。1988 年总干渠加宽,以加大灌区的输水能力。2005 年出现了百年不遇的强降雨,由于工程多建于 20 世纪六七十年代,工程老化失修严重,大量工程被冲毁,经统计各类建筑物毁坏 300 多座,给灌区配水带来了很大的困难。

灌区 1957 年成立,20 世纪七八十年代灌区进行大规模的渠道开挖扩建。该灌区共有总干渠 2 条;干渠 5 条,长 100.65 km^2;建支渠 18 条,长 120.98 km;干沟 4 条,长 108.93 km;支沟 10 条,长 123.21 km。

正常灌区全称为南小堤灌区管理所,是濮阳县水利局的二级单位,差额补贴事业单位。下设 1 室 2 组 8 个分所,即办公室,财务组、工程组,董寨所、九章所、稻改所、庞寨所、前楼所、靳庄所、毛岗所、北关所。共有职工 240 人,其中经济师 2 人,工程师 3 人,助理工程师 18 人。灌区管理所设所长 1 名,书记 1 名,副所长 4 名。

2.3.17 彭楼灌区

2.3.17.1 灌区地理位置

彭楼引黄灌区最早是 1958 年由山东省水利勘测设计院设计,1959 年由当时聊城专区所辖的范县、莘县共同兴建的一个大型灌区,包括范县、莘县的全部耕地,设计灌溉面积 191 万亩,规划 8 条干渠。灌区建成后,1960 年和 1961 年曾实现全灌区灌溉受益,1962 年因涝碱问题而停灌。1964 年行政区划调整,灌区北金堤以南部分(6 个区)成为河南省范县,彭楼引黄闸划归黄委会管理北金堤以北部分(5 个区)并入莘县划归山东省。由此,彭楼引黄灌区成为跨省灌区。

现聊城市彭楼引黄灌区是原彭楼引黄灌区的山东部分,是国家农发办 1993 年批准建设的大型跨省跨流域引黄灌区,渠首为河南省范县境内的彭楼引黄闸,范县境内输水渠道长度 17.5 km。灌区位于聊城市莘县、冠县境内,南依北金堤,东临陶城铺和位山灌区界,西靠河南、河北省界和漳卫河,北至冠县临清交界处,灌区总面积 1 930.5 km,耕地和经济林地面积 200.5 万亩,设计引黄入鲁流量 30 m^3/s,实际灌溉补源面积 120 万亩。

彭楼引黄灌区所在的莘县、冠县是鲁西北棉粮主要产区,这一带属于高亢贫水区,水资源极度短缺。当地地表水资源由于降雨稀少且缺水调蓄工程,基本无法利用;客水资源中的卫河、金堤河由于上游节制,供水逐年减少,灌溉季节基本无水可引;该区域群众长期以来主要依靠井灌,为生产生活所迫,大量超采地下水,造成灌区内地下水水位逐年下降,已形成大面积地下水漏斗区,漏斗区面积占灌区总面积的98%,引发了诸如土壤退化、人畜饮水困难、水土流失加剧等一系列环境生态问题。彭楼引黄灌区的建成送水,在相当程度上缓解了灌区的缺水状况,并促进了聊城市莘、冠两县的社会和经济发展,改善了当地特别是“马西贫困区”的生态环境,经济效益和社会效益显著。但随着区内农业实行立体化种植,复种指数的提高,农业需水量逐步增加;乡办、村办企业进一步发展,工业产值迅速增长及人民生活水平不断改善,区内工业、生活等用水量增大,灌区内缺水的局面并未得到根本改善。

2.3.17.2　**灌区地形地貌**

灌区属黄泛平原,地势平坦,土层深厚。海拔 35.7~49 m,西南高,东北低,南北地面坡降 1/6 000,东西坡降 1/4 000。由于历史上黄河多次改道、泛滥,泥沙堆积,形成了高中有洼、洼中有岗的微地貌,主要由河滩高地、沙质河槽地、缓平坡地、河间浅平洼地、河道决口扇形地等组成。

2.3.17.3　**灌区气象水文**

灌区属暖温带半干旱大陆性季风气候区,四季分明,光照充足,温度适中,雨热同步。春季干旱多风;夏季炎热多雨,易成洪涝;秋季温和凉爽,降水减少;冬季寒冷干燥,雨雪稀少。灌区多年平均降水量 559 mm,多年平均蒸发量 1 218 mm,蒸发量为降水量的 2.18 倍。降水不足,且时程分配极不均匀:一是年际间丰枯悬殊。最大年降水量 1 019.2 mm(1964 年),最小年降水量 268.6 mm(1992 年),最大为最小的 3.79 倍。二是年内分配不均,3—5 月多年平均降水量仅 79.3 mm,占年降水量的 14.2%;6—9 月多年平均降水量为 413.6 mm,占年降水量的 74.1%。灌区年平均气温为 13.3 ℃,平均无霜期为 199 d。

灌区内现有徒骇河、马颊河两条骨干排涝河道,长 99.5 km;流域面积 100 km^2 以上的排涝干沟 10 条,长 229 km;流域面积 30~100 km^2 的排涝支沟 37 条,长 282.7 km。这些排涝河沟在 20 世纪六七十年代虽曾先后按“六四年雨型”除涝、“六一年雨型”防洪标准进行了治理和初步配套,但经过几十年的运用,河沟淤积严重,平均降低排涝能力达 50%,桥、涵、闸等建筑物老化退化,完好率仅仅 20%。田间排涝工程几乎全部报废。

2.3.17.4　**灌区土壤**

根据县级农业区划所进行的土壤普查资料,灌区内共有三种土壤类型:以砂质土和壤土为主,占灌区总面积的 85.72%,砂质土分布于古河道及其决泛点附近,壤土主要分布于缓平坡地和浅平洼地上;黏质土分布于洼地中心部位。灌区浅层地下水为第四纪黄河冲积平原孔隙水。含水层岩性主要为粉细砂,局部有中粗砂;地下水动态属“入渗补给蒸发、开采”型,其水平运动比较滞慢,垂向交替运动频繁,接受大气降水和其他地表水体的补给,消耗蒸发和开采。按照浅层淡水底界面埋藏深度、含水砂层厚度、单井出水量和矿化度,将浅层地下水开采条件分为丰富区、较丰富区和贫乏区。其中,浅层淡水丰富区和较丰富区(宜井区)面积 1 719.22 km^2,占总面积的 89.6%。

2.3.17.5　**社会经济概况**

灌区内的莘县、冠县都是以种植业为主的农业大县,工业基础薄弱。种植业以小麦、玉米、林果和蔬菜为主,畜牧业仅限于家庭饲养,以猪、牛、羊和鸡为主。2018 年国内生产总值 60.24 亿元,其中农业总产值 22.11 亿元,粮食总产量 7.51 亿 kg。

2.3.17.6 灌区基本情况

聊城市彭楼引黄灌区于1998年5月动工复建,2003年8月骨干工程全部完成。共完成输沙渠、沉沙池、输水渠及输水干渠开挖整治82.85 km,新建各类桥、涵、闸、渡槽等建筑物127座。项目总投资1.84亿元,其中河南省段投资5 800万元,全部由国家投资,山东省部分投资1.26亿元,除省市财政出资4 000万元外,全部由莘县、冠县自筹资金建设。工程完成的主要是骨干渠道及配套建筑物,分干支渠及其以下工程基本未予配套。

灌区按照水资源条件和用水特点,分为Ⅰ、Ⅱ、Ⅲ区三个不同的灌溉区。Ⅰ区:引黄、引金灌溉区。该区位于灌区西南部,南靠金堤,西至省界,东至大沙河、徒骇河,区域总面积123.0 km^2,耕地10.8万亩。该区以引金和引黄为主,不足水量由井灌补充。Ⅱ区:井渠结合引黄正式灌区,灌区马颊河以南大部分除Ⅰ区外均属该区。区域总面积624.04 km^2,耕地63万亩,其中徒骇河以南为原道口引金灌区控制范围。该区实行井渠结合以地下水采补平衡为控制,地上水与地下水联合运用,按作物需水要求制定灌溉制度,适时灌水。Ⅲ区:相机引黄蓄灌补源区。该区包括马颊河以北的全部及徒骇河、马颊河之间局部,总面积1 183.46 km^2,耕地126.2万亩,由于地理位置的特殊性,区域地表水严重匮乏,在上游灌区用水间隙集中供水,利用干、支沟和坑塘等调蓄补源抗旱,开展小麦冬灌和春播作物播前储水灌溉。

彭楼灌区设计引黄水量398亿 m^3,实际年引黄水量在1.5亿~2.0亿 m^3,远未达到设计引水量,灌区内缺水严重,自建成以后,共引黄河水6.0亿 m^3。而同时灌区灌溉水利用系数仅为0.4,工业用水重复利用率不足20%,存在严重的水资源浪费现象。

彭楼灌区2003年水利工程实际供水量约5.13亿 m^3,其中引黄1.72亿 m^3,引金堤河0.8亿 m^3,开采地下水2.42亿 m^3,徒马河道拦蓄利用量约0.19亿 m^3。彭楼灌区国民经济各部门现状实际年用水量5.13亿 m^3,其中农业用水4.20亿 m^3,工业用水0.42亿 m^3,城乡生活及牲畜用水0.27亿 m^3,其他用水0.24亿 m^3。

2.3.18 大功灌区

2.3.18.1 灌区地理位置

大功引黄灌区始建于1958年,为国家特大型引黄灌区,涉及新乡市的封丘县、长垣市及安阳市的滑县、内黄县共4个县。

2.3.18.2 灌区地形地貌

封丘县地处黄河冲积扇形平原的北半部,海拔一般在65~72.5 m,最高点高程为85 m,最低点高程为64.6 m,地势由西南向东北倾斜。境内的黄河大堤和太行堤将全县分为三部分,黄河大堤以东、以南是黄河河床和河滩地区,海拔在69~82.5 m。太行堤以北是古黄河背河决口泛滥影响地区,海拔在66~85.25 m,地面起伏较小,坡度在1/2 000~1/5 000。黄河大堤和太行堤之间的地区,海拔在62~72.5 m。

长垣市系黄河流域冲积平原的一部分。东临黄河、境内无山,地势平缓,为豫北平原地区,但太行余脉伸向县境。境内中部有临黄堤,将全市分成东、西两大片,堤东为临黄区,堤西为背黄区。临黄区属天然文岩渠水系,地势东南高、西北低,从东南向西北倾斜。堤西背黄区属金堤河水系。地势比较平坦,个别地段有缓坡。

滑县地处黄河冲积平原，具有“四坡九梯十八洼”的地形特点，地势西北高、东南低。

内黄县属黄河冲积平原，亦是华北平原的一部分。内黄县境南北长平均 55 km，东西宽平均 21.1 km，全部是平原，地形平坦，起伏较小，海拔一般在 50~70 m。地势总体由西南向东北倾斜，地面平均坡降 1/5 000~1/6 000。

2.3.18.3　灌区气象水文

灌区属暖温带大陆性季风型气候，季风进退和四季交换较为明显。灌区范围内年平均降水量 565.7 mm，最大年降水量 1 081 mm；最小年降水量 281 mm；7、8、9 月 3 个月的降水量占全年降水量的 60%左右。区内主要自然灾害有干旱、暴雨、内涝、大风、干热风、寒潮、低温、冻害等。

2.3.18.4　灌区土壤

灌区土壤类型以潮土为主，地势平坦，土层深厚，沉积物母质中矿质养分较丰富，疏松易开垦。

2.3.18.5　灌区基本情况

在使用过程中因大水漫灌导致灌区土地产生次生盐碱化，1962 年被迫停用。1992 年，为充分利用黄河水资源，支持豫北地区的经济发展，原省计委批准了重建大功引黄灌区，灌区南北跨黄河、海河两个流域，南部以黄河大堤为界，东部以金堤河支流黄庄河为界，西部以大功总干渠回灌边缘为界，北部以卫河为界。灌区具有农业灌溉、洪涝水跨流域相机北排、地下水回补、城乡生产生活及生态供水的功能，灌区涉及新乡、鹤壁、安阳、濮阳 4 市的封丘县、浚县、内黄县、清丰县及省直管的长垣、滑县共 6 个县，灌区总土地面积 2 442 km^2，设计控制灌溉补源面积 23.02 万 hm^2。灌区大部分灌溉面积为补源面积，实行井渠结合灌溉，现状有效灌溉面积 16.00 万 hm^2，其中渠灌有效灌溉面积达到 8.13 万 hm^2。灌区为多口门引水，有顺河街、三姓庄、东大功闸 3 座引水口门，3 条引水渠在大功灌区引水总闸—红旗闸前汇合。

红旗闸兴建于 1958 年，于 1977 年改造、2004 年改建，改建后红旗闸位于原闸上游 200 m 处，并安装了远程自动监控系统和测流设施，实现了数字调水、科技调水。红旗闸设计引水流量 70 m^3/s。

红旗闸是封丘河务局的一座大闸，肩负着封丘、长垣、滑县上千亩农田的放水灌溉任务。总干渠红旗闸至硝河防洪闸全长 160.87 km，退水渠长 2.30 km，总干渠控制性建筑物 46 座。灌区有 3 条引水渠（三姓庄引水渠、东大功引水渠、顺河街引水渠），总长 21.95 km，据统计，截至 2017 年 12 月，灌区用于工程的各类投资已达 12 亿元。

受益范围包括封丘、滑县，设计灌溉面积 254.3 万亩，实际灌溉面积 88 万亩。取水闸为红旗闸、于店闸。红旗闸设计流量 70 m^3/s，加大引水量 70 m^3/s。于店闸设计引水量 10 m^3/s，加大引水量 12 m^3/s。

大功引黄灌区是一个跨行政区域、跨流域的大型灌区，依照《河南省水利工程管理条例》第三章第十七条“跨越两个行政区域或位置重要、关系重大的工程，可按流域设立管理机构或由上一级水行政主管部门管理”规定，应由上一级水行政主管部门管理。省编委先后于 2008 年、2012 年批复，明确河南省豫北水利工程管理局大功分局负责骨干工程管理，2012 年大功分局登记注册并挂牌成立。因种种原因骨干工程至今没有统管。

目前灌区的管理模式是采取灌区所在的各市(县)分别各自管理。其具体现状是:①新乡市大功引黄工程管理处管辖新乡市境内引水渠、沉沙池及总干渠共55.65 km、闸门20座。其中,隶属封丘县水利局的封丘县大功引黄灌溉工程管理局,管理其境内大功灌区干渠及以下工程。②长垣县水利局大功灌区管理所管辖其境内总干渠6.89 km、闸门4座及干渠以下工程。③滑县水务局管辖总干渠滑县段60.45 km(含退水渠2.30 km)、闸门14座及其境内干渠以下工程。④浚县水利局管辖总干渠浚县段7.20 km、闸门2座及其境内干渠以下工程。⑤安阳市内黄县水利局管辖总干渠内黄段50.93 km、闸门12座及其境内干渠以下工程。⑥濮阳市清丰县水利局管辖总干渠清丰段4 km、闸门1座及其境内干渠以下工程。

3 研究方法与试验设计

3.1 研究方法

3.1.1 耗水量基本概念

近年来不少学者在不同时空尺度、水分循环过程、耗水结构和对象水源等方面进行了研究,从不同角度对耗水量概念的内涵进行了界定。研究的空间尺度有流域、行政区、工业用水区、灌区和地块等,对包括降水、地表水、地下水、土壤水和再生水等不同水源在取用水过程中的损失途径、消耗驱动因素及空间异质性对耗水量的影响等问题进行了研究,但在流域尺度上对水量消耗的理解尚未取得统一认识。

《黄河水资源公报》(2013年)提出地表水耗水量是指地表水取水量扣除其回归到黄河干、支流河道后的水量;《水资源公报编制规程》(GB/T 23598—2009)明确用水消耗量指在输水、用水过程中,通过蒸腾蒸发、土壤吸收、产品吸附、居民和牲畜饮用等多种途径消耗掉,而不能回归至地表水体和地下饱和含水层的水量;国际水管理研究院(IWMI)提出的消耗水量指研究区域内的水被使用或排出后不可再利用或不适宜再利用的水量。上述三种提法的主要区别是灌溉水深层渗漏及排入河道不可利用的废污水是否计入消耗。

从流域水资源管理和流域水循环的角度,肖素君等(2002)、井涌(2003)、朱发昇等(2008)、贾仰文等(2010)提出了与《黄河水资源公报》相似的概念,各研究间的差异:一是水资源循环要素和耗水对象;二是回归水重复利用量;三是地表滞水量;四是灌溉入渗水通过地下潜流回归河道水量。从灌区需耗水机制及水循环角度,秦大庸等(2003)、赵凤伟等(2006)、蔡明科等(2007)、丛振涛等(2011)提出了与《水资源公报编制规程》(GB/T 23598—2009)相似的概念,各研究间的差异:一是输用水过程中对损失和消耗的界定;二是对耗用水性质的划分;三是潜水蒸发因素。董斌等(2003)介绍了国际水管理研究院水量平衡理论的耗水量概念,邢大韦等(2006)提出了与《水资源公报编制规程》(GB/T 23598—2009)和国际水管理研究院水量平衡理论相似的概念,研究差异表现为水平衡要素不同。

根据加强流域水资源管理、落实最严格水资源管理制度的要求,流域耗水量的含义为:在特定的社会经济单元,因经济、生态、环境和社会发展需要,水资源在取水—输水—用水—排水—回归等循环过程中,消耗掉而不能回归河道,或回归后不能或不宜再利用的水量。

3.1.2 流域耗水评价体系

流域耗水评价体系构建原则:一是从流域水资源管理的角度,将用水总量、用水效率和入河湖排污总量作为整体纳入评价体系,并通过指标分层揭示流域水资源利用、消耗和配置情况；二是根据重要性原则，选择流域水资源消耗的关键要素构建指标体系，排除次要因素和特征；三是依据指标间的关联进行分级，确保上层指标组合的合理性。根据上述原则，流域耗水评价体系分为流域耗水指数、流域耗水系数和细化指标层三层。

第一层为流域耗水指数，为反映全流域水资源利用效率的综合指标，包括流域内耗水量、流域外调水量、河道生态环境与输沙入海水量、入河湖排污量4项。2013年，黄河总耗水量为426.75亿m^3，其中地表水耗水量331.87亿m^3，占总耗水量的77.8%；地下水耗水量94.88亿m^3，占总耗水量的22.2%。总耗水量中流域内耗水319.11亿m^3，占总耗水量的74.8%；流域外耗水107.64亿m^3，占总耗水量的25.2%。2013年黄河入海水量232.10亿m^3，全流域废污水排放量为43.75亿t。在流域耗水指数评价指标中，流域外调水量、河道生态环境与输沙入海水量、入河湖排污量三项从流域角度可视为全耗。随着用水管理的不断加强，入河湖排污量所占权重趋于零，河道生态环境与输沙入海水量权重将得到合理修正。

第二层为流域耗水系数，为反映流域内水资源有效利用程度的指标，主要包括用水利用系数、退水系数、渗漏系数、蓄水量变系数、废污水排放率和回归水重复利用率6项。国务院批准的“八七”黄河分水方案、流域各省水资源管理“三条红线”细化分解方案、黄河水量年度调度方案控制指标、批准的取水许可指标等作为相关参数计算的约束条件。

第三层是由第二层进一步分解来的细化指标层。用水利用系数分解为灌溉定额、降水入渗补给系数、给水度、潜水蒸发系数、水面蒸发强度、作物系数等；渗漏系数分解为渠道渗漏系数、田间渗漏系数和输配水损失率等，又可分解为渗漏补给深层地下水系数和渗漏水排泄补给河川径流系数；退水系数包括因工程设计因素导致的退水系数和用水管理因素导致的退水系数；蓄水量变系数分解为土壤水、地下水和地表水蓄水量变系数等。

3.1.3　引排差法应用

3.1.3.1　农田耗水量基本性质

农田耗水量是指灌区水资源循环过程中的流失量，主要包括植株蒸腾量、株间蒸发量和田间渗漏量。植株蒸腾量和株间蒸发量取决于气象条件、作物特性、土壤性质和农业技术措施等因素；田间渗漏量与土壤性质、水文地质条件等因素有关。田间蒸发蒸腾量可用下列水量平衡方程表示：

$$ET = (M + P + M_d + M_q) - (W_p + W_d) \pm \Delta W_{dd} \tag{3-1}$$

式中：ET为蒸发蒸腾量；M为灌区渠道引水量；P为降水量；M_q为灌区外地表水进入量；M_d为地下水侧向补给量；W_p为地表排水量；W_d为地下水排泄或补给量；ΔW_{dd}为时段内土壤含水量变化量。

在上述参数中，植株蒸腾量和株间蒸发量用ET表示，通常也称为作物需水量。以上各值用mm或m^3/亩计。图3-1为灌区土壤水分均衡示意图。

3.1.3.2　流域耗水量基本方程

以流域水资源管理为目标的“流域耗水量”基本理念为河道水面以外（不包括河道内水库的蓄水变量）的还原水量，即河道“无回归水”。运用水量平衡原理，统计灌区引水量，以及灌溉引水排入河道的水量，包括通过地表明渠和地下含水层排入河道的水量。

流域耗水量的计算方法主要有引排差法、河段差法和最大蒸发量法等,因部分河道控制断面构造比较复杂,区间未控支流较多,加上城镇、工业和生态等用水,河段差法测量误差不易控制,故本书试验研究拟采用《黄河流域水资源公报》中的引排差法计算农业灌溉耗水量。

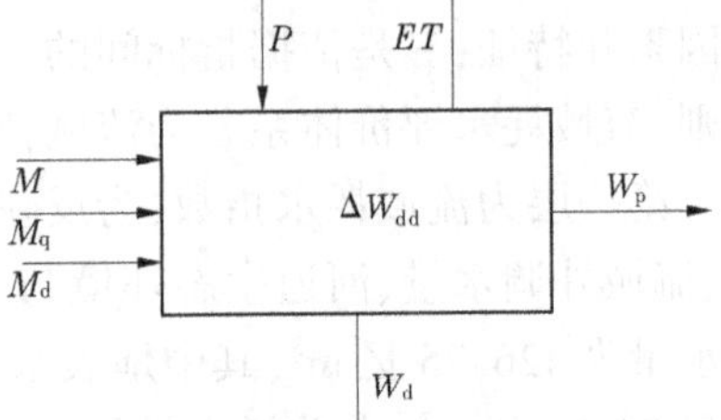

图 3-1 土壤水分均衡示意图

考虑区域水文地质条件和农田灌溉用水管理特点,在水量平衡方程基础上,引排差法耗水量可用下列水量平衡方程表示:

$$ET_1 = (M + M_q) - (W_p + W_d) \quad (3\text{-}2)$$

式中:ET_1 为流域耗水量,m^3;M 为灌区渠道引水量,m^3;M_q 为灌区外地表水进入量,m^3;W_p 为地表排水量,m^3;W_d 为地下水排泄/补给量,m^3。

3.1.3.3 **引排差法基本原理**

根据《中国水资源公报编制技术大纲》要求,农业灌溉的耗水量为毛用水量与回归水量(含地表退水和下渗补给地下水)之差,即“引排差”。本书利用不同尺度上的灌溉试验及相关参数等有关资料分析确定退水率,间接推求耗水量,来计算农田灌溉耗水系数:

$$K = \frac{M_z - W_z}{M_z} \quad (3\text{-}3)$$

式中:K 为耗水系数;M_z 为总引水量,m^3;W_z 为总排水量,m^3。

(1)引水量:

$$M_z = M_s + \sum_{i=1}^{n} M_{qi} \quad (3\text{-}4)$$

式中:M_s 为渠首引水量,m^3;M_{qi} 为区间补水量,m^3。

(2)退水量:

$$M_z = M_p + W_d \quad (3\text{-}5)$$

式中:M_p 为地表排水量,m^3;W_d 为地下水排量或泄补给量,m^3。

(3)地表退水量:

$$W_p = \sum_{i=1}^{n} W_{pi} = \sum_{i=1}^{n} W_{pgi} + \sum_{j=1}^{m} W_{pmj} \quad (3\text{-}6)$$

式中:W_{pi} 为退水口退水量,m^3;W_{pgi} 为干支渠退水口退水量,m^3;W_{pmj} 为斗农渠退水口退水量,m^3。

(4)地下退水量:

$$W_d = \sum_{i=1}^{n} W_{di} = \sum_{i=1}^{n} W_{dqi} + \sum_{j=1}^{m} W_{ddj} \quad (3\text{-}7)$$

式中:W_{di} 为地下退水量,m^3;W_{dqi} 为渠床渗漏回归损失量,m^3;W_{ddj} 为地块渗漏回归损失量,m^3。

3.1.3.4 **耗水系数应用方程**

耗水系数分典型地块、典型灌区和省(区)黄河流域灌区三个层次进行分析计算。从符合农业灌区耗水系数研究需求出发,本书中典型灌区耗水系数计算节点确定时考虑水资源优化配置、高效利用和有效管理因素,灌溉定额为排除干渠退水因素的斗口毛灌溉定额。

(1)典型地块耗水系数:

$$K_d = \frac{\sum_{i=1}^{n} M_{sti} - \sum_{j=1}^{m} W_{pmj} - \sum_{j=1}^{n} W_{ddj}}{\sum_{i=1}^{n} M_{sti}} \tag{3-8}$$

式中:K_d 为典型地块耗水系数;M_{sti} 为典型地块引水量,m^3。

(2)典型灌区耗水系数:

$$K_g = \frac{[(1-\eta)\times(1-k_{dji})]\times M_z + (M_z - W_p)\times K_d \times \delta}{M_z} \tag{3-9}$$

式中:K_g 为典型灌区耗水系数;M_z 为渠首引水量,m^3;k_{dji} 为渠床渗漏回归调整系数;δ 为灌溉方式调整系数,其取值与节水灌溉面积占灌溉总面积比值有关。

根据第一次全国水利普查资料统计,青海、甘肃、陕西、河南四省黄河流域灌区采用高效节水灌溉方式的灌溉面积占比较低。经调查研究,采用高效节水灌溉方式的地区经过科学合理的配用水计划和严格执行灌溉定额,灌溉水进入田间后,基本无地表和地下渗漏退水。

(3)各省(区)黄河流域地表水灌区综合耗水系数计算公式为:

$$K_q = K_{gi} \times x + K_{gj} \times y + K_{gk} \times z \tag{3-10}$$

式中:K_q 为灌区地表水耗水系数;K_{gi} 为大中型自流灌区耗水系数;x 为大中型自流灌区面积占比;K_{gj} 为大中型高抽灌区耗水系数;y 为大中型高抽灌区面积占比;K_{gk} 为节水与小型灌区耗水系数;z 为节水与小型灌区面积占比。

3.1.4 水文监测方法

3.1.4.1 水准点及大断面监测

采用手持式 GPS 测定监测断面水准点 BM1 高程,水准点 BM2 高程从水准点 BM1 采用三等水准接测;监测断面水尺零点高程和大断面按四等水准的要求进行。水准测量技术要求参见《水文测量规范》(SL 58—2014)。

采用假定高程,条件具备时其高程应从国家二、三等水准点用不低于三等水准接测。

3.1.4.2 水位监测

采用驻守方式人工观读方法开展水位监测。用水尺观测时,应按要求的测次观读、记录水尺读数、观测时间,计算观读时的水位与日平均水位。

人工直接观读水尺读数时应遵循以下方法:①水面平稳时,直接读取水面截于水尺上的读数;有波浪时,应读记波浪峰、谷两个读数的均值;②采用矮桩式水尺时,测尺应垂直放在桩顶固定点上观读;当水面低于桩顶且下部未设水尺时,应将测尺底部触及水面,读取与桩顶固定点齐平的读数,并应在记录的数字前加负号;③采用悬锤式观读时,应使悬锤恰抵水面,读取固定点至水面的高度,并应在记录的数字前加负号。

3.1.4.3　**流量监测**

采用巡测方式开展流量监测。目前常用的流量监测方法有流速仪法、浮标法、量水建筑物法(包括量水堰、量水槽、量水池法)、水面比降法等。实测流量时,可在保证资料精度和测验安全的前提下,结合各测验渠段的具体情况和测流条件,选用或配合使用不同的测流方法。

选择的测流方法应使实测流量以及资料经过整编后所推算的逐日流量和各种径流特征值,尽可能满足试验研究的精度要求;测流方法及其所需的仪器和其他测流设备,应保证安全,并尽可能达到经济、便于使用和养护的要求。各流量测验方法的具体技术要求参见《河流流量测验规范》(GB 50179—2015)。

3.1.4.4　**土壤墒情监测**

土壤墒情监测点设置在典型地块中,观测点布设在地块中央平整的地方,避开低洼易积水的地点,且同沟槽和进水渠道保持一定的距离。采样点的位置一经确定,应保持相对稳定,不易作较大的改变。

测点选择垂向五点法布设,测点深度分别选用 10 cm、30 cm、50 cm、70 cm、100 cm 五种深度进行测量。测前应记录土壤性质、土层深度、作物种植种类、灌溉条件等。

每个点的观测方法和观测仪器应保持相对稳定,不能随意改变观测方法和观测仪器。

监测方法采用自动监测与人工定时监测相结合的方式开展土壤墒情监测。仪器设备型号包括 FM-XCTS1 远程土壤墒情监测设备、FM-TSWC 土壤湿度速测仪和 RYGCM3008 土壤温湿度测定仪。

3.1.4.5　**降水蒸发监测**

监测方法参见《降水量观测规范》(SL 21—2015)和《水面蒸发观测规范》(SL 630—2013)。

3.2　试验设计

3.2.1　礼让渠灌区

3.2.1.1　礼让渠灌区引退水监测断面布设

1. 干渠引退水监测断面布设

根据本方案确定的监测目标任务,通过现场查勘,确定在礼让渠灌区进行灌区干渠引退水监测,引水监测断面 3 个,其中干渠渠首 1 个(湟水引水口)、云谷川补水断面 2 个;选取黑嘴村退水口、吴仲村退水口、陶北村退水口及宋家寨退水口共计 4 个断面进行退水监测。礼让渠灌区干渠引退水监测断面共计 7 个。

礼让渠灌区干渠引退水监测断面平面布置见图 3-2,礼让渠灌区干渠引退水监测断面位置、坐标、断面形状和断面顶部宽度等见表 3-1。

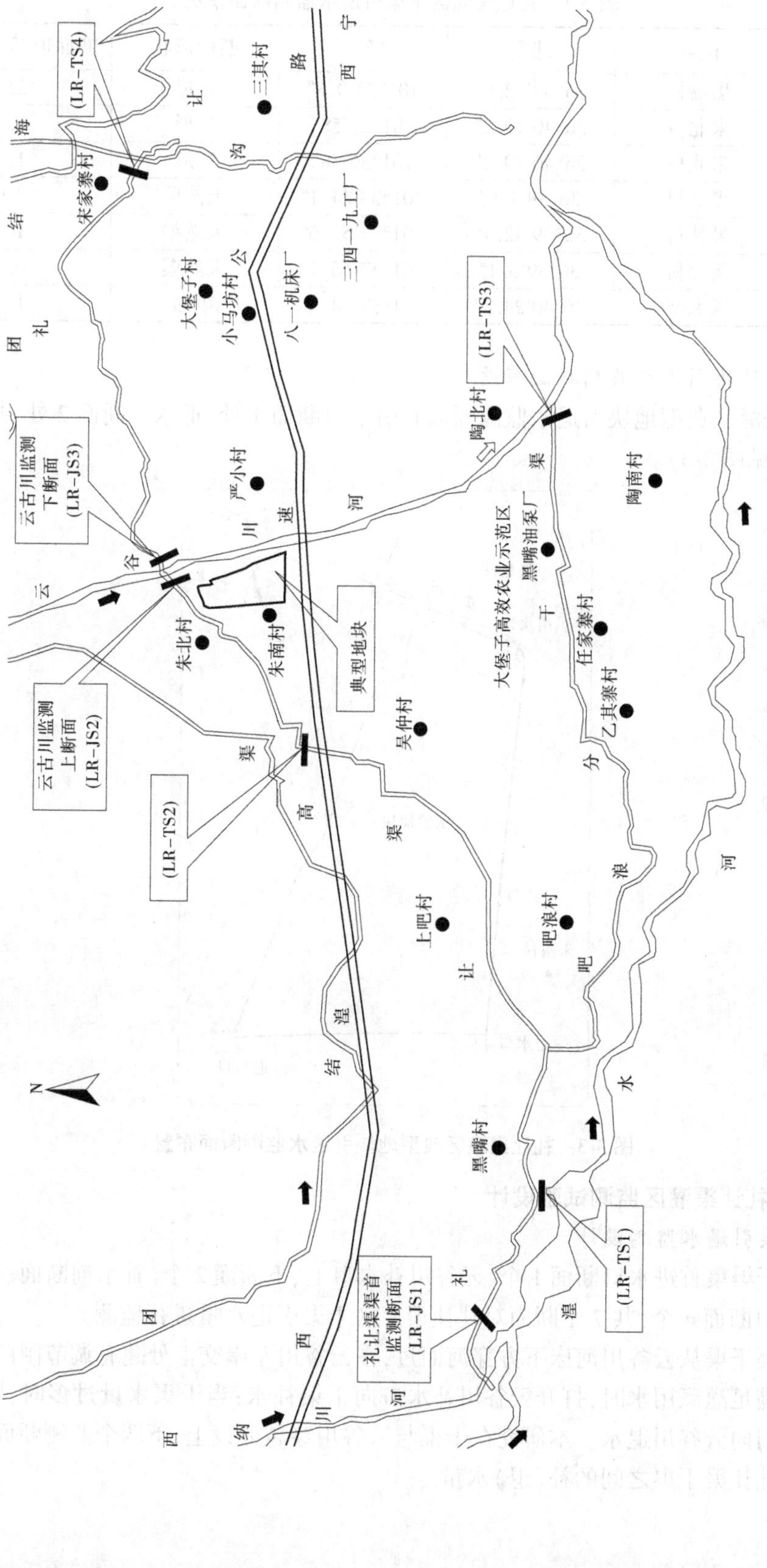

图 3-2 礼让渠灌区干渠引退水监测断面平面布置

表 3-1 礼让渠灌区干渠引退水监测断面情况

名称	位置	纬度	经度	断面形状	断面顶部宽度(m)
LR-JS1	黑嘴村	36°39′12.9″	101°33′0.8″	U形	2.2
LR-JS2	朱北村	36°40′19.2″	101°36′58″	U形	1.7
LR-JS3	朱北村	36°40′19.2″	101°36′58″	U形	1.7
LR-TS1	黑嘴村	36°39′7.9″	101°33′24.1″	天然渠	2.0
LR-TS2	吴仲村	36°39′42.1″	101°35′53.6″	天然渠	1.3
LR-TS3	陶北村	36°39′6.1″	101°37′56.1″	天然渠	0.4
LR-TS4	宋家寨	36°40′24.1″	101°39′14.3″	矩形	1.0

2. 典型地块引退水监测断面布设

礼让渠灌区典型地块引退水监测断面有引水口断面1处,退水口断面2处,共计3处监测断面(见图3-3)。

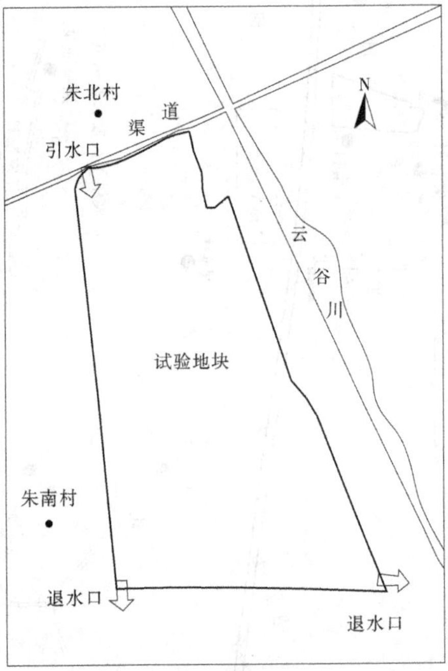

图 3-3 礼让渠灌区典型地块引退水监测断面布置

3.2.1.2 礼让渠灌区监测试验设计

1. 干渠引退水监测设计

选取干渠渠首进水口断面1个、云谷川补水口上、下断面2个(补水前断面、补水后断面)、退水口断面4个,共7个断面对礼让渠灌区干渠引退水量进行监测。

礼让渠干渠从云谷川河床下方穿河而过,在云谷川左岸交汇处建有调节闸门,当干渠水量不能满足灌溉用水时,打开云谷川补水口向干渠补水;当干渠水量过多时,则通过水量调节闸门向云谷川退水。本研究在干渠与云谷川穿越处设上、下两个监测断面,来推算云谷川和礼让渠干渠之间的补(退)水量。

1)水位监测设计

根据灌区的实际情况及调查研究,礼让渠灌区渠首引水口及云谷川补水口上、下干渠断面引水口,由于人为因素的影响,干渠水位变化较频繁,壅水严重,不具代表性,水位、流量关系存在不确定性,监测水位达不到推求流量的目的,因此不监测水位。干渠黑嘴村退水口、吴仲村退水口、吧浪支渠退水口、宋家寨村退水口断面由于退水渠没有正规渠道,断面不规整,且退水时间不固定,退水量小,设立水尺观测水位难度大,亦不监测水位。

2)流量监测设计

引、退水监测断面均采用流速断面法和量水建筑物法进行流量监测。流量监测采用观测来水时间和专业人员巡测的方式。以满足能推求引、退水量需要为原则,根据了解和掌握的引退水情况布设测量频次。对于流量较小的退水口断面,当流速仪无法施测时,采用量水建筑物法测流。干渠及典型地块监测断面均采用连实测流量过程线法推流。流量测验采用悬杆测深,测深垂线数 5 条,测速垂线数 3 条,流速测点上的测速历时不少于 100 s。垂线的流速测点布置位置采用相对水深 0.5、0.6 位置,满足《河流流量测验规范》(GB 50179—2015)规定。岸边流速系数采用《河流流量测验规范》(GB 50179—2015)规定。水深达到要求时,垂线平均流速采用两点法施测,测速垂线布设和水道断面测深垂线的布设符合《河流流量测验规范》(GB 50179—2015)。单次流量测验允许误差符合《河流流量测验规范》(GB 50179—2015)规定。

两点法垂线平均流速公式为:

$$V_{\mathrm{m}} = \frac{V_{0.2} + V_{0.8}}{2} \tag{3-11}$$

式中:$V_{0.2}$ 为相对 0.2 水深处测点流速;$V_{0.8}$ 为相对 0.8 水深处测点流速。

LR-JS1(渠首)、LR-JS2(云谷川上)、LR-JS3(云谷川下)断面垂线测点流速主要采用 LS25-1 型和 LS10 型流速仪施测。LR-TS1(黑嘴)、LR-TS2(吴仲)、LR-TS3(陶北)、LR-TS4(宋家寨上)、LR-TS4(宋家寨)、LR-TS4(宋家寨下)、团结渠退水(云谷川右岸)主要采用 LS10 型流速仪施测。LS25-1 型流速仪仪器型号 920153,$V=0.253\,9\ n/s+0.006\,0$。流速使用范围 0.142 7~5.00 m/s。低速部分(0.050 3~0.142 7 m/s)从低速 $V\sim n$ 曲线图查读。LS10 型流速仪仪器型号 000005,$V=0.102\,5n/s+0.054\,2$。流速使用范围 0.100~4.00 m/s。

水位监测方案调整情况:从各站点水位监测工作中发现,礼让渠灌区由于干渠上各斗渠进水口底部高于干渠底部,在渠水位较低时不能自流灌溉,沿途村民根据需要随时将挡水板插入干渠中使水壅堵抬高水位后,将干渠水引入斗渠进行灌溉,水位变化较频繁,且不能代表流量变化,故不对监测断面进行水位监测。

采用其他方式推算其退水量(闸门上游宋家寨上临时断面 LR-TS4 所测流量减去退水闸门下游宋家寨下临时断面 LR-TS4 所测流量之差为宋家寨退水口退水量)。同时监测过程中加强与灌区区段管理人员的联系,及时了解和掌握引退水情况,并据此布设流量测次,以满足能推求引退水过程的流量需要为原则。礼让渠灌区引退水口断面水文监测方案见表 3-2。

表 3-2　礼让渠灌区引、退水口断面水文监测方案

序号	断面名称及代号	位置	水位监测方式	水位监测频次	流量监测方式	流量监测频次	测流方式	垂线布设	测速历时/s	测深
1	LR-JS1(渠首)	黑嘴村			巡测	根据水量变化过程布置测次。当水量稳定时每周1次	流速断面法	3条	≥100	悬杆
2	LR-TS1(黑嘴)	黑嘴村			巡测	根据流量变化过程布置测次	根据退水量大小分别采用LS10型流速断面法、量水建筑物法	2~3条	≥100	悬杆
3	LR-TS2(吴仲)	吴仲村			巡测	根据流量变化过程布置测次	根据退水量大小分别采用LS10型流速断面法、量水建筑物法	2~3条	≥100	悬杆
4	LR-JS2(云谷川上)	朱北村			巡测	根据水量变化过程布置测次。当水量稳定时每周1次	流速断面法	3条	≥100	悬杆
5	LR-JS3(云谷川下)	朱北村			巡测	根据水量过程变化布置测次。当补水时每周1次，不补水时停测	流速断面法	3条	≥100	悬杆
6	LR-TS3(陶北)	陶北村	委托观测	每日一至两次	巡测	实地查勘，根据退水变化过程布置测次，满足推求退水量为原则	根据退水量大小分别采用LS10型流速断面法、量水建筑物法	2~3条	≥100	悬杆
7	LR-TS4(宋家寨上)	宋家寨村	委托观测	每日一次	巡测	根据流量变化过程布置测次	流速断面法	3条	≥100	悬杆
8	LR-TS4(宋家寨)	宋家寨村	委托观测	每日一次	巡测	根据流量变化过程布置测次	流速断面法	3条	≥100	悬杆
9	LR-TS4(宋家寨下)	宋家寨村	委托观测	每日一次	巡测	根据流量变化过程布置测次	流速断面法	3条	≥100	悬杆

2. 典型地块引退水监测设计

礼让渠灌区典型地块引水口门单一,灌区内渠系系统完整,退水口门2处,且直接排入云谷川河道,便于监测,能完整控制该典型地块引退水变化过程。

对礼让渠灌区典型地块监测时,水位有变化时每日9时、17时观测,水位稳定时每日9时观测一次,水位采用委托观测的方式进行测量。通过灌区区段管理人员,及时了解和掌握闸门开启情况,根据闸门开启和水位变化情况,酌情增加水位观测次数。灌区典型地块退水断面由于退水渠没有正规渠道,断面不规整,且退水时间不固定,退水量小,设立水尺观测水位难度大,故不监测水位。

采用悬杆流速断面法及量水建筑物法进行流量测验,监测方式为委托观测来水时间和专业人员巡测流量相结合。典型地块退水口断面采用流量过程线法推流。

从灌区干渠引水、区间补水和退水口门计量,采用流速仪或设置量水设施进行流量测验,率定水位-流量关系曲线或实测流量过程线法推流。灌区农田退水在灌溉期要进行巡测。

礼让渠灌区典型地块引、退水口断面水文监测方案见表3-3。

表3-3　礼让渠灌区典型地块引、退水口断面水文监测方案

序号	断面名称及代号	位置	监测方式	频次	测流方式	垂线布设	测速历时/s	测深
1	典型地块进水口(LR-JS4)	朱北村	巡测	根据水位变化过程和满足推算引入水量布置测次	根据水量大小分别采用LS10型流速断面法、量水建筑物法	2~3条	≥100	悬杆
2	典型地块退水口2处(LR-TS6、LR-TS7)	朱北村	巡测	春、冬、苗灌期间,根据流量变化过程和满足推求退水量过程随时布置测次	量水建筑物法			

3.2.2　大峡渠灌区

3.2.2.1　大峡渠灌区典型地块引退水监测断面布设

大峡渠灌区干渠退水口门29处,毛渠退水口多达198处,目前难以全面进行监测。鉴于大峡渠灌区引退水断面较多,特别是退水无法控制,因此在大峡渠灌区只开展典型地块引退水量监测,典型地块灌溉面积约290亩,该地块进水口断面2个,退水口断面6个,引退水口设置见图3-4和表3-4。

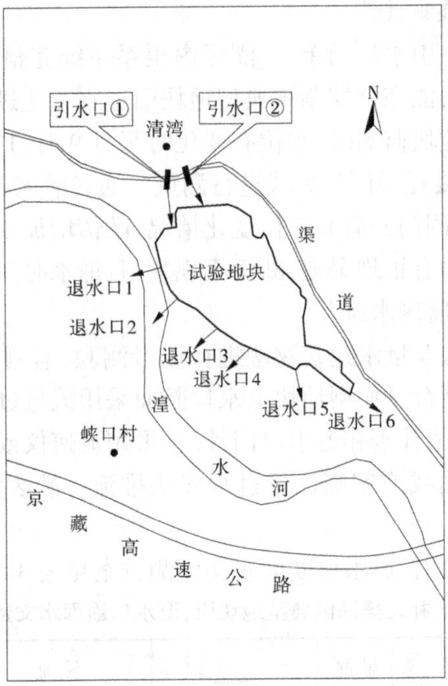

图 3-4 大峡渠灌区典型地块监测断面布置

表 3-4 大峡渠灌区引退水监测断面

序号	断面名称	纬度	经度	断面形状	断面顶部宽度/m
1	斗渠引水口①	36°29′16.4″	102°13′34.8″	U 形	0.70
2	斗渠引水口②	36°29′12.8″	102°13′45.6″	U 形	0.85
3	DX-TS1	36°29′6.4″	102°13′36.30″	不规则	
4	DX-TS2	36°28′58.3″	102°13′35.6″	不规则	
5	DX-TS3	36°29′6.5″	102°13′36.31″	不规则	
6	DX-TS4	36°29′6.6″	102°13′36.32″	不规则	
7	DX-TS5	36°29′6.7″	102°13′36.33″	不规则	
8	DX-TS6	36°29′6.8″	102°13′36.34″	不规则	

3.2.2.2 大峡渠灌区典型地块监测试验设计

1. 典型地块引退水监测设计

在大峡渠灌区柳树湾村选取了一个有 2 处引水口、6 处退水口的典型地块进行详细监测，以保证该灌区引退水观测成果的精度。

大峡渠灌区典型地块水位采用驻测方式进行观测，每日按 2 段制观测水位，并根据引水口斗门开启变化情况随时增加断面的水位观测次数。同时，加强与灌区区段管理人员联系，及时了解闸门开启情况。大峡渠灌区典型地块退水断面由于退水渠没有正规渠道，断面不规整，且退水时间不固定，退水量小，设立水尺观测水位难度大，故不监测水位。

采用流速断面法进行流量测验，测验方式为驻测。大峡渠灌区典型地块引水口断面采用率定水位-流量关系曲线法推流。灌区典型地块退水口断面采用流量过程线法推流。灌溉期观测人员应随时与村民沟通，及时掌握和了解灌溉情况，对于有退水的各退水口随时进行监测，以满足能推求引退水过程的流量需要为原则。退水口断面流量较小时采用量水建筑物法测流。根据《水工建筑物与堰槽测流规范》(SL 537—2011)，对于自由流直角三角堰，流量计算公式为

$$Q = 1.343 \times H^{2.47} \tag{3-12}$$

该式适用范围 $H=0.06 \sim 0.65$ m。薄壁堰厚度 1.5 mm，堰顶高 0.5 m，堰顶宽 0.5 mm。

大峡渠灌区典型地块斗渠①、斗渠②进水口断面水尺为矮桩式六棱钢筋，长度 1.5 m，入土深度 1.3 m。

典型地块引退水口断面水文监测方案见表 3-5。

表 3-5　大峡渠灌区典型地块引退水口断面水文监测方案

断面	水位监测方式	水位监测频次	流量监测方式	流量监测频次	流量测流方式	垂线布设/条	测速历时/s	测深
斗渠①	驻测	每日 9 时、19 时观测	间测	每月不少于 1 次	流速断面法	3	≥100	悬杆
斗渠②	驻测		间测					
dx-TS1～dx-TS6			巡测	有退水时随时监测	直角三角堰测流			

2. 典型地块地下水监测设计

灌区农田土壤性质、透水性能、地下水水位埋深及灌溉定额等因素对田间灌溉渗漏量会产生综合影响。在典型灌区水文地质条件下，因灌溉水渗漏致使地下水水位变动，含水层中的重力水体积的变化在叠加降雨入渗因素后，可以近似地作为地下水补给量，亦是灌溉水渗漏回归河道的水量。根据灌区地下水赋存特征，在灌区典型地块凿井，进行地下水动态观测，采用观测井平均地下水水位变化、分布面积和变幅带给水度乘积计算蓄水变化量。

$$W_{dd} = F \times \mu \times \Delta h \tag{3-13}$$

式中：F 为面积，hm^2；μ 为给水度；Δh 为水位变化幅度，mm。

现场查勘时对 3 个灌区灌溉机井情况等进行了调查了解，大峡渠灌区典型地块位于湟水河谷Ⅰ级阶地上，地下水埋深较浅。综合考虑以上因素，拟在大峡渠灌区建设 5 眼地下水观测井，开展农田灌溉水下渗及对地下水动态影响试验研究。

地下水水位观测井位置示意如图 3-5 所示。1、2、3、4、5 号井距河边水尺 P_1 距离分别为 68.3 m、68.6 m、48.8 m、29.0 m、29.9 m。地块南部，湟水左岸边设立直立式水尺 1 组共 2 支。在观测井附近分别埋设水准点 2 处，工作中每月对各水准点进行互校，同时校测河道水尺高程及地下水井口高程。每次灌溉前一天观测 5 眼地下水井水位，灌溉后期每日 9 时、14 时、19 时观测 3 次，地下水水位稳定后停止观测。每次观测地下水水位时，同

步观测河道水位。

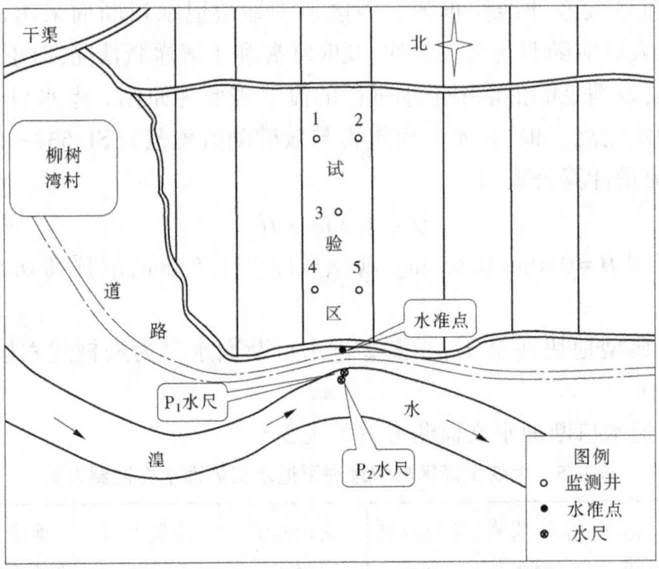

图 3-5　地下水水位观测井位置示意

地下水水位观测采用 PD-26 型便携式激光测距仪结合悬垂式电子感应器人工观测，激光测距仪技术参数为：测量精度±2 mm，测量范围 0.2～60 m，激光等级 2 级，波长 635 mm，工作温度-10～50 ℃。依照《地下水监测规范》(SL 183—2005)要求，每次监测地下水水位应测量 2 次，间隔时间不应少于 1 min，当 2 次测量数值之差小于 0.02 m 时，取 2 次水位的平均值；当 2 次测量偏差超过 0.02 m 时，应重复测量。在实际观测中，2 次测量偏差在 0.005 m 以内时，采用 2 次平均值，高于规范要求的标准。测量结果当场核查，及时点绘各地下水井的水位过程线，发现异常及时补测，保证监测资料真实、准确、完整、可靠。大峡渠灌区典型地块地下水监测方案见表 3-6。

表 3-6　大峡渠灌区典型地块地下水监测方案

序号	名称	纬度	经度	频次	测量用具
1	地下水井 1	36°29′9.1″	102°13′37.9″	灌溉期每日 9 时、14 时、19 时观测 3 次，水位稳定后每日 9 时观测 1 次	激光测距仪配合悬垂式电子感应器
2	地下水井 2	36°29′9.2″	102°13′37.9″		
3	地下水井 3	36°29′8.2″	102°13′37.10″		
4	地下水井 4	36°29′7.8″	102°13′36.7″		
5	地下水井 5	36°29′7.9″	102°13′36.70″		

为使地下水水位及河道水位在同一个高程系统内反映灌溉用水下渗及河道水位的变化情况，大峡渠灌区典型地块设有 2 个水准点，分别为基 1、基 2 水准点，埋深为 1.5 m。2 个水准点相距约 124 m，2013 年 3 月 18 日通过复测判定高程未变。

大峡渠灌区典型地块水准点位置见表 3-7。

表 3-7 大峡渠灌区典型地块水准点位置

序号	名称	纬度	经度	高程/m
1	基 1	36°29′11.36″	102°13′35.8″	100.000
2	基 2	36°29′7.42″	102°13′36.0″	97.763

3.2.3 官亭泵站灌区

3.2.3.1 官亭泵站灌区引退水监测断面布设

官亭泵站灌区引水水源为黄河。现工程控制面积为 5.84 万亩,实际灌溉面积为 5.2 万亩,其中动力渠 1.42 万亩,峡口支渠 0.37 万亩,为自流灌溉;一支渠 0.80 万亩,二支渠 1.69 万亩,三支渠 0.88 万亩,为提水灌溉。

官亭泵站为灌区的一支渠、二支渠和三支渠提水,属于高抽,其流量较为稳定,灌溉期水量目前难以满足农业灌溉用水,无退水。该灌区引水流量监测断面设置在 3 条支渠渠首,采用泵站记录的水泵电功率与渠道实测流量关系推算总引水量。官亭泵站灌区引水监测断面情况见表 3-8。

表 3-8 官亭泵站灌区引水监测断面情况

序号	断面名称	位置	纬度	经度	断面形状	断面顶部宽度/m
1	GT-JS1	沙窝	35°53′04.21″	102°52′29.65″	矩形	0.70
2	GT-JS2	美一村鄂家旱台	35°53′09.70″	102°52′39.52″	U 形	1.35
3	GT-JS3	美一村鄂家旱台	35°53′10.17″	102°52′40.68″	梯形	1.80

3.2.3.2 官亭泵站灌区监测试验设计

官亭泵站灌区为提水灌溉灌区,提灌水量由一支渠、二支渠和三支渠输送至灌区,由于提灌引水量不能满足灌溉需水量,无退水,故不监测退水量。引水量监测的 3 个断面分别位于 3 条支渠渠首。

根据实地查勘现场情况,一支渠监测断面(断面名称 GT-JS1)设置在沙窝村鄂家沟一支渠出水口下约 200 m 处,渠宽 0.70 m、高 0.70 m,矩形断面;二支渠监测断面(断面名称 GT-JS2)设置在沙窝村鄂家沟鄂家旱台二支渠渠首、距出水口约 40 m 处,渠顶宽 1.35 m、高 0.90 m,U 形断面;三支渠监测断面(断面名称 GT-JS3)设置在沙窝村鄂家沟鄂家旱台三支渠出水口下约 30 m 处,渠道上宽 1.80 m、下宽 0.50 m、高 0.60 m,梯形断面。

流量监测采用流速断面法,测验方式为巡测,采用流量过程线法推流。流速主要采用 LS25-1 型和 LS25-3A 型流速仪施测。

LS25-1 型流速仪仪器型号 090207, $V=0.253\,6n/s+0.006\,4$。流速使用范围为 0.049 6~5.00 m/s。

LS25-3A 型流速仪仪器型号 040013, $V=0.250\,2n/s+0.006\,6$。流速使用范围为 0.050 2~10.00 m/s。

引水量推算:依据《水工建筑物与堰槽测流规范》(SL 537—2011),根据提灌水量变化情况，分别测定各支渠电机组不同电功率下相应的实测流量，建立电功率 N 与效率系数 η 之间的相关关系，推算各抽水泵站水量（各支渠测流至少 10 次以上）。电力抽水站通过实测单机流量率定的效率系数 η，以抽水净扬程 h、耗用电功率 N 推求流量。监测频次为满足建立电功率与渠道实测流量相关关系为止（各支渠测流至少 10 次以上）。

高中扬程抽水站采用效率法，流量采用下式计算：

$$Q = \frac{\eta N}{9.8h} \tag{3-14}$$

式中：Q 为流量，m^3/s；η 为效率系数（%）；N 为电功率，kW；h 为抽水站净扬程，m。

根据式（3-14），采用泵站记录的机组提灌时的运行电流分别计算其运行电功率（电压稳定）和各支渠实测流量率定出电功率 N 与效能系数 η 之间的相关关系，按照《水文资料整编规范》（SL 247—2012）第 4.5.6 条，推流并计算总引水量。

官亭泵站灌区引水口断面水文监测方案见表 3-9。

表 3-9 官亭泵站灌区引水口断面水文监测方案

序号	断面名称	位置	监测方式	频次	测流方式	垂线布设/条	测速历时/s	测深
1	GT-JS1	沙窝	巡测	每月不少于 1 次，率定曲线流量不少于 10 次	流速仪	3	≥100	悬杆
2	GT-JS2	美一村鄂家旱台	巡测		流速仪	3~6	≥100	悬杆
3	GT-JS3	美一村鄂家旱台	巡测		流速仪	3~5	≥100	悬杆

3.2.4 西河农场灌区

3.2.4.1 西河农场灌区典型地块引退水监测断面布设

经过现场查勘，西河灌区典型地块选在第十四支渠灌溉区内，位于河西镇红岩村，面积 15 亩，主要种植农作物为冬小麦和油菜。典型地块现有引水口、退水口各 1 处。西河灌区典型地块监测点布设情况见表 3-10，西河灌区典型地块平面位置见图 3-6。

表 3-10 西河灌区典型地块监测点布设情况

序号	名称	经度	纬度	种植作物
1	XH-JS	101°24.69′	36°00.52′	小麦、油菜
2	XH-TS	101°24.60′	36°00.52′	小麦、油菜

3.2.4.2 西河农场灌区典型地块监测试验设计

1. 灌区典型地块引退水监测设计

经过现场查勘，西河灌区典型地块位于贵德县河西镇红岩村，临近西河，形状类似梯形，共 16 块农田。经过实际测量，典型地块面积约 15 亩，主要种植农作物为小麦和油菜。为了便于开展各项监测工作，在地块内设置了 2 个水准点和 1 个校核水准点，水准点位于农田边，校核水准点位于西河河边。西河灌区典型地块引退水监测断面布置见图 3-7。

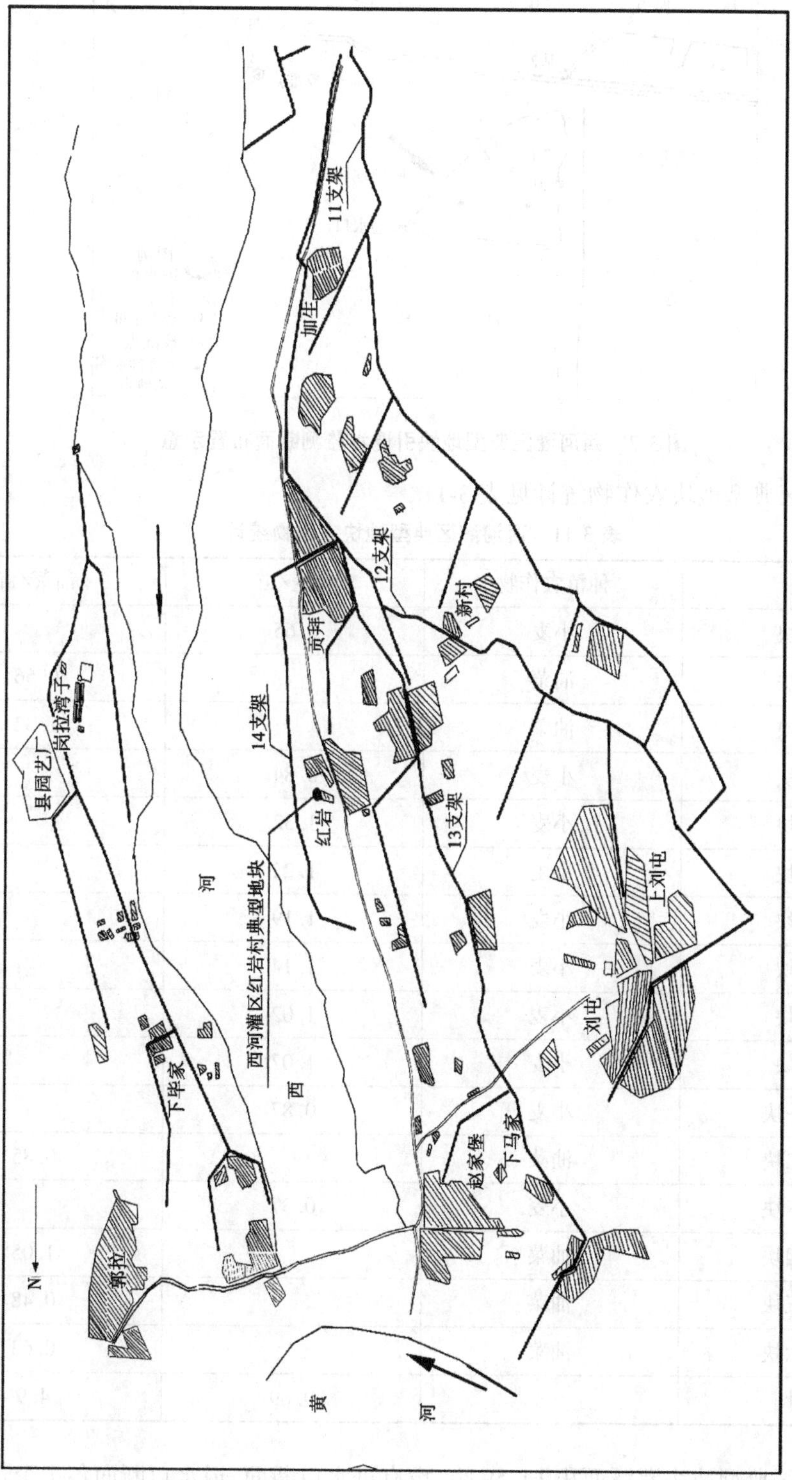

图 3-6 西河灌区典型地块平面位置示意

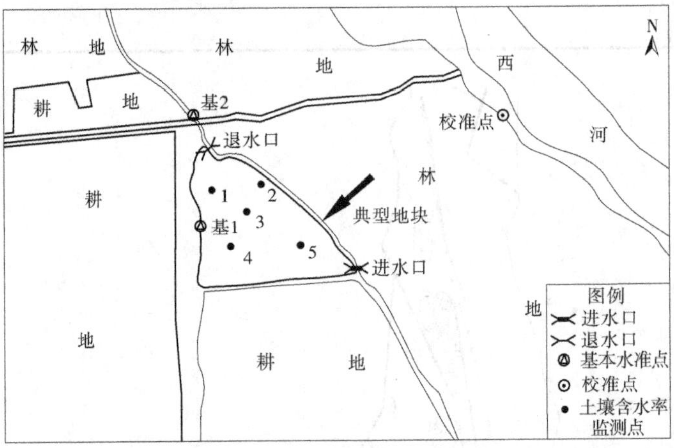

图 3-7　西河灌区典型地块引退水监测断面布置示意

西河灌区典型地块农作物统计见表 3-11。

表 3-11　西河灌区典型地块农作物统计

地块	种植农作物	小麦/亩	油菜/亩
第一块	小麦	0.65	
第二块	油菜		0.56
第三块	油菜		1.32
第四块	小麦	0.84	
第五块	小麦	1.32	
第六块	小麦	1.22	
第七块	小麦	1.19	
第八块	小麦	1.14	
第九块	小麦	1.02	
第十块	小麦	1.07	
第十一块	小麦	0.87	
第十二块	油菜		0.85
第十三块	小麦	0.37	
第十四块	油菜		1.05
第十五块	油菜		0.48
第十六块	油菜		0.63
合计		9.69	4.9

西河灌区典型地块灌溉面积 14.59 亩,设有进水口断面、退水口断面各 1 个。

水位监测:典型地块灌溉时由于人为控制原因,只有极少量退水,并且没有正规渠道,断面不规整,设立水尺进行水位观测难度大。因此,本研究不监测水位。

流量监测:典型地块引退水口断面采用流量过程线法推流。灌溉期间,观测人员随时与村民沟通,及时掌握灌溉情况,在产生退水时将随时进行监测,以满足推求引退水流量过程曲线的需要。

西河灌区典型地块引退水口断面水文监测方案见表3-12。

表3-12 西河灌区典型地块引退水口断面水文监测方案

序号	断面名称	位置	纬度	经度	断面形状	断面顶部宽度/m	监测方式	频次	测流方式	垂线布设	测速历时/s	测深
1	XH-JS	红岩村	36°00′31.4″	101°24′31.96″	U形	0.30	驻测	每次灌溉时测流4次	流速仪法	3	≥100	悬杆
2	XH-TS	红岩村	36°00′35.45″	101°24′27.68″	U形	0.28	驻测	有退水时随时监测	流速仪法	3	≥100	悬杆

本研究采用悬杆流速仪法进行流量测验,测验方式为驻测,采用实测流量过程线法推流。在断面处布设3条测速垂线,测速历时不少于100 s,相对水深位置为0.6,采用LS10型流速仪(型号81113),使用范围0.1~4.0 m/s。流速仪公式为:$V=0.0411+0.1004n/s$,其中n为信号总数,s为测速历时。

2.灌区地下水监测设计

根据灌区地下水赋存特征,采用灌区典型地块地下水水井进行地下水动态观测。

1)地下水监测井位的选取

对西河灌区典型地块进行了实地查勘,灌区交通便利,地下水埋深约6 m左右,具备打井观测地下水水位变化的条件,可开展灌区地下水监测工作。建造时各监测井井深、水深、地质构造及西河灌区典型地块地下水监测井设置情况见表3-13。

表3-13 西河灌区典型地块地下水监测井情况

名称	东经	北纬	井口至水面距离/m	总井深/m	井下水深/m	井口至地面距离/m	井口高程/m	附近地面高程/m
地下水井1	101°24′27.6″	36°00′33.7″	4.16	5.87	1.71	0.70	2 250.18	2 249.48
地下水井2	101°24′29.8″	36°00′33.9″	4.53	5.75	1.22	0.45	2 250.02	2 249.57
地下水井3	101°24′28.7″	36°00′33.1″	4.50	5.84	1.34	0.50	2 250.49	2 249.99
地下水井4	101°24′28.3″	36°00′31.9″	4.50	5.82	1.32	0.51	2 250.50	2 249.99
地下水井5	101°24′29.9″	36°00′32.0″	3.95	5.38	1.43	0.26	2 250.77	2 250.51

地下水井土壤质地见表3-14,各水井立体剖面见图3-8。

表 3-14 西河灌区典型地块地下水井土壤质地统计

地下水井	地层厚度/m	地层成分	初见水位/m
1	0.0~0.8	黏土	4.10
	0.8~6.0	卵石,粒径 13.0 cm	
2	0.0~0.7	黏土	3.10
	0.7~6.5	卵石,粒径 8.0~13.0 cm	
3	0.0~1.1	黏土	4.30
	1.1~6.5	卵石,粒径 6.0~11.0 cm	
4	0.0~0.8	黏土	4.50
	0.8~6.5	卵石,粒径 6.0~12.0 cm	
5	0.0~0.6	黏土	4.30
	0.6~6.5	卵石,粒径 6.0~13.0 cm	

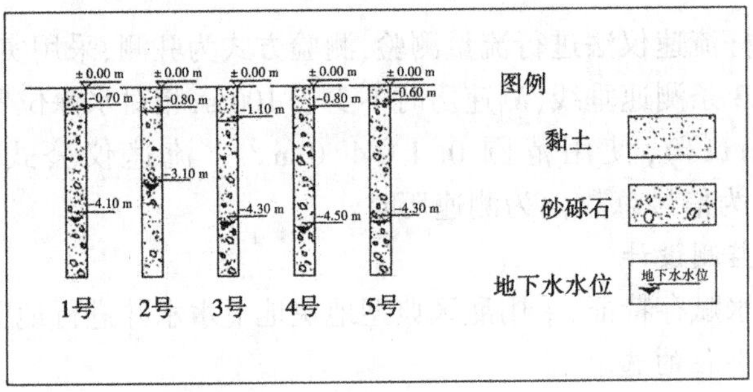

图 3-8 西河灌区典型地块地下水井土层立体剖面图

在选定西河灌区典型地块中监测 5 眼地下水井地下水水位的动态变化。地块中心设立 3 号井,周围设立 1 号、2 号、4 号、5 号地下水监测井。监测时在观测井附近分别埋设水准点 2 处,并在选定地块东部,西河左岸边设立直立式水尺 1 组共 2 支。

对各水准点进行互校,监测期对校测河道水尺高程及地下水井口高程每月校测一次。观测时每次灌溉期前一天观测 5 眼地下水井水位,灌溉后第二日 8 时、14 时、20 时观测三次,待受灌溉下渗影响的地下水水位稳定后,每 5 日 8 时观测一次,每次观测地下水水位时同步观测河道水位。

依照《地下水监测规范》(SL 183—2005)要求,每次监测地下水水位应测量两次,间隔时间不应少于 1 min,当两次测量数值之差不大于 0.02 m 时,取两次水位的平均值;当两次测量偏差超过 0.02 m 时,应重复测量。地下水水位观测采用悬垂式电子感应器人工观测。每次测量成果当场核查,及时点绘各地下水井的水位过程线,发现反常及时补测,保证监测资料真实、准确、完整、可靠。

2)地下水动态观测

灌溉期利用灌区典型地块地下水水井进行地下水动态观测,记录观测地下水埋深和水位变化。

西河灌区典型地块4月17日开始监测。为使地下水水位及河道水位在同一个高程系统内反映灌溉用水下渗及河道水位的变化情况,西河灌区典型地块埋设基1、基2两个水准点,埋深为2.0 m。两个水准点相距约121 m;西河河边埋设校2校核水准点,距基2水准点约300 m。4月17日对基本水准点、校核水准点进行测量,5月12日、5月16日进行校核,高程无变动;水尺零高每月进行测量,高程均无变动,测量成果符合规范要求。

西河灌区典型地块水准点位置见表3-15。

表3-15 西河灌区典型地块水准点位置

序号	名称	纬度	经度	高程/m
1	基1	36°00′32.7″	101°24′27.6″	2 250.000
2	基2	36°00′36.2″	101°24′27.1″	2 247.740
3	校2	36°00′36.0″	101°24′38.1″	2 245.630

3)地下水回归河道的水量计算方法

地下水回归河道的水量计算方法与大峡渠灌区相同。

3.2.5 黄丰渠灌区

3.2.5.1 黄丰渠灌区引退水监测断面布设

1.干渠引退水监测断面布设

黄丰渠灌区共有引水监测断面1处,退水监测断面3处。黄丰渠灌区断面监测点布设情况见表3-16。

表3-16 黄丰渠灌区断面监测点布设情况

序号	名称	经度	纬度	备注
1	HFG-JS	102°20.52′	35°52.25′	HFG-TS2退水口直接测量难度较大,采用断面差法间接计算获得
2	HFG-TS1	102°21.14′	35°52.42′	
3	HFG-TS2	102°25.93′	35°52.27′	
		102°25.88′	35°52.17′	

2.典型地块引退水监测断面布设

黄丰渠灌区典型地块灌溉面积约27亩,共布设引水监测断面1处,退水监测断面1处。黄丰灌区典型地块监测点布设情况见表3-17,黄丰灌区典型地块监测断面分布情况见图3-9。

表3-17 黄丰渠灌区典型地块监测点布设情况

序号	名称	经度	纬度	种植作物
1	HFQ-JS	102°20.86′	35°52.46′	小麦
2	HFQ-TS	102°20.88′	35°52.60′	小麦

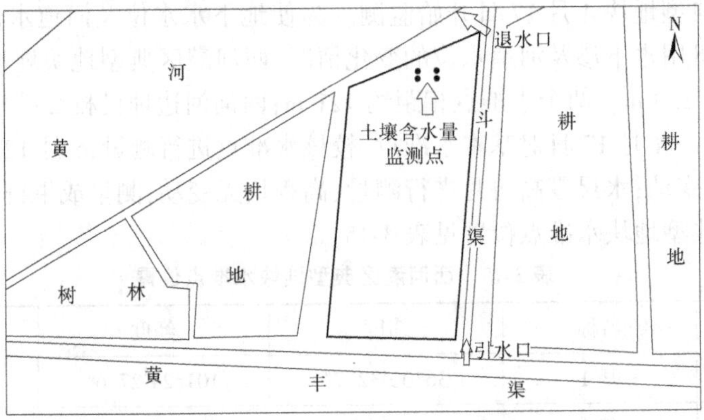

图 3-9 黄丰渠灌区典型地块监测断面分布示意

3.2.5.2 黄丰渠灌区监测试验设计

1. 干渠引退水监测设计

黄丰渠干渠从黄河干流苏只电站引水,渠内有 2 处退水口,分别位于原青海兴旺集团黄河 999 水电站内和街子镇大别列村。

1)灌区水准点监测设计

在 999 水电站断面渠道右岸埋设基 2 水准点,假定高程为 1 900.000 m;在渠道右侧设立 P_3 直立式水尺,水尺板采用六棱钢筋固定,水泥浇筑,采用假定高程为 1 897.600 m。

在主渠道断面渠道左岸埋设基 3 水准点,假定高程为 1 890.000 m;在渠道便桥中间设立 P_4 悬垂式水尺,采用假定高程为 1 889.690 m;在断面上游 15 m 处设立雷达水位计,水位计采用太阳能供电,自动存储传输,探头高程 1 890.000 m。

在黄丰渠小干渠断面右侧埋设基 4 水准点,假定高程为 1 889.231 m,由基 3 水准点引测;在断面右侧设立 P_5 倾斜式水尺,水尺板固定在渠道水泥岸坡上,斜率为 0.655,采用假定高程为 1 888.220 m;在断面左侧设立雷达水位计,探头高程 1 892.350 m。

在典型地块断面毛渠右侧埋设基 1 水准点,假定高程为 1 910.000 m;在进水口断面设立直立式水尺,水尺直接喷绘在左侧渠道水泥预制板上,假定高程为 1 911.160 m。

基 1、基 2、基 4 水准点为明标,六棱钢筋埋深为 1.5 m;基 3 水准点为水泥座明标,埋深 2 m。黄丰渠灌区水准点位置见表 3-18。

表 3-18 黄丰渠灌区水准点位置统计

序号	名称	纬度	经度	高程/m
1	基 1	35°52′29.4″	102°20′44.6″	1 910.000
2	基 2	35°52′24.7″	102°21′06.7″	1 900.000
3	基 3	35°52′08.6″	102°25′43.6″	1 890.000
4	基 4	35°52′17.0″	102°25′50.0″	1 889.231

基 1、基 2、基 3 水准点高程根据地面高度进行假定,基 4 水准点高程由基 3 水准点引测(采用三等水准测量)。

水尺零点高程每月校测一次。经过校测,水尺在监测期间未发生变动,高程测量成果符合规范要求。

2)灌区水位监测设计

黄丰渠灌区干渠水位监测从4月4日开始至12月31日结束,黄丰渠干渠和黄丰渠小干渠水位采用超声波水位计观测,按24段制观测,观测初期和人工观测数据进行对比观测。

999水电站水位采用人工观测,4月4日至7月10日每日按2段制观测。由于水位日变化不大,7月11日开始每日观测1次,并根据下游主渠道水位变化情况,随时增加水位观测次数,以水位观测次数满足引水量推求精度为准。

典型地块进水口和退水口水位观测从4月4日开始至冬灌过后结束,4月4日至7月10日每日观测2次。经过前期观测,进水口水位日变化不大,改为每日观测1次。8月26日由于进水口处被沙子淤塞,停止观测水位;9月17日进水口管道疏通后,对典型地块进行了灌溉。

3)灌区引水量监测设计

黄丰渠干渠渠首位于苏只电站内,由管道直接引水,引水量有超声波流量计计量。干渠引水总量直接引用超声波流量计计量数据。

4)灌区退水量监测设计

退水口1:监测断面设在电站溢洪道出口处,设立直立式水尺,按2段制观读水位;流量采用流速仪法施测,共布设5条垂线,采用1点法,测速历时不少于100 s,流量测次不少于10次。根据实测数据,率定出水位-流量关系曲线。

退水口2:由于大别列村退水口无合适监测断面,所以采取分别监测主渠道来水量和小黄丰渠引水量的方式,计算两者之差即为该退水口的退水量。

主渠道监测断面设在退水口闸门上游约100 m处,渠道宽约8 m,水位采用雷达水位计进行观测,观测时段为24段制;流量采用流速仪法施测,采用3点法,共布设5条垂线,测速历时不少于100 s,流量测次不少于10次。根据实测数据,率定出水位-流量关系曲线。

小黄丰渠监测断面设在进水闸下游20 m处,渠道宽约4 m,水位采用雷达水位计进行观测,观测时段为24段制。流量采用流速仪法施测,采用3点法施测,布设3条垂线,测速历时不少于100 s,流量测次不少于10次。根据实测数据,率定出水位-流量关系曲线。

黄丰渠灌区流量测验采用流速面积法,当流量较小不能满足流速仪测流条件时,采用薄壁直角三角堰测流。

(1)流速面积法:采用悬杆悬吊流速仪测速测深,根据渠宽布设测流垂线,测速历时不少于100 s,相对水深位置为0.6(一点法)或0.2、0.4、0.6(三点法),采用LS10型流速仪(型号990223),使用范围0.1~4.0 m/s。流速仪公式为$V=0.1004n/s+0.047$。

(2)量水堰法。

根据《水工建筑物与堰槽测流规范》,对于自由出流的直角三角堰,流量计算公式:

$$Q = 1.343 \times H^{2.47} \tag{3-15}$$

黄丰渠灌区典型地块引退水量监测方案见表3-19。

表 3-19　黄丰渠灌区典型地块引退水量监测方案

序号	断面名称	位置	纬度	经度	断面形状	断面顶部宽度/m	监测方式	频次	测流方式	垂线布设	测速历时/s	测深
1	黄丰渠（渠首）	苏只村	35°52′15.0″	102°20′34.0″	管道	7	超声波流量计	在线监测				
2	999 电站（退水口）	苏只村	35°57′26.1″	102°21′01.1″	梯形	5	驻测	不少于 15 次	流速仪法	5 条	≥100	悬杆
3	主渠道（退水口）	大别列村	35°52′09.6″	102°25′45.3″	梯形	8	驻测	不少于 15 次	流速仪法	5 条	≥100	悬杆
4	黄丰小干渠	大别列村	35°52′17.2″	102°25′51.3″	梯形	4	驻测	不少于 15 次	流速仪法	3 条	≥100	悬杆
5	HFQ-JS	苏只村	35°52′27.5″	102°20′51.0″	U 形	0.4	驻测	率定水位-流量关系曲线，不少于 10 次	流速仪法或三角堰法	3 条	≥100	悬杆
6	HFQ-TS	苏只村	35°52′36″	102°20′52.6″	U 形	0.4	驻测	率定水位-流量关系曲线，不少于 10 次	流速仪法或三角堰法	3 条	≥100	悬杆

2. 典型地块监测设计

1) 引水量监测设计

进水口监测断面设在典型地块进水口处斗渠上,断面编号为 HFQ-JS。流量采用流速仪法施测,布设 3 条垂线,渠道中间位置布设 1 条,两侧各布设 1 条,测速历时不小于 100 s,岸边系数采用 0.8,悬杆测深。当流量较少无法使用流速仪测流时,采用三角堰法测量。

2) 退水量监测设计

退水口监测断面设在地块末端斗渠上,断面编号为 HFQ-TS。流量采用流速仪法施测,布设 3 条垂线,渠道中间位置布设 1 条,两侧各布设 1 条,测速历时不小于 100 s,岸边系数采用 0.8,悬杆测深。当流量较小无法用流速仪测流时,采用三角堰法测量。

黄丰渠灌区典型地块引退水量监测方案见表 3-19。

3.2.6 格尔木市农场灌区

3.2.6.1 格尔木市农场灌区典型地块引退水监测断面布设

格尔木市农场灌区典型地块选在格尔木市河西农场八连第十七支渠处,距格尔木市区直线距离约 27 km,地块面积 67.5 亩,主要种植农作物为青稞。

通过对灌区的实地查勘,典型地块共有引水断面 2 处,退水断面 4 处。格尔木市农场灌区典型地块引退水断面基本情况见表 3-20,格尔木市农场灌区典型地块监测断面平面布置见图 3-10。

表 3-20 格尔木市农场灌区典型地块引退水口监测断面基本情况

序号	监测断面名称	形状	宽度/m	深度/m	长度/m
1	GEM-JS1	矩形	0.80	0.60	40.0
2	GEM-JS2	矩形	0.80	0.60	20.0
3	GEM-TS1	矩形	0.60	0.30	2.20
4	GEM-TS2	矩形	0.60	0.30	6.55
5	GEM-TS3	矩形	0.60	0.30	2.00
6	GEM-TS4	矩形	0.60	0.30	2.76

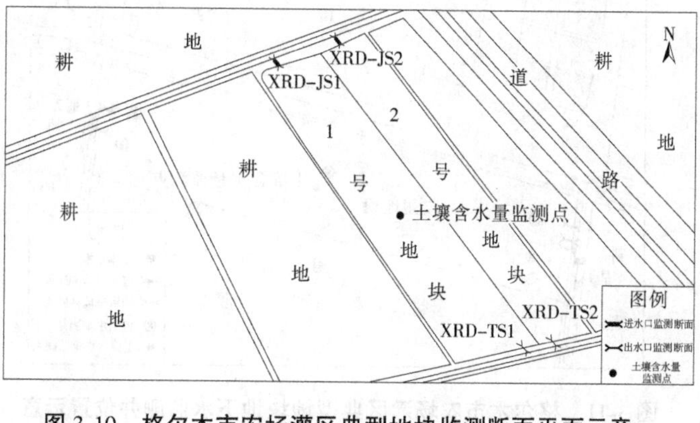

图 3-10 格尔木市农场灌区典型地块监测断面平面示意

3.2.6.2 格尔木市农场灌区典型地块监测试验设计

1.典型地块引退水监测设计

格尔木市农场灌区典型地块设有引水监测断面2处,退水监测断面4处,可代表整个灌区进行引退水量监测。

流量监测:采用悬杆流速仪法监测流量。监测采取委托观测来水时间和专业人员巡测流量的方式进行监测。灌区典型地块监测断面流量推算采用实测流量过程线法推求。流量测验采用悬杆测深,布设5条测深垂线,3条测速垂线,流速测点的测速历时不少于100 s。垂线的流速测点布设位置采用相对水深0.5、0.60,符合《河流流量测验规范》(GB 50179—2015)表4.3.3的规定;岸边流速系数采用0.9,符合《河流流量测验规范》(GB 50179—2015)表4.8.1的规定;测速垂线布设和水道断面测深垂线的布设符合《水文测验实用手册》表6.7的规定;单次流量测验允许误差符合《河流流量测验规范》(GB 50179—2015)表4.1.4的规定。灌区典型地块引退水监测断面水文监测实施方案见表3-21。

表3-21 格尔木市农场灌区典型地块引退水监测断面水文监测实施方案

序号	断面名称	位置	纬度	经度	监测方式	频次	测流方式	垂线布设	测速历时	测深
1	GEM-JS1	河西八连	36°23′32.0″	94°34′16.0″	巡测	根据流量变化过程布置测次	流速仪法	3条	≥100	悬杆
2	GEM-JS2		36°23′31.01″	94°34′16.50″						
3	GEM-TS1		36°23′27.0″	94°33′50.0″						
4	GEM-TS2		36°23′29.0″	94°33′50.0″						
5	GEM-TS3		36°23′29.0″	94°33′50.0″						
6	GEM-TS4		36°23′30.0″	94°33′50.0″						

2.典型地块地下水监测设计

格尔木市农场灌区典型地块共设置5眼监测井进行地下水水位监测,地块中心设立3号地下水监测井,四周分别设立1号、2号、4号、5号地下水监测井。在典型地块两端设立水准点2个。监测井位置见图3-11。

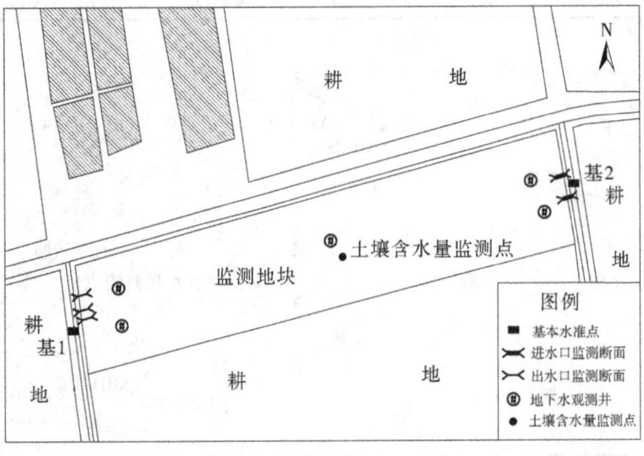

图3-11 格尔木市农场灌区典型地块地下水监测井位置示意

地下水开始监测前需对井口的固定点高程进行校测,逢1日、6日观测地下水水位;灌溉前半小时对地下水水位进行观测,灌溉后次日8时至9时、13时至14时、19时至20时分别观测3次,等地下水水位稳定后,恢复正常观测。

根据《地下水监测规范》(SL 183—2005)规定,人工监测地下水水位,两次测量间隔时间不应少于1 min,当两次测量数值之差不大于0.02 m时,取两次水位的平均值;当两次监测偏差超过0.02 m时,应重复测量。

每次测量成果应当场核查,及时点绘出各地下水监测井的地下水水位过程线,发现反常及时补测,保证监测资料真实、准确、完整。

地下水水位监测使用的测绳、钢卷尺每半年检定一次,精度需符合国家计量检定规程允许的误差标准。

格尔木市农场灌区典型地块地下水监测点位置及监测方案见表3-22。

表3-22　格尔木市农场灌区典型地块地下水监测点位置及监测方案

序号	名称	北纬	东经	频次	设备	误差控制
1	地下水井1	36°23′29″	94°33′53″	灌溉前半小时对地下水水位进行观测,灌溉后次日8时至9时、13时至14时、19时至20时观测3次;等地下水水位稳定后,恢复正常观测	测绳、钢卷尺	小于0.005 m
2	地下水井2	36°23′30″	94°33′52″			
3	地下水井3	36°23′32″	94°34′05″			
4	地下水井4	36°23′32″	94°34′13″			
5	地下水井5	36°23′34″	94°34′13″			

3.2.7　香日德河谷灌区

3.2.7.1　香日德河谷灌区典型地块引退水监测断面布设

香日德河谷灌区典型地块选在香日德镇到香日德农场公路9.8 km处西侧,包括1号和2号两块相邻的地块。1号地块主要种植农作物为青稞,面积8.0亩(长198 m,宽约27 m);2号地块主要种植农作物为小麦,面积7.0亩(长198 m,宽约23.5 m)。2014年4月23日,1号地块第1次引水灌溉,但引水监测断面尚未修建,此时引水监测断面为梯形。为使监测数据更加准确,提高资料精度,并使流量监测方便,5月上旬,工作人员对1号和2号地块的引退水监测断面进行了整修。整修后的渠道引退水监测断面为矩形。香日德河谷灌区典型地块引退水监测断面基本情况见表3-23。

表3-23　香日德河谷灌区典型地块引退水监测断面基本情况

序号	监测断面名称	形状	宽度/m	深度/m	长度/m	说明
1	XRD-JS1	梯形	0.95	0.50	18.0	监测断面修整前
			0.40			
		矩形	0.58	0.50	18.0	修整后
2	XRD-JS2	矩形	0.53	0.50	15.0	
3	XRD-TS1	矩形	0.45	0.30	2.5	
4	XRD-TS2	矩形	0.42	0.30	2.5	

3.2.7.2　香日德河谷灌区典型地块监测试验设计

香日德河谷灌区典型地块设有引水监测断面、退水监测断面各 2 处,可代表整个灌区进行引退水量监测。

流量监测:采取委托观测来水时间和专业人员巡测流量的方式进行监测。灌区典型地块的引退水量均采用实测流量过程线法推求。流量测验采用悬杆流速仪法,悬杆测深,布设 5 条测深垂线,3 条测速垂线,测速历时不少于 100 s。垂线的流速测点布置位置采用相对水深 0.5、0.6,测点位置满足《河流流量测验规范》(GB 50179—2015)表 4.3.3 的规定;岸边流速系数采用 0.7、0.9,符合《河流流量测验规范》(GB 50179—2015)表 4.8.1 的规定;测速垂线布设、水道断面测深垂线的布设及单次流量测验允许误差均符合《河流流量测验规范》(GB 50179—2015)的规定。香日德河谷灌区典型地块引退水监测断面水文监测实施方案见表 3-24。

表 3-24　香日德河谷灌区典型地块引退水监测断面水文监测实施方案

序号	断面名称	位置	经度	纬度	方式	频次	测流方式	垂线	测速历时	测深
1	XRD-JS1	1 号地块头	97°48′20″	36°02′43″	巡测	根据流量变化过程布置测次	流速仪法	3 条	不少于 100 s	悬杆
2	XRD-JS2	2 号地块头	97°48′19″	36°02′43″						
3	XRD-TS1	1 号地块尾	97°48′19″	36°02′49″						
4	XRD-TS2	2 号地块尾	97°48′19″	36°02′49″						

3.2.8　德令哈灌区

3.2.8.1　德令哈灌区典型地块引退水监测断面布设

通过实地查勘,并结合引退水监测的要求,在德令哈市以西选取 50.5 亩土地作为典型地块,典型地块共有进水口、退水口监测断面各 1 处。为了减少水流对监测精度的影响,进水口断面设在主干渠第三进水口下游水流平稳处。德令哈灌区典型地块断面监测点布设情况见表 3-25,德令哈灌区典型地块监测断面平面布置见图 3-12。

表 3-25　德令哈灌区典型地块断面监测点布设

序号	名称	经度	纬度	种植作物
1	DLH-JS	97°19.16′	37°20.78′	小麦
2	DLH-TS	97°18.68′	37°20.79′	小麦

3.2.8.2　德令哈灌区典型地块监测试验设计

德令哈灌区典型地块设有引水监测断面、退水监测断面各 1 处,可代表整个灌区进行引退水量监测。

流量监测:监测采取委托观测来水时间和专业人员巡测流量的方式。德令哈灌区典型地块的引退水量均采用实测流量过程线法推求,流量测验采用悬杆流速仪法,布设 4 条测深垂线,2 条测速垂线,测速历时不少于 100 s。垂线的流速测点布置位置采用相对水深 0.6,测点位置布设满足《河流流量测验规范》(GB 50179—2015)表 4.3.3 的规定;岸边流速

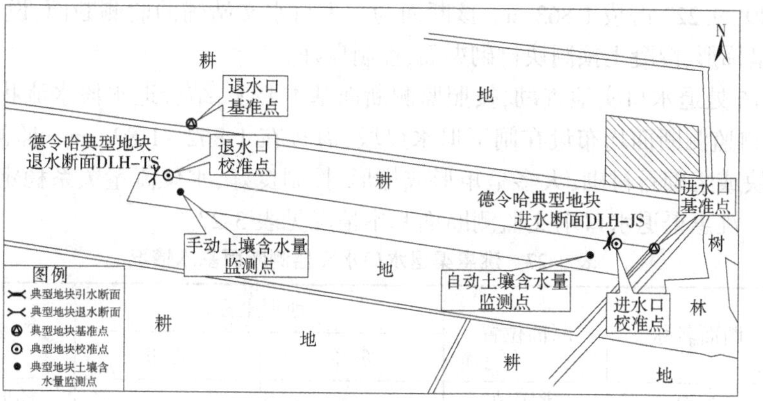

图 3-12 德令哈灌区典型地块监测断面平面示意

系数采用 0.8，符合《河流流量测验规范》（GB 50179—2015）表 4.8.1 的规定；测速垂线布设、水道断面测深垂线的布设及单次流量测验允许误差均符合《河流流量测验规范》（GB 50179—2015）的规定。德令哈灌区典型地块引退水监测断面水文监测实施方案见表 3-26。

表 3-26 德令哈灌区典型地块引退水监测断面水文监测实施方案

断面名称	纬度	经度	断面	断面顶宽	监测方式	频次	方式	垂线布设	测速历时	测深
DLH-JS	37°20′40.6″	97°19′7.1″	梯形	0.88	巡测	按流量变化布置	流速仪法	2 条	不少于 100 s	悬杆
DLH-TS	37°20′40.3″	97°18′40.3″								

3.2.9 洮惠渠灌区

3.2.9.1 洮惠渠灌区引退水监测断面布设

1. 干渠引退水监测断面布设

洮惠渠自临洮县玉井镇李家村洮河干流自流引水，玉井镇塔沟村设有洮惠渠灌区进水节制闸，进水闸工程等别Ⅳ级，闸孔数量 2 孔，闸孔总净宽 8 m，设计洪水标准 20 年，校核洪水标准 50 年，引水能力 1.13 亿 m^3。

洮惠渠干渠现布设有 16 处退水口，均设有退水闸。退水闸工程等别Ⅴ级，闸孔数量 1 孔，闸孔总净宽 1.8~3.0 m，过闸流量 7~12 m^3/s，设计洪水标准 10 年，校核洪水标准 20 年。闸下段退水渠为混凝土预制块或浆砌石衬砌的 U 形或梯形渠道。各退水口退水均排入就近沟道汇入洮河。

2016 年 3 月，为解决临洮县城自来水供水水源不足问题，在洮阳镇五爱村洮惠渠设置供水水源补水取水口 1 处，日取水量 2 万~3 万 m^3。

洮惠渠灌区现有引水口 1 处、退水口 16 处，2016 年 3 月设置城市供水水源补水口 1 处，进排水系统健全。

结合洮惠渠灌区实际引水及退水情况，经查勘后确定引、退水监测断面 24 个，通过 24 个断面进行灌区的引、退水量监测。

洮惠渠引水口塔沟监测断面布设在进水节制闸下游 100 m 处，位于北纬 35°18′08.85″，东经 103°49′39.22″,海拔 1 863 m。该断面为李家村水文站辅助监测断面,设立于 2008 年。监测断面呈梯形,混凝土预制块衬砌渠面,控制良好。

经对 16 处退水口实地查勘,按照监测断面基本要求,结合退水段水流状态实际情况,16 处退水口监测断面均布设在闸下退水渠段,海拔在 1 862~1 832 m。监测断面均由混凝土预制块或浆砌石衬砌,大多呈矩形或梯形,控制良好,水位流量关系稳定,便于监测和推算水量。洮惠渠退水口水文监测断面基本情况见表 3-27。

表 3-27 洮惠渠退水口水文监测断面基本情况

序号	断面名称	断面位置	地理坐标		断面形式
			东经	北纬	
1	大沟(THQ-TS1)	洮阳镇旭东村	103°51′40.47″	35°20′39.52″	梯形,顶宽 3.3 m,浆砌石衬砌
2	东峪沟(THQ-TS2)	龙门镇东五里铺村	103°52′44.54″	35°22′48.33″	梯形,顶宽 2.7 m,浆砌石衬砌
3	洋沟(THQ-TS3)	八里铺镇雍家庄村	103°53′10.08″	35°24′46.91″	矩形,宽 0.8 m,浆砌石衬砌
4	李莲沟(THQ-TS4)	八里铺镇白茨湾村	103°53′22.47″	35°27′06.70″	矩形,宽 2 m,混凝土衬砌
5	皇后沟(THQ-TS5)	新添镇三十墩村	103°52′20.54″	35°30′01.46″	梯形,顶宽 0.5 m,混凝土预制块
6	大水沟(THQ-TS6)	新添镇三十墩村	103°51′46.37″	35°30′39.30″	矩形,宽 2 m,浆砌石衬砌
7	曹家河(THQ-TS7)	新添镇曹家河村	103°51′15.88″	35°32′56.53″	梯形,顶宽 3.5 m,浆砌石衬砌
8	清水沟(THQ-TS8)	新添镇咀头村	103°50′02.28″	35°34′24.77″	矩形,宽 2 m,浆砌石衬砌
9	改河(THQ-TS9)	辛店镇刘成家村	103°48′42.15″	35°35′52.00″	梯形,顶宽 6 m,浆砌石衬砌
10	祁家河(THQ-TS10)	辛店镇桑兰家村	103°48′16.64″	35°37′12.48″	矩形,宽 2 m,浆砌石衬砌
11	牛头沟(THQ-TS11)	太石镇南门村	103°46′11.01″	35°39′52.91″	矩形,宽 1 m,浆砌石衬砌
12	昌木沟(THQ-S12)	太石镇沙楞村	103°44′52.92″	35°40′43.88″	矩形,宽 2 m,浆砌石衬砌
13	站沟(THQ-TS13)	太石镇站沟村	103°43′57.39″	35°42′44.47″	梯形,顶宽 5 m,浆砌石衬砌
14	后大沟(THQ-TS14)	太石镇中坪村	103°42′40.72″	35°43′08.52″	矩形,宽 0.8 m,浆砌石衬砌
15	张文沟(THQ-TS15)	中铺镇上咀村	103°42′02.53″	35°43′49.25″	矩形,宽 2 m,浆砌石衬砌
16	大岔(THQ-TS16)	中铺镇红柳村	103°42′10.06″	35°44′39.60″	梯形,顶宽 3.2 m,混凝土预制块

2. 典型地块引退水监测断面布设

根据典型地块选择原则，经现场调研和实地查勘，确定洮惠渠灌区大碧河—改河段黄家坪耕地作为典型地块开展水文水资源监测试验区域。

典型地块位于临洮县新添镇黄家坪，介于北纬 35°35′14″~35°34′26″，东经 103°48′46″~103°49′45″，耕地面积 1 654 亩。典型地块南、北均与小沟道接壤，西临兰临高速公路，东临洮惠渠主干渠，交通便利，地块完整，引退水口控制良好，便于开展水文监测和耗水系数试验研究。

根据典型地块耗水系数试验研究水资源监测需要和断面布设要求，经对典型地块实地查勘，现有 3 处引水口和 4 处退水口，在 3 处引水口和 4 处退水口均布设水文监测断面，海拔在 1 847~1 825 m。布设的引退水口监测断面能够较好地监测典型地块引退水情况，洮惠渠灌区典型地块引退水口水文监测断面基本情况见表 3-28。

表 3-28　洮惠渠灌区典型地块引退水口水文监测断面基本情况

序号	断面名称	断面位置	地理坐标		断面形式
			东经	北纬	
1	引水口 1（DK-JS1）	黄家坪村	103°49′36.87″	35°34′55.76″	U 形，顶宽 0.6 m，混凝土预制块
2	引水口 2（DK-JS2）	黄家坪村	103°49′36.45″	35°34′55.94″	U 形，顶宽 1 m，天然土质
3	引水口 3（DK-JS3）	黄家坪村	103°49′46.99″	35°34′40.39″	矩形，宽 0.5 m，浆砌石衬砌
4	退水口 1（DK-TS1）	黄家坪村	103°48′41.67″	35°34′39.75″	矩形，宽 0.7 m，混凝土渠面
5	退水口 2（DK-TS2）	黄家坪村	103°48′40.30″	35°34′46.12″	梯形，顶宽 1 m，浆砌石衬砌
6	退水口 3（DK-TS3）	黄家坪村	103°48′40.53″	35°34′46.24″	梯形，顶宽 0.9 m，浆砌石衬砌
7	退水口 4（DK-TS4）	黄家坪村	103°48′46.99″	35°34′36.80″	矩形，宽 0.5 m，混凝土预制块

引水监测断面 1 呈 U 形，混凝土预制块衬砌渠面；引水监测断面 2 呈 U 形，天然土渠；引水监测断面 3 呈矩形，浆砌石衬砌。4 处退水口监测断面呈矩形或梯形，为混凝土预制块或浆砌石衬砌。

3.2.9.2　洮惠渠灌区监测试验设计

1. 监测指标

监测指标包括引、退水断面水位、流量、典型灌区土壤墒情、土壤含水量；灌区代表站降水量、蒸发量。

水位——渠道（河道）水体自由水面相对于某一基面的高程，单位为 m；

流量——单位时间通过渠道某横断面的水量，单位以 m^3/s 计；

土壤墒情——田间土壤含水量及其对应作物的水分状态；

土壤含水量——单位体积内土壤孔隙的水容积（质量）与土壤容积（质量）的比值，单位为%；

降水量——在一定时段内，从大气降落到地面的降水物在地平面上所积聚的水层深度，单位为mm；

蒸发量——在一定时段内，液态水和固态水变成气态水逸入大气的量，常用蒸发掉的水层深度表示，单位为mm。

2. 监测时段

监测时段为2016年全年，即从2016年春季灌溉开始至2016年冬季灌溉结束。

3. 水位监测

根据水文监测的实际需要和监测设施布设基本规定，在水文监测断面附近共布设基本水准点44个，设立水位监测设施水尺24支。

（1）基本水准点。基本水准点用于监测断面的高程控制以及水尺零点高程的引测。

依据水文监测相关规范技术标准和基本要求，结合洮惠渠灌区退水口监测断面和典型地块引退水监测断面实际情况，分别在16处退水口、塔沟引水口附近相对稳定、便于测量的地点各布设2个基本水准点，共布设基本水准点34个。在典型地块引、退水监测断面附近固定的石头顶或渠顶部共布设基本水准点10个。

所设44个基本水准点均满足相关规范要求，便于测量，并进行了编号和红色油漆标记。

（2）水尺。设立水尺用于观测监测断面的水位变化，为确定水位流量关系和推算水量提供基础数据。

塔沟引水口断面右岸现设有直立式水尺1支；依据水文监测相关规范技术标准和基本要求，在16处洮惠渠退水口监测断面渠道边壁用白混凝土制作刻画水尺各1支；在典型地块引水口1和引水口3断面渠道右边壁设立铁板搪瓷直立式水尺各1支，引水口2断面渠道左岸设立钢质直立式水尺1支；在典型地块4处退水口监测断面渠道边壁用白混凝土制作刻画水尺各1支。

共设水位观测水尺24支，均稳定牢固，数字清晰，便于观读，满足水位观测要求。

灌区渠首进水口水位采用驻守人工观读的方式全年观测水位。灌区渠首进水口塔沟断面无灌溉用水时渠干，灌溉用水时水位较为稳定，一般采用两段制（8时、20时）观测，并根据水情的变化过程随时加测，以能掌握水位的变化过程为原则。自3月19日自来水厂供水水源补水开始引水至12月20日结束，共观测水位502次，其中最高水位1 862.49 m。观测次数较好地控制了水位的变化过程，满足计算日平均水位、推算日平均流量的要求和开展试验研究等方面的需要。

灌区干渠退水口水位采用驻守人工观读的方式观测水位。16处退水口监测断面自3月19日自来水厂供水水源补水开始引水至12月20日结束，共观测水位7 095次，其中东峪沟退水口断面观测水位次数最多，达555次，李莲沟退水口断面相对较少，为391次。正常退水期采用两段制（8时、20时）观测水位，并视具体情况加测，以准确掌握退水过程变化为原则。各断面水位监测次数较好地控制了水位的变化过程，满足通过与流量建立的关系推算水量的需要。临洮县洮惠渠灌区水资源监测情况统计见表3-29。

表 3-29 临洮县洮惠渠灌区水资源监测情况统计

序号	断面名称		断面位置	监测时间	监测次数	
					水位	流量
1	洮惠渠干渠	塔沟	临洮县玉井镇塔沟村	3月19日至12月20日	502	10
2		大沟	临洮县洮阳镇旭东村	3月19日至11月30日	495	4
3		东峪沟	临洮县龙门镇东五里铺村	3月19日至12月20日	555	11
4		洋沟	临洮县八里铺镇雍家庄村	4月10日至11月30日	440	6
5		李莲沟	临洮县八里铺镇白茨湾村	4月10日至11月30日	391	5
6		皇后沟	临洮县新添镇三十墩村	4月10日至11月30日	433	5
7		大水沟	临洮县新添镇三十墩村	4月10日至11月30日	446	7
8		曹家河	临洮县新添镇曹家河村	4月10日至11月30日	433	4
9		清水沟	临洮县新添镇咀头村	4月10日至11月30日	442	6
10		改河	临洮县辛店镇刘成家村	4月11日至11月30日	422	5
11		祁家河	临洮县辛店镇桑兰家村	4月11日至11月30日	442	8
12		牛头沟	临洮县太石镇南门村	4月11日至11月30日	435	6
13		昌木沟	临洮县太石镇沙楞村	4月11日至11月30日	434	5
14		站沟	临洮县太石镇站沟村	4月12日至11月30日	431	4
15		后大沟	临洮县太石镇中坪村	4月16日至11月30日	444	4
16		张文沟	临洮县中铺镇上咀村	4月17日至11月30日	424	4
17		大岔	临洮县中铺镇红柳村	4月17日至11月30日	428	4
18	典型地块	引水口1	临洮县新添镇黄坪村	4月11日至11月30日	436	3
19		引水口2	临洮县新添镇黄坪村	4月11日至11月30日	560	18
20		引水口3	临洮县新添镇黄坪村	4月11日至11月30日	544	14
21		退水口1	临洮县新添镇黄坪村	4月11日至11月30日	444	11
22		退水口2	临洮县新添镇黄坪村	4月11日至11月30日	0	0
23		退水口3	临洮县新添镇黄坪村	4月11日至11月30日	475	4
24		退水口4	临洮县新添镇黄坪村	4月11日至11月30日	472	10

洮惠渠干渠正常情况下多数退水口不产生退水,退水主要出现在以下几种情况:

(1)冲洗渠道退水。春灌及冬灌首次开始引水时,干渠中、上段自上而下开启退水闸冲洗渠道,退水期为1~2 d,时间相对较短;干渠下段水量较小,一般无退水现象。

(2)突发事件退水。如遇渠堤决口、隧洞塌方、渡槽坍塌、上游暴雨造成渠内水位迅速壅高或漫顶、工程运行发生意外给当地群众造成损失或引起的一些水事纠纷等情况时,视具体情况开启遇险段上游退水闸进行退水。

(3)灌溉余水退水。为防止下游渠道满溢和渠系运行安全,灌溉期间东峪沟退水口根据下游灌溉用水需求将多余来水开闸退水;灌溉结束时东峪沟退水口将上游渠段来水进行退水。东峪沟退水口全年退水天数相对较多,是洮惠渠灌区的主要退水口。

典型地块引退水口水位采用驻守人工观读的方式观测。黄家坪典型地块7处引退水口监测断面自4月11日春灌开始引水至11月30日冬灌结束,共观测水位2 931次。正常退水期采用三段制(8时、14时、20时)观测水位,并视具体情况加测,以准确控制引退水变化过程为原则。从4月11日开始引水，引水口1断面有少数天数引水，共观测水位436次；引水口2和引水口3断面属经常性引水，观测水位次数分别为560次和544次；退水口1、退水口3、退水口4退水天数较多，观测水位次数分别为444次、475次和472次；退水口2在引水期间经常渠干，整个灌溉期无退水。各断面水位监测次数较好地控制了水位的变化过程，满足推算典型地块引退水量和开展耗水量分析研究等方面的需要。

4. 流量监测

干渠退水口断面和典型地块引水口断面测流条件相对较好，可采用LS-10型等常规流速仪开展流量测验；典型地块退水口断面的水深和流速均较小，采用常规的仪器无法施测时，宜采用小流速的ADV等新型仪器或小浮标中泓浮标法施测；若流量很小，水位变化较快，此时应采用V形量水堰，通过监测水量和时间的方法测量退水量。流速仪应选择新的或使用时间短的，若使用两台流速仪同时测流，要进行比测，并作一致性修正。

灌区渠首进水口塔沟断面流量借助农路便桥，采用测深杆测深，LS25-1型流速仪测速。依据水位高低不同，布设3~5条测速垂线，各测速垂线上分别按一点法，在相对水深0.6的水深处测速，共施测流量10份，其中实测最大流量7.80 m^3/s，最小流量0.449 m^3/s。

灌区干渠16处退水口流量监测断面，中高水采用测深杆测深，LS25-1型或LS10型流速仪测速；低水采用人工涉水测深，LS10型流速仪测速测速。依据水深条件，在不同水位级，布设3~5条测速垂线，各测速垂线分别按一点法，在相对水深0或0.6的水深处测速。因受水流紊动的影响，测流断面大多选择在基本水尺断面下游附近进行测验。16处退水口断面共施测流量98份。由于各退水口退水大小、场次的多少以及控制情况的不同，各断面施测流量的次数相差较大，其中东峪沟断面施测份数最多，达11份；其他各断面在4~8份。

典型地块引退水口流量监测断面，引水口2采用测深杆测深，LS10型流速仪相对水深0.6处一点法测速；其他引退水口断面采用人工涉水测深，LS10型流速仪相对水深0或0.6处一点法测速。受水面宽的限制，各断面均布设3条测速垂线，共施测流量60份，其中引水口2断面施测份数最多，达18次，其他断面在3~14份。引水口2实测到最大引水流量为0.233 m^3/s，退水口1实测到最大退水流量为0.105 m^3/s。

5. 土壤墒情监测

布设土壤墒情监测仪器用于监测典型地块土壤含水量和土壤温度的变化，为灌区耗水系数试验研究提供土壤墒情基础数据。

1）土壤墒情自动监测

在选定的土壤墒情自动监测点布设FM-XCTS1（河北奥尔诺电子科技有限公司产品）远程土壤墒情监测设备1套，开展典型地块土壤墒情自动监测。该设备同时外接1~6路土壤温度传感器和1~6路土壤湿度传感器，用于测量并存储土壤表层及不同深度的土壤温度和土壤水分参数，测量精度高，存储容量大，体积小巧。记录仪操作简单，性能可靠，可脱离计算机独立工作，全程跟踪记录，记录时间长，具有断电数据自动存储保护功能，数据存储稳定，不易丢失。

根据试验研究工作需要，分别在距表层10 cm、30 cm、50 cm、70 cm、100 cm五个不同深度处埋设了土壤温度和湿度传感器，用于监测不同深度的土壤温度和湿度。

为了有效减免人为或其他意外碰撞对设备仪器造成的破坏或正常运行造成的影响，

在监测设备的四周布设了防护围栏，并设置了安全警示标识。

自 4 月 2 日开始监测以来，运行稳定，性能良好，无中断或无记录现象，数据查询平台数据完整齐全。

按照实施方案要求和开展试验研究的需要，每日在网上数据查询平台分别读取前一日 8 时土壤 10 cm、30 cm、50 cm、70 cm、100 cm 五处不同深度的湿度和温度，并进行记录和整理。全年共摘录土壤墒情自动监测数据 1 370 组，所摘录资料连续、完整，满足试验研究需要。

2）土壤墒情人工监测

在选定的土壤墒情人工监测点布设土壤湿度速测仪（FM-TSWC，河北奥尔诺电子科技有限公司产品）1 套用于典型地块土壤墒情人工监测。

该仪器用于快速测量瞬间土壤水分参数，并通过显示屏实时显示，同时将数据存储到速测仪内部芯片中。测量完毕可通过附送软件将记录仪中的数据下载到计算机上，便于研究和保存。

本仪器由速测仪、土壤水分传感器、UBS 数据线、便携式手提箱等部分组成。整机功耗小，性能可靠；软件功能强大，数据查看方便，随时可以将速测仪中的数据导出到计算机中，并可以存储为 Excel 表格文件，生成数据曲线，以供其他分析软件进一步进行数据处理；大屏幕中文液晶显示，可实时显示水分值、组数、低电压示警，便于野外作业。

自 4 月 7 日起开展土壤墒情人工监测，按照实施方案要求和开展试验研究的需要，每日 8 时在典型地块灌溉前和灌溉后使用速测仪连续进行观测，待墒情数据稳定时，按照相隔 5 d 的要求进行监测，如遇降水延迟 2~3 d 再补测。监测时，用 USB 数据线将速测仪与埋设的土壤水分传感器连接，分别测取五处不同深度的湿度和温度，测取时重复 3 次，取其平均值，现场记录在表格当中。4 月 7 日至 12 月 31 日共获取土壤墒情人工监测数据 635 组，资料完整可靠。

6. 降水蒸发监测

试验研究引用距离典型地块较近、气候条件相同的潘家庄雨量站和三甲集水文站降水量、蒸发资料。

潘家庄雨量站采用 20 cm 口径人工雨量器，按 4 段制观测，全年共观测降水数据 157 组。三甲集水文站降水量采用 20 cm 口径人工雨量器及 20 cm 口径自记雨量计同步观测，1—4 月及 11—12 月采用 4 段制观测，5—10 月采用自记雨量计观测，全年观测和摘录降水数据 457 组；蒸发量采用 20 cm 口径蒸发器观测，每日 8 时观测一次。降水量、蒸发量监测数据均完整可靠。

3.2.10 泾河南干渠灌区

3.2.10.1 泾河南干渠灌区引退水监测断面布设

1. 干渠引退水监测断面布设

崆峒区泾河南干渠灌区分布在泾河南岸，西起崆峒水库，东至平凉与泾川县交界处的下王沟，呈一狭长地带，南北平均宽 3 km，东西长达 60 km。辖崆峒、柳湖、四十里铺、白水、花所 5 个乡（镇）。中华人民共和国成立后，20 世纪五六十年代相继兴修了南干渠、崆峒渠、北干渠和柳湖渠，形成了 4 个独立的自流引水灌区，灌溉面积发展为 8.7 万亩。为了解决季节用水矛盾，1971—1980 年建成崆峒水库，总库容 2 970 万 m^3。1984—1988 年底，将崆峒干渠、柳湖干渠、南干渠 3 条干渠合并扩建为崆峒总干渠（又叫南干渠），形成了一个比较完整的水库灌区。南干渠全长 62.15 km，1993 年，崆峒区水利局成立南干渠改（扩）建指挥部，组织施工衬砌四十里铺演武至白水永乐段，断面为梯弧形，采用混凝土预制块衬砌，2000 年通过验收使用，共长 30.93 km。

南干渠沿线除一些小型的桥梁、涵洞外，主要建筑物有总干渠渠首进水闸、跃进渠引水口、团结渠引水口、南坡泄水闸、野猫沟泄水闸、水桥沟泄水闸、三角城泄水闸、米家湾泄水闸、甲积峪泄水闸、吴老沟泄水闸、马峪口泄水闸、甸子沟泄水闸、花所泄水闸、白水村泄水闸、光明村 4 社 5 社泄水闸、渠信合村泄水闸、王沟泄水闸。

泾河灌区管理处成立于 1959 年，隶属崆峒区水务局，为科级自收自支事业单位，1996 年晋升为甘肃省二等灌区，下设 5 个水管所，现共有职工 144 人。主要承担着崆峒、柳湖、四十里铺、白水、花所 5 乡（镇）和西郊开发区农田灌溉及寺沟水库防汛管理、兴利控制运行、水利工程的管理养护等工作。灌区设计灌溉面积 8.4 万亩，灌区受益乡（镇）5 个，行政村 46 个，农户 21 836 户，总人口 88 536 人。

灌区 2015 年实际灌溉面积 5.05 万亩，耕地实际灌溉面积 3.37 万亩，非耕地实际灌溉面积 1.68 万亩；灌区 2015 年取水量为 5 500 万 m^3，其中水库和塘坝取水 3 932 万 m^3，河流取水 1 336 万 m^3。灌区 2015 年用水量为 5 268 万 m^3，其中耕地灌溉用水 5 268 万 m^3，非耕地灌溉用水 232 万 m^3。

南干渠灌区现有引水口 3 处、退水口 14 处，南干渠灌区引退水系统布设位置示意如图 3-13 所示。

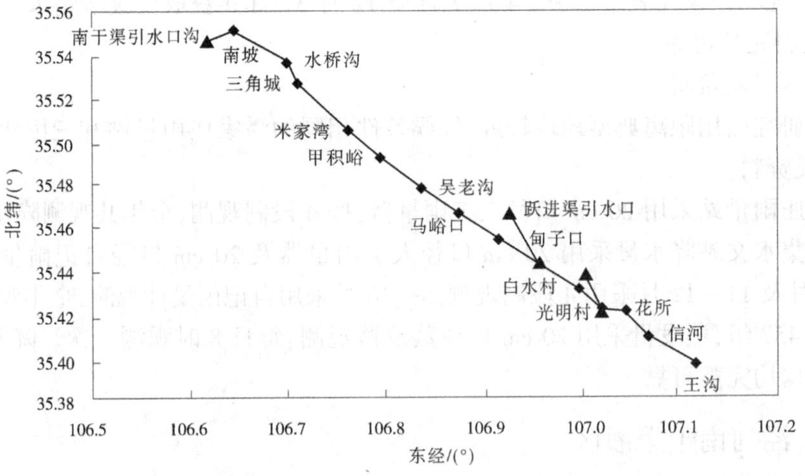

图 3-13 南干渠灌区引退水系统布设位置示意

结合泾河南干渠灌区实际引水及退水情况，查勘后确定引、退水监测断面共设立 17 个，进行灌区的引、退水量监测。

1）引水口

总干渠渠首站：总干渠渠首站监测断面采用平凉水文局崆峒水文站的渠道测验断面作为基本水尺断面兼流速仪测流断面。位于崆峒水库管理所向南 20 m 处，地理坐标为东经 106°32′58.70″、北纬 35°32′38.07″。

跃进渠引水口站：跃进渠引水口站监测断面布设于跃进渠进水闸下游 10 m 的渠道上，按照测验断面布设要求进行布设，作为基本水尺断面兼流速仪测流断面，地理坐标为东经 106°55′25.71″、北纬 35°28′04.64″。

团结渠引水口站：团结渠引水口站监测断面布设于团结渠进水闸下游 100 m 的渠道上，按照测验断面布设要求进行布设，作为基本水尺断面兼流速仪测流断面，地理坐标为东经 107°00′01.73″、北纬 35°26′22.69″。

2）退水口

退水口包括南坡泄水闸站、野猫沟泄水闸站、水桥沟泄水闸站、三角城泄水闸站、米家湾泄水闸站、甲积峪泄水闸站、吴老沟泄水闸站、马峪口泄水闸站、甸子口泄水闸站、花所泄水闸站、光明村 4 社 5 社泄水闸站、信河村泄水闸站、王沟泄水闸站、白水村泄水闸站等 14 处。崆峒区泾河南干渠灌区引、退水监测断面情况见表 3-30。

表 3-30　崆峒区泾河南干渠灌区引、退水监测断面情况

序号	引退水口名称	位置	坐标		说明
			北纬	东经	
1	KJN-JS1	崆峒水库管理站	35°32′38.07″	106°32′58.70″	总干渠渠首
2	KJN-JS2	王寨村	35°28′04.64″	106°55′25.71″	跃进渠引水口
3	KJN-JS3	白水村 2 社	35°26′22.69″	107°00′01.73″	团结渠引水口
4	DK-JS1	马莲村	35°27′22.19″	106°56′18.82″	甘肃农业大学试验站
5	KJN-TS1	南坡村	35°32′45.46″	106°37′02.35″	南坡泄水闸
6	KJN-TS2	二天门村	35°33′04.85″	106°38′45.97″	野猫沟泄水闸
7	KJN-TS3	泾滩村	35°32′14.34″	106°42′01.79″	水桥沟泄水闸
8	KJN-TS4	三角城村	35°31′36.76″	106°42′39.89″	三角城泄水闸
9	KJN-TS5	米家湾村	35°30′18.15″	106°45′44.30″	米家湾泄水闸
10	KJN-TS6	下甲村	35°29′34.25″	106°47′38.99″	甲积峪泄水闸
11	KJN-TS7	洪岳村	35°28′42.39″	106°50′07.48″	吴老沟泄水闸
12	KJN-TS8	马峪口村	35°28′00.49″	106°52′23.85″	马峪口泄水闸
13	KJN-TS9	王寨村	35°27′17.69″	106°54′52.37″	甸子口泄水闸
14	KJN-TS10	孟家寨村	35°25′20.10″	107°01′04.26″	花所泄水闸
15	KJN-TS11	光明村	35°25′18.19″	107°02′36.40″	光明村 4 社 5 社泄水闸
16	KJN-TS12	信河村	35°24′34.62″	107°04′00.38″	南干渠信河村泄水闸
17	KJN-TS13	段沟村	35°23′50.02″	107°06′53.82″	王沟泄水闸
18	KJN-TS14	白水村	35°25′55.88″	106°59′44.13″	白水村泄水闸

2. 典型地块引退水监测断面布设

通过实地查勘与调研，选取位于崆峒区白水镇马莲村的甘肃农业大学试验田作为典

型地块,该地块种植作物为玉米,有专人管理,试验田面积约 100 亩,内有灌溉明渠,渠系良好,满足开展引、退、耗水试验观测条件,便于典型地块作物密度、茎高和主根深度的监测及土壤墒情监测仪器的布设。典型地块交通便利,地块完整,引退水口控制良好,便于开展水文监测和耗水系数试验研究。

典型地块有引水口 1 处,无退水口,引水口监测断面布设于进水闸下游 4 m 的渠道上,甘肃农业大学试验田的西南角处,按照测验断面布设要求进行布设,作为基本水尺断面兼流速仪测流断面,地理坐标为东经 106°56′18.82″、北纬 35°27′22.19″。甘肃农业大学试验田典型地块分布及引水口监测断面示意见图 3-14。

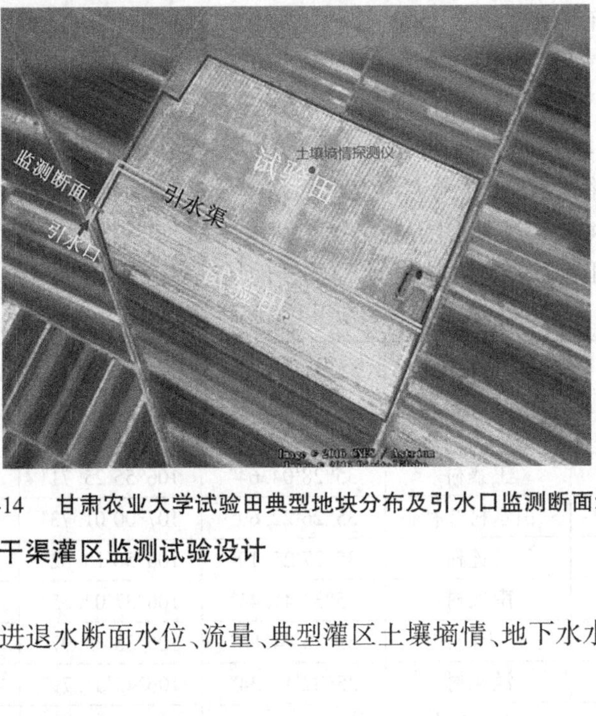

图 3-14　甘肃农业大学试验田典型地块分布及引水口监测断面示意

3.2.10.2　泾河南干渠灌区监测试验设计

1. 监测指标

监测指标包括进退水断面水位、流量、典型灌区土壤墒情、地下水水位;灌区代表站降水量、蒸发量。

2. 监测时段

监测时段为 2016 年春季灌溉开始至 2016 年冬季灌溉结束。

3. 水位监测

根据水文监测的实际需要和监测设施布设基本规定,在水文监测断面附近共布设基本水准点,设立水位监测设施水尺。

(1)基本水准点。基本水准点用于监测断面的高程控制以及水尺零点高程的引测。

(2)水尺。设立水尺用于观测监测断面的水位变化,为确定水位-流量关系和推算水量提供基础数据。根据水尺的布设规定布设于渠道的左、右岸,基本水尺断面上,采用直立式或倾斜式水尺,刻画于渠道的水泥护岸上。

泾河南干渠灌区引水口水位监测断面为 3 处,从渠道开始正常引水到冬季停止引水。除总干渠渠首站使用雷达水位计观测水位,人工观测值进行比测外,跃进渠进水口站和团结渠进水口站水位采用人工观测,水位稳定时每日 8 时、18 时 2 段制观测,有变化时根据情况随时增加测次。灌区引水口站水位监测要素见表 3-31。

表 3-31 灌区引水口站水位监测要素

序号	站名	水尺	观测方法	监测时间	年最高水位/m	日期	年最低水位	日期
1	总干渠渠首站	P_1	雷达水位计（人工比测）	2016年3月1日至12月31日	1 423.51	4月12日	渠干	3月1日
2	跃进渠进水口站	P_1	人工	2016年3月1日至12月31日	1 163.99	12月7日	渠干	3月1日
3	团结渠进水口站	P_1	人工	2016年3月1日至12月31日	1 126.63	7月6日	渠干	3月1日

典型地块引水口水位监测为甘肃农业大学试验站1处，从渠道开始引水到冬季停止引水，采用人工观测，水位稳定时每日8时、18时2段制观测，有变化时根据情况随时增加测次。甘肃农业大学试验田典型地块引水口水位监测要素见表3-32。

表 3-32 甘肃农业大学试验田典型地块引水口水位监测要素

序号	站名	水尺	观测方法	监测时间	年最高水位/m	发生日期	年最低水位	发生日期
1	甘肃农业大学试验站	P_1	人工	2016年3月1日至12月31日	1 166.42	4月14日	渠干	3月1日

泾河南干渠灌区弃水口水位监测断面为14处，从渠道开始弃水到冬季停止弃水，采用人工观测，水位稳定时每日8时、18时2段制观测，有变化时根据情况随时增加测次。野猫沟泄水闸站、水桥沟泄水闸站、三角城泄水闸站、米家湾泄水闸站、甲积峪泄水闸站、马峪口泄水闸站、甸子沟泄水闸站、花所泄水闸站、光明村4社5社泄水闸站9站未弃水（表中不再列入），其余5站均有弃水。灌区干渠弃水口水位监测要素见表3-33。

表 3-33 灌区干渠弃水口水位监测要素

序号	站名	水尺	观测方法	监测时间	年最高水位/m	发生日期	年最低水位	发生日期
1	南坡泄水闸站	P_1	人工	2016年3月1日至12月31日	1 372.95	8月29日	渠干	3月1日
2	吴老沟泄水闸站	P_1	人工	2016年3月1日至12月31日	1 229.28	9月9日	渠干	3月1日
3	南干渠信河村泄水闸站	P_1	人工	2016年3月1日至12月31日	1 113.47	6月29日	渠干	3月1日
4	王沟泄水闸站	P_1	人工	2016年3月1日至12月31日	1 093.22	5月23日	渠干	3月1日
5	白水村泄水闸站	P_1	人工	2016年3月1日至12月31日	1 141.24	12月1日	渠干	3月1日

4. 流量监测

灌区干渠退水口断面和典型地块引水口断面测流条件相对较好，可采用 LS-10 型等常规流速仪开展流量测验；典型地块退水口断面的水深和流速均较小，采用常规的仪器无法施测时，宜采用小流速的 ADV 等新型仪器或小浮标中泓浮标法施测；若流量很小，水位变化较快，此时应采用 V 形量水堰，通过监测水量和时间的方法测量退水量。流速仪应选择新的或使用时间短的，若使用两台流速仪同时测流，要进行比测，并作一致性修正。

灌区渠首进水口流量监测断面为 3 处，根据水位变化过程布置流量测次，以满足推出完整的引水过程流量为原则，采用流速仪一点法测速，测深杆测深，测速历时不小于 100 s。利用渠道便桥或涉水测流作业。灌区渠首引水口流量监测要素见表 3-34。

表 3-34 灌区渠首引水口流量监测要素

序号	站名	测验方法	测流次数/次	年最大流量/(m^3/s)	发生日期	年最小流量/(m^3/s)	发生日期	年平均流量/(m^3/s)	年径流量/万 m^3
1	总干渠渠首站	流速仪一点法	20	2.98	12月2日	0	3月1日	0.341	1 078
2	跃进渠进水口站	流速仪一点法	14	1.42	12月7日	0	3月1日	0.218	689.2
3	团结渠进水口站	流速仪一点法	8	0.938	7月6日	0	3月1日	0.098	308.8

灌区干渠弃水口流量采用流速仪法测流。流量测点根据水位变化过程布置测次，以满足推出完整的弃水过程流量为原则。灌区弃水口流量监测为 14 处，其中 5 处有弃水，9 处无弃水(表中不再列入)。根据水位变化过程布置流量测次，以满足推出完整的弃水过程流量为原则，布设垂线，采用流速仪一点法测速，测深杆测深，测速历时不小于 100 s。利用渠道便桥或涉水测流作业。灌区渠首弃水口流量监测要素见表 3-35。

表 3-35 灌区渠首弃水口流量监测要素

序号	站名	测验方法	测流次数/次	年最大流量/(m^3/s)	发生日期	年最小流量/(m^3/s)	发生日期	年平均流量/(m^3/s)	年径流量/万 m^3
1	南坡泄水闸站	流速仪一点法	8	1.62	8月29日	0	3月1日	0.039	123.8
2	吴老沟泄水闸站	流速仪一点法	5	1.41	9月9日	0	3月1日	0.02	64.46
3	南干渠信合村泄水闸站	流速仪一点法	5	0.686	6月29日	0	3月1日	0.003	9.167
4	王沟泄水闸站	流速仪一点法	5	0.401	5月23日	0	3月1日	0.004	12.65
5	白水村泄水闸站	流速仪一点法	12	1.10	12月1日	0	3月1日	0.075	230.2

典型地块引水口流量采用流速仪一点法测流。流量测点根据水位变化过程布置测次,以满足推出完整的弃水过程流量为原则。典型地块引水口流量监测为甘肃农业大学试验站一处,典型地块引退水口流量监测要素见表 3-36。

表 3-36 典型地块引水口流量监测要素

站名	测验方法	测流次数/次	年最大流量/(m^3/s)	发生日期	年最小流量/(m^3/s)	发生日期	年平均流量/(m^3/s)	年径流量/万 m^3
甘肃农业大学试验站	流速仪一点法	3	0.058	4月14日	0	3月1日		0.190 1

5. 土壤墒情监测

布设土壤墒情监测仪器用于监测典型地块土壤含水量和土壤温度的变化,为灌区耗水系数试验研究提供土壤墒情基础数据。

在选定的土壤墒情自动监测点布设河北奥尔诺电子科技有限公司产品 FM-XCTS1 远程土壤墒情监测设备 1 套开展典型地块土壤墒情自动监测。该设备同时外接 1~6 路土壤温度传感器和 1~6 路土壤湿度传感器,用于测量并存储土壤表层及不同深度的土壤温度和土壤水分参数,测量精度高,存储容量大,体积小巧。记录仪操作简单,性能可靠,可脱离计算机独立工作,全程跟踪记录,记录时间长,具有断电数据自动存储保护功能,数据存储稳定,不易丢失。

根据试验研究工作需要,分别在距表层 10 cm、30 cm、50 cm、70 cm、100 cm 五个不同深度处埋设了土壤温度传感器和土壤湿度传感器,用于监测不同深度的土壤温度和湿度。

为了有效减免人为或其他意外碰撞对设备仪器造成的破坏或正常运行造成的影响,在监测设备的四周布设了防护围栏,并设置了安全警示标识。

6. 降水蒸发监测

试验研究引用距离典型地块较近、气候条件相同的窑峰头雨量站降水量、蒸发资料。

窑峰头雨量站降水观测设备为 20 cm 口径人工雨量器,蒸发量观测设备为 20 cm 口径蒸发器。降水、蒸发监测场地规范、仪器完好。

3.2.11 景电泵站灌区

3.2.11.1 景电泵站灌区引退水监测断面布设

1. 干渠引退水监测断面布设

景电泵站灌区总面积 586 km^2,灌溉总面积 61 300 hm^2,高程分布在 1 596~1 906 m,灌区东西长 120 km,南北宽约 40 km。

景电泵站灌区分两期建成,一期工程于 1969 年开工,1971 年开始提水灌溉,一期灌区在行政区域上主要为景泰县区域,南依寿鹿、米家两山,北接腾格里沙漠,东毗刀楞山,西临猎虎山,形成扇形洪积盆地,距灌区东侧处,黄河从南向北流过,灌溉面积 2.23 万 hm^2。景电二期工程于 1984 年开工建设,1987 年部分区段开始上水灌溉,在行政上分别属于甘肃景泰县西北部、古浪县东北部以及内蒙古阿右旗和景泰交界的部分土地,现有灌溉面积 3.28 万 hm^2。景电一、二期灌区建成灌溉后,有效阻止了沙漠南移,在腾格里沙漠的边缘形成了一条长 100 多 km 的绿色长廊，同时安置景泰、古浪、东乡等县贫困山区移民 30 多万人，取得了显著的经济效益、生态效益和社会效益。

景电灌渠自黄河干流由泵站提水，共有两期，景电一期工程建有总干渠 1 条 20.38 km，总干泵站 6 座；建有干渠 1 条 17.998 km，干渠泵站 5 座；建有支渠 17 条 181.91 km；建有斗渠 406 条 651 km。景电二期工程建有总干渠 1 条 99.618 km，总干泵站 13 座；建有干渠 2 条 13.62 km，干渠泵站 5 座；建有支渠、分支渠 48 条 341 km；建有斗渠 809 条 1 172 km。景电二期延伸向民勤调水工程建有干渠 1 条 99.46 km。

结合灌区实际引水及退水情况，确定引、退水共设立 7 个监测断面，进行灌区的引、退水量监测，其中灌区干渠引水口 2 个、民勤调水口 1 个、退水口 3 个。引水口两处，分别设于一、二期泵站渠首，退水口 3 处，均设有计量设施。退水量监测 2 处采用巴歇尔量水堰，1 处采用简易量水堰，各退水口退水均就近排入黄河。景电泵站灌区引、退水监测断面详情见表 3-37。

表 3-37　景电泵站灌区引、退水监测断面情况

序号	名称	位置	坐标		说明
			纬度	经度	
1	JD-JS1	兴水村	37°09.870′	104°17.510′	一期泵站引水口
2	JD-JS2	兴水村	37°10.009′	104°17.572′	二期泵站引水口
3	JD-TS1	兴水村	37°10.545′	104°17.914′	回归水 1
4	JD-TS2	东风村	37°07.585′	104°13.944′	回归水 2
5	JD-TS3	兴水村	37°09.983′	104°17.539′	泵站管理站后山崖出水
6	MQ-DS1	新井村	37°31.997′	103°37.190′	流域外调水监测
7	DK-JS1	沙台村	37°13.050′	104°05.238′	典型地块

2. 典型地块引退水监测断面布设

根据典型地块选择原则，经实地查勘，最终选定景电泵站灌区管理局灌溉试验站的试验用地为典型地块，耕地面积 82 亩。典型地块交通便利，地块完整，引退水口控制良好，具有较强代表性，便于开展水文监测和耗水系数试验研究，见表 3-38 和图 3-15。

表 3-38　景电泵站灌区典型地块地理坐标统计

序号	名称	坐标	
		纬度	经度
1	西南角	37°13′1.26″	104°05′14.16″
2	西北角	37°13′8.58″	104°05′16.38″
3	东北角	37°13′8.88″	104°05′21.36″
4	东南角	37°13′2.88″	104°05′27.00″

图 3-15 景电泵站灌区典型地块位置示意

3.2.11.2 景电泵站灌区监测试验设计

1. 监测指标

监测指标包括进退水断面水位、流量、典型灌区土壤墒情。

2. 监测时段

监测时段为 2016 年全年,即从 2016 年春季灌溉开始至 2016 年冬季灌溉结束。

3. 水位监测

根据水文监测的实际需要和监测设施布设的基本规定,在水文监测布设 MQ-DS1 采用远传式自记水位计或 JNSW01 型水位记录仪监测水位,部分采用直立式水尺人工观测。

4. 流量监测

引水口采用电磁流量计(型号 MFE18218110A995ER1401111S),进行流量监测,其余采用巴歇尔量水槽和梯形堰。

灌区干渠退水口和典型地块引水口流量使用堰槽自由流计算公式计算实时水位对应的流量。本项目使用的堰槽自由流计算公式为:

(1)巴歇尔量水槽:

$$Q = 0.372W(h_a/0.305)^{1.569W^{0.026}} \tag{3-16}$$

式中:Q 为实时流量,m^3/s;W 为喉道宽度,m;h_a 为上游水尺读数(水位),m。

(2)梯形量水堰:

$$Q = 1.855bh^{3/2} \tag{3-17}$$

式中：Q 为实时流量，m^3/s；b 为堰底宽度，m，本项目中取 0.25 m；h 为上游水尺读数（水位），m。

5. 土壤墒情监测

在选定地点布设 1 组 3 个土壤含水量监测点，安装土壤温湿度测定仪（型号为 RYGCM3008），测点选择垂向五点法布设，测点深度分别为 10 cm、30 cm、50 cm、70 cm、100 cm（或 90 cm）五种深度。

6. 降水蒸发监测

降水蒸发资料采用景泰气象站资料，本项目不再另设监测设施。

3.2.12　洛东灌区

3.2.12.1　洛东灌区引退水监测断面布设

根据方案确定的监测目标任务，通过现场查勘及与洛惠渠管理局沟通交流，确定在洛东灌区进行引、退水监测试验研究。

洛东灌区渠首位于义井分水闸处，有东干渠、中干渠和西干渠 3 条引水渠，且引水均有计量；灌区共有 13 处退水口，但因东干渠分渠、东干一支渠、东干二支渠和盐排干沟已无退水，因此不需要监测。中干一分渠和中干二分渠基本无退水，若有退水则分别退入中排干沟和盐排干沟，西干一支渠退水入西排干沟，因此以上 3 个退水口门不需要专设监测断面。综上，洛东灌区只需设安仁、堤浒、婆合、中排干、埝桥和冯村 6 个监测断面，分别监测东干渠退水、东干三支渠退水、中干渠退水、中排干沟退水、西排干沟和西干一分渠退水及西干渠退水，即可满足监测整个洛东灌区全部退水的要求。因此，洛东灌区引退水监测选取 3 个引水口断面和 6 个退水口断面。洛东灌区引、退水口断面情况见表 3-39。

表 3-39　洛东灌区退水口断面选取分析统计

干渠或干沟	支渠	监测点	说明
东干渠	东干渠下段	安仁	
	东分渠		无退水
	东干一支渠		无退水
	东干二支渠		无退水
	东干三支渠	堤浒	
中干渠	中干渠下段	婆合	
	中干一分渠		基本无退水，特殊情况退水入中排干支沟
	中干二分渠		基本无退水，特殊情况退水入盐池洼
西干渠	西干渠下段	冯村	
	西干一支渠	埝桥	退水入西排干沟

续表 3-39

干渠或干沟	支渠	监测点	说明
盐排干沟			即东排干沟,已堵死,不再排明水
中排干沟		中排干	
西排干沟		埝桥	

3.2.12.2　**洛东灌区监测试验设计**

监测委托洛惠渠管理局进行,监测周期从 2014 年 4 月 1 日起,至 2015 年 3 月 31 日止,水量监测按照水文测验规范开展,引退水监测次数以能满足推求引、退水过程的流量需要为原则。

水位监测:中、东、西干渠引水口断面监测时间从渠道开始正常引水到冬季停止引水;要求水位每日间隔 2 h 观测一次。设立退水口监测断面 6 处,监测时间从渠道开始正常退水到退水结束;根据退水情况,由专人负责观测,要求每隔 2 h、4 h、8 h 观测一次。

流量监测:引水量采用悬杆流速仪法,监测方式为专业人员驻测流量的方式。流量测验采用悬杆测深,测深、测速垂线按间隔 0.5 m 布设,测速历时不少于 100 s。垂线的流速测点位置布置采用相对水深 0.6 一点法,满足《河流流量测验规范》(GB 50179—1993)表 4.3.3 的规定;岸边流速系数采用《河流流量测验规范》(GB 50179—1993)表 4.8.1 的规定,采用 0.7;渠道断面测速垂线和测深垂线的布设符合《河流流量测验规范》(GB 50179—1993);单次流量测验允许误差符合《河流流量测验规范》(GB 50179—1993)表 4.1.4 的规定。

LS251 型流速仪仪器型号 801131,$V=0.2513n+0.0069$。流速使用范围 0.141 3~5.00 m/s。低速部分(0.049 4~0.141 3 m/s)从低速 V-n 曲线图查读。

洛东灌区引、退水口断面水文监测方案见表 3-40。

3.2.13　东雷灌区

根据方案确定的监测目标任务,通过现场查勘及与东雷抽黄管理局沟通交流,确定在东雷抽黄灌区进行引退水调查研究,未布设监测断面进行引退水监测。

东雷抽黄工程设总干、南北干渠、分干、支渠等 64 条,输水渠道有排沙渠和退水渠。一期只设有加西一个总干渠退水口,经过二级电站后,一期基本上无退水;二期则因为抽水泵站的出水能力与渠道之间壅水等原因需要排水,从上游到下游有汉村、芝麻湾、蒲石、万泉河和将军沟等多处退水,一级站退水至黄河,二级站退水至洛河,均有闸门控制。东雷抽黄引退水断面位置见表 3-41。

3.2.14　河南省典型灌区

河南省的人民胜利渠灌区、渠村灌区、南小堤灌区、彭楼灌区和大功灌区采用统计调研分析方法,未布设监测断面进行引退水监测。

表 3-40 洛东灌区引退水口断面水文监测方案统计

断面名称及代号	位置	坐标		断面形状	断面顶部宽度/m	水位监测				流量监测			
		经度	纬度			监测方式	频次	监测方式	频次	测流方式	垂线布设	测速历时/s	测深
中干渠渠首（引水）	义井村	101°33′0.8″	36°39′12.9″	弧底梯形	6.5	驻测	春、冬、夏灌引水期间，每间隔 2 h 监测一次	驻测	春、冬、夏灌引水期间，共监测 30 次	流速仪法	间隔 0.5 m	≥100	悬杆
西干渠渠首（引水）	义井村	101°33′24.1″	36°39′7.9″	梯形	5.5	驻测	春、冬、夏灌引水期间，每间隔 2 h 监测一次	驻测	春、冬、夏灌引水期间，共监测 30 次	流速仪法	间隔 0.5 m	≥100	悬杆
东干渠渠首（引水）	义井村	101°35′53.6″	36°39′42.1″	梯形	7.5	驻测	春、冬、夏灌引水期间，每间隔 2 h 监测一次	驻测	春、冬、夏灌引水期间，共监测 30 次	流速仪法	间隔 0.5 m	≥100	悬杆
冯村（西干渠末端）	党川村	109°47′10″	34°50′42″	梯形		巡测	根据退水情况，随时布设次数	巡测	根据退水情况，随时布设次数	流速仪法	间隔 0.5 m	≥100	悬杆
埝桥（西一支末端）	游斜村	109°52′57″	34°46′37″	梯形		巡测	根据退水情况，随时布设次数	巡测	根据退水情况，随时布设次数	流速仪法	间隔 0.5 m	≥100	悬杆
中排干	邓营村	109°56′33″	34°49′06″	梯形		巡测	根据退水情况，随时布设次数	巡测	根据退水情况，随时布设次数	流速仪法	间隔 0.5 m	≥100	悬杆
婆合（中干渠末端）	畅家村	110°00′01″	34°46′35″	梯形		巡测	根据退水情况，随时布设次数	巡测	根据退水情况，随时布设次数	流速仪法	间隔 0.5 m	≥100	悬杆
安仁（东干渠末端）	南湾村	110°07′35″	34°53′24″	梯形		巡测	根据退水情况，随时布设次数	巡测	根据退水情况，随时布设次数	流速仪法	间隔 0.5 m	≥100	悬杆
堤浒（东三支退水道）	辛旺村	110°04′17″	34°47′14″	梯形		巡测	根据退水情况，随时布设次数	巡测	根据退水情况，随时布设次数	流速仪法	间隔 0.5 m	≥100	悬杆

表 3-41　东雷抽黄灌区引、退水口断面位置统计

断面名称	经度/(°)	纬度/(°)	说明
二期渠首	110. 214 25	35. 109 93	排沙退水入黄
加西	110. 121 67	34. 565 14	二黄二级站前退水入黄
汉村	109. 568 98	34. 552 45	退水入洛河
党川(芝麻湾)	109. 472 56	34. 506 76	退水入洛河
蒲石	109. 432 98	34. 523 41	退水入洛河
万泉河			无退水
将军沟			无退水

4 典型灌区试验监测结果及耗水系数分析

4.1 礼让渠灌区

4.1.1 礼让渠灌区试验监测结果

4.1.1.1 灌区引退水

礼让渠灌区于2013年3月10日开始引水,3月10日至3月16日为冲渠期,引退水监测自3月17日春灌开始,截至9月5日渠道停水,阶段观测结束。另外从10月23日渠道开闸引水,冲刷渠道内垃圾结束后开始监测,于11月19日渠道停水,监测工作结束。两段监测期各断面共监测引退水共279次。灌区采用轮灌配水,从干渠下游段开始,到干渠上游段结束,吧浪支干渠同时引水灌溉。礼让渠干渠各监测点流量监测情况见表4-1。

表4-1 礼让渠干渠各监测点流量监测情况

断面名称	测深垂线数/条	测速垂线数/条	测速垂线测点/个	测速历时/s	测流次数/次	左岸边系数	右岸边系数
渠首(LR-JS1)	5	3	2	≥100	31	0.75	0.75
黑嘴(LR-TS1)	5	3	1	≥100	25	0.80	0.80
吴仲(LR-TS2)	5	3	1	≥100	22	0.80	0.80
云谷川上(LR-JS2)	5	3	2	≥100	31	0.75	0.75
云谷川下(LR-JS3)	5	3	2	≥100	20	0.75	0.75
陶北(LR-TS3)	4	2	1	≥100	24	0.90	0.90
宋家寨上(LR-TS4)	5	3	1	≥100	31	0.75	0.75
宋家寨(LR-TS4)	5	3	1	≥100	4	0.70	0.70
宋家寨下(LR-TS4)	5	3	1	≥100	14	0.90	0.90

根据礼让渠灌区灌溉制度,3月中旬至4月中旬大田作物春灌,4月中旬至4月底主要为蔬菜灌溉,5月初至5月中旬为大田作物苗灌,5月下旬至6月中旬为蔬菜灌溉,6月中旬至6月下旬为大田作物第三次灌溉,7月为大田作物灌浆灌溉,8月为蔬菜灌溉,9月至11月灌区引用水量较小,主要为温室大棚灌溉,11月中旬渠道停止输水。灌区约350亩温室大棚用水来自蓄水池和其他水源,其中采用滴灌等节水灌溉的约100亩。

截至11月19日,干渠渠首(LR-JS1)总引水量1 518.0万m^3,干渠总退水量736.6万m^3。其中:云谷川上断面(LR-JS2)监测水量为717.3万m^3,云谷川下断面(LR-JS3)

监测水量为605.3万 m^3，干渠向云谷川退水量为112.0万 m^3。根据巡测和典型调查推算，团结渠向礼让渠退水量约为0.647 3万 m^3。灌区无灌溉压碱用水，无冬灌，年内亦无播前灌溉。礼让渠灌区干渠各断面引退水量见表4-2。

表4-2 礼让渠灌区干渠各断面引退水量统计 单位：万 m^3

断面名称	引水量	退水量
渠首(LR-JS1)	1 518.0	
黑嘴(LR-TS1)		259.5
吴仲(LR-TS2)		117.6
云谷川补水口(LR-JS2、LR-JS3)		112.0
陶北(LR-TS3)		41.73
宋家寨(LR-TS4)		205.2
团结渠退水		0.647 3
合计	1 518.0	736.6

由于灌溉高峰期供水紧张，为使灌区配水公平均等，灌区实施轮灌供水计划，各村轮灌时间和顺序见图4-1。

干渠轮灌顺序依次为三其村、宋家寨、小马坊、大堡子村、朱北村、陶北村、朱南村、严小村、吴仲村、吧浪村，吧浪支渠灌溉顺序依次为陶南村、汪家寨村、一其寨村、吴仲村、吧浪村。轮灌顺序遵循及时满足灌区作物用水要求及节约用水原则，按照先灌远处下游，后灌近处上游进行安排，以确保全灌区均衡灌水。

礼让渠灌区灌溉于3月17日开始，至11月18日结束，共247 d。渠首、黑嘴、吴仲、云谷川补水口、陶北和宋家寨6个干渠退水口输水天数、停止输退水天数、最大流量及出现日期、输退水起止时间见表4-3。

表4-3 礼让渠灌区各断面输水情况统计

断面名称	输水天数/d	停止输退水天数/d	最大流量/(m^3/s)	最大流量出现日期	输退水起止时间
渠首(LR-JS1)	197	50	1.42	7月5日	3月17日至11月18日
黑嘴(LR-TS1)	158	82	1.05	3月26日	3月22日至11月16日
吴仲(LR-TS2)	135	20	0.394	4月20日	3月19日至8月20日
云谷川补水口(LR-JS2、LR-JS3)	197	50	0.829	3月30日	3月17日至11月18日
陶北(LR-TS3)	176	71	0.051	4月1日	3月17日至11月18日
宋家寨(LR-TS4)	179	68	0.448	8月23日	3月17日至11月18日

礼让渠灌区渠首监测断面(LR-JS1)引水流量情况见图4-2和表4-4，监测期内，渠首最大引水流量为1.42 m^3/s，总引水量为1 518.0万 m^3。其中7月26日至7月28日、9月6日至11月18日共50 d停止输水，引水流量大小根据河道来水和灌溉需水量进行调节。

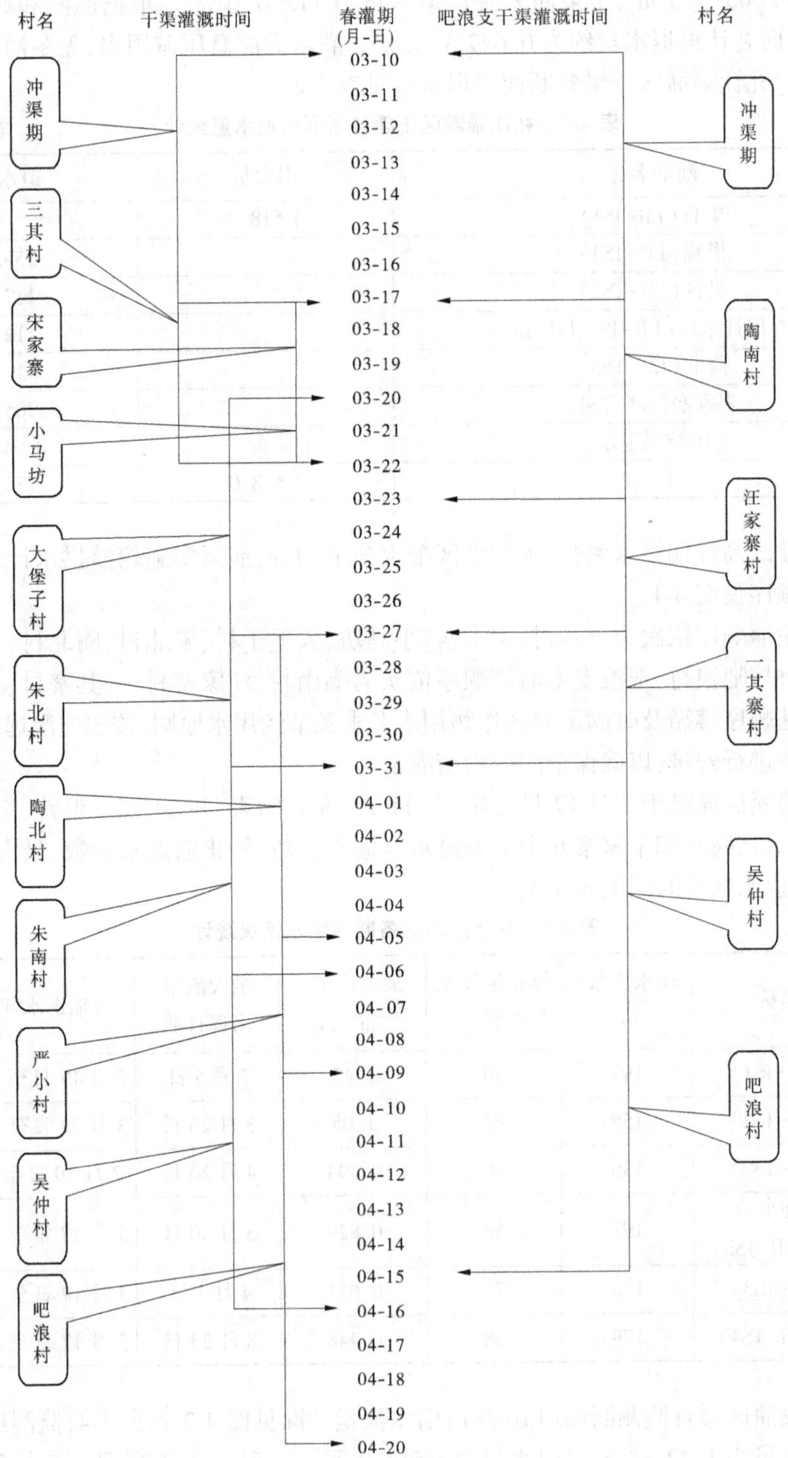

图 4-1　礼让渠灌区春灌水轮图

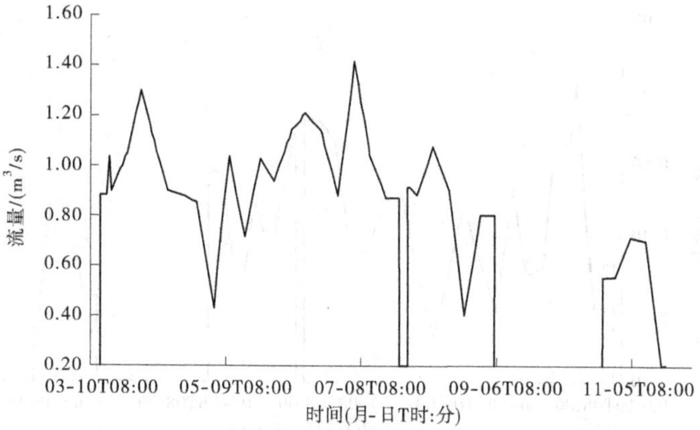

图 4-2 礼让渠灌区渠首监测断面(LR-JS1)引水流量过程线

表 4-4 礼让渠灌区渠首引水量统计

月份	最大流量/(m^3/s)	断面面积/m^2	最大流速/(m/s)	水面宽/m	最大水深/m
3	1.05	0.75	1.56	1.60	0.58
4	1.30	0.83	1.71	1.66	0.61
5	1.04	1.10	1.25	1.75	0.81
6	1.14	1.47	0.98	1.82	1.02
7	1.42	1.47	1.19	1.80	1.00
8	1.08	1.21	1.12	1.75	0.86
10	0.557	0.95	0.84	1.70	0.73
11	0.717	1.01	1.00	1.80	0.75

湟水支流云谷川从朱北村东侧自北向南穿过礼让渠灌区,根据干渠输水量和下游灌溉需水情况,通过布设于云谷川左岸的调节闸门,择机向干渠补水或向云谷川退水。从补退水监测断面 LR-JS2(上断面)和 LR-JS3(下断面)输水流量情况可以看出(见图 4-3 和图 4-4),4 月上旬和 7 月下旬,上断面流量大于下断面流量,即干渠向云谷川退水;5 月初上断面流量小于下断面流量,即云谷川向干渠补水。监测期 3 月 17 日至 11 月 19 日,扣除云谷川补水,干渠向云谷川退水量达 112.0 万 m^3。

礼让渠干渠退水监测断面共有 4 个,其中干渠退水 3 处、吧浪支渠退水 1 处。干渠黑嘴断面(LR-TS1)直接退入湟水河,吴仲断面(LR-TS2)通过沟谷退入云谷川,宋家寨断面(LR-TS4)退入海子沟,吧浪支渠陶北断面(LR-TS3)直接退入云谷川。

礼让渠灌区监测期内干渠退水量达 736.0 万 m^3,其中黑嘴(LR-TS1)、吴仲(LR-TS2)、陶北(LR-TS3)、宋家寨(LR-TS4)4 个干渠退水口退水量分别为 259.5 万 m^3、117.6 万 m^3、41.73 万 m^3、205.2 万 m^3。礼让渠灌区各退水断面流量过程线见图 4-5~图 4-8。

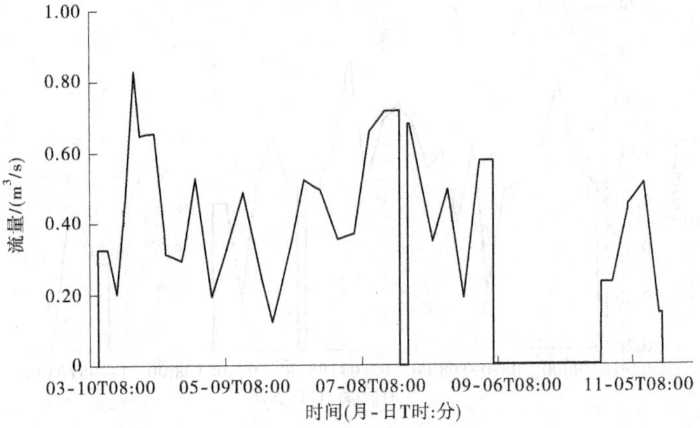

图 4-3　云谷川上断面(LR-JS2)流量过程线

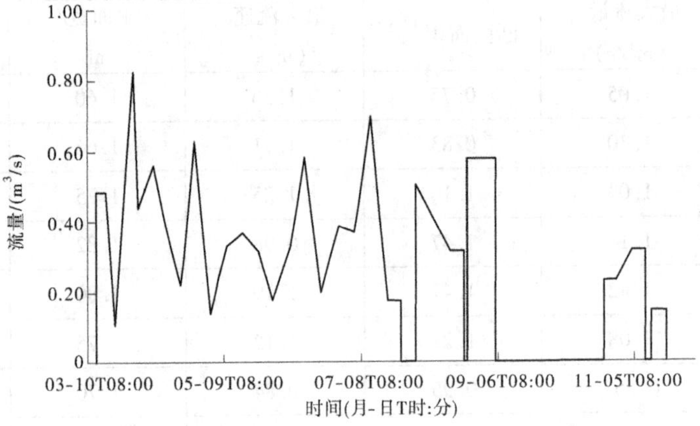

图 4-4　云谷川下断面(LR-JS3)流量过程线

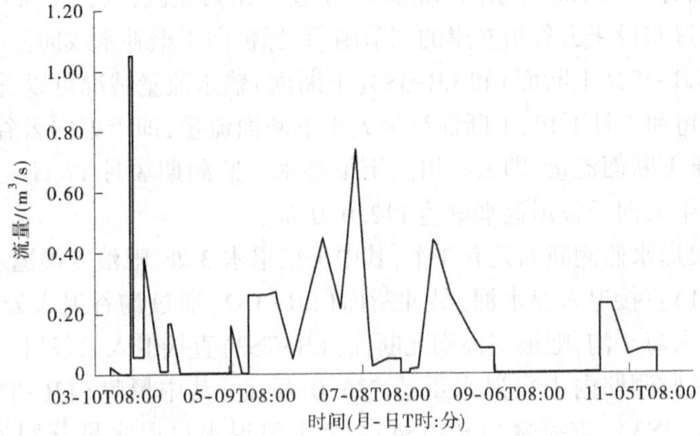

图 4-5　黑嘴断面(LR-TS1)退水流量过程线

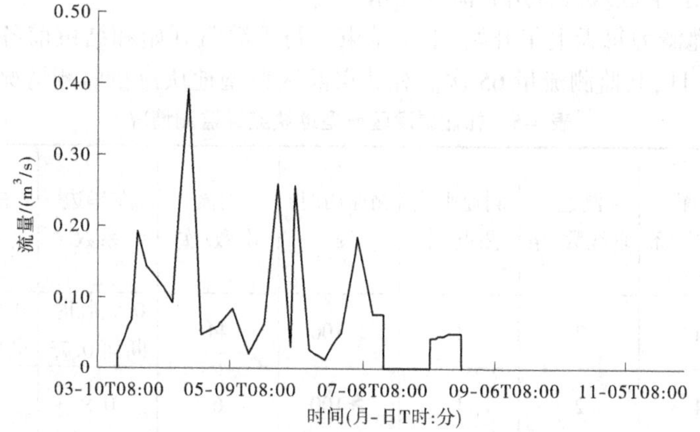

图 4-6　吴仲断面(LR-TS2)退水流量过程线

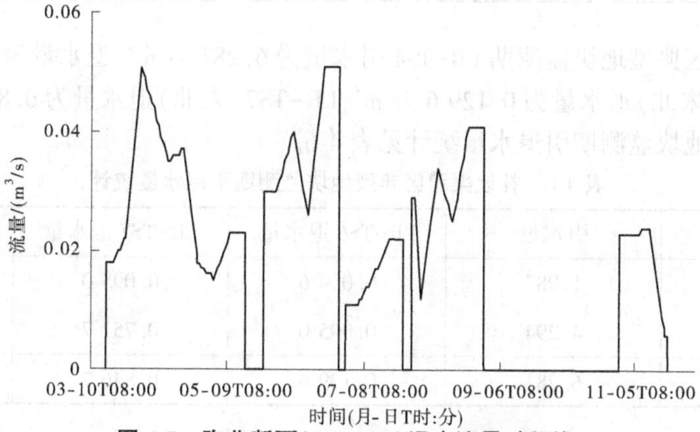

图 4-7　陶北断面(LR-TS3)退水流量过程线

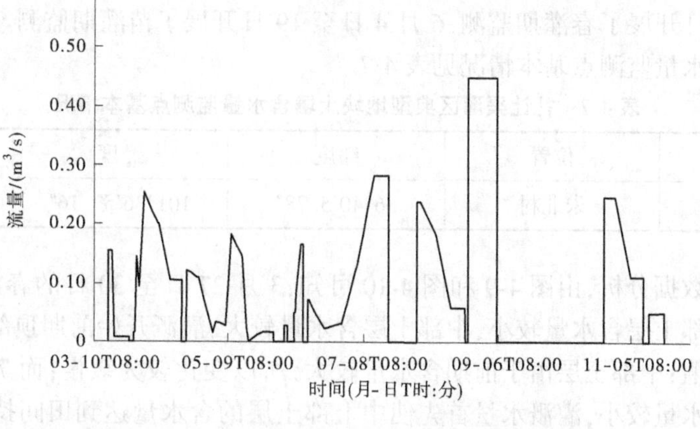

图 4-8　宋家寨断面(LR-TS4)退水流量过程线

4.1.1.2　典型地块引退水

礼让渠灌区典型地块有 1 个引水口监测断面(LR-JS4)、2 个退水口监测断面(LR-

TS6、LR-TS7),退水进入云谷川后流入湟水。

典型地块灌溉为每天上午开始,下午结束。每天灌溉开始和结束前各监测一次,3月19日至6月25日,共监测流量65次。礼让渠灌区典型地块流量监测情况见表4-5。

表4-5 礼让渠灌区典型地块流量监测情况

断面名称	测深垂线数/条	测速垂线数/条	测速垂线测点/个	测速历时/s	测流次数/次	左岸边系数	右岸边系数	最大流量/(m^3/s)
引水口(LR-JS4)	4	2	1	≥100	44	0.9,临时断面0.75	0.9,临时断面0.75	0.113
退水口1(LR-TS6)	4	2	1	≥100	6	0.9	0.9	0.016
退水口2(LR-TS7)	4	2	1	≥100	15	0.8	0.8	0.022

礼让渠灌区典型地块监测期LR-JS4引水量为6.281万m^3,退水量为0.976 3万m^3,其中LR-TS6(朱北)退水量为0.129 6万m^3,LR-TS7(朱北)退水量为0.846 7万m^3。礼让渠灌区典型地块监测期引退水量统计见表4-6。

表4-6 礼让渠灌区典型地块监测期引退水量统计 单位:万m^3

灌溉期	引水量	LR-TS6退水量	LR-TS7退水量	退水量合计
春灌	1.987	0.034 6	0.095 0	0.129 6
苗灌	4.294	0.095 0	0.751 7	0.846 7
合计	6.281	0.129 6	0.846 7	0.976 3

4.1.1.3 土壤含水量

礼让渠灌区土壤含水量监测点位于朱北村典型地块内,土质为砂壤土,种植油菜。3月27日至30日开展了春灌期监测,6月4日至19日开展了苗灌期监测。礼让渠灌区典型地块土壤含水量监测点基本情况见表4-7。

表4-7 礼让渠灌区典型地块土壤含水量监测点基本情况

名称	位置	纬度	经度	作物种类
LR-TR	朱北村	36°40′5.78″	101°36′57.16″	油菜

根据监测数据分析,由图4-9和图4-10可知,3月27日至30日的春灌期,顶部土层与70 cm的底部土层含水量较小,中部土层含水量较大,灌溉开始前期顶部土层的含水量最先达到最大值;中部土层由于前期含水量较大,所以变化较为缓慢;而70 cm的底部土层由于前期含水量较小,灌溉水量首先使中上部土层的含水量达到田间持水量的要求以后,才向下部运动,所以变化明显滞后,各土层含水量的变化过程较为合理。

6月4日至19日的苗灌期前经过一次春灌,土壤含水量起始值较为接近,顶层土壤含水量仍然是最先达到最大值,各土层含水量变化反映了一次灌溉过程,与灌期一致,最

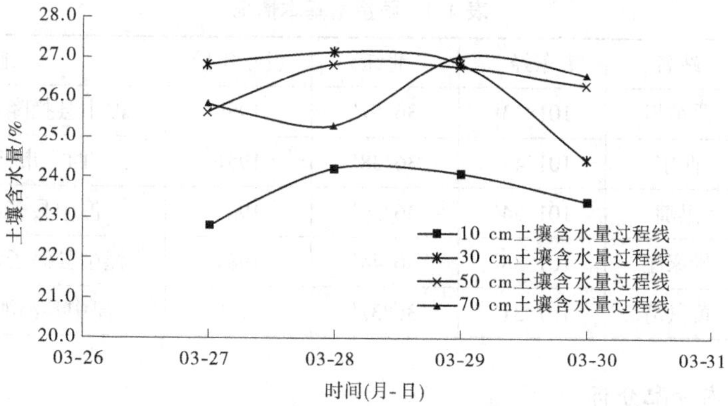

图 4-9 礼让渠灌区春灌期土壤含水量变化过程线

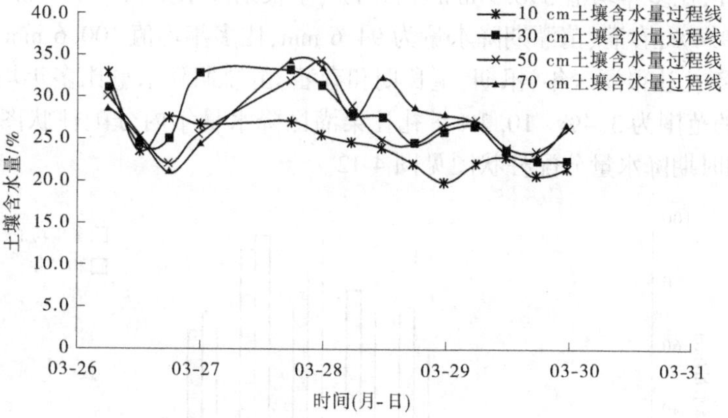

图 4-10 礼让渠灌区苗灌期土壤含水量变化过程线

大值滞后于灌期,基本上反映了灌区灌溉水量下渗过程。

根据典型灌区土壤含水量监测成果,逐层计算土壤含水率与田间持水率的差值,积分计算得到灌溉水下渗水量。可以看出,每次灌溉结束后,土壤含水量随深度呈现先增大后减小的趋势。礼让渠灌区灌溉入渗监测情况见表 4-8。

表 4-8 礼让渠灌区灌溉水入渗监测情况

单位:cm

灌溉时期	土层				
	10 cm	30 cm	50 cm	70 cm	合计
春灌	0.16	0.42	0.30	0.10	0.98
苗灌	0.179	0.62	0.38	0.492	1.671

4.1.1.4 降水

1. 雨量站选择

根据黄河流域典型灌区研究区范围及雨量站点分布情况,在研究区选取有代表性的雨量站 5 个,基本代表了灌区雨量情况。各雨量站基本情况见表 4-9。

表 4-9　雨量站基本情况

范围	站名	东经	北纬	设立年份	地点
礼让渠灌区	西纳川	101°23′	36°51′	1957	湟中县拦隆口镇拦隆口村
	西宁	101°47′	36°38′	1951	西宁市长江路1号
	黑嘴	101°34′	36°39′	1967	湟中县多巴镇黑嘴村
	景家庄	101°38′	36°44′	1989	湟中县海子沟乡景家庄村
	黄鼠湾	101°31′	36°31′	1975	湟中县河滩镇黄鼠湾村

2. 降雨年内分配分析

2013 年礼让渠灌区降水量为 421. 0 mm，比多年均值 468. 8 mm 小 10. 2%；汛期降水量为 377. 6 mm，比多年均值 390. 9 mm 小 3. 4%；生长期降水量为 417. 9 mm，比多年均值 461. 2 mm 小 9. 4%；春灌、苗灌期降水量为 94. 6 mm，比多年均值 100. 6 mm 小 6. 0%。总体来看，2013 年礼让渠灌区年，汛期，生长期和春灌、苗灌期降水量比多年均值偏小，但幅度不大，偏小的范围为 3. 4%～10. 2%。礼让渠灌区降水量年内分配柱状图见图 4-11，礼让渠灌区不同时期降水量分配柱状图见图 4-12。

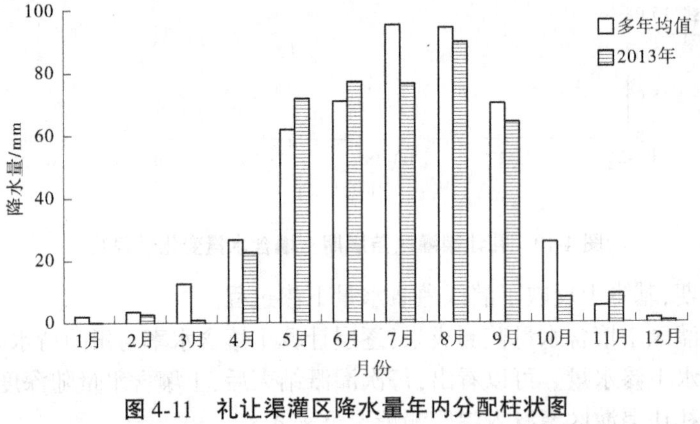

图 4-11　礼让渠灌区降水量年内分配柱状图

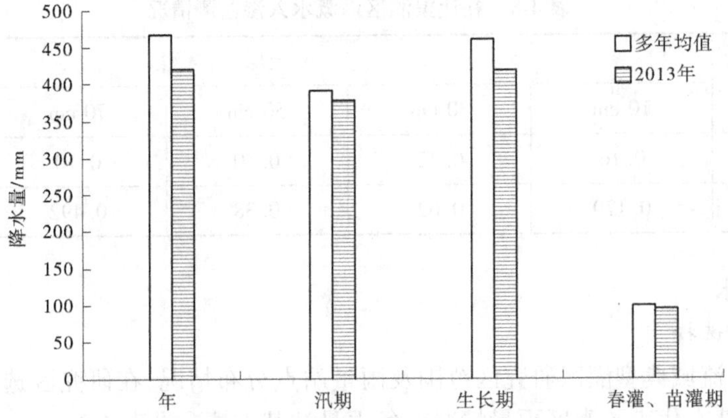

图 4-12　礼让渠灌区不同时期降水量分配柱状图

3. 降雨代表性分析

黑嘴站雨量站1957—2012年多年平均降雨量452.6 mm。较符合灌区降水量情况。这一区域属湟水、川水地区,地势相对较为平缓,无较大起伏,气候接近,降水不受附近地势影响,代表区域覆盖礼让渠灌区,故黑嘴站降水能较好地代表灌区内的降水过程。

经过年降水量频率分析计算得出:$\overline{P}$ = 450.3 mm,C_V = 0.17,C_S/C_V = 2.0。将年降水量按经验频率分为:小于12.5%为丰水年,12.5%~37.5%为偏丰年,37.5%~62.5%为平水年,62.5%~87.5%为偏枯年,大于87.5%为枯水年五种年型。分别列出不同频率时相应降水量成果,见表4-10。

表4-10 礼让渠灌区黑嘴站不同频率相应降水量成果

历年平均降水量/mm	C_V	C_S/C_V	线型	不同频率下的降水量/mm			
				12.5%	37.5%	62.5%	87.5%
450.3	0.17	2.0	皮尔逊Ⅲ型	541.4	470.9	422.0	362.8

2013年黑嘴站年降水量374.6 mm。因此,2013年为降水偏枯年。

4.1.1.5 水源供水流量

礼让渠灌区供水保证率采用湟水干流湟源(石崖庄)站及支流西纳川站的实测流量资料进行统计分析。西纳川站位于礼让渠灌区上游支流西纳川河上,于1954年建站。石崖庄站位于湟水干流上游,于1964年2月建站,2005年8月上迁8 km,改为湟源水文站。两站址间无支流或大规模引水,故将两站资料合并为一个系列进行分析。根据西纳川站1954—2012年和湟源(石崖庄)站1964—2012年实测流量系列,对不同保证率相应的月、年平均流量进行计算,结果分别见表4-11和表4-12。由于工程取水比较关注的是枯水时段的来水保证率情况,因此,在进行频率适线时,着重照顾了低水点据,以确保枯水保证率来水量的可靠程度。

表4-11 西纳川站不同保证率月、年平均流量计算成果

时段	均值/(m^3/s)	C_V	C_S/C_V	不同保证率下的平均流量/(m^3/s)				
				20%	50%	75%	90%	97%
3月	1.71	0.36	3.50	2.16	1.58	1.25	1.05	0.91
4月	3.13	0.54	3.50	4.19	2.64	1.92	1.57	1.42
5月	4.32	0.67	2.31	6.31	3.60	2.19	1.40	0.95
6月	4.82	0.65	2.96	6.77	3.89	2.58	1.96	1.68
7月	6.93	0.52	3.09	9.38	6.00	4.28	3.33	2.82
8月	8.60	0.64	2.99	12.05	6.99	4.67	3.57	3.08
9月	9.13	0.54	2.37	12.70	8.10	5.49	3.84	2.76
10月	6.81	0.49	3.17	9.08	5.98	4.36	3.45	2.93
11月	3.62	0.43	3.50	4.69	3.25	2.49	2.04	1.78
年均	4.57	0.36	2.74	5.80	4.31	3.38	2.73	2.24

表 4-12　湟源(石崖庄)站不同保证率月、年平均流量计算成果

时段	均值/(m^3/s)	C_V	C_S/C_V	不同保证率下的平均流量/(m^3/s)				
				20%	50%	75%	90%	97%
3 月	5.88	0.20	4.61	6.78	5.70	5.02	4.53	4.16
4 月	6.45	0.40	3.50	8.25	5.88	4.58	3.79	3.29
5 月	9.22	0.57	3.50	12.43	7.61	5.47	4.51	4.11
6 月	10.02	0.51	2.66	13.64	8.91	6.28	4.66	3.63
7 月	12.46	0.49	3.07	16.67	10.99	7.98	6.25	5.23
8 月	14.27	0.48	3.35	18.89	12.53	9.26	7.47	6.49
9 月	14.34	0.43	3.21	18.72	12.96	9.79	7.87	6.67
10 月	10.32	0.40	3.50	13.23	9.40	7.30	6.03	5.24
11 月	7.10	0.31	3.23	8.77	6.74	5.49	4.61	3.97
年均	8.87	0.26	4.42	10.56	8.44	7.18	6.35	5.76

礼让渠灌区设计最大引水流量为 1.6 m^3/s,正常取水流量为 0.8 m^3/s,取水期为每年 3 月 10 日至 11 月 9 日。由分析可知,在 97%保证率条件下,西纳川年均流量 2.24 m^3/s,取水期内最枯月 3 月月均流量 0.91 m^3/s;湟源(石崖庄)站年均流量 5.76 m^3/s,最枯月 5 月月均流量 4.11 m^3/s。分析表明,来水满足礼让渠灌区的取水保证率要求。图 4-13 和图 4-14 分别为西纳川站和湟源(石崖庄)站年平均流量频率适线图。

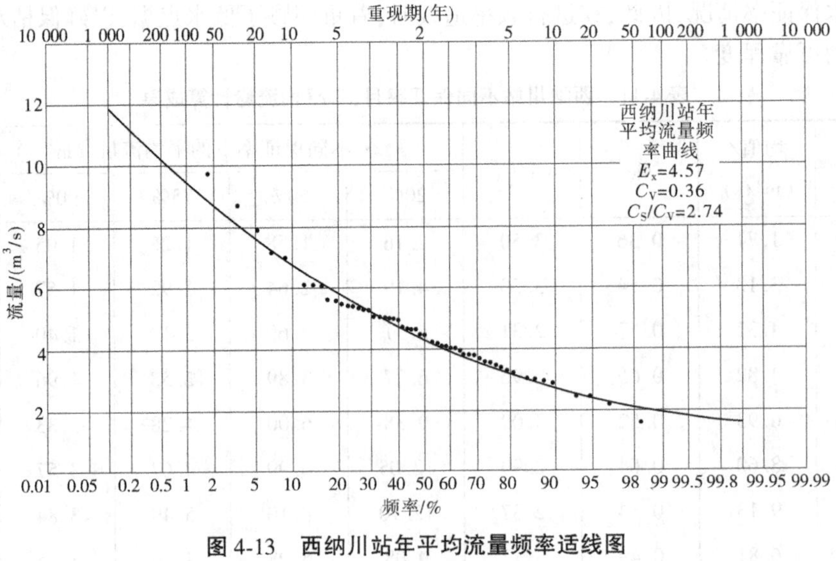

图 4-13　西纳川站年平均流量频率适线图

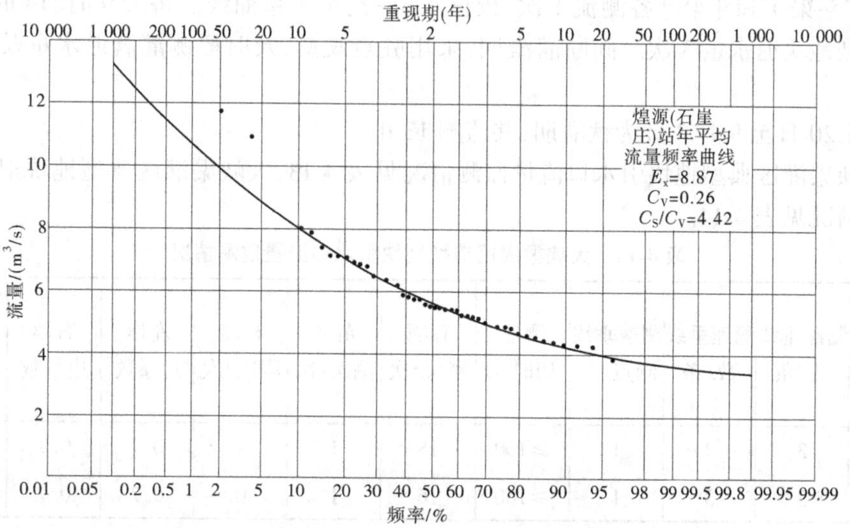

图 4-14　湟源(石崖庄)站年平均流量频率适线图

4.1.2　礼让渠灌区耗水系数

4.1.2.1　典型地块

湟水流域的礼让渠灌区典型地块渗漏系数为 19.4%,典型地块耗水系数为 0.781。

4.1.2.2　灌区

经推算,按照引排差试验成果及地下水埋深等相关资料,计算出湟水流域礼让渠灌区耗水系数分别为 0.715。

4.2　大峡渠灌区

4.2.1　大峡渠灌区试验监测结果

大峡渠灌区 3 月 15 日通水,3 月 15 日至 16 日为冲渠期,3 月 17 日至 11 月 23 日为灌溉期。经监测,干渠渠首平均引水流量 2.41 m^3/s,大峡渠灌区干渠总引水量 4 976 万 m^3。

大峡渠灌区干渠退水口门 17 座,经调查监测,干渠仅高庙河滩寨村退水口因突发事故和渠道维修,退水 10 d,总退水量包括渠首退水口退水量和干渠蓄水量,合计 252.3 万 m^3。干渠退水占总引水量的 3.76%。

4.2.1.1　典型地块引退水量

1. 流量

大峡渠灌区典型地块春灌期监测时间为 3 月 9 日至 24 日,共 16 d。3 月 19 日至 20 日对水尺零高进行测量,测量成果符合规范要求。春灌期每日测流 2 次,21 日通过调节闸门增加测次,完成了斗渠水位-流量关系率定,用水位-流量关系曲线法推求引水量,用实测流量对水位-流量关系曲线进行校核。

4 月 12 日至 26 日为苗灌期,共监测 15 d,用水位-流量关系曲线推求引水量。4 月

24 日,在斗渠①和斗渠②各测流 1 次,校核水位-流量关系曲线。每天 9 时、14 时、19 时监测典型地块退水量 3 次。间断灌溉期,采用驻点观测,及时监测灌溉退水量及退水时间。

8 月 20 日至 9 月 3 日为秋灌期,共监测 13 d。

大峡渠灌区典型地块引水口流量监测情况见表 4-13,大峡渠灌区典型地块退水口流量监测情况见表 4-14。

表 4-13　大峡渠灌区典型地块引水口流量监测情况

站名	测深垂线数/条	测速垂线数/条	测速垂线测点/个	测速历时/s	春灌测次/次	苗灌测次/次	秋灌测次/次	左岸边系数	右岸边系数	最大流量/(m^3/s)
斗渠①	3	3	1	≥100	18	1	4	0.7	0.7	0.103
斗渠②	3	3	1	≥100	16	1	0	0.7	0.7	0.079

表 4-14　大峡渠灌区典型地块退水口流量监测情况　　单位:次

灌溉期	dx-TS1	dx-TS2	dx-TS3	dx-TS4	dx-TS5	dx-TS6
春灌期观测次数	44	44	44	44	44	44
春灌期有水次数	36	1	10	31	4	20
苗灌期观测次数	72	72	72	72	72	72
苗灌期有水次数	67	0	2	54	0	60
秋灌期观测次数	25	25	25	25	25	25
秋灌期有水次数	17	0	0	16	3	3

典型地块斗渠①、斗渠②水位-流量关系见图 4-15、图 4-16。

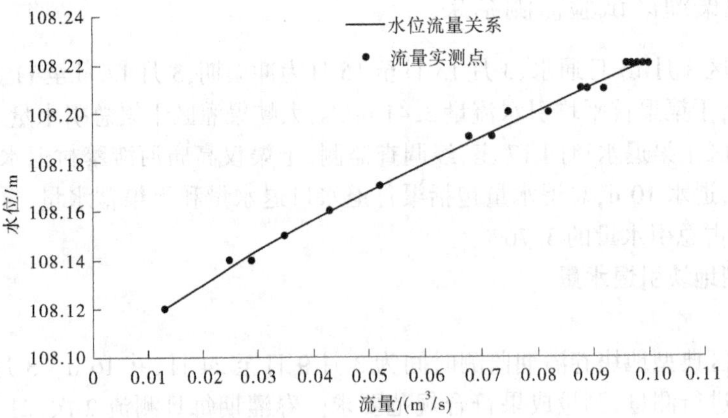

图 4-15　斗渠①水位-流量关系图

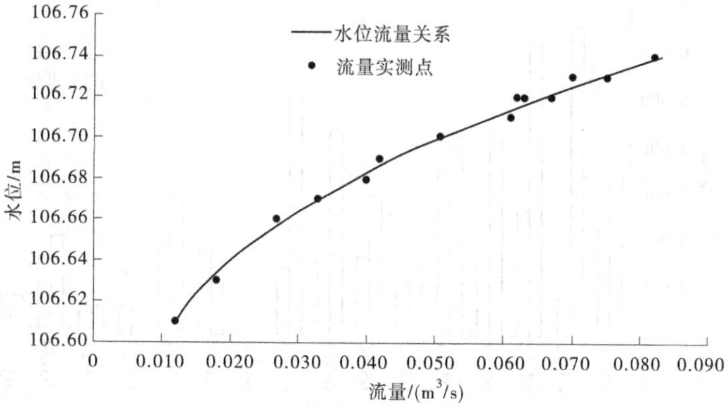

图 4-16 斗渠②水位-流量关系图

通过对斗渠①、斗渠②水位-流量关系进行符号检验、适线检验、偏离数值检验，三种检验均满足要求。斗渠①曲线标准差 4.0%，系统误差为-0.7%，Q_1 次流量最大偏离曲线-7.41%。斗渠②曲线标准差 4.0%，系统误差为-0.2%，Q_8 次流量最大偏离曲线 6.67%。

大峡渠典型灌区水位-流量关系定线检验成果统计见表 4-15。

表 4-15 大峡渠典型灌区水位-流量关系定线检验成果统计

名称	样本	正号个数	负号个数	变号个数	符号检验	适线检验	偏离数值检验	系统误差/%	标准差/%	检验结果
规范指标允许值					1.15	1.28	1.33	±2	5.5	
斗渠①计算值	21	10	11	15	0.87	免检	0.88	-0.7	4.0	合格
斗渠②计算值	17	9	8	12	0.24	免检	0.23	-0.2	4.0	合格

2. 引退水量

大峡渠灌区典型地块春灌期引水量 4.916 2 万 m³，退水量 2.116 5 万 m³；苗灌期引水量 4.164 5 万 m³，退水量 3.222 9 万 m³；秋灌期引水量 1.355 8 万 m³，退水量 0.847 0 万 m³。监测期总引水量 10.436 5 万 m³，总退水量 6.186 4 万 m³。大峡渠灌区典型地块各时期引退水量统计见表 4-16。

表 4-16 大峡渠灌区典型地块引退水量统计 单位：万 m³

灌溉期	斗渠①引水量	斗渠②引水量	引水量小计	退水量
春灌期	3.922 6	0.993 6	4.916 2	2.116 5
苗灌期	3.559 7	0.604 8	4.164 5	3.222 9
秋灌期	1.304 0	0.051 8	1.355 8	0.847 0
合计	8.786 3	1.650 2	10.436 5	6.186 4

大峡渠灌区典型地块春灌期引退水量柱状图见图 4-17，大峡渠灌区典型地块苗灌期引退水量柱状图见图 4-18，大峡渠灌区典型地块秋灌期引退水量柱状图见图 4-19。

大峡渠灌区典型地块春灌期断面引退水流量过程线见图 4-20～图 4-23。

由于闸门关闭不严造成退水或水位有变化时及时加测。灌溉期主要从 dx-TS1、dx-

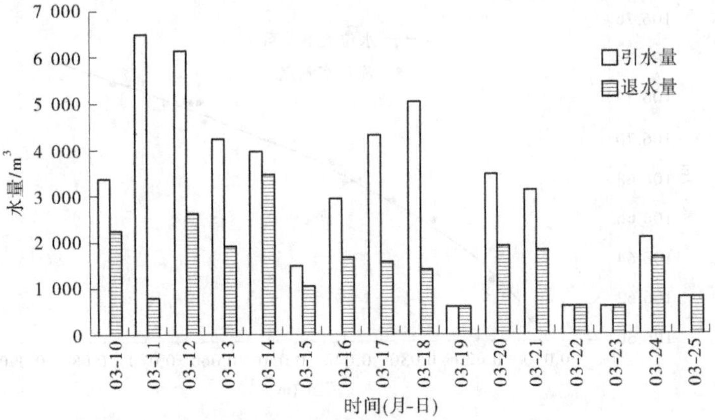

图 4-17　大峡渠灌区典型地块春灌期引退水量柱状图

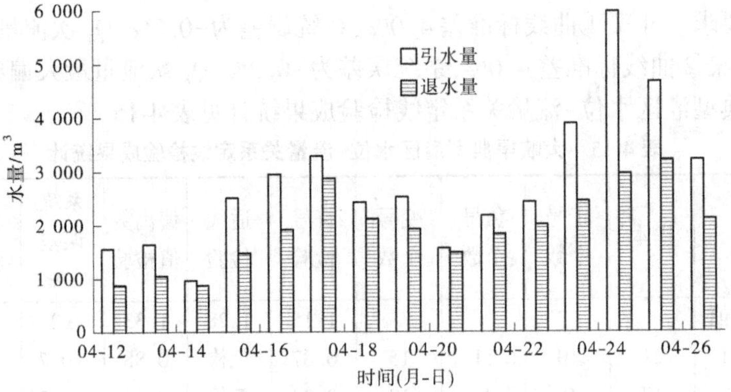

图 4-18　大峡渠灌区典型地块苗灌期引退水量柱状图

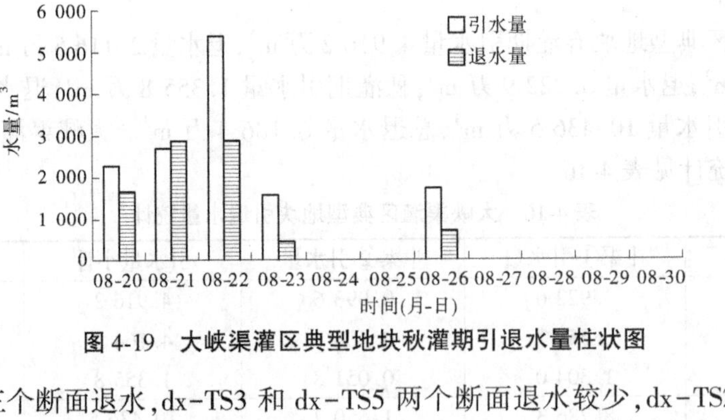

图 4-19　大峡渠灌区典型地块秋灌期引退水量柱状图

TS4、dx-TS6 三个断面退水，dx-TS3 和 dx-TS5 两个断面退水较少，dx-TS2 断面无退水。灌溉初期退水量较少，后期退水量较多。

大峡渠灌区典型地块苗灌期各监测断面引退水流量过程线见图 4-24～图 4-27。

从灌区引退水流量过程线可以看出，春灌期、苗灌期和秋灌期 1 号斗门因管理不善或维修不及时，闸门关闭不严，夜间持续漏水，渗漏水量直接排入湟水。经计算，春灌期、苗灌期和秋灌期 1 号斗门漏水量分别为 0.41 万 m^3、1.11 万 m^3、0.45 万 m^3。

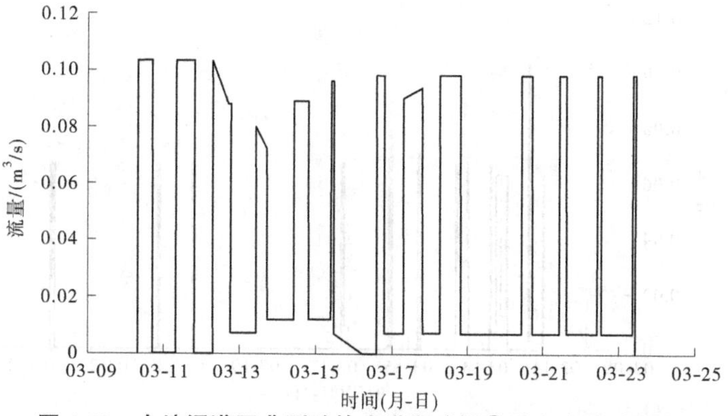

图 4-20　大峡渠灌区典型地块春灌期斗渠①引水流量过程线

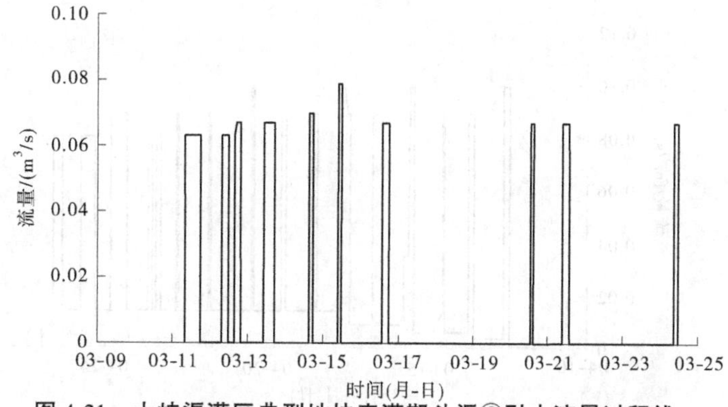

图 4-21　大峡渠灌区典型地块春灌期斗渠②引水流量过程线

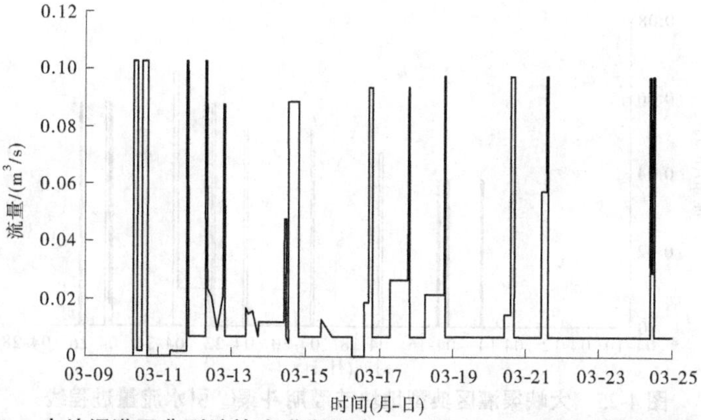

图 4-22　大峡渠灌区典型地块春灌期退水 dx-TS1～dx-TS5 断面退水流量过程线

据巡测和调查,除因突发事故和渠道维修退水外,灌溉期间大峡渠灌区干渠无退水。

4.2.1.2　土壤含水量

大峡渠灌区设有两个土壤含水量监测点,一个设于 3 号监测井周围,距支渠 40 m,种植大蒜,监测土层均为黏土;另一监测点设在监测井东北 300 m,种植玉米,监测土层上部 40 cm 为黏土层,以下为砂黏土。大峡渠灌区典型地块土壤含水量监测点统计见表 4-17。

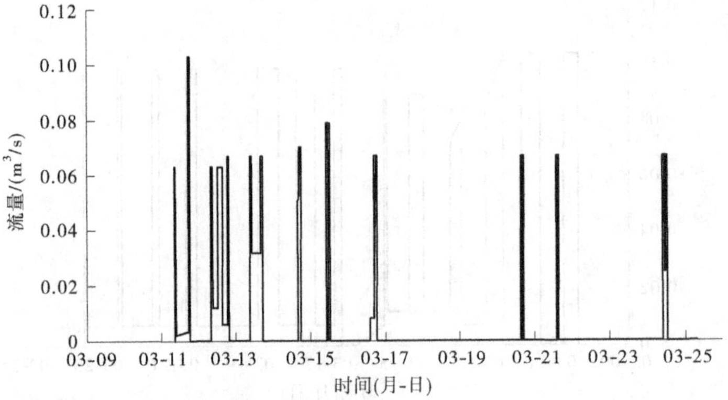

图 4-23　大峡渠灌区典型地块春灌期退水 dx-TS6 断面退水流量过程线

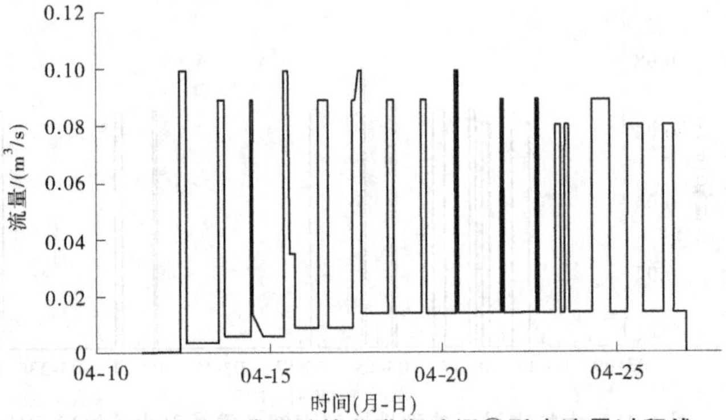

图 4-24　大峡渠灌区典型地块苗灌期斗渠①引水流量过程线

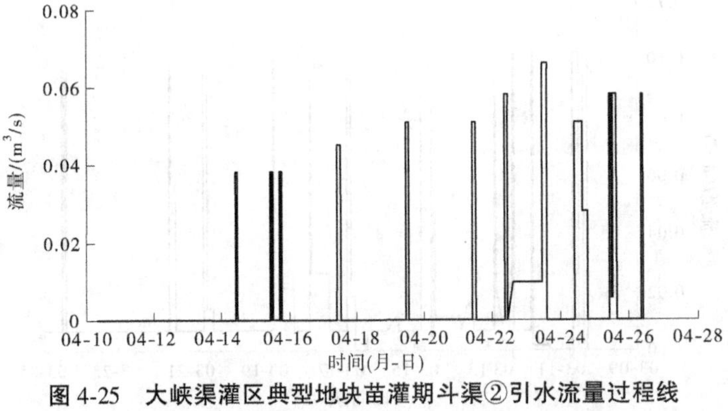

图 4-25　大峡渠灌区典型地块苗灌期斗渠②引水流量过程线

表 4-17　大峡渠灌区典型地块土壤含水量监测点统计

序号	名称	位置	纬度	经度	作物种类
1	dx-TR1	柳树湾一社	36°29′8.2″	102°13′37.10″	蒜苗
2	dx-TR2	柳树湾一社	36°29′1.4″	102°13′43.1″	玉米

大峡渠灌区监测点土壤含水量变化过程见图 4-28 和图 4-29。大峡渠灌区由于受土

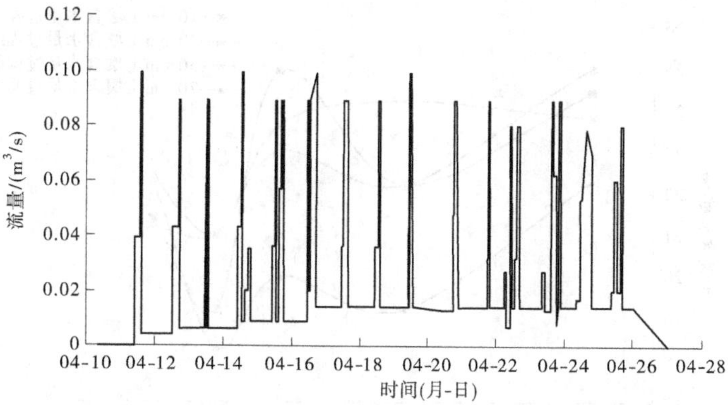

图 4-26　大峡渠灌区典型地块苗灌期退水 dx-TS1～dx-TS5 断面退水流量过程线

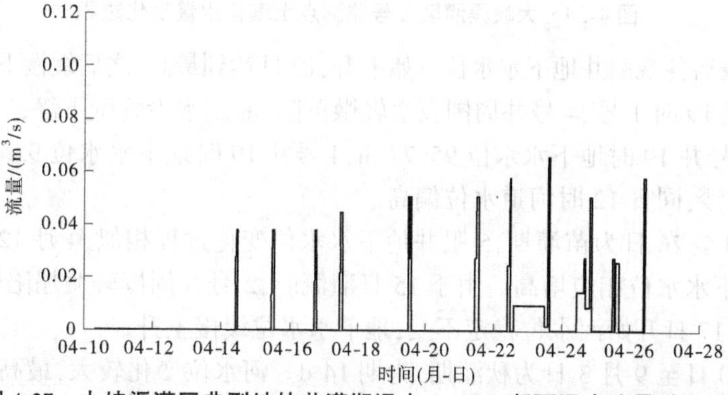

图 4-27　大峡渠灌区典型地块苗灌期退水 dx-TS6 断面退水流量过程线

壤性质的影响，土壤含水量变化过程较为复杂，灌溉前期主要受浅层的黏土影响，变化相对一致，后期由于深层土壤为砂壤土，渗透性强，土壤含水量变化较快，因此变化过程与其他含水层不一致。

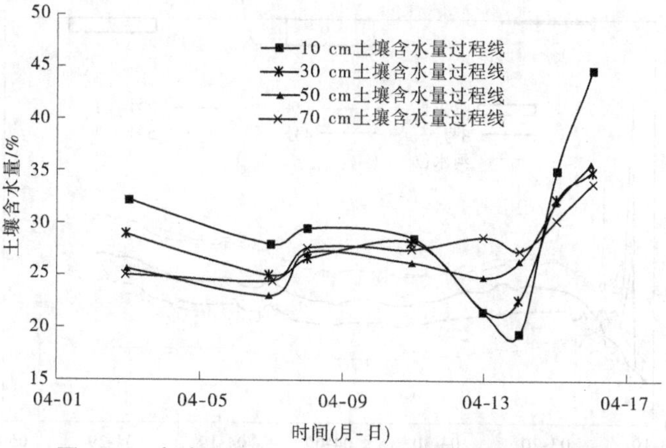

图 4-28　大峡渠灌区 1 号监测点土壤含水量变化过程

4.2.1.3　地下水

大峡渠灌区典型地块观测井于 2013 年 3 月 11 日开始观测，同步监测河道水位。监测

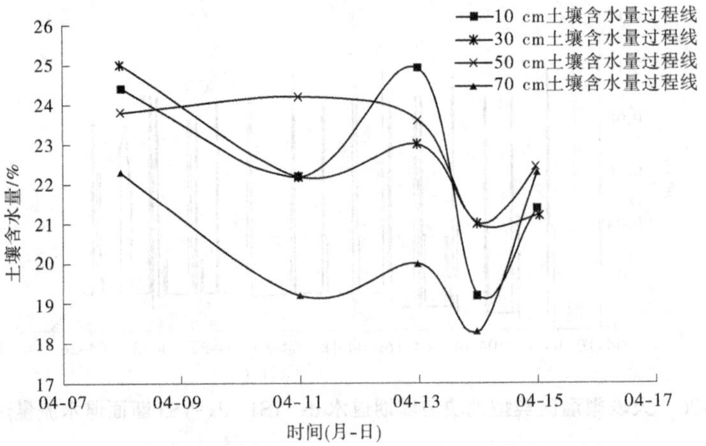

图 4-29　大峡渠灌区 2 号监测点土壤含水量变化过程

数据表明,灌溉后各观测井地下水水位开始上升,19 日达到最高,之后缓慢下降,趋于平稳。

3 月 11 日 19 时 1 号、4 号井周围发生轻微沉陷,灌溉水沿管壁下渗,导致井水位异常抬升,其中:1 号井 19 时地下水水位 95.77 m,4 号井 19 时地下水水位 95.29 m。14 日由于电站放水冲沙,同日 12 时河道水位偏高。

4 月 12 日至 26 日为苗灌期,5 眼井地下水水位变化过程相似,4 月 12 日河水位有较小的涨幅,地下水水位相应增高。由于 15 日灌溉时,2 号井周围轻微塌陷,造成地下水水位异常上升。17 日开始河水位稳定不变,地下水水位缓慢上升。

从 8 月 20 日至 9 月 3 日为秋灌期,为期 14 d。河水位变化较大,最高 95.99 m,最低 95.03 m,变幅 0.96 m,部分时段河水位高于地下水水位,5 号井靠近河边地下水水位最大,变幅 0.62 m。

大峡渠灌区典型地块春灌期、苗灌期和秋灌期地下水水位及河道水位过程线见图 4-30 和图 4-31。

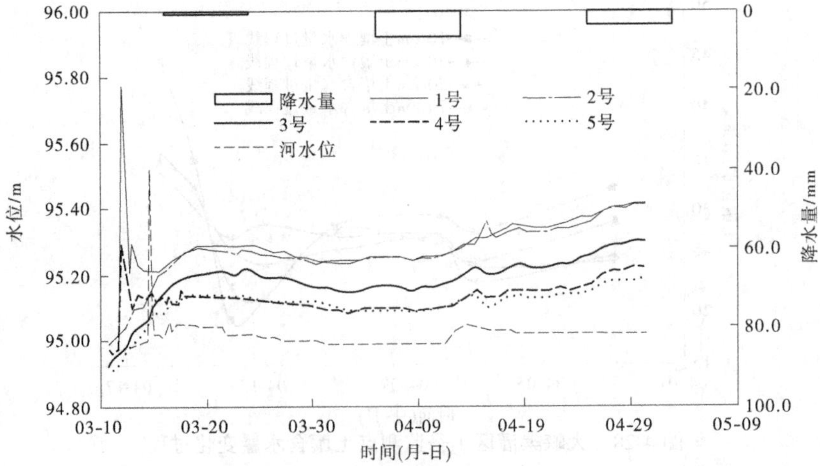

图 4-30　大峡渠灌区典型地块春灌期和苗灌期地下水水位及河道水位过程线

大峡渠灌区地下水水位观测地块剖面见图 4-32。

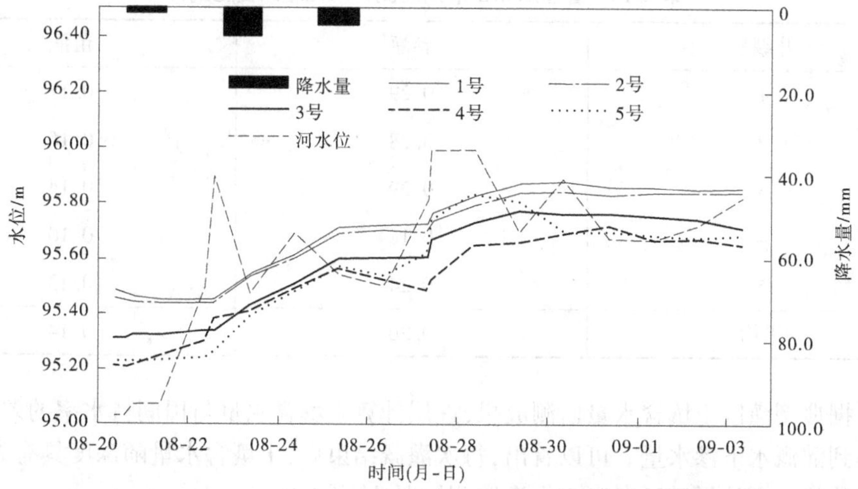

图 4-31　大峡渠灌区典型地块秋灌期地下水水位及河道水位过程线

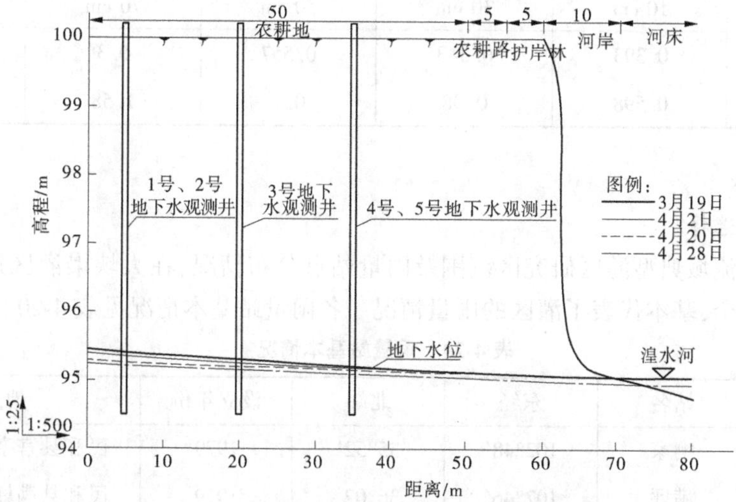

图 4-32　大峡渠灌区地下水水位观测地块剖面

从图 4-30 可以看出,苗灌期 4 月 12 日至 26 日观测井水位呈缓慢上升趋势,阶段性变化规律与水文地质普查报告一致。

通过地下水水位过程线分析,1 号、2 号井距河道最远,4 号、5 号井距河道最近,1 号、2 号井水位最高,水位相近,3 号井水位居中,4 号、5 号井水位较低。秋灌期地下水观测井及河水位变化过程表明,期间该典型地块灌溉水渗漏与河水关系密切,地下水观测井水位上升受到河水位变化、降水及灌溉水渗漏的多因素影响,因此本书仅对春灌期和苗灌期灌溉水渗漏进行分析。

本试验地下水水位变幅为灌溉前地下水水位与灌溉后地下水最高水位之差,计算中剔除水位异常变化影响。春灌期和苗灌期 1~5 号井水位埋深变化统计见表 4-18。春灌期地下水水位平均变幅为 0.26 m,苗灌期地下水水位平均变幅为 0.14 m。

表 4-18 春灌期和苗灌期观测井水位埋深变化统计 单位:m

井编号	春灌	苗灌
1	0.29	0.17
2	0.28	0.16
3	0.29	0.14
4	0.18	0.10
5	0.24	0.13
平均	0.26	0.14

根据典型灌区土壤含水量监测成果,逐层计算土壤含水量与田间持水率的差值,积分计算得到灌溉水下渗水量。可以看出,每次灌溉结束后,土壤含水量随深度具有先增大后减小的趋势。大峡渠灌区灌溉水入渗监测情况 见表 4-19。

表 4-19 大峡渠灌区灌溉水入渗监测情况 单位: cm

灌溉时期	10 cm	30 cm	50 cm	70 cm	合计
春灌	0.393	0.343	0.557	0.3	1.593
苗灌	0.598	0.98	0.1	1.58	3.258

4.2.1.4 降水

1.雨量站选择

根据黄河流域典型灌区研究区范围及雨量站点分布情况,在大峡渠灌区选取有代表性的雨量站 2 个,基本代表了灌区的雨量情况。各雨量站基本情况见表 4-20。

表 4-20 雨量站基本情况

范围	站名	东经	北纬	设立年份	地点
大峡渠灌区	喇家	102°48′	35°52′	1979	民和县官亭镇喇家村
	满坪	102°46′	36°02′	1979	民和县满坪镇满坪村

2.降雨年内分配分析

2013 年大峡渠灌区降水量为 404.0 mm,比多年均值 484.0 mm 小 16.5%;汛期(5—9 月,下同)降水量为 353.9 mm,比多年均值 384.9 mm 小 8.1%;生长期(3—11 月,下同)降水量为 399.2 mm,比多年均值 464.0 mm 小 14.0%;春灌、苗灌期(3—5 月,下同)降水量为 82.0 mm,比多年均值 110.7 mm 小 25.9%。总的来看,2013 年大峡渠灌区年、汛期、生长期和春灌、苗灌期降水量与多年均值相比偏小的幅度较大,偏小的范围为 8.1%~25.9%。大峡渠灌区降水量年内分配柱状图见图 4-33,不同时期降水量分配柱状图见图 4-34。

3.降雨代表性分析

大峡渠灌区典型地块地下水观测井观测期降水,采用离地块最近的湾子雨量站观测数据,雨量站与典型地块距离为 1.95 km。大峡渠灌区湾子一社站观测期降水量见表 4-21。

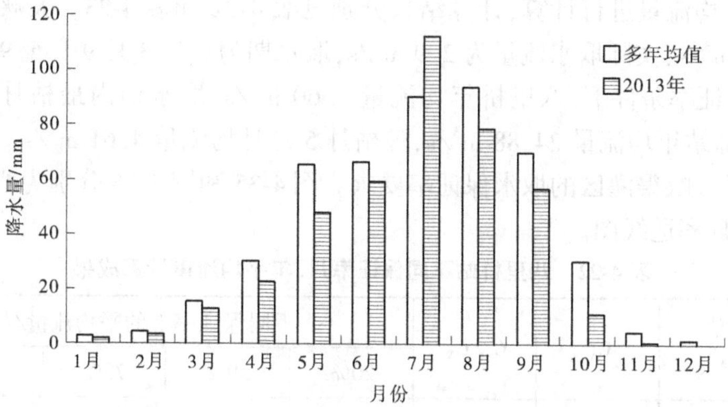

图 4-33　大峡渠灌区降水量年内分配柱状图

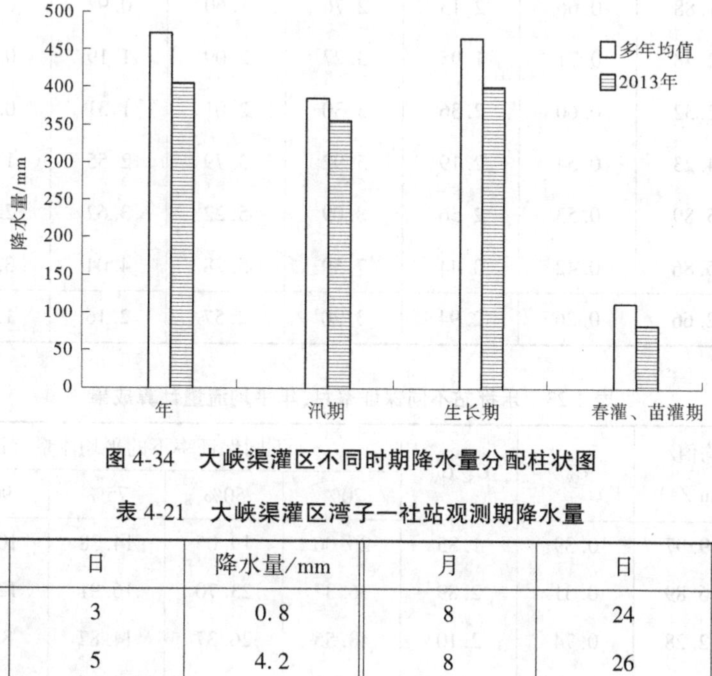

图 4-34　大峡渠灌区不同时期降水量分配柱状图

表 4-21　大峡渠灌区湾子一社站观测期降水量

月	日	降水量/mm	月	日	降水量/mm
4	3	0.8	8	24	5.4
4	5	4.2	8	26	18.0
4	12	0.4	8	27	8.4
4	18	0.8	8	31	0.2
4	28	15.2	9	1	8.0
8	23	2.2	9	3	2.2

4.2.1.5　水源供水流量

大峡渠灌区供水保证率采用支流八里桥站及湟水干流乐都站的实测流量资料进行计算。八里桥站 1966 年建站,站址位于穿过灌区的湟水支流引胜沟上。乐都站于 1956 年建站,位于大峡渠灌区取水口下游。

根据八里桥站 1966—2012 年和乐都站 1956—2012 年实测流量系列,对不同保证率相应的月、年平均流量进行计算,计算结果分别见表4-22和表4-23。大峡渠灌区最大引水流量为3.9 m^3/s,实际取水流量为2.9 m^3/s,取水期为每年3月9日至9月3日。由分析可知,97%保证率条件下,八里桥年均流量1.60 m^3/s,取水期内最枯月3月月均流量0.08 m^3/s;乐都站年均流量24.88 m^3/s,最枯月5月月均流量4.61 m^3/s。上述分析结果表明,来水满足大峡渠灌区的取水保证率要求。图4-35和图4-36分别为八里桥站和乐都站年平均流量频率适线图。

表4-22 八里桥站不同保证率月、年平均流量计算成果

时段	均值/(m^3/s)	C_V	C_S/C_V	不同保证率下的平均流量/(m^3/s)				
				20%	50%	75%	90%	97%
3月	0.31	0.62	2.30	0.45	0.27	0.17	0.11	0.08
4月	1.88	0.66	2.13	2.76	1.60	0.97	0.59	0.35
5月	2.48	0.71	1.95	3.27	2.09	1.19	0.65	0.30
6月	2.32	0.60	2.36	3.30	2.01	1.31	0.88	0.62
7月	4.23	0.54	2.19	5.92	3.79	2.55	1.73	1.17
8月	5.89	0.53	2.56	8.09	5.22	3.62	2.63	2.00
9月	5.86	0.42	3.44	7.59	5.28	4.04	3.31	2.87
年均	2.66	0.26	2.94	3.20	2.57	2.16	1.85	1.60

表4-23 乐都站不同保证率月、年平均流量计算成果

时段	均值/(m^3/s)	C_V	C_S/C_V	不同保证率下的平均流量/(m^3/s)				
				20%	50%	75%	90%	97%
3月	19.97	0.39	1.85	26.06	19.05	14.38	10.84	7.91
4月	26.89	0.51	2.89	36.37	23.70	16.91	12.91	10.52
5月	32.28	0.74	2.10	48.55	26.37	14.82	8.31	4.61
6月	36.30	0.67	2.27	53.09	30.32	18.37	11.56	7.63
7月	63.55	0.50	3.50	84.33	54.73	40.40	33.01	29.40
8月	79.29	0.49	3.50	104.95	68.64	50.87	41.60	36.90
9月	82.58	0.41	3.50	106.40	74.67	57.58	47.43	41.32
年均	42.24	0.31	3.82	51.79	39.77	32.72	28.09	24.88

大峡渠灌区水源供水流量分析结果表明,2013年灌区水源供水流量年均值和月值均大于渠首设计引水能力。

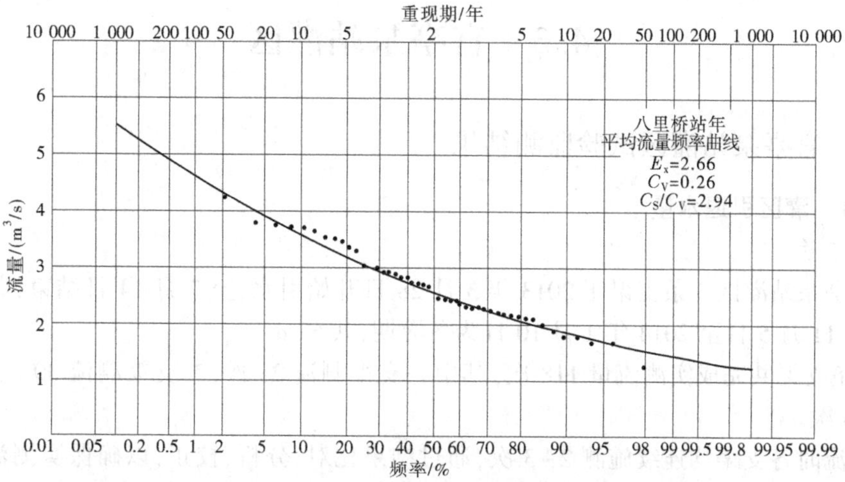

图 4-35 八里桥站年平均流量频率适线图

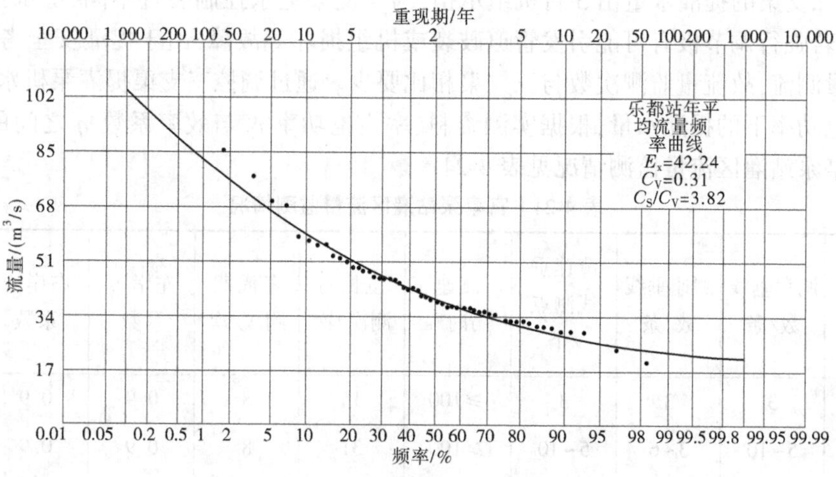

图 4-36 乐都站年平均流量频率适线图

4.2.2 大峡渠灌区耗水系数

4.2.2.1 典型地块

湟水流域的大峡渠灌区典型地块渗漏系数为 18.1%。大峡渠灌区典型地块耗水系数为 0.572。

4.2.2.2 灌区

本研究对典型灌区进行了渠系断面、长度、防渗措施、渠床土壤等调查，开展了干支渠引退水流量、渠道净流量、采取防渗措施后的渗漏损失流量、输水损失流量等监测试验，在此基础上测算了干支渠耗水。经推算，按照引排差试验成果及地下水埋深等相关资料，计算出湟水流域大峡渠灌区耗水系数为 0.632。

4.3 官亭泵站灌区

4.3.1 官亭泵站灌区试验监测结果

4.3.1.1 灌区引退水量

1. 流量

官亭泵站灌区 3 条支渠于 2013 年 3 月 28 日开始引水,至 7 月 14 日结束,共 109 d;2013 年 11 月 5 日至 2014 年 1 月 10 日为冬灌期,共 67 d。

3 条支渠共完成实测流量 118 次,其中一支渠测流 23 次,二支渠测流 39 次,三支渠测流 56 次。

测流时各支渠均连续施测 2~3 次,通过结果比对、分析、校正,以确保实测流量测验精度。针对水量变化,在原定监测实施方案的基础上,部分实测流量增加了测深、测速垂线和测点数量,进一步提高了流量测验精度。

一、二支渠的提灌水量由 5 台机组承担,与三支渠上水控制装置不同,上水控制阀极难调节,若强行调节极有可能引发管道破裂或机组损坏等故障,出于提灌安全考虑,放弃调节水量测流,故流量监测次数与三支渠相比要少。通过调控三支渠提灌泵机水量,测定了不同电功率下的提灌水量,根据实测资料,率定电功率 N 与效率系数 η 之间的相关关系。官亭泵站灌区流量监测情况见表 4-24。

表 4-24 官亭泵站灌区流量监测情况

站名	测深垂线数/条	测速垂线数/条	测速垂线测点/个	测速历时/s	生长期测次/次	冬灌期测次/次	左岸边系数	右岸边系数	实测最大流量/(m^3/s)
一支渠	3	3	3	≥100	15	8	0.9	0.9	0.275
二支渠	5~10	3~6	5~10	≥100	31	8	0.9	0.9	0.745
三支渠	3~5	3~5	3~6	≥100	46	10	0.7	0.7	0.220

根据各支渠实测流量点据的分布特征,在不同函数形式中,选取拟合效果最好、拟合系数值(R^2)较大的作为最终的相关函数形式,以此建立电功率 N 与效率系数 η 之间的相关曲线,并经三种检验(符号检验、适线检验、偏离数值检验)合格之后,据此推算各支渠引水量。

由于水泵工作电流变幅较宽,如二支渠 3 号、4 号和 5 号等机组电流大多在 35 A、40 A、45 A 之间跳跃变化,为便于定线,根据测流时的水位观测记录,对跳跃式变化范围内的电流值进行插补。各支渠率定的电功率 N 与效率系数 η 关系曲线见图 4-37~图 4-42。各支渠 N-η 关系曲线三种检验及标准差计算见表 4-25。

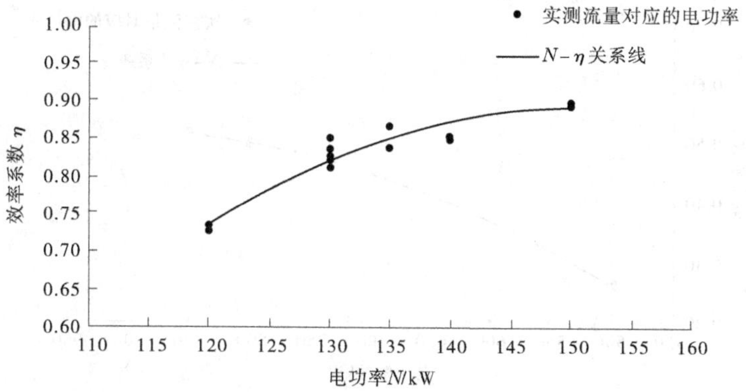

图 4-37 一支渠 N-η 关系曲线

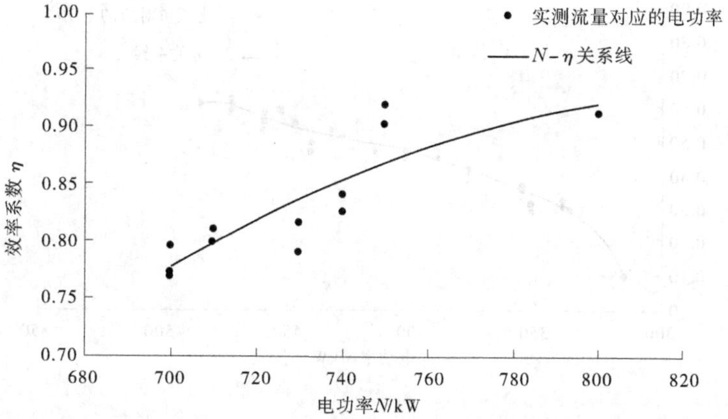

图 4-38 二支渠 N-η 关系曲线(3 号+4 号、4 号+5 号机组)

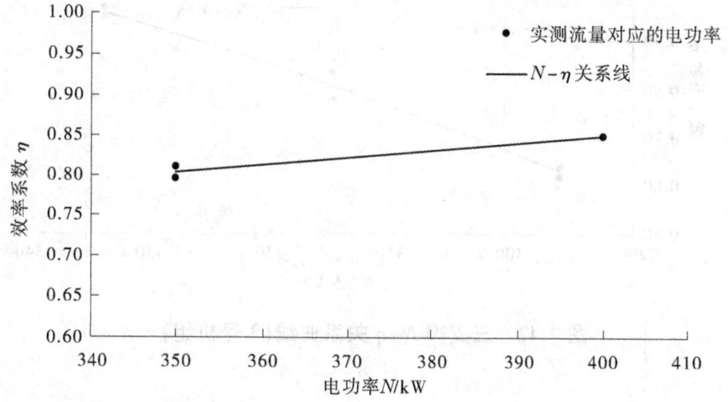

图 4-39 二支渠 N-η 关系曲线(4 号机组)

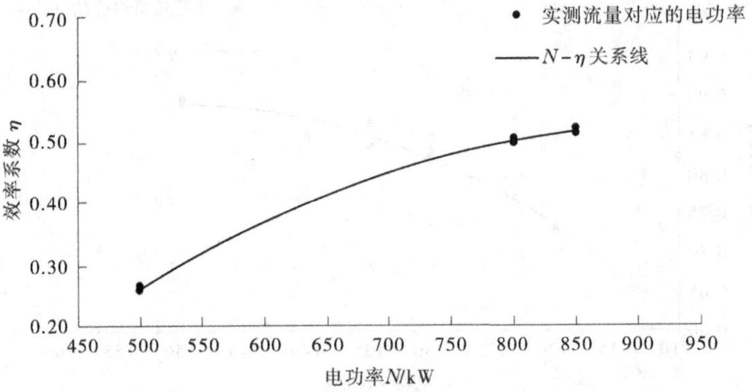

图 4-40　二支渠 N-η 关系曲线(4*、4 号+4*机组)

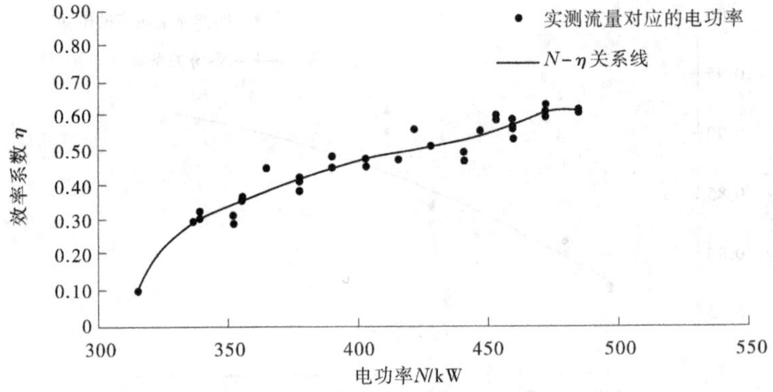

图 4-41　三支渠 N-η 关系曲线(1 号机组)

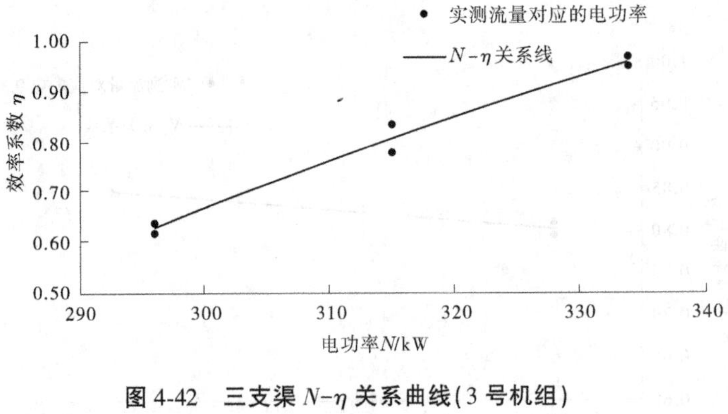

图 4-42　三支渠 N-η 关系曲线(3 号机组)

表 4-25 官亭泵站灌区各支渠 $N-\eta$ 关系曲线三种检验及标准差计算

名称	检验总测次数	正号个数	负号个数	变号个数	符号检验	适线检验	平均相对偏离值	偏离数值检验	测点标准差	检验结果
一支渠	15	8	7	5	0	0.80	-0.04	0.08	1.82	通过
二支渠(4号+5号、4号+3号机组)	13	6	7	4	0	0.87	-0.02	0.03	3.15	通过
二支渠(4号机组)	3	2	1	1	0	-0.71	0.12	0.24	1.26	通过
二支渠(4*、4*+4号机组)	7	4	3	5	0	-2.04	-0.07	0.16	1.21	通过
三支渠(1号机组)	40	20	20	18	-0.16	0.32	0.23	0.21	6.98	通过
三支渠(3号机组)	6	3	3	5	-0.41	-2.77	0	0	2.79	通过

注:4*为4号机组加大电流的状态。

2. 引退水量

2013年3月28日至7月14日作物生长期引水量为651.53万 m^3;2013年11月5日至2014年1月20日冬灌期引水量为419.82万 m^3,无明渠退水。官亭泵站灌区引水量见表4-26。

表 4-26 官亭泵站灌区引水量统计 单位:万 m^3

灌溉期	一支渠	二支渠	三支渠	合计
作物生长期	183.48	331.20	136.85	651.53
冬灌期	96.11	233.94	89.77	419.82
合计	279.59	565.14	226.62	1 071.35

各支渠作物生长期流量过程线见图4-43~图4-45。冬灌期流量过程线见图4-46~图4-48。官亭泵站灌区作物生长期引水量柱状图见图4-49~图4-51。冬灌期引水量柱状图见图4-52~图4-54。

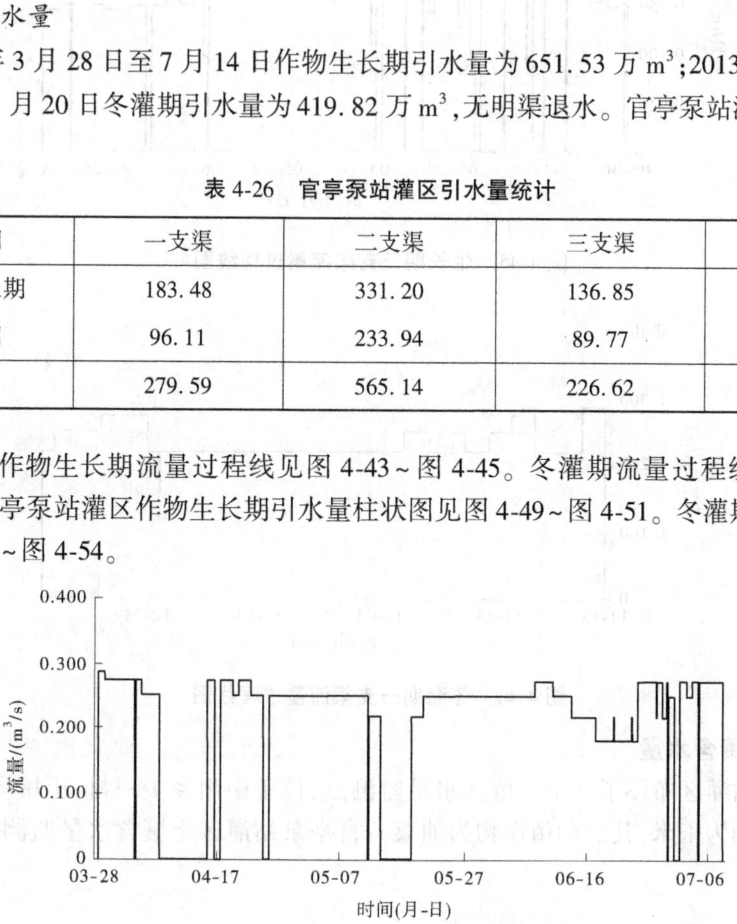

图 4-43 生长期一支渠流量过程线图

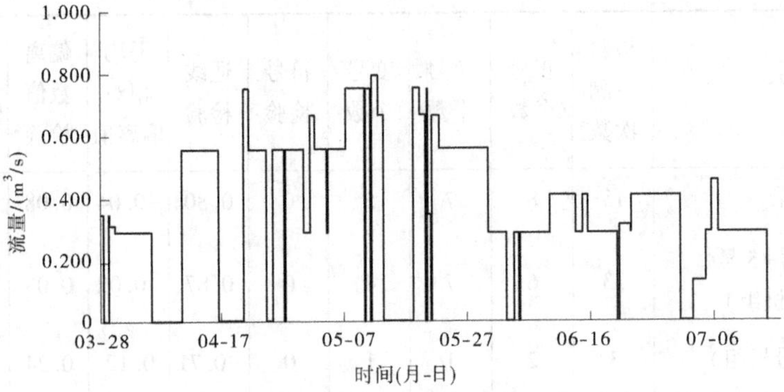

图 4-44　生长期二支渠流量过程线图

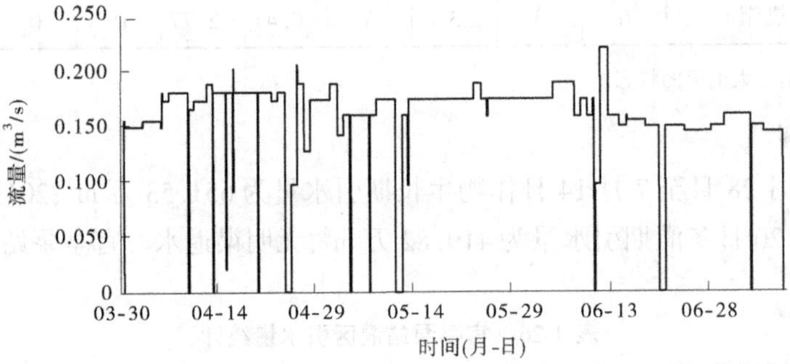

图 4-45　生长期三支渠流量过程线图

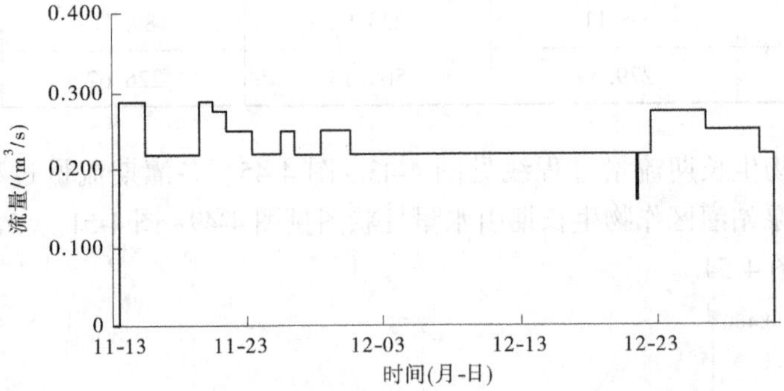

图 4-46　冬灌期一支渠流量过程线图

4.3.1.2　土壤含水量

官亭泵站灌区布设了2个土壤含水量监测点，位于中川乡美一村，土壤质地为黏土，其一种植作物为玉米，其二种植作物为油菜。官亭泵站灌区土壤含水量监测点基本情况见表4-27。

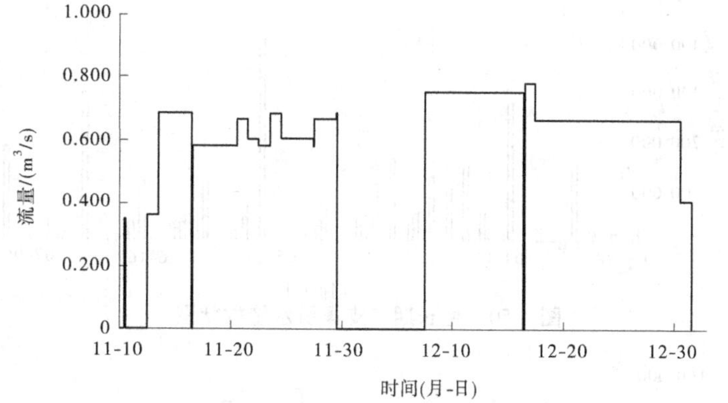

图 4-47 冬灌期二支渠流量过程线图

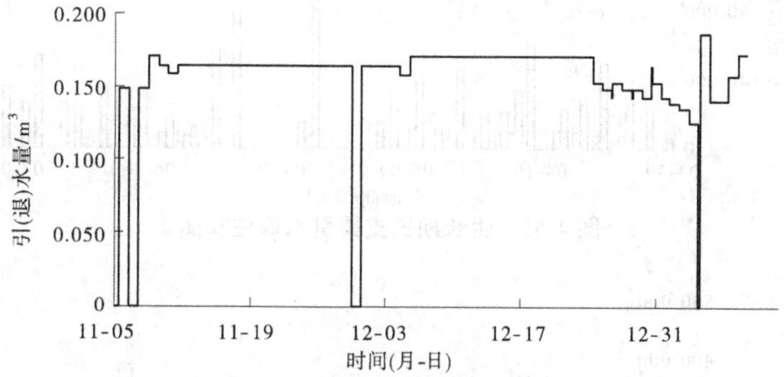

图 4-48 冬灌期三支渠流量过程线图

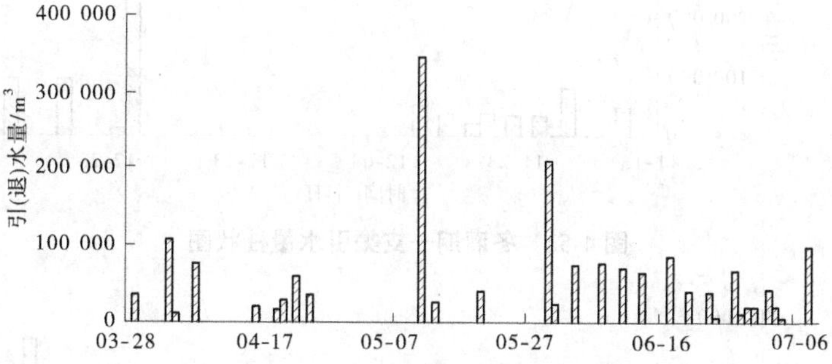

图 4-49 生长期一支渠引水量柱状图

表 4-27 官亭泵站灌区土壤含水量监测点基本情况

序号	名称	位置	纬度	经度	作物
1	GT-TR1	美一村一社	35°52′47.31″	102°52′22.79″	玉米
2	GT-TR2	美一村一社	35°53′05.26″	102°52′16.85″	油菜

官亭泵站灌区春灌期、苗灌期土壤含水量变化过程见图 4-55 和图 4-56。每个观测点

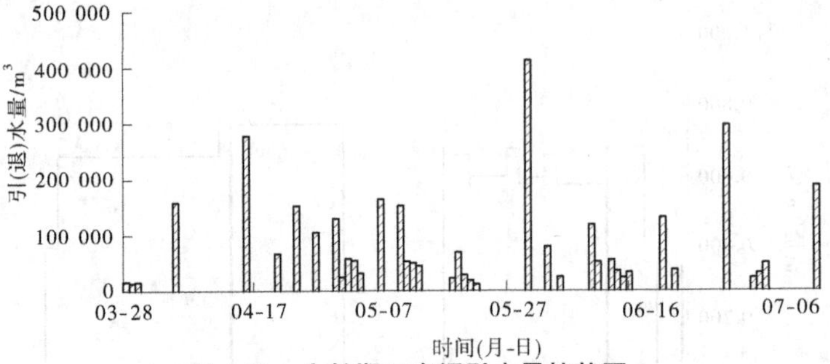

图 4-50　生长期二支渠引水量柱状图

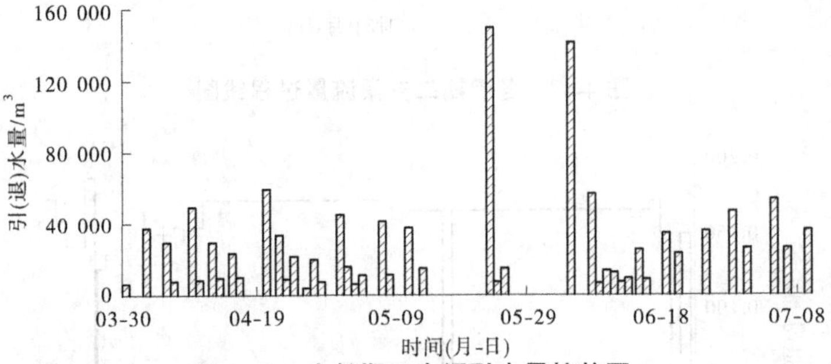

图 4-51　生长期三支渠引水量柱状图

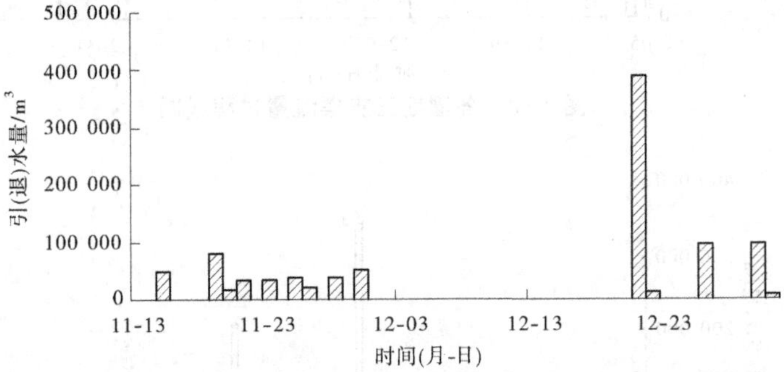

图 4-52　冬灌期一支渠引水量柱状图

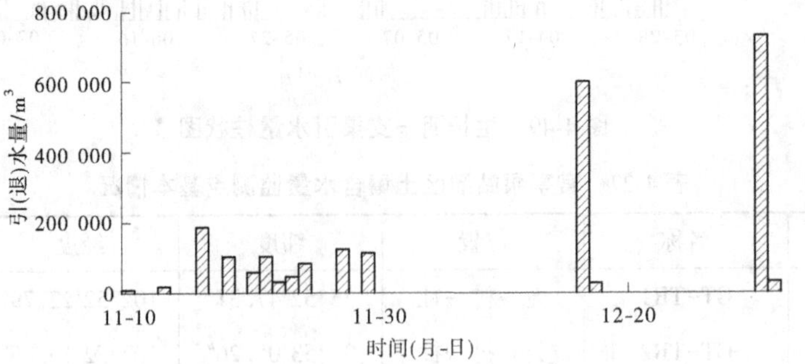

图 4-53　冬灌期二支渠引水量柱状图

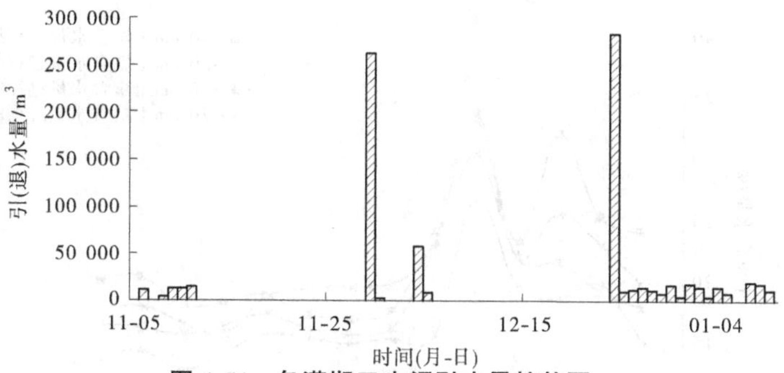

图 4-54　冬灌期三支渠引水量柱状图

灌溉前监测一次,灌溉后每日监测一次,连续监测 15 d 至土壤含水量达到某稳定期。灌期土层含水量由上到下依次减少,由土壤含水量过程线反映了灌溉的下渗过程。官亭泵站灌区在灌溉后约 5 d 内,土层含水量便恢复到了稳定的土壤含水量状态,由此可知在无降水的情况下,土壤含水量变化期为 5 d 左右。

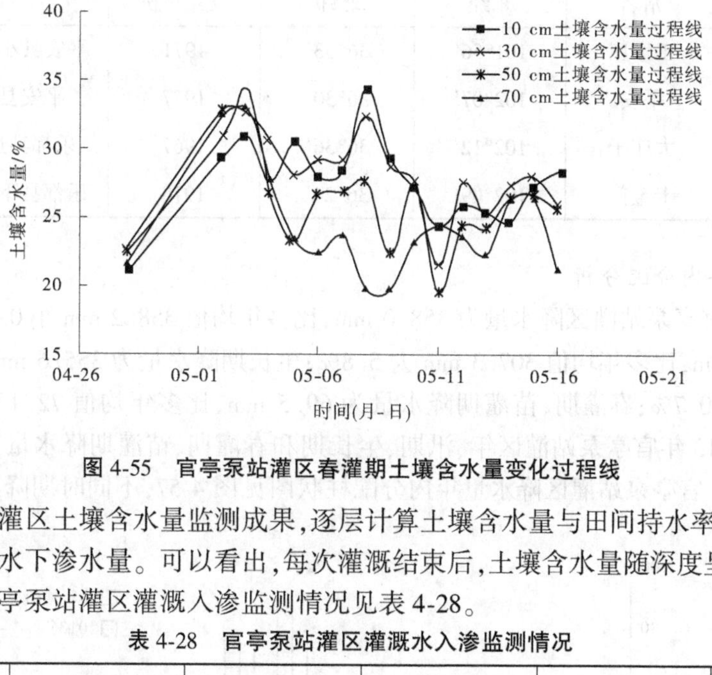

图 4-55　官亭泵站灌区春灌期土壤含水量变化过程线

根据典型灌区土壤含水量监测成果,逐层计算土壤含水量与田间持水率的差值,积分计算得到灌溉水下渗水量。可以看出,每次灌溉结束后,土壤含水量随深度呈先增大后减小的趋势。官亭泵站灌区灌溉入渗监测情况见表 4-28。

表 4-28　官亭泵站灌区灌溉水入渗监测情况　单位:cm

灌溉时期	10 cm	30 cm	50 cm	70 cm	合计
春灌	0.400	0.893	0.517	0.800	2.610
苗灌	0.643	0.986	0.600	0.171	2.400

4.3.1.3　降水

1. 雨量站选择

根据灌区范围及雨量站点分布情况,在官亭泵站灌区选取有代表性的雨量站 4 个,基本代表了灌区的雨量情况。官亭泵站灌区代表性雨量站基本情况见表 4-29。

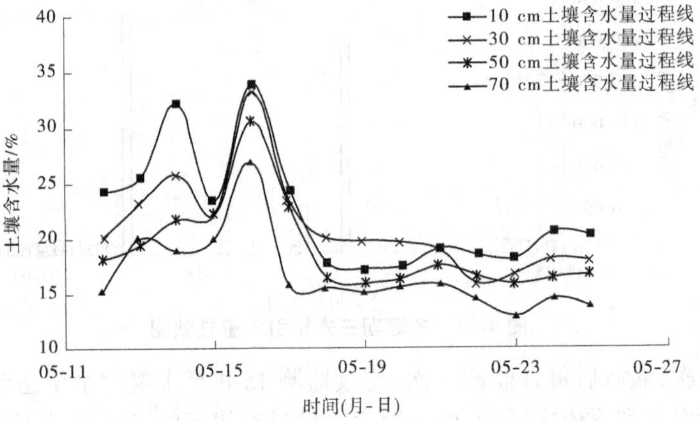

图 4-56　官亭泵站灌区苗灌期土壤含水量变化过程线

表 4-29　官亭泵站灌区代表性雨量站基本情况

范围	站名	东经	北纬	设立年份	地点
官亭泵站灌区	王家庄	101°56′	36°33′	1971	平安县小峡镇王家庄村
	平安	102°07′	36°30′	1977	平安县平安镇南村
	大庄子	102°12′	36°36′	1967	乐都县达拉乡大庄村
	卡金门	102°09′	36°24′	1978	乐都县下营乡卡金门村

2. 降雨年内分配分析

2013 年官亭泵站灌区降水量为 358. 0 mm，比多年均值 358. 2 mm 小 0. 1%；汛期降水量为 325. 1 mm，比多年均值 307. 3 mm 大 5. 8%；生长期降水量为 355. 6 mm，比多年均值 353. 2 mm 大 0. 7%；春灌期、苗灌期降水量为 69. 5 mm，比多年均值 72. 1 mm 小 3. 6%。总体来看，2013 年官亭泵站灌区年、汛期、生长期和春灌期、苗灌期降水量与多年均值相比变化不大。官亭泵站灌区降水量年内分配柱状图见图 4-57，不同时期降水量分配柱状图见图 4-58。

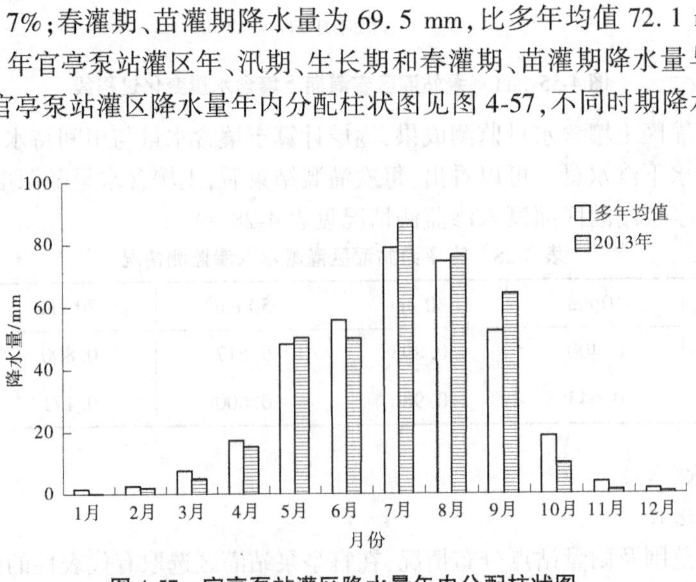

图 4-57　官亭泵站灌区降水量年内分配柱状图

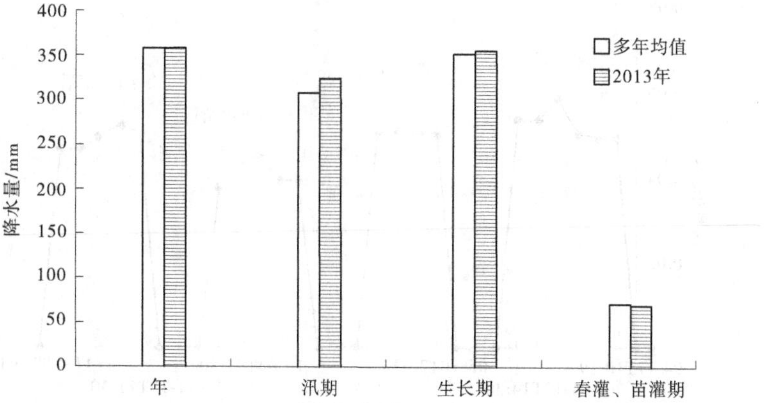

图 4-58 官亭泵站灌区不同时期降水量分配柱状图

4.3.2 官亭泵站灌区耗水系数

本研究对典型灌区等进行了渠系断面、长度、防渗措施、渠床土壤等的调查,开展了干支渠引退水流量、渠道净流量、采取防渗措施后的渗漏损失流量、输水损失流量等监测试验,在此基础上测算了干支渠耗水。经推算,按照引排差试验成果及地下水埋深等相关资料,计算出黄河干流浅山官亭泵站灌区耗水系数为 0.961。

4.4 西河灌区

4.4.1 西河灌区试验监测结果

4.4.1.1 灌区引退水量

1. 引水量

典型地块春灌期为 3 月中旬,苗灌期为 4 月 17 日、5 月 10 日和 6 月 5 日。冬灌期为 10 月 3 日至 4 日、11 月 18 日,共两次。

西河灌区典型地块引水量采用实测流量过程线法推求,典型地块监测断面引水流量过程线见图 4-59。

2. 退水量

典型地块在春灌期、苗灌期、冬灌期间无退水。西河灌区典型地块引退水流量监测情况见表 4-30。

表 4-30 西河灌区典型地块引退水流量监测情况

监测断面名称	测深垂线数/条	测速垂线数/条	测速垂线测点/个	测速历时/s	测流次数	左岸边系数	右岸边系数	最大流量/(m^3/s)	说明
引水口	3	3	1	≥100	13	0.7	0.7	0.057	
退水口									无退水量

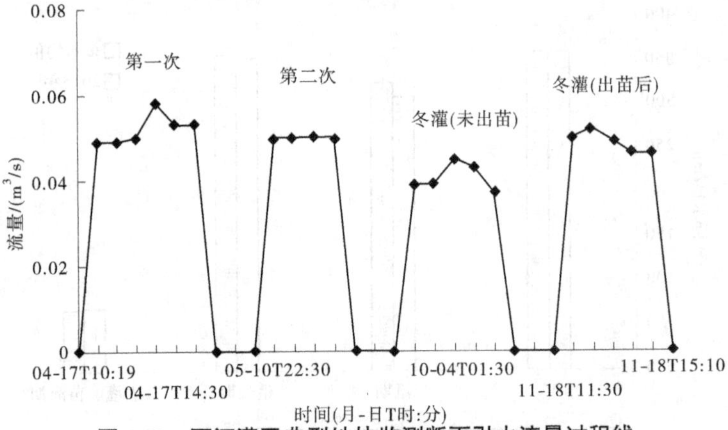

图 4-59 西河灌区典型地块监测断面引水流量过程线

3. 引退水量计算

西河灌区典型地块第一次苗灌 5 h,引水量 938.05 m^3;第二次苗灌 4.5 h,引水量 844.25 m^3。第一次冬灌(未出苗)8.5 h,引水量 1 362.6 m^3;第二次冬灌(出苗后)4 h,引水量 619.8 m^3。

西河灌区典型地块各时期引退水量见表 4-31,典型地块苗灌期引退水量柱状图见图 4-60,典型地块冬灌期引退水量柱状图见图 4-61。

表 4-31 西河灌区典型地块各时期引退水量统计

灌溉期	引水量/m^3	退水量/m^3	说明
4 月 17 日	938.05	0	灌溉亩数为 14.6 亩
5 月 10 日	844.25	0	
6 月 5 日	因降雨未实施灌溉		
10 月 3 日	1 362.6		灌溉亩数为 11.9 亩
11 月 18 日	619.8	0	
合计	3 144.9	0	

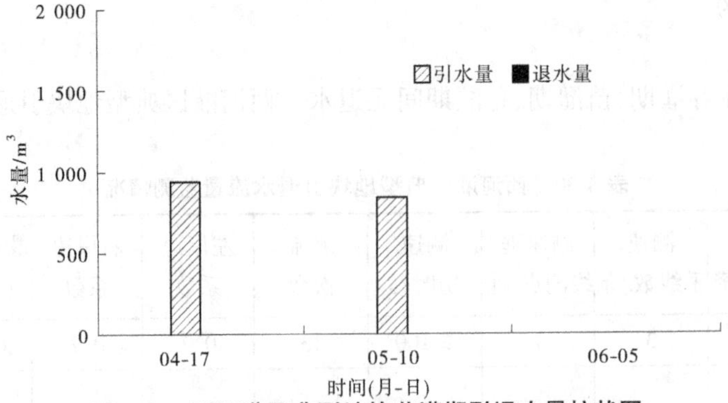

图 4-60 西河灌区典型地块苗灌期引退水量柱状图

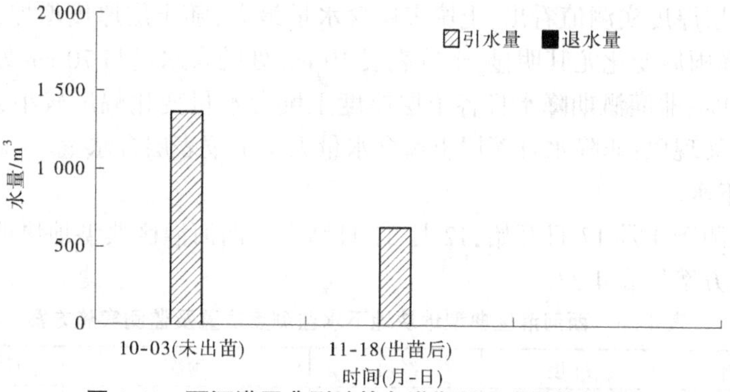

图 4-61　西河灌区典型地块冬灌期引退水量柱状图

4.4.1.2　土壤含水量

西河灌区土壤含水量墒情监测点位于红岩村典型地块中央农田，土壤为北方红土，种植作物以小麦为主。4 月 16 日开始土壤含水量监测。

西河灌区典型地块土壤含水量监测点位置情况见表 4-32。

表 4-32　西河灌区典型地块土壤含水量监测点位置情况

序号	名称	位置	纬度	经度	作物种类
1	XH-TR	红岩村	36°00′	101°24′	小麦

监测时间：西河灌区典型地块土壤含水量在典型地块灌溉前监测一次，灌溉后每日监测一次，至地下水水位稳定期间，每 5 日观测一次。

监测取样点：测点选择垂向四点法布设，根据钻井资料可知，典型地块土层厚度在 0.7～1.0 m，下部为砂砾石。测点深度分别选用 10 cm、30 cm、50 cm、70 cm 四种深度进行测量。

西河灌区典型地块土壤含水量变化见图 4-62。由图 4-62 中可知，苗灌期：10 cm 土壤含水量在 20.4%～39.3%，30 cm 土壤含水量在 18.50%～34.1%，50 cm 土壤含水量在 19.91%～32.9%，70 cm 土壤含水量在 19.9%～28.6%。冬灌期：10 cm 土壤含水量在 28.6%～33.0%，30 cm 土壤含水量在 23.7%～30.0%，50 cm 土壤含水量在 25.3%～27.5%，70 cm 土壤含水量在 22.7%～27.6%。

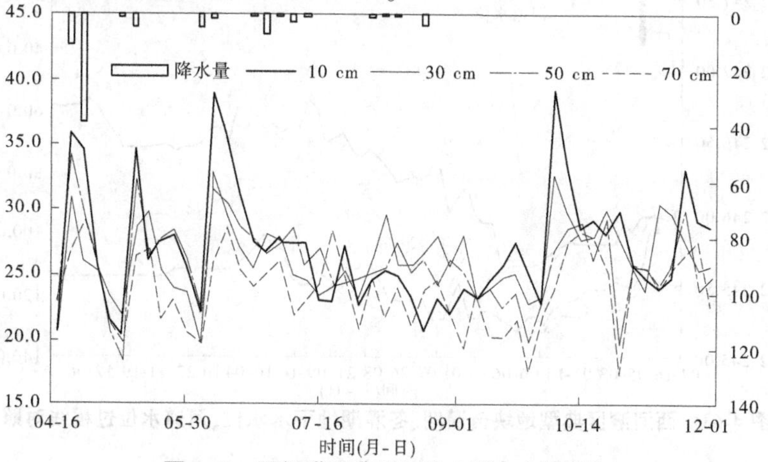

图 4-62　西河灌区典型地块土壤含水量变化

从不同土层厚度实测值看出，土壤表层含水量最大，随土层厚度增加，含水量逐渐变小；灌溉期或降雨后变化尤其明显，土壤表层 10 cm 处的含水量与 70 cm 处的含水量差值最大达到 16.9%；非灌溉期降水日各土层厚度土壤含水量变化幅度较小，差值小于 5%，并出现互相交叉现象；非降水日深层土壤含水量大于土壤表层含水量。

4.4.1.3　**地下水**

地下水观测于 4 月 17 日开始，12 月 31 日结束。西河灌区典型地块地下水监测点位置及监测实施方案见表 4-33。

表 4-33　西河灌区典型地块地下水监测点位置及监测实施方案

序号	名称	纬度	经度	频次	测量用具	误差控制
1	地下水井 1	36°00′33.7″	101°24′27.6″	灌溉期前一日、灌溉后一日 8 时、14 时、20 时观测三次，水位稳定后每 5 日 8 时观测一次	悬垂式电子感应器	小于 0.005 m
2	地下水井 2	36°00′33.9″	101°24′29.8″			
3	地下水井 3	36°00′33.1″	101°24′28.7″			
4	地下水井 4	36°00′31.9″	101°24′28.3″			
5	地下水井 5	36°00′32.0″	101°24′29.9″			

通过过程线对比分析，由于各地下水监测井因地面高程不相等，总体看来，5 眼地下水井的地下水水位变化基本一致；灌溉期次日开始地下水水位上升，变幅不大；汛期因降水量影响，地下水水位逐渐上升，高于非汛期地下水水位。河道水位低于地下水水位，河道与地下水水位变化过程相应，符合地下水补给河水的规律。

5 号井在典型地块灌溉时水位与其余 4 眼井变化不一致，其他时间一致，比如 4 月 17 日灌溉后比 4 月 18 日的地下水水位高出 0.50 m，6 月 5 日因上游暴雨及部分农田灌溉，地下水水位比灌溉前高出 0.70 m。

中小河流建设的红岩村雨量站，距离西河灌区典型地块约 1 km，红岩村地下水水位观测期间进行观测。

西河灌区典型地块苗灌期、冬灌期地下水水位、河道水位过程线对照见图 4-63。

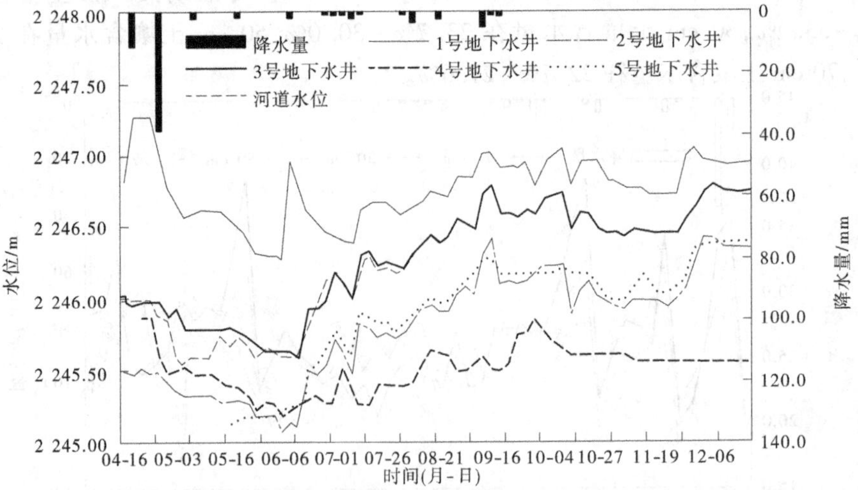

图 4-63　西河灌区典型地块苗灌期、冬灌期地下水水位、河道水位过程线对照

4.4.1.4　降水

1.雨量站选择

根据西河灌区范围及雨量站点分布情况，选取有代表性的贵德雨量站进行降水分析。

2.降雨年内分配分析

2014年西河灌区降水量为241.6 mm，比多年均值247.7 mm小2.5%；汛期(6—9月，下同)降水量为167.2 mm，比多年均值185.7 mm小10.0%；生长期(3—11月，下同)降水量为241.1 mm，比多年均值244.5 mm小1.4%；春灌、苗灌期(3—5月，下同)降水量为49.1 mm，比多年均值45.9 mm大6.9%。

总体来看，2014年西河灌区年、汛期、生长期降水量与多年均值相比偏小，春灌、苗灌期降水量与多年均值相比偏大。

西河灌区降水量年内分配柱状图见图4-64，不同时期降水量分配柱状图见图4-65。

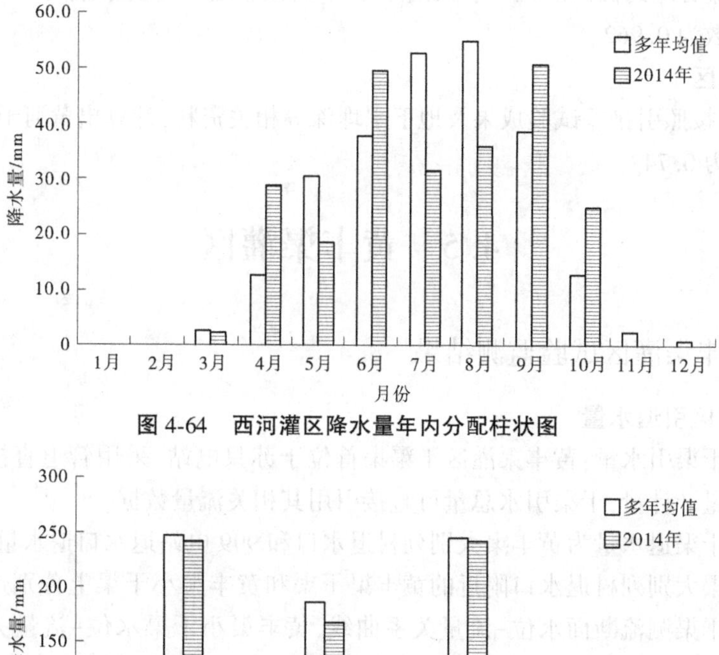

图4-64　西河灌区降水量年内分配柱状图

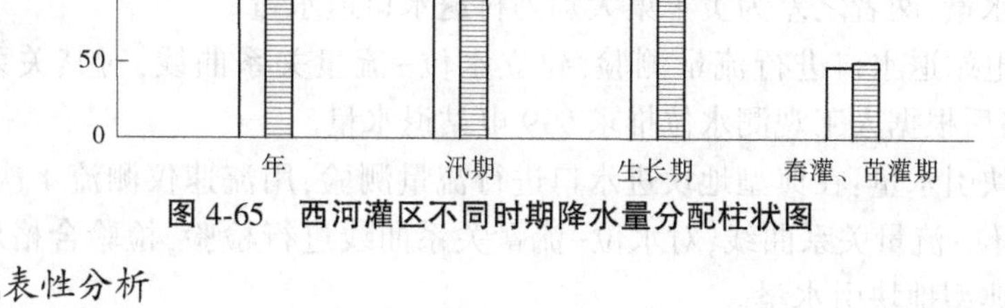

图4-65　西河灌区不同时期降水量分配柱状图

3.降雨代表性分析

经过年降水量频率分析计算得出：贵德站 $\overline{P}$ = 247.6 mm，C_V = 0.22，C_S/C_V = 2.0。将年降水量按经验频率分为：小于20.0%为丰水年，20.0%~50.0%为偏丰年，50.0%~75.0%为平水年，75.0%~95.0%为偏枯年，大于95.0%为枯水年五种年型。分别列出贵德站不同频率时相应降水量成果，见表4-34。2014年贵德站年降水量247.6 mm，因此

2014 年为降水平水年。

表 4-34　贵德站不同频率相应降水量成果

站名	历年平均降水量/mm	C_V	C_S/C_V	线型	不同频率下的降水量/mm			
					20.0%	50.0%	75.0%	95.0%
贵德	247.6	0.22	2.0	皮尔逊Ⅲ型	292.5	243.5	208.5	164.3

4.4.2　西河灌区耗水系数

4.4.2.1　典型地块

黄河干流谷地的西河灌区斗农渠退水率为 0,典型地块渗漏系数为 4.66%,灌区典型地块耗水系数为 0.962。

4.4.2.2　灌区

经推算,按照引排差试验成果及地下水埋深等相关资料,计算出黄河干流谷地西河灌区耗水系数为 0.747。

4.5　黄丰渠灌区

4.5.1　黄丰渠灌区试验监测结果

4.5.1.1　灌区引退水量

黄丰渠干渠引水量:黄丰渠灌区干渠渠首位于苏只电站,采用管道直接引水,引水量由超声波流量计计量,干渠引水总量可直接引用其相关流量数据。

黄丰渠干渠退水量为黄丰渠大别列村退水口和 999 电站退水口退水量之和。

在黄丰渠大别列村退水口附近的黄丰渠干渠和黄丰渠小干渠上分别进行流量测验,建立黄丰渠干渠测流断面水位-流量关系曲线、黄丰渠小干渠水位-流量关系曲线,对各自的水位-流量关系曲线进行检验,检验合格后采用超声波水位计推求干渠来水量和黄丰渠小干渠水量,两者之差为黄丰渠大别列村退水口退水量。

在 999 电站退水口进行流量测验,建立水位-流量关系曲线,对其关系曲线进行检验,检验合格后根据人工观测水位推求 999 电站退水量。

典型地块引水量:在典型地块进水口进行流量测验,用流速仪测流 1 次,量水堰测流 9 次,建立水位-流量关系曲线,对水位-流量关系曲线进行检验,检验合格后根据人工观测水位推求典型地块引水量。

典型地块退水量:在典型地块退水口观测退水时间,由于进水口流量较小,灌溉时进水全部引入地块,渠道和地边没有退水;不灌溉时进水全部从渠尾退水口流入黄河,因此不灌溉时引水量就是典型地块的退水量。

黄丰渠灌区干渠及典型地块引退水流量监测情况见表 4-35。

表 4-35　黄丰渠灌区干渠及典型地块引退水流量监测情况

站名	测深垂线数/条	测速垂线数/条	测速垂线测点/个	测速历时/s	测流次数/次	左岸边系数	右岸边系数	最大流量/(m^3/s)	说明
黄丰干渠	7	7	1~3	≥100	15	0.8	0.8	5.040	
黄丰小干渠	5	5	1~3	≥100	16	0.8	0.8	0.782	
999 电站	6~9	6~9	3	≥100	15	0.7	0.7	1.030	岸边有水深时岸边系数采用 0.8
典型地块	3	3	1	≥100	11	0.8	0.8	0.035	量水堰测流 10 次

水位-流量关系曲线定线精度检验：按照《水文资料整编规范》(SL 247—2012)规定，测点超过 10 个以上时，做符号检验、适线检验、偏离数值检验。

1. 符号检验

进行符号检验时，分别统计测点偏离曲线的正、负号个数，偏离值为零者，作为正、负号测点各半分配。按下式计算 u 值：

$$u = \frac{|k - 0.5n| - 0.5}{0.5\sqrt{n}} \tag{4-1}$$

式中：u 为统计量；n 为测点总数；k 为正号或负号个数。

2. 适线检验

按测点水位由低至高排列顺序，从第二点开始统计偏离正、负符号变换，变换符号记 1，否则记 0。统计记 1 的次数，按下式计算 u 值：

$$u = \frac{0.5(n - 1) - k - 0.5}{0.5\sqrt{n - 1}} \tag{4-2}$$

式中：u 为统计量；n 为测点总数；k 为变换符号次数，$k < 0.5(n - 1)$ 时做检验，否则不做此检验。

3. 偏离数值检验

按下式分别计算 t 值和 $s_{\bar{p}}$ 值：

$$t = \frac{\bar{p}}{s_{\bar{p}}} \tag{4-3}$$

$$s_{\bar{p}} = \frac{s}{n} = \sqrt{\frac{\sum (p_i - \bar{p})^2}{n(n - 1)}} \tag{4-4}$$

式中：t 为统计量；$\bar{p}$ 为平均相对偏离值；$s_{\bar{p}}$ 为 $\bar{p}$ 的标准差；s 为 p 的标准差；n 为测点总数；p_i 为测点与关系曲线的相对偏离值。

4. 显著水平 α 值的选用与临界值的确定

临界值由《水文资料整编规范》(SL 247—2012)表 3.4.1-1 和表 3.4.1-2 选定。

符号检验，α 值采用 0.25，临界值 $u_{1-\alpha/2}$ 采用 1.15。

适线检验，α 值采用 0.10，临界值 $u_{1-\alpha}$ 采用 1.28。

偏离数值检验，α 值采用 0.20，临界值 $t_{1-\alpha/2}$ 采用 1.33。

黄丰渠灌区水位-流量关系定线检验成果统计见表 4-36。

表 4-36　黄丰渠灌区水位-流量关系定线检验成果统计

名称	样本	正号个数	负号个数	变号个数	符号检验	适线检验	偏离数值检验	系统误差/%	标准差/m	检验结果
规范指标允许值					1.15	1.28	1.81	±2	5.5	
黄丰干渠计算值	15	6	9	8	0.52	免检	0.58	-0.2	1.4	合格
黄丰小干渠计算值	16	7.5	8.5	12	0	免检	0.09	0	1.8	合格
999 电站计算值	15	8	7	11	0	免检	0.60	0.4	3.1	合格
典型地块进水口	11	5	6	9	0	免检	0.17	-0.2	5.2	合格

表 4-36 中水位-流量关系定线精度指标参照三类精度站的指标确定，系统误差不超过±2%、标准差小于 5.5%时，定线合格。流量很小，测点偏离曲线不超过±15%时参与定线。

通过对黄丰渠干渠、黄丰渠小干渠、999 电站水位-流量关系曲线进行符号检验、适线检验、偏离数值检验，计算确定：黄丰渠干渠曲线标准差为 1.4%，系统误差为-0.2%，Q_{11} 次流量最大偏离曲线 3.45 %；黄丰渠小干渠曲线标准差 1.8%，系统误差为 0.0%，Q_{14} 次流量最大偏离曲线-3.94%；999 电站曲线标准差 3.1%，系统误差为 0.4%，Q_5 次流量最大偏离曲线 7.32%；典型地块进水口曲线标准差 5.2%，系统误差为-0.2%，Q_1 次流量最大偏离曲线-7.79%。

各监测断面水位-流量关系曲线见图 4-66～图 4-69。

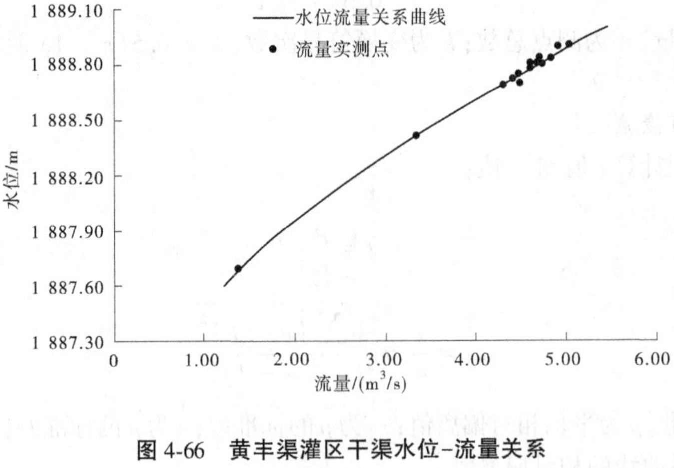

图 4-66　黄丰渠灌区干渠水位-流量关系

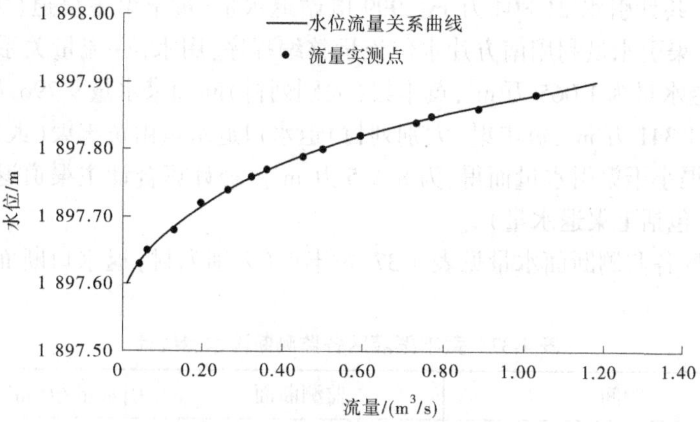

图 4-67　999 电站水位-流量关系

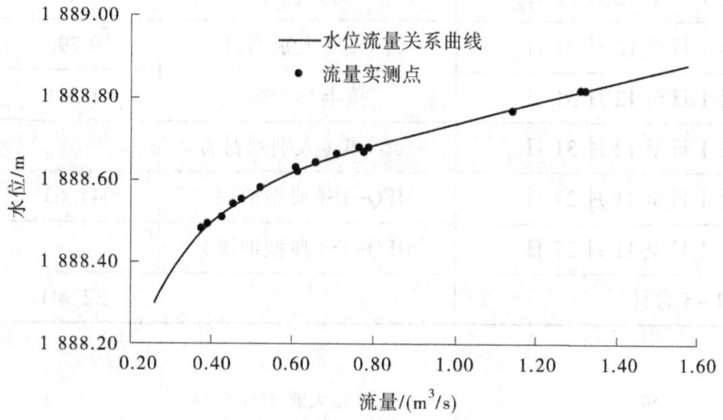

图 4-68　黄丰渠小干渠水位-流量关系

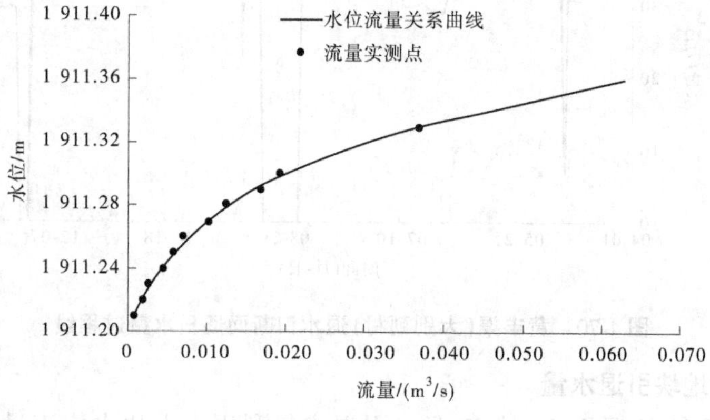

图 4-69　黄丰渠灌区典型地块进水口水位-流量关系

4.5.1.2　干渠引退水量

监测期从 3 月 13 日开始至 12 月 31 日结束，为期 294 d。渠首进水口引水量采用管道流量计数据,共计引水 21 804 万 m^3,999 电站退水量、黄丰渠主渠道(大别列村)来水量、黄丰渠小干渠引水量利用南方片水位流量整编程序,用水位-流量关系曲线法推求水量。999 电站退水量为 1 065 万 m^3,黄丰渠(大别列村)断面来水量 9 796 万 m^3,黄丰渠小干渠引水量为 1 341 万 m^3,黄丰渠(大别列村)退水口退水量由黄丰渠(大别列村)断面来水量减去黄丰渠小干渠引水量而得,为 8 455 万 m^3。经计算合计主渠道退水口退水量为 9 520 万 m^3(不包括毛渠退水量)。

黄丰渠灌区各监测断面水量见表 4-37,黄丰渠(大别列村)退水口断面逐日水量过程线见图 4-70。

表 4-37　黄丰渠灌区各监测断面水量统计

序号	时间	监测断面	引水量/万 m^3	退水量/万 m^3
1	4 月 1 日至 12 月 31 日	渠首	21 804	
2	4 月 1 日至 12 月 31 日	999 电站		1 065
3	4 月 1 日至 12 月 31 日	黄丰渠(大别列村)	9 796	
4	4 月 1 日至 12 月 31 日	黄丰小干渠	1 341	
5	4 月 1 日至 12 月 31 日	黄丰渠(大别列村)		8 455
6	4 月 1 日至 11 月 27 日	HFQ-TS(典型地块)	44.63	
7	4 月 1 日至 11 月 27 日	HFQ-TS(典型地块)		43.99
1~5 合计			32 941	9 520

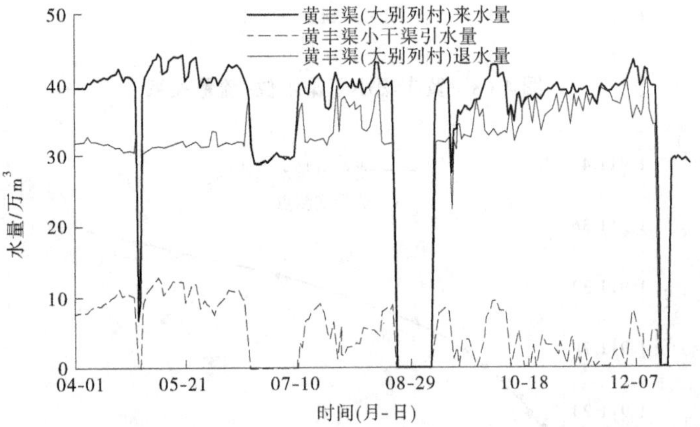

图 4-70　黄丰渠(大别列村)退水口断面逐日水量过程线

4.5.1.3　典型地块引退水量

监测期为 3 月 13 日至 11 月 27 日。引退水量利用南方片水位流量整编程序,用水位-流量关系曲线法推求水量。经推算,进水口引水量为 44.63 万 m^3,退水口退水量为 43.99 万 m^3,灌溉用水量为 0.64 万 m^3。典型地块引水流量较小,地块不灌溉期间,水量全部由退水口流入黄河。黄丰渠灌区典型地块引退水逐日水量过程线见图 4-71。

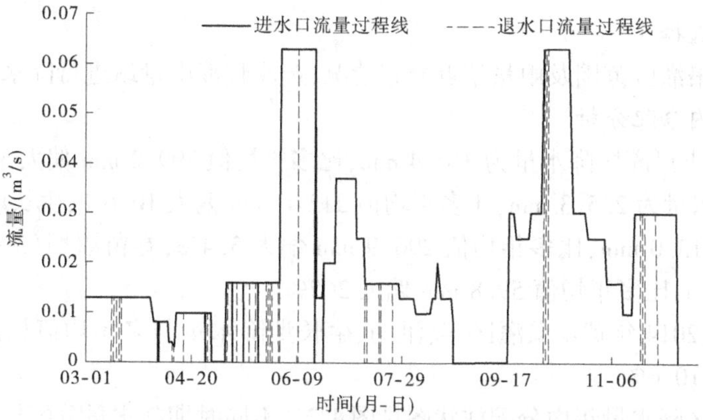

图 4-71 黄丰渠灌区典型地块引退水逐日水量过程线

4.5.1.4 土壤含水量

观测点在典型地块第 28 块地中,距黄丰渠 230 m,距黄河干流约 50 m。种植作物以冬小麦为主,土壤质地均为黏土。

黄丰渠灌区典型地块土壤含水量监测点见表 4-38。

表 4-38 黄丰渠灌区典型地块土壤含水量监测点统计

名称	位置	纬度	经度	作物种类
HFQ-TR	苏只村	36°52′35.4″	102°20′44.01″	冬小麦

黄丰渠灌区典型地块土壤含水量从 8 月 26 日开始,于 11 月 26 日结束,期间 9 月 16 日、10 月 8 日、10 月 26 日、11 月 19 日分别灌溉 1 次。HFQ-TR 点监测结果:5 点同一深度 10 cm 土壤平均含水量在 29.1%~50.4%,30 cm 土壤平均含水量在 24.1%~51.1%,50 cm 土壤平均含水量在 23.5%~52.9%,70 cm 土壤含水量在 26.0%~54.0%,100 cm 土壤含水量在 25.7%~52.7%。黄丰渠灌区典型地块不同土层土壤含水量变化过程见图 4-72。

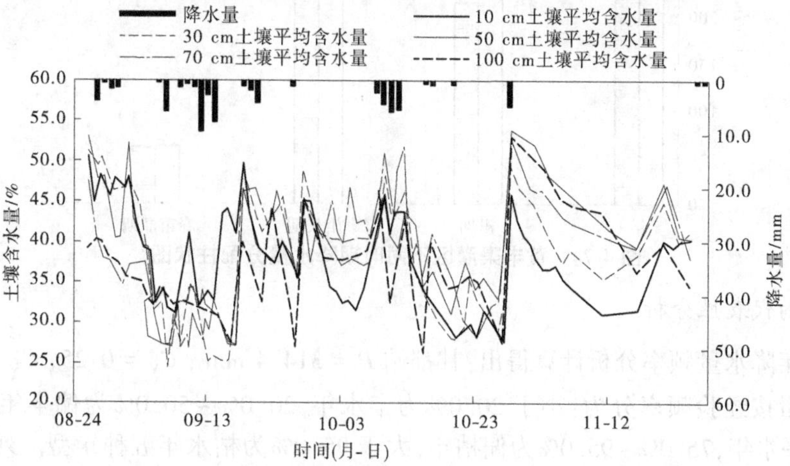

图 4-72 黄丰渠灌区典型地块不同土层土壤含水量变化过程

4.5.1.5 **降水**

1. 雨量站选择

根据黄丰渠灌区范围及雨量站点分布情况,选取甘都雨量站进行降水分析。

2. 降雨年内分配分析

2014 年黄丰渠灌区降水量为 314.4 mm,比多年均值 299.2 mm 偏大 5.1%;汛期(6—9 月,下同)降水量为 235.3 mm,比多年均值 212.8 mm 偏大 10.6%;生长期(3—11 月,下同)降水量为 313.0 mm,比多年均值 296.9 mm 偏大 5.4%;春苗灌期(3—5 月,下同)降水量为 61.3 mm,比多年均值 59.8 mm 偏大 2.5%。

总体来看,2014 年黄丰渠灌区年、汛期、生长期降水量与多年均值相比偏大,偏大的范围为 2.5%~10.6%。

黄丰渠灌区降水量年内分配柱状图见图 4-73,不同时期降水量分配柱状图见图 4-74。

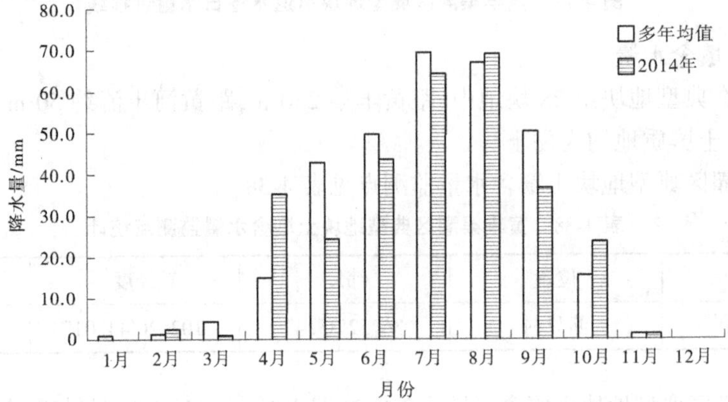

图 4-73 黄丰渠灌区降水量年内分配柱状图

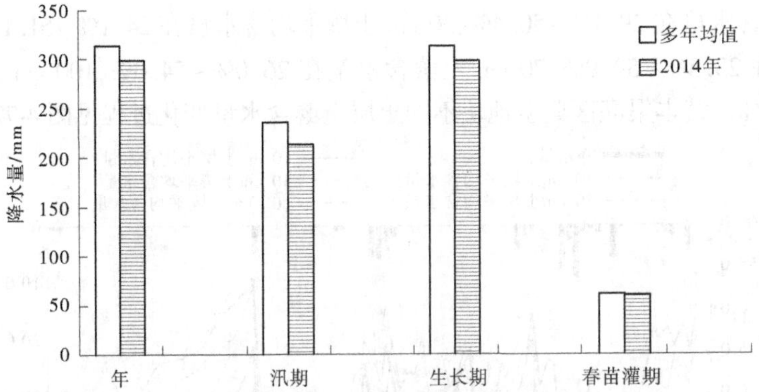

图 4-74 黄丰渠灌区不同时期降水量分配柱状图

3. 降雨代表性分析

经过年降水量频率分析计算得出:甘都站 $\overline{P}$ = 314.4 mm , C_V = 0.25, C_S/C_V = 2.0。将年降水量按经验频率分为:小于 20.0%为丰水年,20.0%~50.0%为偏丰年,50.0%~75.0%为平水年,75.0%~95.0%为偏枯年,大于 95.0%为枯水年五种年型。列出甘都站不同频率时相应降水量成果,见表 4-39。2014 年甘都站年降水量 299.2 mm,因此 2014 年为降水平水年。

表 4-39 甘都站不同频率相应降水量成果

站名	历年平均降水量/mm	C_V	C_S/C_V	线型	不同频率下的降水量/mm			
					20.0%	50.0%	75.0%	95.0%
甘都	314.4	0.25	2.0	皮尔逊Ⅲ型	376.8	308.2	259.6	199.3

4.5.2 黄丰渠灌区耗水系数

4.5.2.1 典型地块

黄河干流谷地的黄丰渠灌区，斗农渠退水率 98.6%，典型地块渗漏系数 3.8%，典型地块耗水系数为 0.023。

4.5.2.2 灌区

经推算，按照引排差试验成果及地下水埋深等相关资料，计算出黄河干流谷地黄丰渠灌区消除因渠系设计问题产生的斗门无效引水影响，灌区耗水系数为 0.430。

4.6 格尔木市农场灌区

4.6.1 格尔木市农场灌区试验监测结果

4.6.1.1 典型地块引退水量

2014 年格尔木市农场灌区共灌溉 8 次，时间分别为 5 月 15 日、5 月 27 日、6 月 10 日、6 月 26 日、7 月 12 日、7 月 27 日、8 月 11 日和 10 月 30 日。在各监测断面共测得流量 225 份，灌溉时间见表 4-40、表 4-41。

表 4-40 格尔木市农场灌区 1 号地块灌溉起止时间统计

日期(月-日)	起时(时:分)	止时(时:分)	断面	起时(时:分)	止时(时:分)
05-15	18:00	21:50	GEM-TS1	22:30	02:00
			GEM-TS2	22:30	02:30
05-27	00:09	04:11	GEM-TS1	04:39	09:46
			GEM-TS2	04:39	09:50
06-10	10:04	14:38	GEM-TS1	16:29	21:00
			GEM-TS2	16:21	21:00
06-26	09:12	13:42	GEM-TS1	14:54	20:12
			GEM-TS2	14:42	21:00

续表 4-40

日期(月-日)	起时(时:分)	止时(时:分)	断面	起时(时:分)	止时(时:分)
07-12	13:00	17:32	GEM-TS1	19:15	00:10
			GEM-TS2	19:00	00:10
07-27	18:30	00:05	GEM-TS1	01:00	06:30
			GEM-TS2	00:56	06:30
08-11	11:55	17:14	GEM-TS1	18:32	00:40
			GEM-TS2	18:27	00:30
10-30	11:46	15:53	GEM-TS1	17:25	18:45
			GEM-TS2	17:15	18:46

表 4-41　格尔木市农场灌区 2 号地块灌溉起止时间统计

日期(月-日)	起时(时:分)	止时(时:分)	断面	起时(时:分)	止时(时:分)
05-15	21:50	23:40	GEM-TS3	00:00(05-16)	03:30
			GEM-TS4	00:00(05-16)	01:50
05-27	04:11	06:15	GEM-TS3	06:42	10:50
			GEM-TS4	06:36	09:40
06-10	14:40	17:25	GEM-TS3	18:32	23:00
			GEM-TS4	18:25	21:50
06-26	13:50	16:25	GEM-TS3	17:39	22:30
			GEM-TS4	17:25	21:00
07-12	17:33	20:17	GEM-TS3	21:10	01:40
			GEM-TS4	21:17	00:40
07-28	00:06	03:03	GEM-TS3	03:30	08:15
			GEM-TS4	03:35	06:35
08-11	17:15	20:45	GEM-TS3	21:40	03:00
			GEM-TS4	21:48	02:40
10-30	09:38	11:34	GEM-TS3	12:06	12:57
			GEM-TS4	12:12	12:51

灌区典型地块流量监测,测次必须根据高、中、低各级水位的水流特性,断面控制情况和测验精度要求,合理分布于各级水位和流量变化的转折点处。

GEM-JS1 引水灌溉时间一般为 3~5 h,GEM-JS2 引水灌溉时间一般为 2~3 h,引水灌溉开始到水量平稳、引水灌溉结束到流量为零一般需要 3~5 min,因此,流量测次布置 3 次足够,即引水灌溉开始至水量平稳时测流 1 次,中间测流 1 次,引水灌溉结束前测流 1

次。为了使监测到灌溉水量更加准确,可在灌溉过程中增加流量监测次数,最多可达 6 次,这样可完全控制水量变化过程,符合现行《河流流量测验规范》(GB 50179—1993)要求。

GEM-TS1、GEM-TS2、GEM-TS3 和 GEM-TS4 退水监测断面共计 4 个,其中 GEM-TS2、GEM-TS3 断面退水时间较长,退水过程一般需要 1.5~3.5 h;GEM-TS1 和 GEM-TS4 断面退水时间较短,退水过程一般需要 1~3 h。流量测次均匀分布在退水过程中,单次灌溉各退水断面测次达到 2~7 次,可完全控制水量变化过程,符合现行《河流流量测验规范》(GB 50179—1993)要求。

典型地块 GEM-JS1、GEM-JS2 引水监测断面主要采用 LS251 型流速仪施测,仪器型号为 50437,公式为 $V=0.249\ 2n/s+0.004\ 2$,流速使用范围 0.142 7~5.00 m/s,低速部分(0.050 3~0.142 7 m/s)从低速 V-n 曲线图查读。

典型地块 GEM-TS1、GEM- TS2、GEM-TS3、GEM-TS4 监测断面主要采用 LS10 型流速仪施测,仪器型号 80543,公式为 $V=0.100\ 9n/s+0.042\ 6$ 流速使用范围为 0.100~4.00 m/s;仪器型号 070074,公式为 $V=0.101\ 5n/s+0.049\ 5$,流速使用范围为 0.100~4.00 m/s。

在引退水量监测过程中,如水量发生变化时需查明水量变化原因,考虑是否增加流量测次,以提高引退水量监测精度为原则。

灌区典型地块断面流量监测情况见表 4-42,监测断面引退水流量过程线见图 4-75~图 4-78。

表 4-42 格尔木农场灌区典型地块断面流量监测情况

站名	测深垂线数/条	测速垂线数/条	测速垂线测点/个	测速历时/s	测流次数/次	左岸边系数	右岸边系数	实测最大流量/(m^3/s)
GEM-JS1	5	3	3	≥100	41	0.9	0.9	0.312
GEM-JS2	5	3	3	≥100	28	0.9	0.9	0.349
GEM-TS1	5	3	3	≥100	33	0.9	0.9	0.108
GEM-TS2	5	3	3	≥100	36	0.9	0.9	0.129
GEM-TS3	5	3	3	≥100	34	0.9	0.9	0.120
GEM-TS4	5	3	3	≥100	23	0.9	0.9	0.112

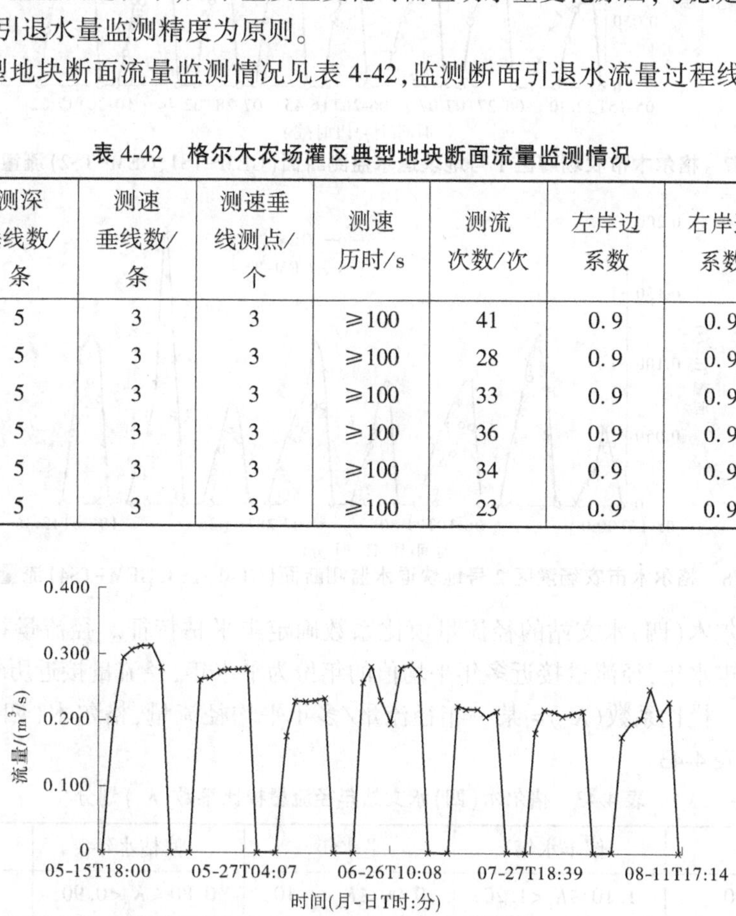

图 4-75 格尔木市农场灌区 1 号地块引水监测断面(GEM-JS1)流量过程线

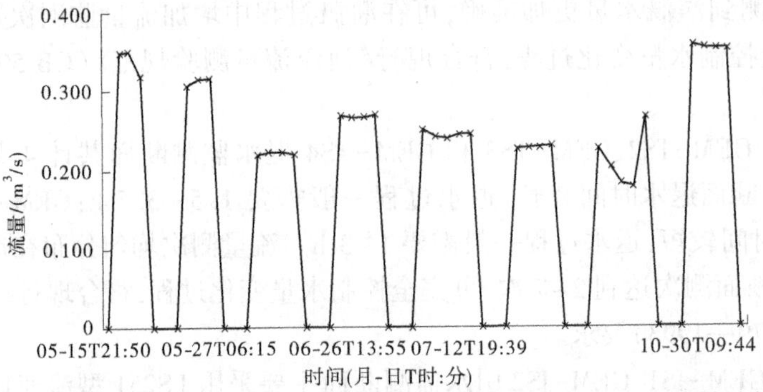

图 4-76　格尔木市农场灌区 2 号地块引水监测断面(GEM-JS2)流量过程线

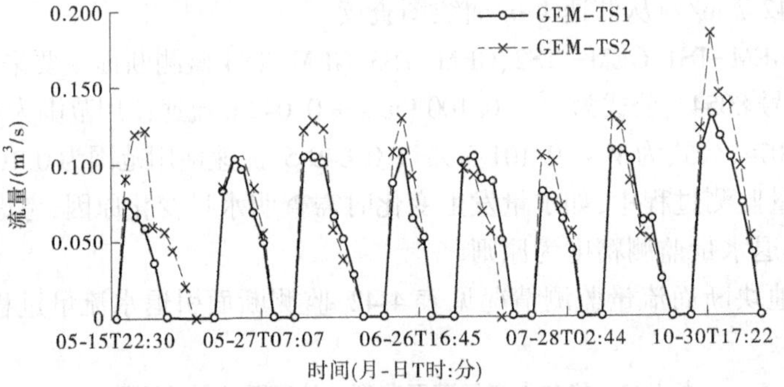

图 4-77　格尔木市农场灌区 1 号地块退水监测断面(GEM-TS1、GEM-TS2)流量过程线

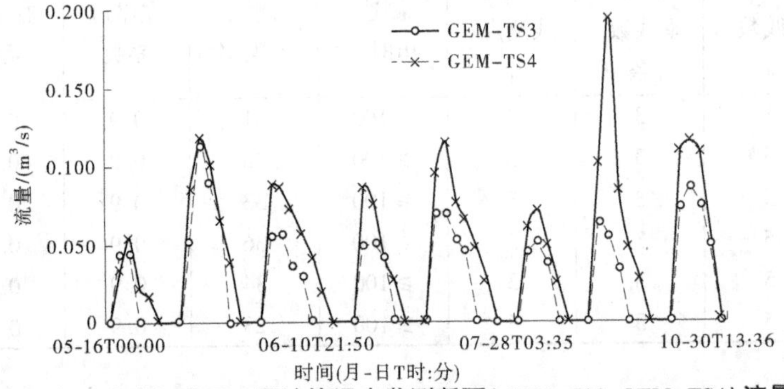

图 4-78　格尔木市农场灌区 2 号地块退水监测断面(GEM-TS3、GEM-TS4)流量过程线

根据格尔木(四)水文站的径流量模比系数确定丰平枯特征。径流量接近历年最大值的年份为丰水年,径流量接近多年平均值的年份为平水年,径流量接近历年最小值的年份为枯水年。模比系数(K_p)= 某一年径流量/多年平均径流量,格尔木(四)水文站模比系数划分见表 4-43。

表 4-43　格尔木(四)水文站年径流量模比系数(K_p)划分

丰水年	偏丰水年	平水年	偏枯水年	枯水年
$K_p \geq 1.20$	$1.10 \leq K_p < 1.20$	$0.90 \leq K_p < 1.10$	$0.80 \leq K_p < 0.90$	$K_p < 0.80$

格尔木(四)水文站多年平均径流量为7.479亿m^3,2014年径流量为7.163亿m^3,径流模比系数$K_p=0.958$。因此,确定格尔木(四)水文站2014年为平水年。

通过对格尔木市农场灌区典型地块5月15日至10月30日监测资料分析计算,得典型地块引水总量为5.139亿m^3,退水总量为2.160万m^3。其中GEM-JS1断面引水总量为3.288万m^3,GEM-TS1、GEM-TS2断面退水总量为1.345万m^3。GEM-JS2断面引水总量为1.851万m^3,GEM-TS3、GEM-TS4断面退水总量为0.816万m^3。引、退水量统计见表4-44~表4-46。

表4-44 格尔木市农场灌区典型地块2014年引、退水量统计 单位:m^3

地块	引水量	退水量
1号地块	32 880	13 446
2号地块	18 512	8 157
合计	51 392	21 603

表4-45 1号典型地块GEM-JS1、GEM-TS1和GEM-TS2各时期引、退水量统计

序号	时间(月-日)	引水量/m^3	退水量/m^3
1	05-15	4 060	1 040
2	05-27	3 850	2 000
3	06-10	3 720	1 510
4	06-26	4 320	2 330
5	07-12	3 280	1 470
6	07-27	4 150	1 900
7	08-11	3 970	1 900
8	10-30	5 530	1 296
合计		32 880	13 446

表4-46 2号典型地块GEM-JS2、GEM-TS3和GEM-TS4各时期引、退水量统计

序号	时间(月-日)	引水量/m^3	退水量/m^3
1	05-15	2 160	432
2	05-27	2 200	1 420
3	06-10	2 160	1 120
4	06-26	2 140	1 120
5	07-12	2 330	1 040
6	07-27	2 420	1 120
7	08-11	2 510	1 300
8	10-30	2 592	6 05
合计		18 512	8 157

4.6.1.2 土壤含水量

格尔木市农场灌区典型地块布设了1处土壤含水量监测点,土壤水分监测仪SSXT-SQ-O2。监测仪器具体技术指标见表4-47。

表 4-47　土壤水分监测仪技术指标

气象要素	分辨率	测量范围	精度
土壤温度	0.1 ℃	-40~80 ℃	±0.1 ℃
土壤湿度	0.1% m^3/m^3	0~100% m^3/m^3	± 2% m^3/m^3 (0~50% m^3/m^3)

格尔木市农场灌区设 GEM-TR 土壤含水量监测点 1 处,GEM-TR 在地下水 3 号监测井旁边,距支渠 300 m 左右,主要种植农作物为青稞,监测区土壤质地为砂壤土。格尔木市农场灌区典型地块土壤含水量监测点见表 4-48。

表 4-48　格尔木市农场灌区典型地块土壤含水量监测点

名称	位置	纬度	经度	作物种类
GEM-TR	河西八队	36°23′32″	94°34′05″	青稞

GEM-TR 土壤含水量监测结果:10 cm 土壤含水量在 11.86%~58.1%;20 cm 土壤含水量在 5.65%~54.73%;40 cm 土壤含水量在 3.61%~34.09%;60 cm 土壤含水量在 5.77%~33.66%;80 cm 土壤含水量在 18.32%~31.93%。

GEM-TR 土壤盐分监测结果:10 cm 土壤盐分在 1 383.8~2 255.5;20 cm 土壤盐分在 1 001.6~2 424.2;40 cm 土壤盐分在 1 283.99~2 905.76;60 cm 土壤盐分在 1 159.23~1 681.94;80 cm 土壤盐分在 1 368.78~3 549.41。

4.6.1.3　地下水

1. 地下水的年际变化

格尔木市地区地下水水位的年际变化与格尔木河上游的来水量大小有直接关系,通过对格尔木市地区西格办供管站、西格办招待所、郭勒木德镇政府 3 眼地下水监测井 2010—2013 年地下水水位资料的分析,确定格尔木市地区地下水水位近几年来的变化趋势是:2010—2011 年上升,2011—2013 年逐渐下降,其中 2011 年水位最高,主要原因是 2010 年格尔木河流域上游来水量较多。具体情况见图 4-79~图 4-81。

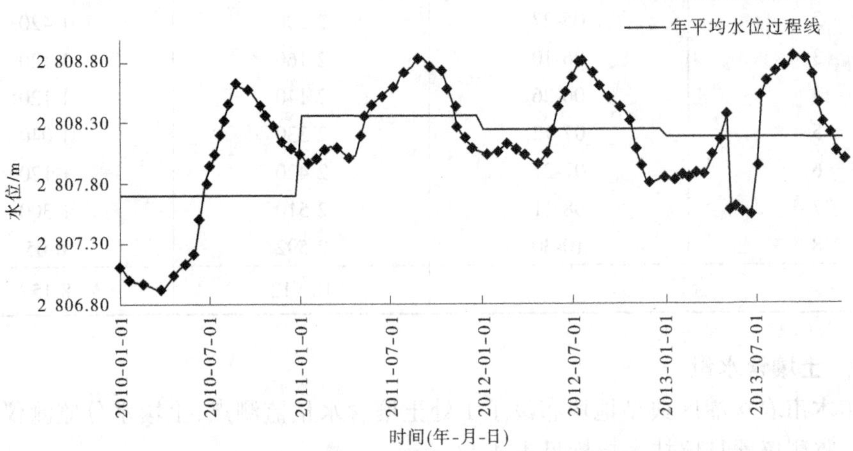

图 4-79　郭勒木德镇地下水年际变化过程线

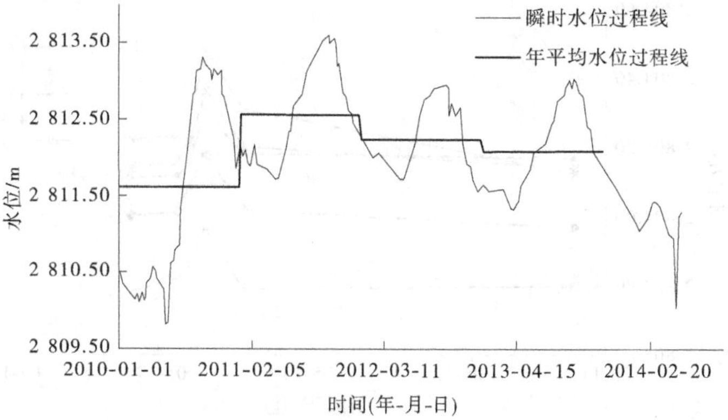

图 4-80 西格办供管站地下水年际变化过程线

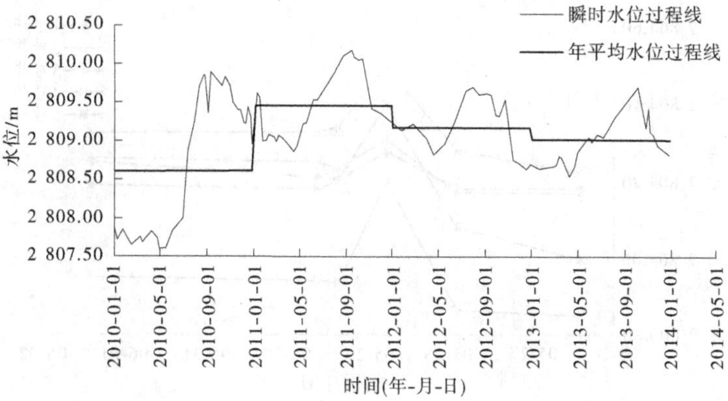

图 4-81 西格办招待所地下水年际变化过程线

2. 地下水的年内变化

格尔木市地区地下水水位的年内变化与格尔木河上游来水量、时间变化有直接关系。格尔木市地区现有西格办供管站、西格办招待所、郭勒木德镇政府及格尔木市农场灌区典型地块5眼地下水监测井,共计8个监测点,其中西格办供管站、西格办招待所、郭勒木德镇政府3眼井全年监测地下水水位,格尔木市农场灌区典型地块5眼井从4月1日开始监测地下水水位。

根据地下水水位观测资料分析,西格办供管站、西格办招待所、郭勒木德镇政府3眼井1月至4月上旬水位逐渐下降,4月中旬至6月中旬水位逐渐上升,6月下旬至7月上旬水位逐渐下降,7月中旬至12月底水位逐渐上升。

格尔木市农场灌区典型地块5眼井从4月1日开始观测,水位呈逐渐上升趋势,变化趋势一致。从变化趋势看,地下水水位变化与地块灌溉水量有关。

3. 典型地块灌溉前后地下水水位变化

2014年格尔木市农场灌区典型地块在青稞生长期共灌溉8次,选取8次灌溉前后地下水水位数据,进行典型地块灌溉前后地下水水位过程线点绘,得出典型地块地下水水位过程线对照图,具体见图4-82~图4-89。

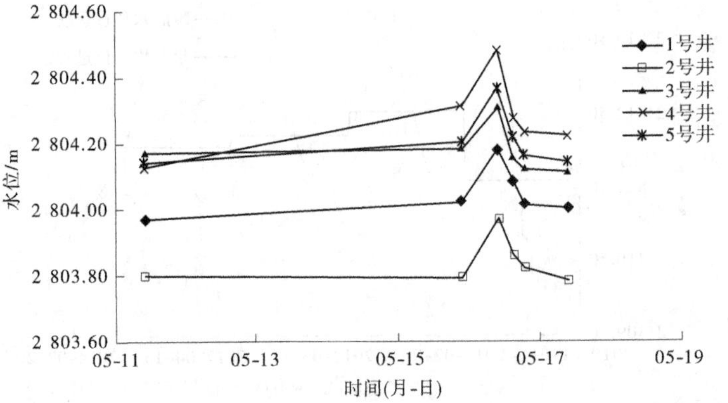

图 4-82　格尔木市农场灌区典型地块 5 月 15 日灌溉前后地下水水位过程线对照

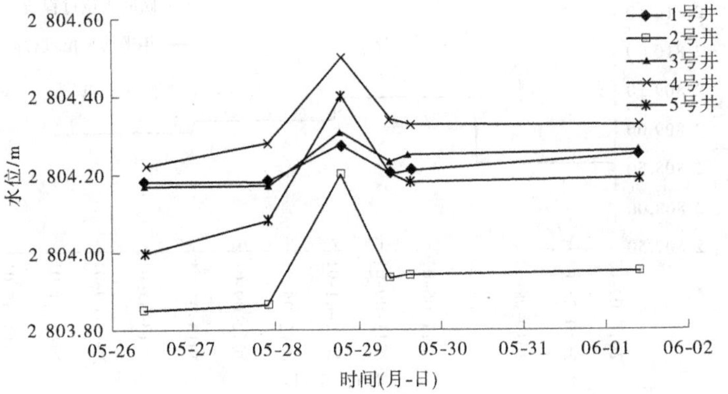

图 4-83　格尔木市农场灌区典型地块 5 月 27 日灌溉前后地下水水位过程线对照

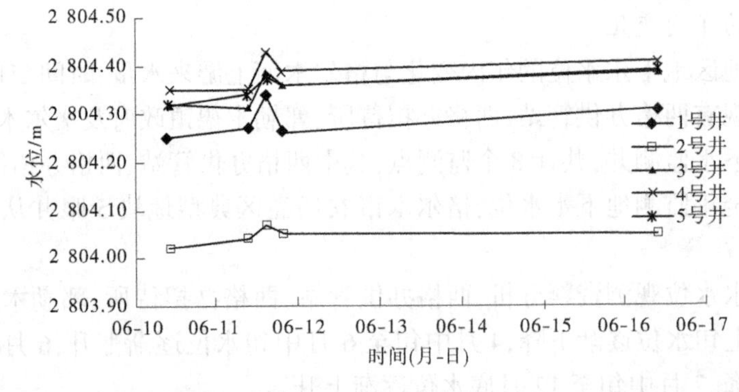

图 4-84　格尔木市农场灌区典型地块 6 月 10 日灌溉前后地下水水位过程线对照

由图 4-82~图 4-89 可知,5 眼井的地下水水位变化趋势基本一致。另外,由于格尔木市农场灌区土质为砂壤土,下渗较快,灌溉过程中地下水水位变化幅度大,灌溉对地下水影响较大。

河西雨量站距离格尔木市农场灌区典型地块约 3.0 km,降水量可借用河西雨量站资料。

格尔木市农场灌区典型地块地下水水位、降水量过程线对照见图 4-90。

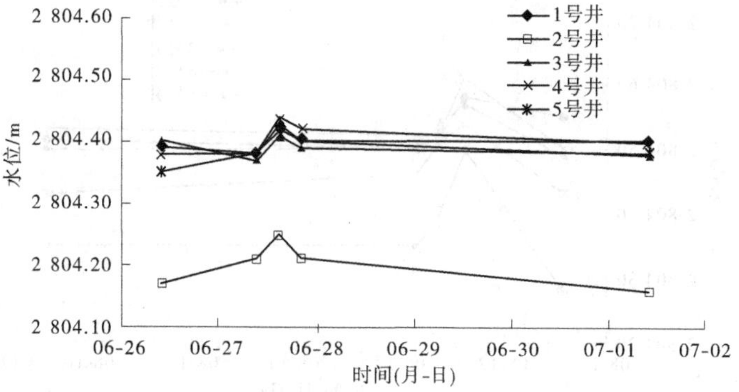

图 4-85　格尔木市农场灌区典型地块 6 月 26 日灌溉前后地下水水位过程线对照

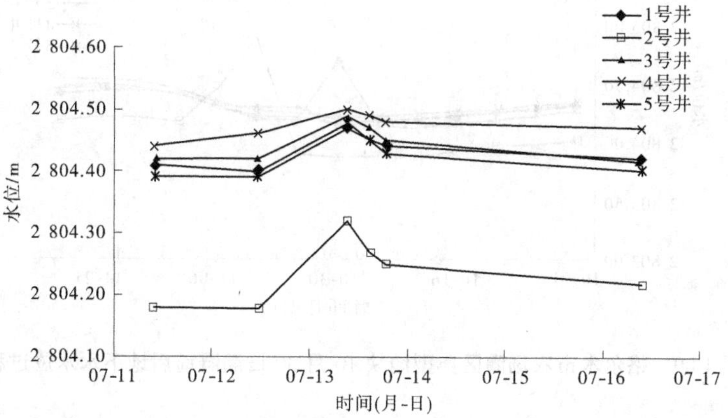

图 4-86　格尔木市农场灌区典型地块 7 月 12 日灌溉前后地下水水位过程线对照

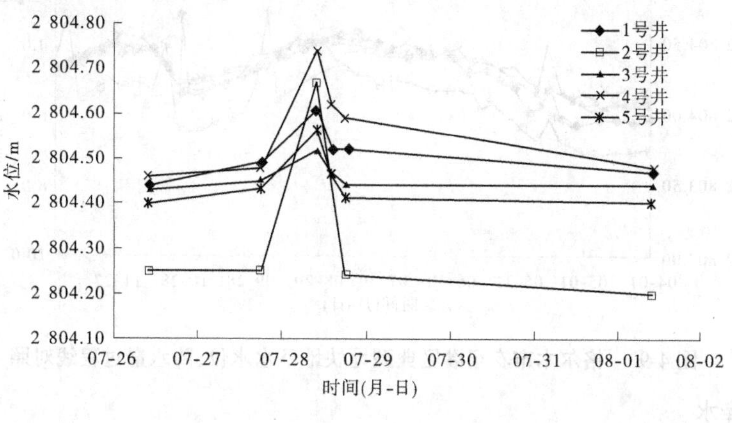

图 4-87　格尔木市农场灌区典型地块 7 月 27 日灌溉前后地下水水位过程线对照

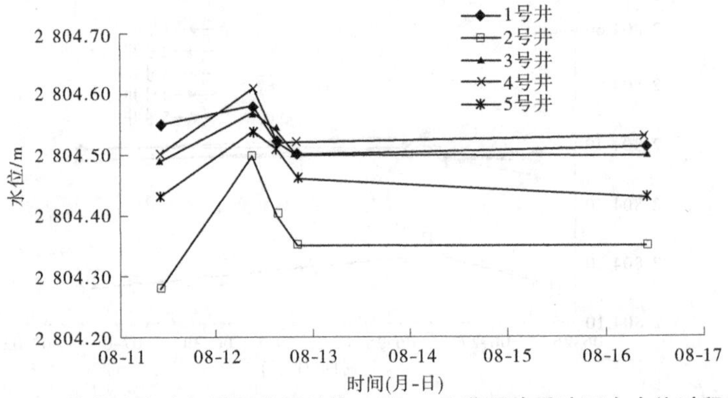

图 4-88 格尔木市农场灌区典型地块 8 月 11 日灌溉前后地下水水位过程线

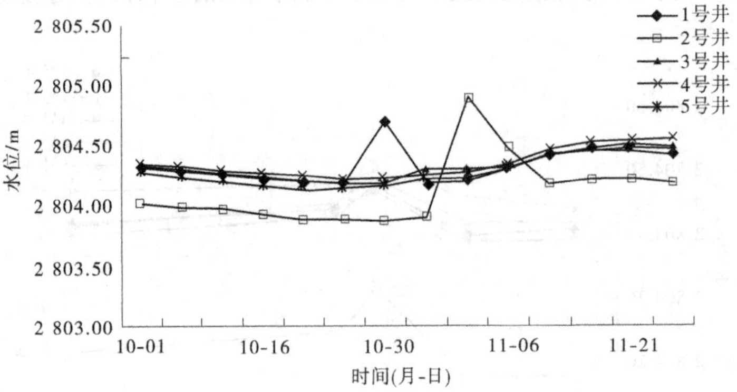

图 4-89 格尔木市农场灌区典型地块 10 月 30 日灌溉前后地下水水位过程线

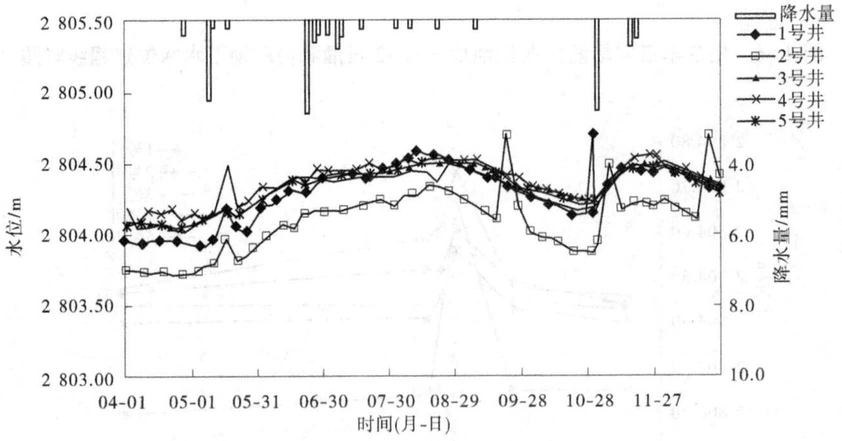

图 4-90 格尔木市农场灌区典型地块地下水水位、降水量过程线对照

4.6.1.4 **降水**

1. 雨量站选择

根据格尔木市农场灌区范围及雨量站点分布情况,选取格尔木雨量站进行降水分析。

2. 降雨年内分配分析

2014 年格尔木灌区降水量为 51.5 mm，比多年均值 90.6 mm 偏小 43.2%；汛期（6—9 月，下同）降水量为 35.1 mm，比多年均值 64.5 mm 偏小 45.6%；生长期（3—11 月，下同）降水量为 50.7 mm，比多年均值 87.1 mm 偏小 41.8%；春苗灌期（3—5 月，下同）降水量为 5.6 mm，比多年均值 18.8 mm 偏小 70.2%。总体来看，2014 年格尔木市农场灌区年、汛期、生长期和春苗灌期降水量与多年均值相比偏小，偏小的范围为 41.8%~70.2%。格尔木市农场灌区降水量年内分配柱状图见图 4-91，不同时期降水量分配柱状图见图 4-92。

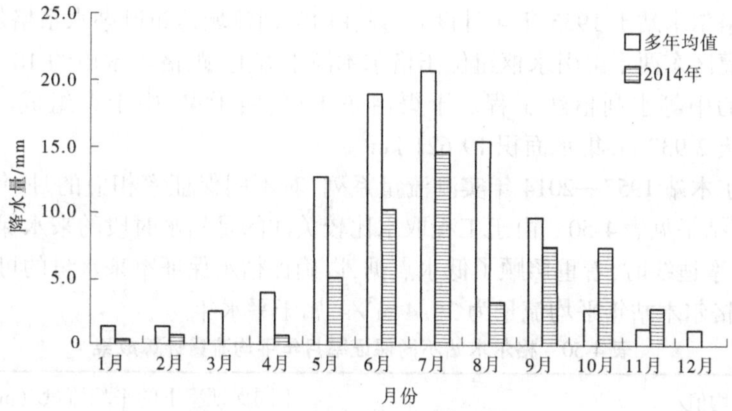

图 4-91　格尔木市农场灌区降水量年内分配柱状图

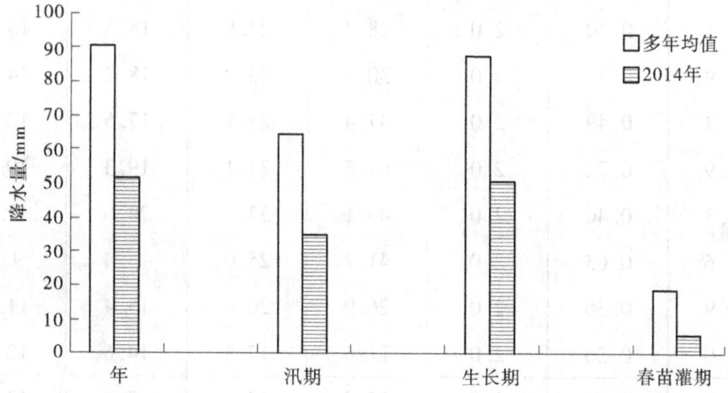

图 4-92　格尔木市农场灌区不同时期降水量分配柱状图

3. 降雨代表性分析

经过年降水量频率分析计算得出：格尔木站 $\overline{P}$ = 90.6 mm，C_V = 0.44，C_S/C_V = 2.0。将年降水量按经验频率分为：小于 20.0% 为丰水年，20.0%~50.0% 为偏丰年，50.0%~75.0% 为平水年，75.0%~95.0% 为偏枯年，大于 95.0% 为枯水年五种年型。列出格尔木站不同频率时相应降水量成果，见表 4-49。2014 年格尔木站年降水量为 51.5 mm，因此 2014 年格尔木站为降水偏枯年。

表 4-49　格尔木站不同频率相应降水量成果

站名	历年平均降水量/mm	C_V	C_S/C_V	线型	20.0%	50.0%	75.0%	95.0%
格尔木	90.6	0.44	2.0	皮尔逊Ⅲ型	121.7	84.7	61.2	35.9

4.6.1.5　水源供水流量

格尔木市农场灌区供水保证率采用格尔木河干流格尔木水文站的实测流量资料进行统计计算。格尔木站于 1955 年 4 月设立，设在内陆河流域达布逊湖水系格尔木河上。格尔木市农场灌区东西干渠引水枢纽位于格尔木河干流上，距格尔木市约 18.0 km，是以农业灌溉为主的中等水利枢纽工程。干渠由东干渠、西干渠、中干渠组成。东干渠全长 39.0 km，海拔 2 937 m，集水面积 19 621 km^2。

根据格尔木站 1957—2014 年实测流量系列，对不同保证率相应的月、年平均流量进行计算，计算结果见表 4-50。由于工程取水比较关注的是枯水时段的来水保证率情况，因此，在进行频率适线时，着重照顾了低水点据，以确保枯水保证率来水量的可靠程度。

2014 年格尔木站年平均流量为 26.4 m^3/s，属于平水年。

表 4-50　格尔木站不同保证率月年平均流量计算成果

时段	均值/(m^3/s)	C_V	C_S/C_V	不同保证率下的平均流量/(m^3/s)				
				20%	50%	75%	90%	97%
3 月	18.8	0.22	2.0	22.1	18.5	15.8	13.7	11.7
4 月	23.3	0.30	2.0	28.8	22.6	18.3	15.0	12.1
5 月	23.9	0.33	2.0	30.2	23.0	18.2	14.4	11.3
6 月	27.3	0.49	2.0	37.4	25.1	17.5	12.1	8.1
7 月	40.9	0.72	2.0	61.5	34.1	19.3	10.5	5.2
8 月	36.3	0.46	2.0	49.1	33.7	24.0	17.1	11.8
9 月	28.6	0.63	2.0	41.7	25.0	15.4	9.3	5.2
10 月	20.9	0.36	2.0	26.9	20.0	15.4	11.9	9.1
11 月	17.9	0.26	2.0	21.6	17.5	14.6	12.3	10.2
年均	26.4	0.40	2.0	35.5	24.4	17.6	12.9	9.4

格尔木市农场灌区东干渠设计引水流量为 5.6 m^3/s，取水期为每年 3—11 月。由分析可知，97%保证率条件下，格尔木站年均流量 9.4 m^3/s，取水期内最枯月 7 月月均流量 5.2 m^3/s。分析表明，来水满足格尔木市农场灌区的取水保证率要求。图 4-93 为格尔木站年平均流量频率适线图。

4.6.2　格尔木市农场灌区耗水系数

4.6.2.1　典型地块耗水系数

根据前述，本次研究在格尔木市农场灌区设置一处典型地块，通过引排差法进行耗水

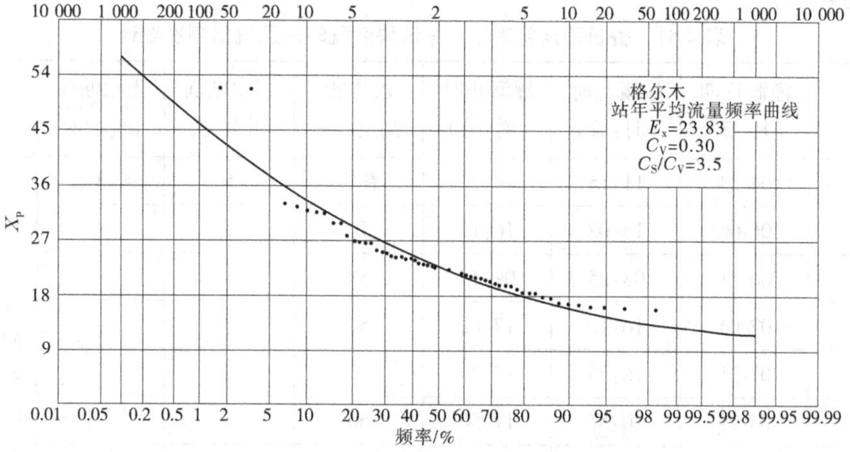

图 4-93　格尔木站年平均流量频率适线图

系数试验。典型地块斗农渠退水率为 47.7%，渗漏系数为 4.28%。根据监测试验结果，经计算，格尔木农场灌区典型地块耗水系数为 0.978。

4.6.2.2　典型灌区耗水系数

本研究对典型灌区等进行了渠系断面、长度、防渗措施、渠床土壤等的调查，开展了干支渠引退水流量、渠道净流量、采取防渗措施后的渗漏损失流量、输水损失流量等监测试验，在此基础上测算了干支渠耗水。经推算，按照引排差试验成果及地下水埋深等相关资料，计算出柴达木盆地格尔木市农场灌区耗水系数为 0.665。

4.7　香日德河谷灌区

4.7.1　香日德河谷灌区试验监测结果

4.7.1.1　典型地块引退水量

典型地块主要种植的农作物为青稞（1 号地块）和小麦（2 号地块），并且灌溉时间和频次各不相同，小麦灌溉时间和频次比青稞要多。2014 年香日德河谷灌区典型地块 XRD-JS1 共灌溉 7 次，XRD-JS2 共灌溉 8 次。灌溉期间，除了 1 号地块 4 月 23 日、2 号地块 5 月 13 日有退水外，其他时间均无退水。在各监测断面共测得流量 59 份，灌区 1 号、2 号典型地块灌溉时间及流量测次统计分别见表 4-51、表 4-52。

灌区典型地块流量监测，测次必须根据高、中、低各级水位的水流特性，断面控制情况和测验精度要求，合理分布于各级流量变化的转折点处，掌握各个时段的水情变化。

1 号地块 XRD-JS1 引水灌溉时间一般为 1～3 h，2 号地块 XRD-JS2 引水灌溉时间一般为 1～2 h。灌溉开始开闸放水至水量平稳、灌溉结束至流量为零一般需要 3～5 min，因此，流量测次一般布置 3 次足够，即引水灌溉开始至水量平稳时测流 1 次，中间测流 1 次，引水灌溉结束前测流 1 次。为了使监测到的引水量更加准确，可在灌溉过程中增加测次，最多可达 7 次，这样可控制水量的变化过程，符合《河流流量测验规范》（GB 50179—

1993)的要求。

表 4-51　香日德河谷灌区 1 号地块灌溉时间及流量测次统计

序号	灌溉日期（月-日）	灌溉起时（时:分）	灌溉止时（时:分）	农作物高度/cm	引水断面测次/次	退水断面测次/次	说明
1	04-23	11:15	14:32	春灌	5	3	4 月 23 日退水时间(15:22 至 17:12)
2	06-06	13:02	16:15	10	7		
3	06-21	08:25	09:15	30	3		
4	07-04	16:10	17:02	50	3		
5	07-31	16:25	17:33	60	4		
6	08-29	10:57	11:50	60	3		
7	11-04	14:20	16:06	冬灌	5		

表 4-52　香日德河谷灌区 2 号地块灌溉时间及流量测次统计

序号	灌溉日期（月-日）	灌溉起时（时:分）	灌溉止时（时:分）	农作物高度/cm	引水断面测次/次	退水断面测次/次	说明
1	05-13	05:31	07:45	苗灌	4	3	5 月 13 日退水时间(07:17 至 08:12)
2	05-22	07:25	09:25	5	5		
3	06-08	05:40	06:50	15	4		
4	06-20	06:15	07:32	20	4		
5	07-05	06:10	06:55	40	3		
6	07-27	06:15	07:40	50	4		
7	08-18	06:15	07:15	70	4		
8	11-03	18:42	20:24	冬灌	4		

1 号和 2 号地块退水断面 XRD-TS1、XRD-TS2 退水过程一般需要 1.5~3 h,为了控制退水过程,每个退水断面流量测次布置 3 次,这样可掌握水量的变化过程。

香日德河谷灌区引水断面 XRD-JS1、XRD-JS2,退水断面 XRD-TS1、XRD-TS2 垂线测点流速均采用 LS10 型流速仪施测。型号为 85210 和 85041,公式分别为 $V = 0.1030n/s + 0.0218$、$V = 0.1040n/s + 0.0336$,流速使用范围 0.100~4.00 m/s。

在灌溉期间及流量测验过程中,要加强与地块主人联系,及时了解和掌握引退水情况,并根据引退水情况布置流量测次,以满足能控制引退水口流量变化过程为原则。XRD-JS1、XRD-JS2、XRD-TS1、XRD-TS2 引退水量按照水文监测方案监测,采用实测流量过程线法推求水量。

灌区各监测点流量监测情况见表 4-53,典型地块各监测断面引退水流量过程线见图 4-94~图 4-97。

表 4-53 香日德河谷灌区各监测点流量监测情况

序号	断面名称	测深垂线数/条	测速垂线数/条	测速垂线测点/个	测速历时/s	测流次数/次	左岸边系数	右岸边系数	最大流量/(m^3/s)	断面形状
1	XRD-JS1	5	3	3	≥100	5	0.7	0.7	0.077	梯形
						20	0.9	0.9	0.135	矩形
2	XRD-JS2	5	3	3	≥100	28	0.9	0.9	0.093	矩形
3	XRD-TS1	5	3	3	≥100	3	0.9	0.9	0.023	矩形
4	XRD-TS2	5	3	3	≥100	3	0.9	0.9	0.008	矩形

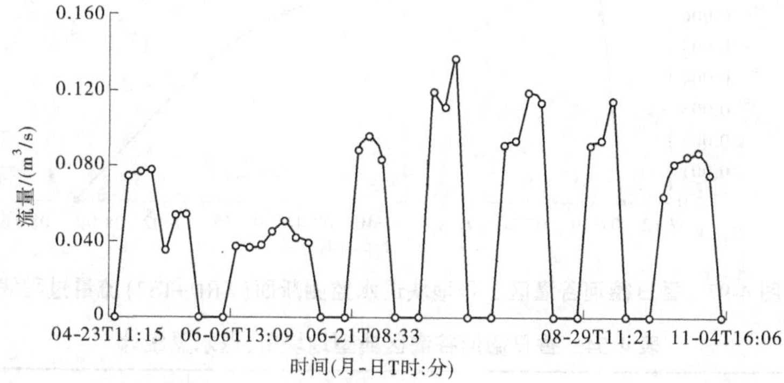

图 4-94 香日德河谷灌区 1 号地块引水监测断面(XRD-JS1)流量过程线

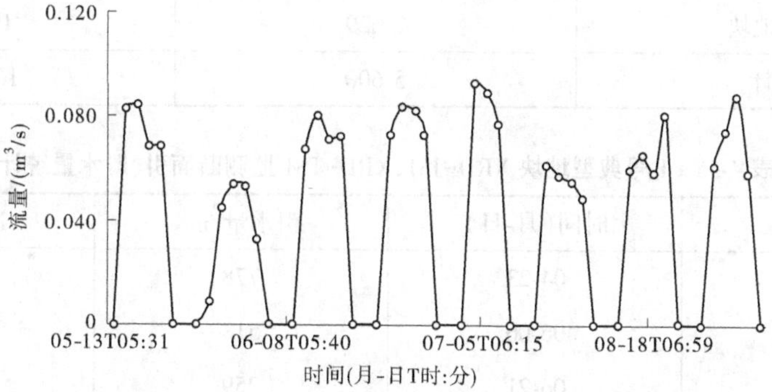

图 4-95 香日德河谷灌区 2 号地块引水监测断面(XRD-JS2)流量过程线

通过对香日德河谷灌区典型地块 4 月 13 日至 11 月 4 日监测资料分析计算,得出典型地块引水总量为 5 600 m^3,退水总量 106 m^3。其中 XRD-JS1 的引水总量为 2 971 m^3,退水总量为 86.4 m^3;XRD-JS2 的引水总量为 2 629 m^3,退水总量为 19.7 m^3。

香日德河谷灌区典型地块引、退水量统计见表 4-54,XRD-JS1、XRD-TS1 监测断面各时期引、退水量见表 4-55,XRD-JS2、XRD-TS2 监测断面各时期引、退水量统计见表 4-56。

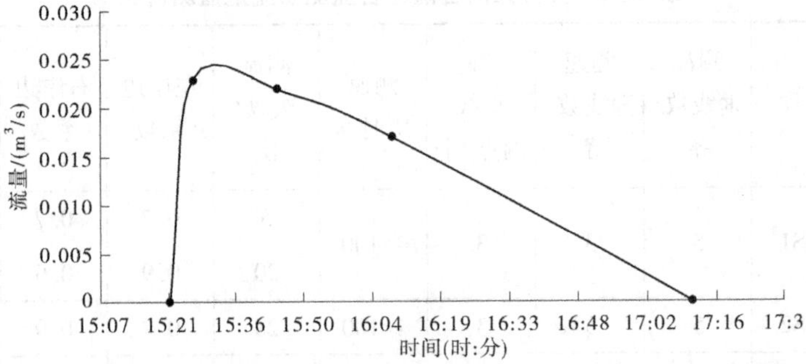

图 4-96　香日德河谷灌区 1 号地块退水监测断面(XRD-TS1)流量过程线

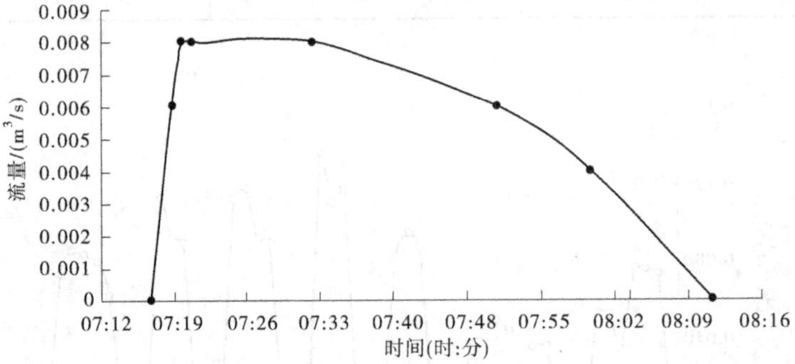

图 4-97　香日德河谷灌区 2 号地块退水监测断面(XRD-TS2)流量过程线

表 4-54　香日德河谷灌区典型地块引、退水量统计　　单位：m^3

地块	引水量	退水量
1 号地块	2 971	86.4
2 号地块	2 629	19.7
合计	5 600	106.1

表 4-55　1 号典型地块 XRD-JS1、XRD-TS1 监测断面引、退水量统计

序号	时间(月-日)	引水量/m^3	退水量/m^3
1	04-23	778	86.4
2	06-06	518	0
3	06-21	259	0
4	07-04	346	0
5	07-31	432	0
6	08-29	259	0
7	11-04	379	0
合计		2 971	86.4

表 4-56　2 号典型地块 XRD-JS2、XRD-TS2 监测断面引、退水量统计

序号	时间(月-日)	引水量/m^3	退水量/m^3
1	05-13	604	19.7
2	05-22	259	0
3	06-08	259	0
4	06-20	346	0
5	07-05	259	0
6	07-27	259	0
7	08-18	259	0
8	11-03	384	0
合计		2 629	19.7

4.7.1.2　土壤含水量

香日德河谷灌区典型地块设有 XRD-TR 土壤含水量监测点 1 处，监测区土质为黏土，位于上地块的中心，距离 XRD-JS1 口约 100 m。监测仪器及技术指标与格尔木市农场灌区相同。

香日德河谷灌区典型地块土壤含水量监测点见表 4-57。

表 4-57　香日德河谷灌区典型地块土壤含水量监测点

名称	位置	经度	纬度	作物种类
XRD-TR	1 号地块中心	97°48′20″	36°02′46″	青稞

XRD-TR 土壤含水量监测结果：10 cm 土壤含水量在 9.51%～43.00%；20 cm 土壤含水量在 19.15%～47.74%；40 cm 土壤含水量在 32.99%～42.79%；60 cm 土壤含水量在 20.44%～26.27%；80 cm 土壤含水量在 16.11%～21.99%。

XRD-TR 土壤含水量盐分监测结果：10 cm 土壤含盐分在 1 097.41～2 236.51；20 cm 土壤含盐分在 1 352.47～1 781.41；40 cm 土壤含盐分在 1 331.24～1 457.56；60 cm 土壤含盐分在 1 216.52～1 488.04；80 cm 土壤含盐分在 1 875.05～2 961.98。

4.7.1.3　降水

1. 雨量站选择

根据香日德河谷灌区范围及雨量站点分布情况，选取香日德雨量站进行降水分析。

2. 降雨年内分配分析

2014 年香日德河谷灌区降水量为 206.9 mm，比多年均值 265.8 mm 偏小 22.2%；汛期(6～9 月，下同)降水量为 170.6 mm，比多年均值 173.8 mm 偏小 1.8%；生长期(3—11 月，下同)降水量为 205.3 mm，比多年均值 252.7 mm 偏小 18.8%；春苗灌期(3—5 月，下同)降水量为 8.9 mm，比多年均值 64.3 mm 偏小 86.2%。总体来看，2014 年香日德河谷灌区年、汛期、生长期和春苗灌期降水量与多年均值相比偏小，偏小的范围为 1.8%～

86.2%。香日德河谷灌区降水量年内分配柱状图见图 4-98,不同时期降水量分配柱状图见图 4-99。

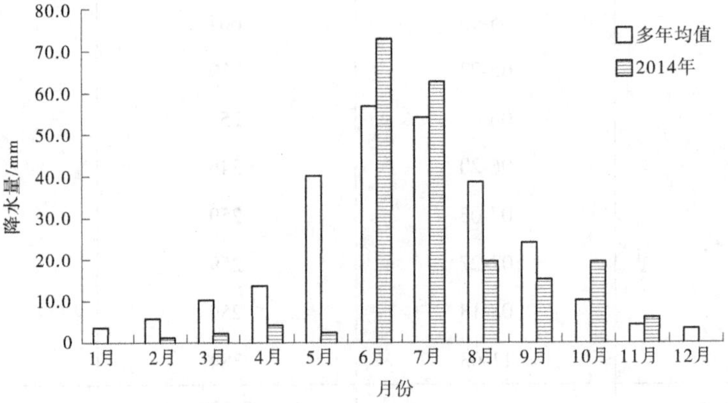

图 4-98　香日德河谷灌区降水量年内分配柱状图

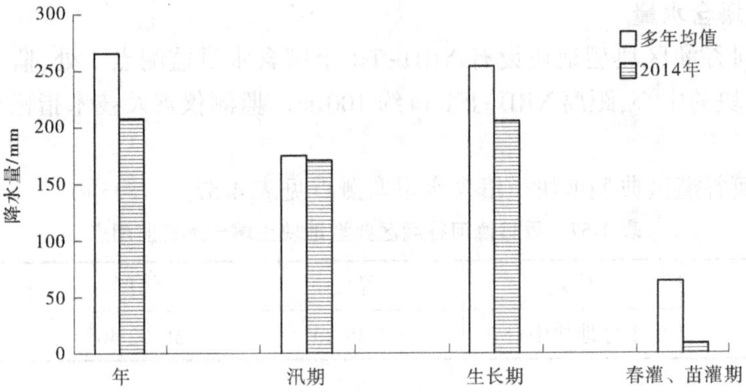

图 4-99　香日德河谷灌区不同时期降水量分配柱状图

3. 降雨代表性分析

经过年降水量频率分析计算得出:香日德站 $\overline{P}$ = 265.8 mm，C_V = 0.25，C_S/C_V = 2.0。将年降水量按经验频率分为:小于 20.0%为丰水年,20.0%~50.0%为偏丰年,50.0%~75.0%为平水年,75.0%~95.0%为偏枯年,大于 95.0%为枯水年五种年型。列出香日德站不同频率相应降水量成果,见表 4-58。

表 4-58　香日德站不同频率相应降水量成果

站名	历年平均降水量/mm	C_V	C_S/C_V	线型	不同频率下的降水量/mm			
					20.0%	50.0%	75.0%	95.0%
香日德	265.8	0.25	2.0	皮尔逊Ⅲ型	320.2	260.1	217.8	165.4

2014 年香日德站年降水量为 206.9 mm,因此 2014 年香日德站为降水偏枯年。

4.7.1.4 水源供水流量

香日德灌区供水保证率采用柴达木河干流千瓦鄂博水文站的实测流量资料进行统计计算。千瓦鄂博水文站于1959年4月设立,1993年5月设为洪水调查站,2002年9月11日恢复为基本水文站,位于青海省都兰县沟里乡千瓦鄂博,距西宁约540 km,海拔为3 360 m,集水面积9 878 km^2。流经青海省都兰县、玛多县。河流全长537 km,流域面积23 566 km^2。最后汇入青海省都兰县宗加镇公用地南霍布逊湖。

根据千瓦鄂博站2003—2014年实测流量系列,对不同保证率相应的月、年平均流量进行计算,计算结果见表4-59。由于工程取水比较关注的是枯水时段的来水保证率情况,因此,在进行频率适线时,着重照顾了低水点据,以确保枯水保证率来水量的可靠程度。

表4-59 千瓦鄂博站不同保证率月年平均流量计算结果

时段	均值/(m^3/s)	C_V	C_S/C_V	不同频率的平均流量/(m^3/s)				
				20%	50%	75%	90%	97%
3月	9.36	0.20	0.40	10.9	9.2	8.1	7.1	6.2
4月	11.0	0.18	0.37	12.6	10.8	9.5	8.5	7.5
5月	12.7	0.21	0.43	14.9	12.5	10.8	9.4	8.1
6月	18.8	0.19	0.38	21.8	18.6	16.3	14.4	12.7
7月	23.2	0.27	0.53	28.1	22.7	18.8	15.7	13.1
8月	20.4	0.29	0.57	25.1	19.8	16.2	13.3	10.9
9月	15.8	0.40	0.80	20.8	15.0	11.2	8.4	6.2
10月	11.8	0.22	0.45	14.0	11.6	9.9	8.6	7.3
11月	9.08	0.19	0.37	10.5	9.0	7.9	7.0	6.2
年均	13.2	0.20	0.40	15.3	13.0	11.3	9.9	8.6

2014年千瓦鄂博站年平均流量为12.9 m^3/s,属于平水年。

香日德灌区干渠设计引水流量为6.0 m^3/s,取水期为每年3—11月。由分析可知,97%保证率条件下,千瓦鄂博站年均流量8.6 m^3/s,取水期内最枯月9月和11月月均流量6.2 m^3/s。分析表明,柴达木河的来水能满足千瓦鄂博站灌区的取水保证率要求。

4.7.2 香日德河谷灌区耗水系数

4.7.2.1 典型地块

柴达木盆地的香日德河谷灌区,典型地块斗农渠退水率为2.2%,渗漏系数为5.60%。典型地块耗水系数为0.908。

4.7.2.2 灌区耗水系数

经推算,按照引排差试验成果及地下水埋深等相关资料,计算出柴达木盆地香日德河谷灌区耗水系数0.617。

4.8 德令哈灌区

4.8.1 德令哈灌区试验监测结果

4.8.1.1 典型地块引退水量

典型地块主要种植的农作物为小麦,2014 年共灌溉 7 次。在各监测断面共测得流量 35 份,灌溉时间见表 4-60。

表 4-60 德令哈灌区典型地块灌溉时间及流量测次统计

序号	灌溉日期(月-日)	灌溉起时(时:分)	灌溉止时(时:分)	引水断面测次/次	退水断面测次/次	说明
1	05-23	06:45	14:25	7	0	
2	06-05	14:25	13:12	6	0	
3	06-24	08:45	14:24	6	0	
4	07-11	07:24	12:42	6	0	
5	08-14	08:45	15:36	10	0	
6	11-02	08:46	17:30	8	0	
7	11-03	09:00	14:30	5	0	

灌区典型地块流量监测,测次必须根据高、中、低各级水位的水流特性,断面控制情况和测验精度要求,合理分布于各级流量变化的转折点处,掌握各个时段的水情变化。

地块灌溉时间一般为 5~6 h。灌溉开始开闸放水至水量平稳、灌溉结束至流量为零一般需要 3~5 min,因此流量测次一般布置 6~10 次,一般在水流经过基本断面水量平稳后,开始第一次测流,之后每隔 1 h 测流一次。为了使监测到的水量更加准确,可在灌溉过程中渠道水量有显著变化时增加测次,最多一次灌溉测流次数可达 10 次,这样可控制渠道过水量的变化过程,符合《河流流量测验规范》(GB 50179—1993)要求。

在监测过程中,对典型地块退水断面实行专人驻守,保证了退水水量无漏测,德令哈灌区典型地块全年灌溉均未有退水现象。灌区引水断面垂线测点流速均采用 LS10 型流速仪施测,型号为 740057,计算公式为 $V = 0.0958n/s + 0.0441$,流速使用范围 0.100~4.00 m/s。

在灌溉前期要及时联系地块主人,了解和掌握灌溉时间及引退水情况,测量人员需提前到达测流断面,完成测流准备工作,提早根据引退水情况做好布设流量测次工作,以满足控制引退水口流量变化过程的要求。

德令哈灌区各监测点流量监测情况见表 4-61,典型地块各监测断面引退水流量过程线见图 4-100。

表 4-61　德令哈灌区各监测点流量监测情况

断面名称	测深垂线数/条	测速垂线数/条	测速垂线测点/个	测速历时/s	测流次数	左岸边系数	右岸边系数	最大流量/(m^3/s)	说明
DLH-JS	2	2	1	≥100	35	0.8	0.8	0.256	梯形

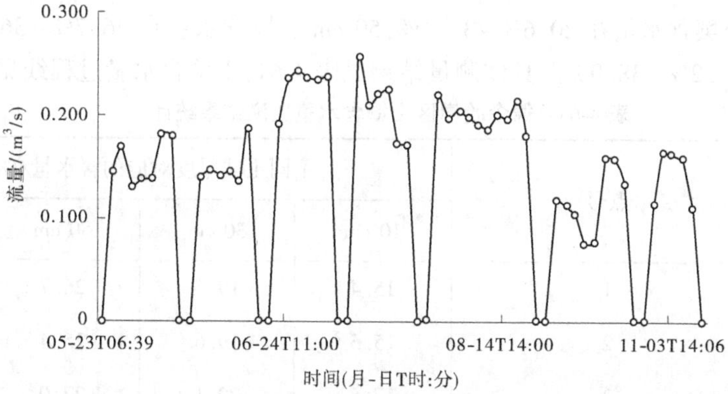

图 4-100　德令哈灌区典型地块引水监测断面(DLH-JS)流量过程线

通过对德令哈农场灌区典型地块 5 月 23 日至 11 月 3 日监测资料分析计算,得出典型地块引水总量为 2.704 4 万 m^3,无退水。典型地块 XRD-JS1、XRD-TS1 监测断面各时期引、退水量见表 4-62。

表 4-62　DLH-JS 监测断面各时期引、退水量统计

序号	时间(月-日)	引水量/m^3
1	05-23	4 150
2	06-05	3 020
3	06-24	4 580
4	07-11	4 060
5	08-14	4 840
6	11-03	6 394
合计		27 044

4.8.1.2　土壤含水量

德令哈灌区典型地块布设了 1 处土壤含水量监测点,见表 4-63。

表 4-63　德令哈灌区典型地块土壤含水量监测点

名称	位置	经度	纬度	作物种类
TDR3000	灌区中心偏东	97°48′20″	36°02′46″	小麦

德令哈灌区典型地块设有 DLH-TR 土壤含水量监测点 1 处，位于地块偏东方向，距离 DLH-JS 口约 100 m，种植作物为小麦，监测区上层土壤质地为黏土、下层为砂粒。由于人为因素或其他原因，5 月 13 日前 DLH-TR 土壤水分监测仪内部进水，之后无监测数据，通过各方面沟通，从 7 月 31 日开始每隔 5 d 采用 TDR3000 土壤水分速测仪在固定测点进行湿度数据采集，采集每平方米面积上等距布设 4 个测点，每个测点分别在 10 cm、30 cm、50 cm、70 cm 的位置上测取土壤湿度，通过平均计算，得取不同层面土壤湿度。

TDR3000 土壤水分速测仪监测土壤含水量结果：10 cm 土壤含水量在 16.4%~29.7%；30 cm 土壤含水量在 20.6%~34.1%；50 cm 土壤含水量在 26.7%~36.7%；70 cm 土壤含水量在 24.2%~38.9%。具体测量结果见表 4-64，土壤含水量过程线见图 4-101。

表 4-64　德令哈灌区土壤含水量监测结果统计

日期	点号	不同土壤厚度对应的含水量/%			
		10 cm	30 cm	50 cm	70 cm
7 月 31 日	1	15.4	19.7	26.7	33.2
	2	15.5	19.6	25.4	33.2
	3	17.6	22.1	27.0	32.6
	4	17.1	20.9	27.6	33.0
	土层平均含水量/%	16.4	20.6	26.7	33.0
	土壤平均含水量/%	24.2			
8 月 6 日	1	28.5	33.3	34.4	36.1
	2	24.0	27.7	33.8	35.8
	3	26.6	28.5	34.3	36.2
	4	25.7	32.1	34.7	35.2
	土层平均含水量/%	26.2	30.4	34.3	35.8
	土壤平均含水量/%	31.7			
8 月 13 日	1	24.5	23.5	31.3	34.3
	2	22.7	20.9	29.8	33.1
	3	24.3	21.1	32.0	27.4
	4	22.3	26.5	31.8	27.5
	土层平均含水量/%	23.5	23.0	31.2	30.6
	土壤平均含水量/%	27.1			

续表 4-64

日期	点号	不同土壤厚度对应的含水量/%			
		10 cm	30 cm	50 cm	70 cm
8月18日	1	31.9	34.2	38.6	43.9
	2	22.1	26.7	31.5	33.8
	3	27.8	37.7	35.7	38.3
	4	33.8	37.7	36.6	39.6
	土层平均含水量/%	28.9	34.1	35.6	38.9
	土壤平均含水量/%	34.4			
8月21日	1	29.0	26.9	34.4	34.3
	2	29.3	25.9	31.0	30.9
	3	30.2	32.0	42.8	42.6
	4	30.2	38.2	38.7	39.3
	土层平均含水量/%	29.7	30.8	36.7	36.8
	土壤平均含水量/%	33.5			
8月27日	1	18.5	30.8	28.1	41.9
	2	25.0	24.2	34.3	40.8
	3	21.4	29.5	33.3	32.2
	4	24.3	29.7	41.9	32.2
	土层平均含水量/%	22.3	28.6	34.4	36.8
	土壤平均含水量/%	30.5			
9月3日	1	17.7	23.4	27.3	32.1
	2	24.5	26.2	31.1	34.2
	3	24.8	23.8	30.8	34.2
	4	18.5	24.0	29.8	35.7
	土层平均含水量/%	21.4	24.4	29.8	34.1
	土壤平均含水量/%	27.4			
9月9日	1	21.0	35.1	24.9	25.8
	2	22.2	26.1	25.0	23.0
	3	17.7	30.5	31.3	22.9
	4	22.3	35.0	31.6	25.0
	土层平均含水量/%	20.8	31.7	28.2	24.2
	土壤平均含水量/%	26.2			

续表 4-64

日期	点号	不同土壤厚度对应的含水量/%			
		10 cm	30 cm	50 cm	70 cm
9月16日	1	23.7	21.8	27.0	28.1
	2	23.8	23.3	29.5	30.5
	3	22.7	23.2	28.4	34.8
	4	25.9	24.3	28.5	34.8
	土层平均含水量/%	24.0	23.2	28.4	32.1
	土壤平均含水量/%	26.9			
9月23日	1	16.0	28.5	25.7	28.5
	2	17.7	22.7	36.4	35.5
	3	25.0	24.1	20.2	22.9
	4	22.8	27.9	30.6	22.9
	土层平均含水量/%	20.4	25.8	28.2	27.5
	土壤平均含水量/%	25.5			

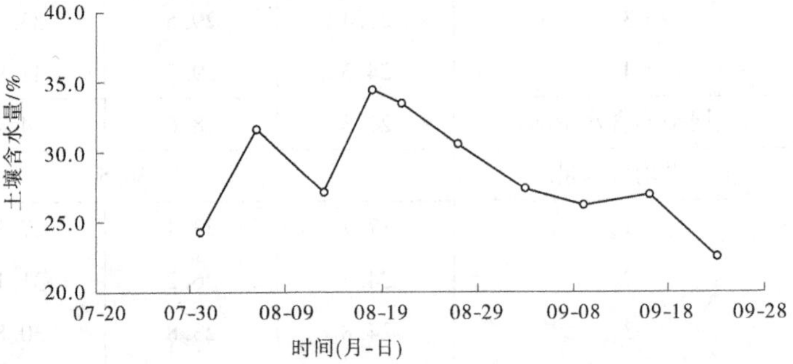

图 4-101 德令哈灌区典型地块人工观测土壤含水量过程线

4.8.1.3 降水

1. 雨量站选择

根据德令哈灌区范围及雨量站点分布情况，选取德令哈雨量站进行降水分析。

2. 降雨年内分配分析

2014 年德令哈灌区降水量为 236.5 mm，比多年均值 212.7 mm 偏大 11.2%，汛期(6—9 月，下同)降水量为 186.8 mm，比多年均值 151.0 mm 偏大 23.7%，生长期(3—11 月，下同)降水量为 227.4 mm，比多年均值 201.7 mm 偏大 12.7%，春苗灌期(3—5 月，下同)降水量为 13.2 mm，比多年均值 40.9 mm 偏小 67.7%。总体来看，2014 年德令哈灌区年、汛期、生长期降水量与多年均值相比偏大，偏大的范围为 11.2%~23.7%，春苗灌期降水量与多年均值相比偏小，偏小了 67.7%。德令哈灌区降水量年内分配柱状图见

图 4-102,不同时期降水量分配柱状图见图 4-103。

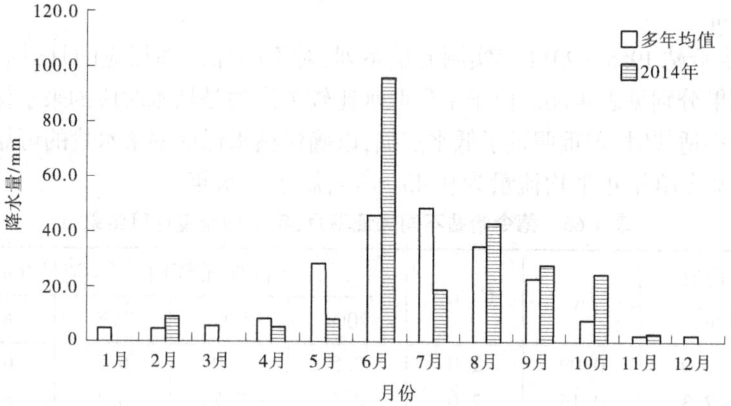

图 4-102 德令哈灌区降水量年内分配柱状图

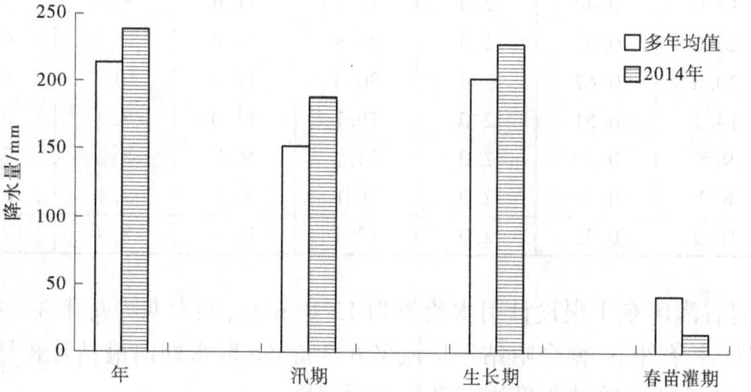

图 4-103 德令哈灌区不同时期降水量分配柱状图

3. 降雨代表性分析

经过年降水量频率分析计算得出:德令哈站 $\overline{P}$ = 212.7 mm , C_V = 0.29, C_S/C_V = 2.0。将年降水量按经验频率分为:小于 20.0%为丰水年,20.0%~50.0%为偏丰年,50.0%~75.0%为平水年,75.0%~95.0%为偏枯年,大于 95.0%为枯水年五种年型。列出德令哈站不同频率时相应降水量成果,见表 4-65。2014 年德令哈站年降水量为 236.5 mm,因此 2014 年德令哈站年为降水偏丰年。

表 4-65 德令哈站不同频率相应降水量成果

站名	历年平均降水量/mm	C_V	C_S/C_V	线型	不同频率下的降水量/mm			
					20.0%	50.0%	75.0%	95.0%
德令哈	212.7	0.29	2.0	皮尔逊Ⅲ型	261.4	206.9	169.2	123.6

4.8.1.4 水源供水流量

德令哈河谷灌区供水保证率采用巴音河干流德令哈水文站的实测流量资料和黑石山水库的供水量进行统计计算。德令哈水文站于 1954 年 4 月设立,设于内陆河流域库尔雷克水系巴音河上,位于青海省德令哈市宗务隆乡,距西宁约 514 km,海拔为 3 023 m,集水面积 7 281 km^2。

根据德令哈站 1955—2014 年实测流量系列,对不同保证率相应的月、年平均流量进行计算,计算结果分别见表 4-66。由于工程取水比较关注的是枯水时段的来水保证率情况,因此,在进行频率适线时,着重照顾了低水点据,以确保枯水保证率来水量的可靠程度。

2014 年德令哈站年平均流量为 9.45 m^3/s,属于平水年。

表 4-66　德令哈站不同保证率月、年平均流量计算结果

时段	均值/(m^3/s)	C_V	C_S/C_V	不同保证率下的平均流量/(m^3/s)				
				20%	50%	75%	90%	97%
3月	7.0	0.09	2.0	7.5	7.0	6.5	6.2	5.8
4月	7.3	0.16	2.0	8.3	7.2	6.4	5.8	5.2
5月	8.3	0.24	2.0	9.9	8.2	6.9	5.9	5.0
6月	12.6	0.48	2.0	17.2	11.6	8.2	5.7	3.9
7月	20.6	0.62	2.0	29.8	18.0	11.2	6.8	3.9
8月	20.6	0.67	2.0	30.4	17.6	10.4	6.0	3.2
9月	14.2	0.51	2.0	19.7	13.0	8.9	6.1	4.0
10月	9.5	0.20	2.0	11.1	9.4	8.2	7.2	6.3
11月	8.2	0.13	2.0	9.0	8.1	7.4	6.9	6.3
年均	10.9	0.25	2.0	13.1	10.6	8.9	7.5	6.3

德令哈河谷灌区东干渠设计引水流量为 12.0 m^3/s,取水期为每年 3—11 月。由分析可知,97%保证率条件下,德令哈站年均流量 6.3 m^3/s,取水期内最枯月 8 月月均流量 3.2 m^3/s。图 4-104 为德令哈站年平均流量频率适线图。

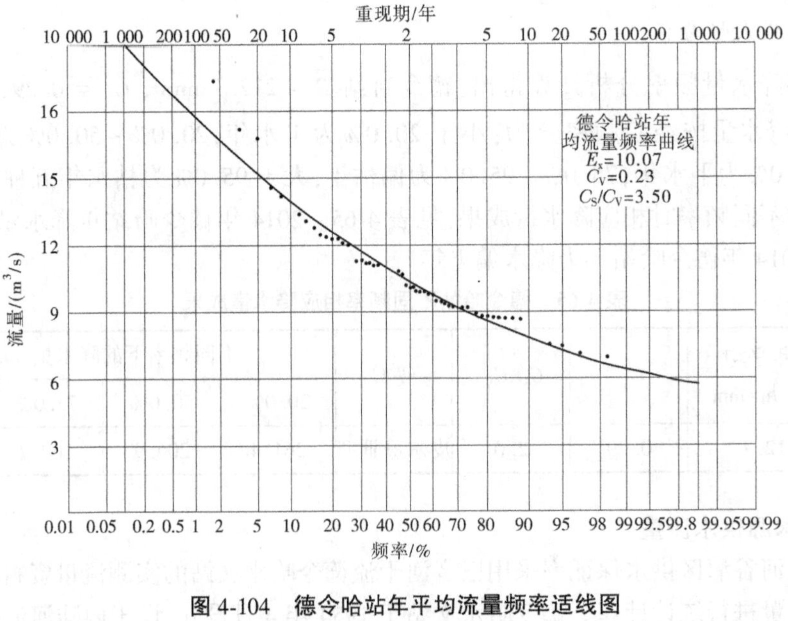

图 4-104　德令哈站年平均流量频率适线图

4.8.2 德令哈灌区耗水系数

4.8.2.1 典型地块

柴达木盆地的德令哈灌区典型地块斗农渠退水率为0,渗漏系数4.80%。德令哈灌区典型地块耗水系数为0.935。

4.8.2.2 灌区耗水系数

柴达木盆地德令哈灌区耗水系数为0.636。

4.9 洮惠渠灌区

4.9.1 洮惠渠灌区试验监测结果

4.9.1.1 灌区引退水量

洮惠渠灌区2016年4月10日至8月25日、10月8日至11月30日期间引水灌溉。依据洮惠渠干渠各断面水资源监测整编成果,经对洮惠渠干渠引水口、各退水口监测断面引退水量汇总计算,各月引退水量情况见表4-67。

表4-67 洮惠渠灌区干渠逐月引退水量汇总 单位:万 m^3

序号	项目	4月	5月	6月	7月	8月	9月	10月	11月	合计
1	引水量	1 216	1 991	1 784	1 824	1 485	0	1 289	1 882	11 471
2	退水量	173	264	173	269	197	0	218	295	1 589
3	引退之差	1 043	1 727	1 611	1 555	1 288	0	1 071	1 587	9 882

根据洮惠渠灌区灌溉期水量监测成果,灌区灌溉期干渠总引水量11 471万 m^3,总退水量1 589万 m^3,引水量与退水量之差9 882万 m^3。

从各月引、退水量来看,5月引水量最多,为1 991万 m^3;11月退水量最多,为295万 m^3。

表4-68给出了洮惠渠干渠进水口及各退水口监测断面的月、年平均流量。经水量平衡对照检查,洮惠渠干渠引水期各月进水量大于退水量,各月引、退水量平衡。从表4-68可看出,洮惠渠干渠全年平均引水流量3.81 m^3/s,平均退水流量(合成)0.554 8m^3/s。

4.9.1.2 典型地块引退水量

洮惠渠灌区典型地块主要种植作物为蔬菜等经济作物,该试验地块面积约1 600亩,其引水灌溉时间为2016年4月11日至8月25日、10月9日至11月30日。依据典型地块各断面水资源监测整编成果,对典型地块各引水口、各退水口监测断面引退水量汇总计算,各月引退水量情况见图4-105和表4-69。

表 4-68　洮惠渠干渠引退水监测断面月、年平均流量对照

单位:m³/s

序号	断面名称	月平均流量												年平均流量
		1月	2月	3月	4月	5月	6月	7月	8月	9月	10月	11月	12月	
1	塔沟	0	0	1.060	5.440	7.430	6.880	6.810	5.54	0	4.810	7.26	0.395	3.81
2	五爱	0	0	0.072	0.231	0.256	0.347	0.347	0.274	0	0.264	0.347	0.146	0.191
3	大沟	0	0	0.005	0.005	0	0	0	0.006	0	0.002	0.006	0	0.002
4	东峪沟	0	0	0.069	0.371	0.438	0.163	0.483	0.384	0	0.442	0.737	0.210	0.276
5	洋沟	0	0	0	0.002	0	0	0	0	0	0.001	0	0	0.000 3
6	李莲沟	0	0	0	0.006	0	0	0	0	0	0	0.001	0	0.001
7	皇后沟	0	0	0	0.002	0	0	0	0.004	0	0.002	0.005	0	0.001
8	大水沟	0	0	0	0.041	0.052	0.099	0.089	0.030	0	0.001	0.002	0	0.026
9	曹家河	0	0	0	0	0	0	0	0.002	0	0.008	0.003	0	0.001
10	清水沟	0	0	0	0.003	0	0	0	0.006	0	0.002	0.005	0	0.001
11	改河	0	0	0	0.013	0.046	0.038	0	0.005	0	0.005	0.013	0	0.01
12	祁家河	0	0	0	0.054	0.170	0.009	0.027	0.005	0	0.025	0.007	0	0.025
13	牛头沟	0	0	0	0.017	0.022	0.022	0.036	0.017	0	0	0.002	0	0.01
14	昌木沟	0	0	0	0.015	0	0	0	0.002	0	0.005	0.011	0	0.003
15	站沟	0	0	0	0	0	0	0	0	0	0	0.002	0	0.000 3
16	后大沟	0	0	0	0	0	0	0	0	0	0.001	0	0	0.000 2
17	张文沟	0	0	0	0.005	0.002	0	0.001	0	0	0.001	0	0	0.001
18	大岔	0	0	0	0.002	0.001	0	0.017	0	0	0.053	0	0	0.006
19	退水(合)	0	0	0.146	0.767	0.987	0.678	1	0.735	0	0.812	1.141	0.356	0.554 8
1~19 合计		0	0	0.914	4.673	6.443	6.202	5.81	4.805	0	3.998	6.119	0.039	3.255 2

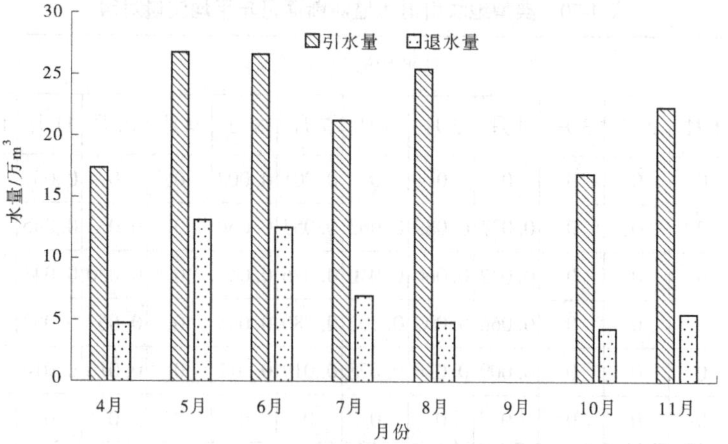

图 4-105 洮惠渠灌区典型地块各月引退水量图

表 4-69 洮惠渠灌区典型地块地表逐月引退水量统计 单位:万 m^3

序号	项目	4月	5月	6月	7月	8月	9月	10月	11月	合计
1	引水量	17.35	26.77	26.69	21.41	25.43	0	16.86	22.29	156.8
2	退水量	4.65	13.10	12.43	6.95	4.81	0	4.27	5.43	51.64
3	引退之差	12.70	13.67	14.26	14.46	20.62	0	12.59	16.86	105.16

由洮惠渠灌区典型地块水量监测结果可知,洮惠渠灌区典型地块整个灌溉期从洮惠渠干渠总引水量156.8万 m^3,地表总退水量51.64万 m^3,引水量与退水量之差105.16万 m^3。从各月引、退水量来看,5月引、退水量最多,分别达到26.77万 m^3 和13.67万 m^3,8月引、退水之差最大,达到了20.62万 m^3,占本月引水量的81.1%。

根据实地调研,其较高的退水量主要有以下几个方面的原因,一是田间渠系工程质量差,"最后1 km"问题严重,个别斗门年久失修,关闭不严;二是田间用水管理水平较低,仍采用传统大水漫灌方式,斗渠以下轮灌制度执行不严格;三是水费征收制度不完善,收费的方式不利于提高用水效率;四是个别时段,灌溉结束后斗门不及时关闭,群众节水意识有待提高。

从典型地块引退水监测断面月年平均流量对照表(见表4-70)可看出,引水灌溉期各月引水量均大于退水量,各月引、退水量平衡。

典型地块引退水断面逐日流量对照。典型地块当年4月11日至8月25日及10月11日至11月30日期间引水灌溉,通过引退水口断面逐日平均流量过程线(见图4-106)看出,引、退水量变化幅度各日间随灌溉耗水量有所差异,各日退水量均小于引水量,引水量与退水量之差相平衡,经分析其变化过程合理,符合实际用水量情况。

表 4-70 典型地块引退水监测断面月年平均流量对照

序号	断面名称	月平均流量/(m^3/s)												年平均流量/(m^3/s)
		1月	2月	3月	4月	5月	6月	7月	8月	9月	10月	11月	12月	
1	引1	0	0	0	0	0	0	0.001	0.002	0	0	0.001	0	0.000 3
2	引2	0	0	0	0.034	0.039	0.063	0.053	0.050	0	0.033	0.045	0	0.026
3	引3	0	0	0	0.032	0.060	0.040	0.026	0.043	0	0.030	0.041	0	0.023
4	引(合)	0	0	0	0.066	0.099	0.103	0.080	0.095	0	0.063	0.087	0	0.049 3
5	退1	0	0	0	0.009	0.030	0.028	0.019	0.012	0	0.016	0.014	0	0.011
6	退2	0	0	0	0	0	0	0	0	0	0	0	0	0
7	退3	0	0	0	0.001	0.004	0.005	0.003	0.001	0	0	0.002	0	0.001
8	退4	0	0	0	0.008	0.015	0.014	0.004	0.005	0	0.001	0.004	0	0.004
9	退(合)	0	0	0	0.018	0.049	0.047	0.026	0.018	0	0.017	0.020	0	0.016
10	4~9	0	0	0	0.048	0.05	0.056	0.054	0.077	0	0.046	0.067	0	0.033 3

4.9.1.3 土壤含水量

洮惠渠灌区典型地块内布设了2个土壤含水量监测点,均位于临洮县新添镇黄家坪村。1号监测点采用FM-XCTS1远程土壤墒情监测设备开展土壤墒情自动监测,2号监测点采用FM-TSWC便携式土壤湿度速测仪开展土壤墒情人工监测。典型地块土壤质地为黏壤土,种植作物为大蒜。洮惠渠灌区典型地块土壤含水量监测点基本情况见表4-71。

表 4-71 洮惠渠灌区典型地块土壤含水量监测点基本情况

序号	名称	位置	纬度	经度	作物种类	测量仪器
1	LT-TR1	黄家坪	35°34′47.7″	103°49′11.8″	大蒜	FM-XCTS1
2	LT-TR2	黄家坪	35°34′46.1″	103°49′12.5″	大蒜	FM-TSWC

洮惠渠灌区典型地块1号土壤含水量监测点采用FM-XCTS1远程土壤墒情监测设备开展土壤墒情自动监测,每日在网上数据查询平台分别读取前一日8时土壤10 cm、30 cm、50 cm、70 cm、100 cm五处不同深度的湿度和温度,并进行记录和整理。

典型地块2016年4月11日至8月25日及10月9日至11月30日期间引水灌溉。土壤含水量监测时段为2016年4月2日至2016年12月31日。

根据监测数据分析,由图4-107可知,灌溉期间,土壤含水量总体上随着土壤深度增加呈上升趋势,符合黏壤土土壤容重大,透水性差的特点。其中顶部10 cm土层土壤含水量波动最大,呈陡涨陡落趋势;30 cm土层和50 cm土层受灌溉水影响小于10 cm土层,且两者变化趋势基本一致;70 cm和100 cm土层较深,受灌溉水影响最小,随时间变化的波动也最小,基本保持直线趋势平稳变化,且两者变化趋势基本一致。

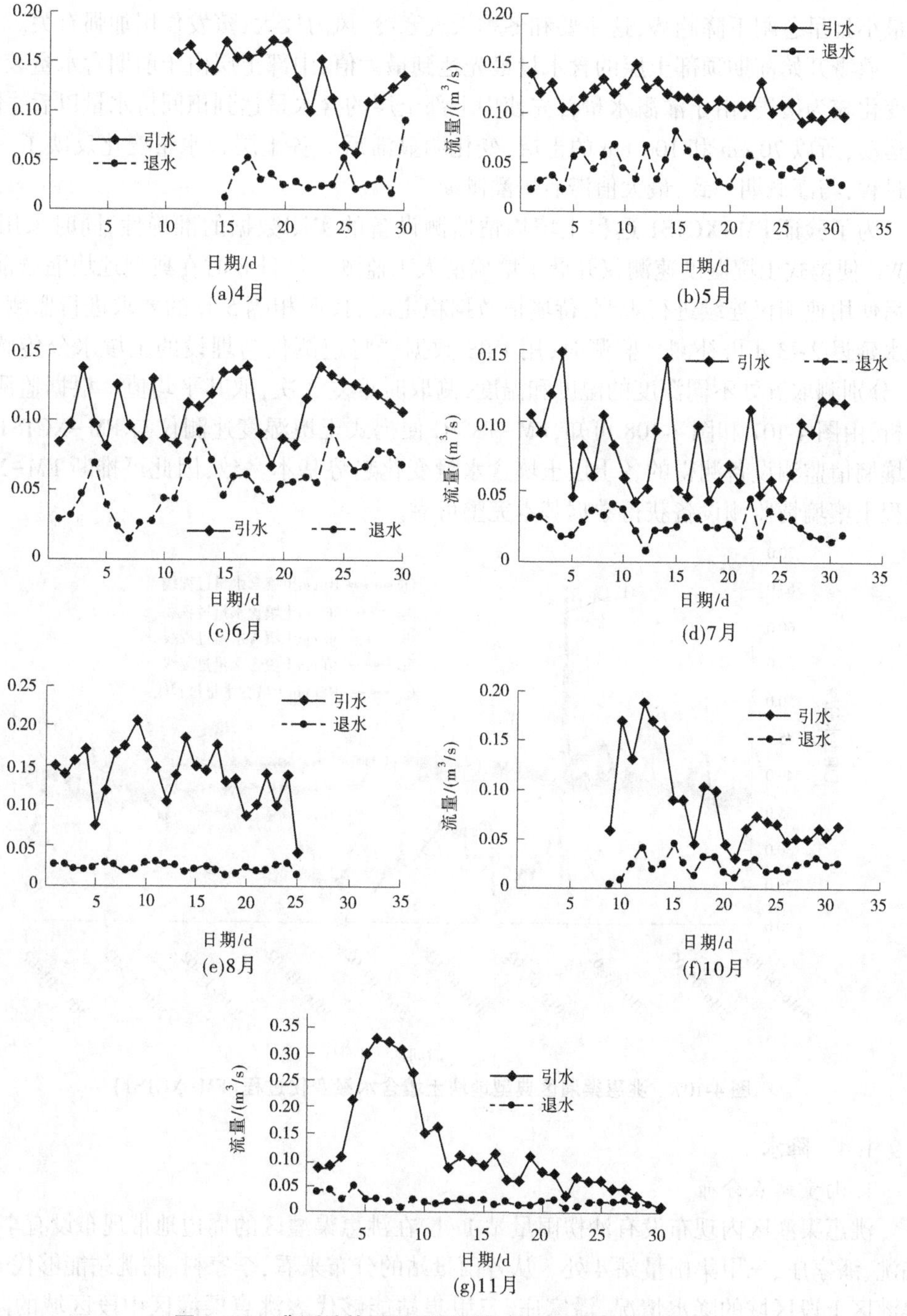

图 4-106　典型地块引退水断面各月逐日流量过程线

8 月 25 日及 10 月 11 日，为非灌溉期间，顶部 10 cm 土层土壤含水量波动较大主要由于降雨因素引起，其余土层均呈平稳变化趋势。

12 月 1 日至 12 月 30 日为全年灌溉期结束，各土层均呈平稳变化趋势，但 50 cm 和

70 cm 土层含水量较高,起到较好的保墒效果;100 cm 和 30 cm 土层含水量次之;10 cm 土层最小且呈急剧下降趋势,这主要和冬季天气寒冷、风力较大,蒸发作用加强有关。

灌溉开始前期顶部土层的含水量最先达到最大值;中部土层由于前期含水量较大,所以变化较为缓慢;由于灌溉水量首先使中上部土层的含水量达到田间持水量以后,才向底部运动,所以 70 cm 和 100 cm 的土层,变化明显滞后。各土层含水量变化反映了一次灌溉过程,与灌溉期一致,最大值滞后于灌溉期。

为了验证 FM-XCTS1 远程土壤墒情监测设备的实测数据的准确性,同时采用 FM-TSWC 便携式土壤湿度速测仪开展土壤墒情人工监测。每日 8 时在典型地块灌溉前和灌溉后使用速测仪连续进行观测,待墒情数据稳定时,按照相隔 5 日的要求进行监测,如遇降水延迟 2~3 d 再补测。监测时,用 UBS 数据线将速测仪与埋设的土壤水分传感器连接,分别测取五处不同深度的湿度和温度,测取时重复 3 次,取其平均值。根据监测数据分析,由图 4-107 和图 4-108 可知,FM-TSWC 便携式土壤湿度速测仪与 FM-XCTS1 远程土壤墒情监测设备测得的各土层土壤含水量变化趋势基本一致,因此可推断 FM-XCTS1 远程土壤墒情监测设备获得数据基本完整可靠。

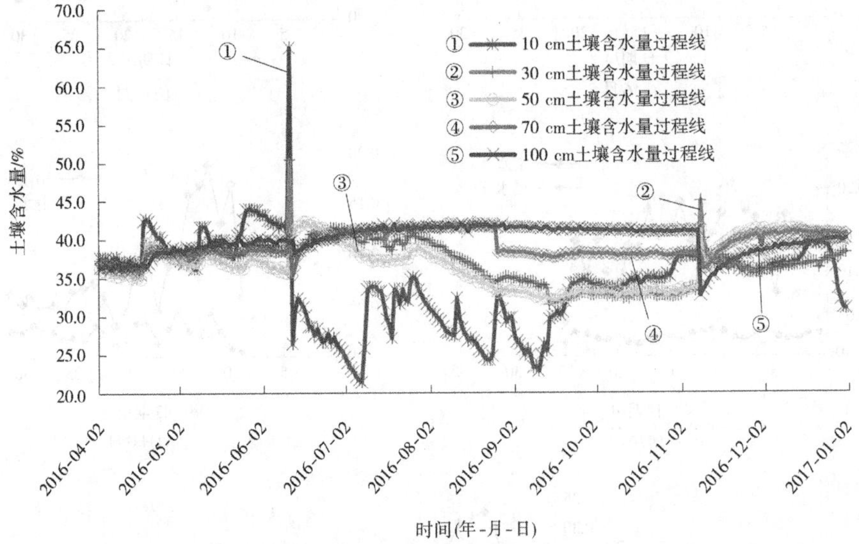

图 4-107　洮惠渠灌区典型地块土壤含水量变化过程(FM-XCTS1)

4.9.1.4　降水

1. 雨量站点分布

洮惠渠灌区内现布设有沙楞雨量站 1 处,在洮惠渠灌区的周边地带现布设有李家村、临洮、潘家庄、三甲集雨量站 4 处。从各雨量站的分布来看,李家村、临洮站能够代表洮惠渠灌区上段区域的降水情况,潘家庄、三甲集站能够代表洮惠渠灌区中段区域的降水情况,沙塄站能够代表洮惠渠灌区下段区域的降水情况。

在现有的 5 处雨量站中,潘家庄、三甲集站距离典型地块较近,基本能够代表典型地块的降水情况。这 5 处雨量站能够较好地代表洮惠渠灌区不同区域的降水情况。各雨量站基本情况见表 4-72。

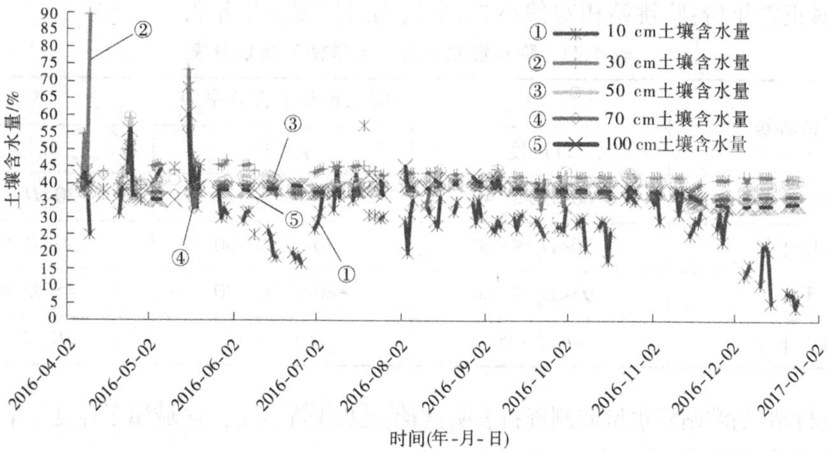

图 4-108 洮惠渠灌区典型地块土壤含水量变化过程(FM-TSWC)

表 4-72 各雨量站基本情况

代表区域	站名	坐标		设立年份	地点
		东经	北纬		
灌区上段	李家村	103°49′	35°16′	1947 年	甘肃省临洮县玉井镇李家村
	临洮	103°52′	35°24′	1966 年	甘肃省临洮县洮阳镇北五里铺村
灌区中段、典型地块	潘家庄	103°50′	35°31′	1956 年	甘肃省临洮县新添镇潘家庄
	三甲集	103°44′	35°33′	1966 年	甘肃省广河县三甲集镇上集
灌区下段	沙塄	103°44′	35°40′	1935 年	甘肃省临洮县太石镇沙塄村

2. 年降水量分析

依据《旱情等级标准》(SL 424—2008),采用降水量距平百分率。

评估农业旱情时,具体按以下规定执行。

降水量距平百分率按下式计算:

$$D_p = \frac{P - \overline{P}}{\overline{P}} \times 100\% \tag{4-5}$$

式中:D_p 为降水量距平百分率(%);P 为计算时段内降水量,mm;$\overline{P}$ 为多年同期平均降水量,mm。

降水量距平百分率旱情等级划分标准见表 4-73。

1)灌区上段区域

位于灌区上段区域的李家村站当年降水量 437.7 mm,与多年均值(1947—2016 年)比较,相对偏小 20.1%,按照《旱情等级标准》(SL 424—2008)降水量距平百分率旱情等级划分,当年属轻度干旱年份;临洮站当年降水量 378.3 mm,与多年均值(1966—2016 年)比较,相对偏小 26.3%,属轻度干旱年份。

与近 10 年(2007—2016 年)的平均降水情况来看,较同期均值李家村站相对偏小

11.9%,属正常年份;临洮站相对偏小21.9%,均属轻度干旱年份。

表4-73 降水量距平百分率旱情等级划分表 %

旱情等级	降水量距平百分率 D_p		
	月尺度	季尺度	年尺度
轻度干旱	$-60<D_p\leq-40$	$-50<D_p\leq-25$	$-30<D_p\leq-15$
中度干旱	$-80<D_p\leq-60$	$-70<D_p\leq-50$	$-40<D_p\leq-30$
严重干旱	$-95<D_p\leq-80$	$-80<D_p\leq-70$	$-45<D_p\leq-40$
特大干旱	$D_p\leq-95$	$D_p\leq-80$	$D_p\leq-45$

李家村站、临洮站降水量监测资料表明,当年洮惠渠灌区上段区域属于轻度干旱年份。

2)灌区中段区域、典型地块

位于灌区中段区域、典型地块附近的潘家庄站当年降水量378.1 mm,与多年均值(1956—2016年)比较,相对偏小13.0%,按照《旱情等级标准》(SL 424—2008)降水量距平百分率旱情等级划分,当年属正常年份;三甲集站当年降水量326.3 mm,与多年均值(1967—2016年)比较,相对偏小16.5%,属轻度干旱年份。

与近10年(2007—2016年)的平均降水情况来看,较同期均值潘家庄站相对偏小2.8%,属正常年份;三甲集站相对偏小15.9%,属轻度干旱年份。

潘家庄站、三甲集站降水量监测资料表明,当年洮惠渠灌区中段区域及典型地块附近属于正常或轻度干旱年份。

3)灌区下段区域

位于灌区下段区域的沙塄站当年降水量276.1 mm,与多年均值(1965—2016年)比较,相对偏小19.4%,按照《旱情等级标准》(SL 424—2008)降水量距平百分率旱情等级划分,当年属轻度干旱年份。

与近10年(2007—2016年)的平均降水情况来看,沙塄站较同期均值相对偏小15.4%,均属轻度干旱年份。沙塄站降水量监测资料表明,当年洮惠渠灌区下段区域属于轻度干旱年份。

通过对洮惠渠灌区5处雨量站年降水量比较分析,2016年洮惠渠灌区降水量较常年偏少13.0%~26.3%,以年尺度标准,2016年总体上属轻度干旱年份。洮惠渠灌区年降水量与多年均值比较柱状图见图4-109。

3. 降水年内变化分析

1)灌区上段区域

洮惠渠灌区上段区域李家村站、临洮站不同时期降水量年内变化比较见表4-74。从李家村站降水的年内变化来看,当年降水量主要集中在汛期的5—10月,占全年的84.2%,其他月份仅占15.8%;与多年平均情况比较看出,在4—11月灌溉期间,7月、9月降水量分别较常年同期偏少48.1%和50.3%,按照月尺度标准,7月、9月属于轻度干旱月份,其他月份基本正常。经与近10年均值比较,从距平百分数来看,与多年比较情况基本一致。

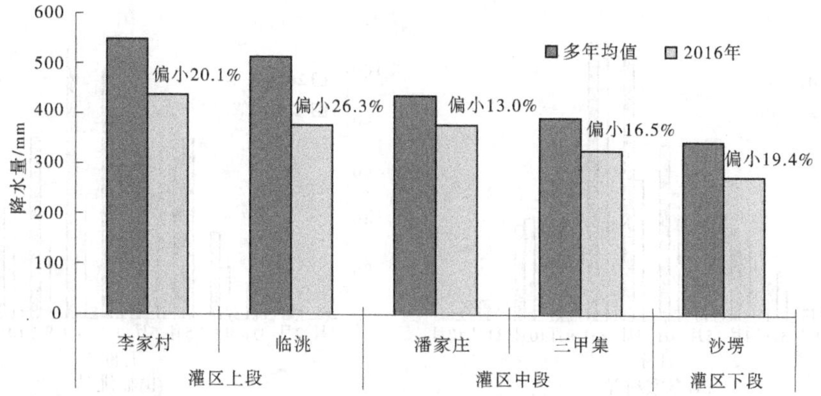

图 4-109 洮惠渠灌区当年降水量与多年均值比较柱状图

表 4-74 灌区上段区域不同时期降水量年内变化比较

站名	项目	1月	2月	3月	4月	5月	6月	7月	8月	9月	10月	11月	12月	全年
李家村	当年降水量/mm	1.1	8.2	20	31.9	69.4	51.4	56.4	110.9	39.6	40.9	5.4	2.5	437.7
	与长系列平均降水量比较/%	-71.1	57.7	31.6	-14.5	1	-26.8	-48.1	-0.4	-50.3	8.2	-32.5	13.6	-20.1
	与近10年平均降水量比较/%	-73.2	60.8	68.1	0.3	1.5	-16.3	-41.6	8.6	-43.2	13.6	-30.8	47.1	-11.9
临洮	当年降水量/mm	0.5	4.4	17.8	20.7	72.6	50	80.9	49.5	31	44.5	4.2	2.2	378.3
	与长系列平均降水量比较/%	-86.8	-18.5	22.8	-40.2	13.4	-25.4	-19.2	-54	-57.3	29	-41.7	0	-26.3
	与近10年平均降水量比较/%	-87.5	-18.5	36.9	-38.9	9.5	-28.8	-14.7	-44.1	-52.5	30.1	-40	15.8	-21.9

从临洮站降水的年内变化来看，当年降水量主要集中在汛期的5—10月，占全年的86.8%，其他月份仅占13.2%；与多年平均情况比较看出，在灌溉期4—11月灌溉期间，4月、7月、9月降水量较常年同期偏少40.2%、54.0%和57.3%，按照月尺度标准，4月、7月、9月属于轻度干旱月份，其他月份基本正常。经与近10年均值比较，从距平百分数来看，与多年比较情况基本一致。

通过对位于洮惠渠灌区上段区域的李家村站、临洮站当年降水量与多年和近10年平均情况的年内变化比较，总体上来看，洮惠渠灌区上段区域4月、7月、9月属轻度干旱月份，其他月份基本正常。李家村站、临洮站降水量年内变化柱状图见图4-110。

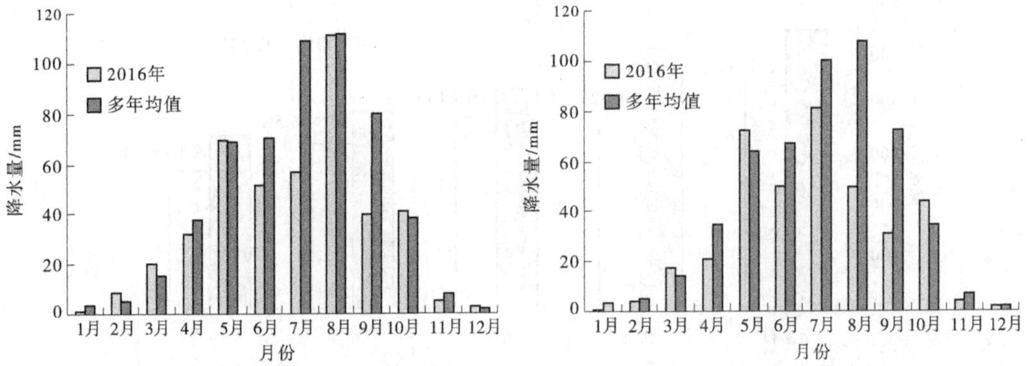

(a)李家村站　　(b)临洮站

图 4-110　洮惠渠灌区上段区域降水量年内变化柱状图

2)灌区中段区域

洮惠渠灌区中段区域三甲集站、潘家庄站不同时期降水量年内变化比较见表 4-75。

表 4-75　灌区中段区域不同时期降水量年内变化比较

站名	项目	1月	2月	3月	4月	5月	6月	7月	8月	9月	10月	11月	12月	全年
三甲集	当年降水量/mm	0.6	3.4	14.3	17.4	61.8	22.7	71.2	48.2	43.3	43.2	0	0.2	326.3
	与长系列平均降水量比较/%	-72.7	-12.8	31.2	-30.1	26.4	-56.3	-9.1	-42.3	-18.3	58.2	-100	-84.6	-16.5
	与近 10 年平均降水量比较/%	-75	-24.4	53.8	-44.9	22.9	-54.9	0.6	-39.8	-18.9	43.5	-100	-77.8	-15.9
潘家庄	当年降水量/mm	0.9	4.1	21.2	14.3	67.3	34	109.4	46.4	30.5	45.6	2.5	1.9	378.1
	与长系列平均降水量比较/%	-74.3	-29.3	49.3	-51.4	24.6	-38.4	31.2	-46.0	-50.8	43.4	-65.8	-9.5	-13
	与近 10 年平均降水量比较/%	-69	-24.1	78.2	-42.1	32	-31.2	39.7	-38.1	-42	57.2	-63.8	5.6	-2.8

从三甲集站降水的年内变化来看,当年降水量主要集中在汛期的 5—10 月,占全年的 89%,其他月份仅占 11.0%;与多年平均情况比较看出,在 4—11 月灌溉期间,6 月、8 月较常年同期偏小 56.3%和 42.3%,按照月尺度标准,6 月、8 月属于轻度干旱月份;11 月较常年同期偏小 100%,属特大干旱月份;10 月较常年同期偏多 58.2%,属偏丰月份;其他月份基本正常。经与近 10 年均值比较,从距平百分数来看,与多年比较情况基本一致。

从潘家庄降水的年内变化来看,当年降水量主要集中在汛期的 5—10 月,占全年的

88.1%，其他月份仅占 11.9%；与多年平均情况比较看出，在 4—11 月灌溉期间，4 月、8 月、9 月降水量较常年同期偏少 51.4%、46.0%和 50.8%，按照月尺度标准，4 月、8 月、9 月属于轻度干旱月份；11 月较常年同期偏少 65.8%，属中度干旱月份；10 月较常年同期偏多 43.4%，属偏丰月份；其他月份基本正常。经与近 10 年均值比较，从距平百分数来看，与多年比较情况基本一致。

通过对位于洮惠渠灌区中段区域的三甲集站、潘家庄站当年降水量与多年和近 10 年平均情况的年内变化比较，总体上来看，洮惠渠灌区中段区域 4 月、7 月、8 月属轻度干旱月份，11 月属中度以上干旱月份，10 月属偏丰月份，其他月份基本正常。三甲集站、潘家庄站降水量年内变化柱状图见图 4-111。

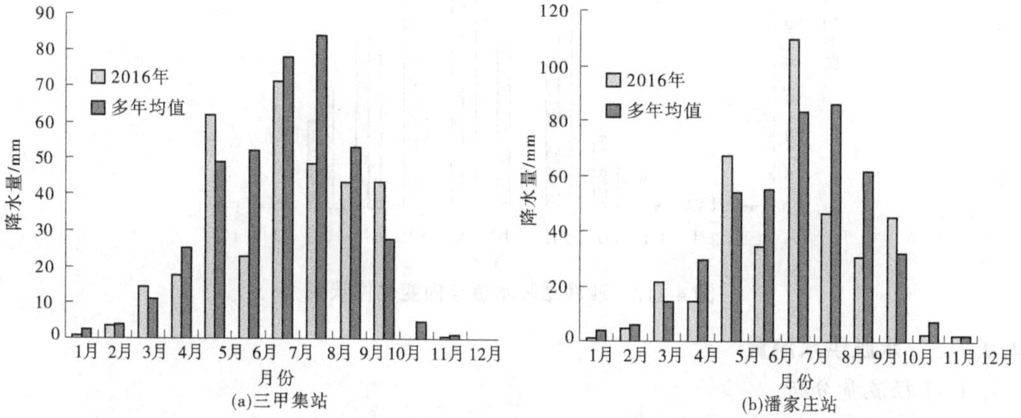

图 4-111　洮惠渠灌区中段区域降水量年内变化柱状图

3) 灌区下段区域

洮惠渠灌区下段区域沙塄站不同时期降水量年内变化比较见表 4-76。

表 4-76　灌区下段区域沙塄站不同时期降水量年内变化比较

项目	1月	2月	3月	4月	5月	6月	7月	8月	9月	10月	11月	12月	全年
当年降水量/mm	1.5	3.3	1.3	13	63.6	19.1	73.2	24.1	41	32.4	1.8	1.8	276.1
与长系列平均降水量比较/%	0	6.5	-85.2	-35.3	54.7	-59.4	5.2	-69.1	-10.9	40.3	-47.1	100	-19.4
与近 10 年平均降水量比较/%	0	-13.2	-79.4	-45.4	47.6	-45.7	15.3	-69	-5.5	33.3	-33.3	100	-15.4

从沙塄站降水的年内变化来看，当年降水量主要集中在汛期的 5—10 月，占全年的 91.8%，其他月份仅占 8.2%；与多年平均情况比较看出，在 4—11 月灌溉期间，6 月、11 月较常年同期偏小 59.4%和 47.1%，按照月尺度标准，6 月、11 月属轻度干旱月份；8 月较常年同期偏小 69.1%，属中度干旱月份；5 月、10 月较常年同期偏多 54.7%和 40.3%，属偏

丰月份;其他月份基本正常。经与近10年均值比较,从距平百分数来看,与多年比较情况基本一致。

通过对位于洮惠渠灌区下段区域的沙塄站当年降水量与多年和近10年平均情况的年内变化比较,总体上来看,洮惠渠灌区下段区域4月、6月、11月属轻度干旱月份,8月属中度干旱月份,5月、10月属偏丰月份,其他月份基本正常。沙塄站降水量年内变化柱状图见图4-112。

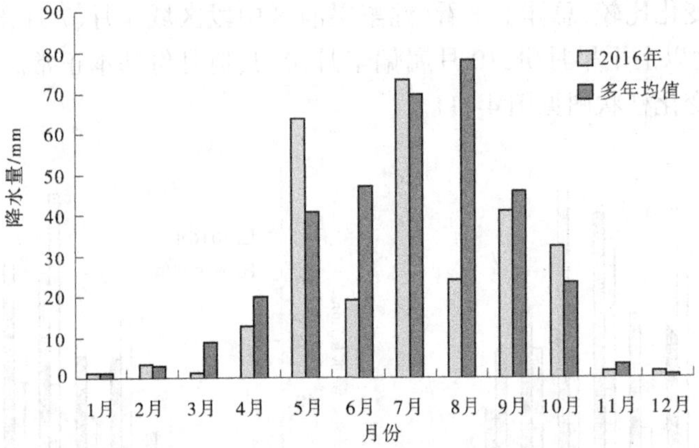

图4-112 沙塄站降水量年内变化柱状图

4.9.1.5 水源供水流量

1.年径流量分析

1)径流量丰平枯水年标准

通常用保证率划分丰平枯水年。径流系列一般服从P-Ⅲ型概率分布,采用频率分析法确定统计参数和各频率设计值作为划分径流量丰平枯水年标准。丰平枯级别及划分标准见表4-77。

表4-77 丰平枯水年划分标准

丰平枯级别	划分标准 P
特丰水年	$P \leq 12.5\%$
偏丰水年	$12.5\% < P \leq 37.5\%$
平水年	$37.5\% < P \leq 62.5\%$
偏枯水年	$62.5\% < P \leq 87.5\%$
特枯水年	$P > 87.5\%$

2)年径流量分析

洮惠渠灌区取水口处李家村水文站始设于1941年,现有1956—2016年完整的月年径流资料,因此,采用李家村站1956—2016年径流系列资料进行统计分析。李家村站年径流量系列频率适线如图4-113所示,计算结果见表4-78。

洮河干流李家村站当年来水量22.83亿m^3,与该站不同保证率计算成果比较,当年来水量的频率大于87.5%,因而,当年属特枯水年份。

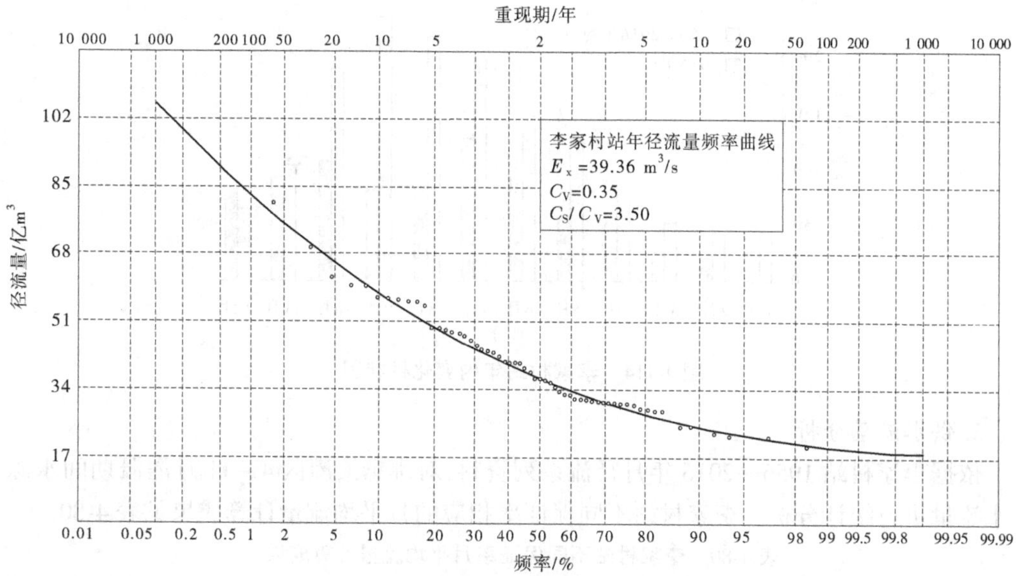

图 4-113 李家村站年径流系列频率适线

表 4-78 李家村站不同保证率年平均流量计算成果

均值/(m^3/s)	C_V	C_S/C_V	不同保证率 P 对应的径流量/亿 m^3				
			20%	50%	75%	90%	97%
39.36	0.35	3.5	49.41	36.62	29.23	24.48	21.24

2. 径流年内变化分析

从李家村站当年逐月来水量与多年均值、近 10 年均值比较(见表 4-79、图 4-114)来看,2 月、5 月、8 月、9 月来水量较常年同期偏小 50%以上,属特枯水月份;12 月来水量较常年均值偏大 21.4%,主要系上游梯级电站调节所致;其他月份基本正常。

表 4-79 李家村站月平均流量比较

项目	1月	2月	3月	4月	5月	6月	7月	8月	9月	10月	11月	12月	全年平均
当年流量/(m^3/s)	30.2	21.7	26.4	57.5	57.6	105	126	82.9	80.5	107	92.4	77.7	72.1
与长系列平均流量比较/%	-30.9	-50.5	-49.7	-27.3	-53.9	-28.1	-36	-61.6	-65.5	-43.4	-10.3	21.4	-41.7
与近 10 年平均流量比较/%	-32.9	-52.3	-53.0	-18.4	-32.1	-4.1	-23.7	-50.6	-49.4	-18.9	-15.5	-11.0	-29.5

与近 10 年比较情况来看,2 月、3 月、8 月偏小 50%以上,属特枯水月份;1 月、5 月、7 月、9 月偏小 23.7%~49.4%,属枯水月份;4 月、10 月、11 月、12 月偏小 11%~18.9%,属偏枯水月份;6 月来水基本正常。

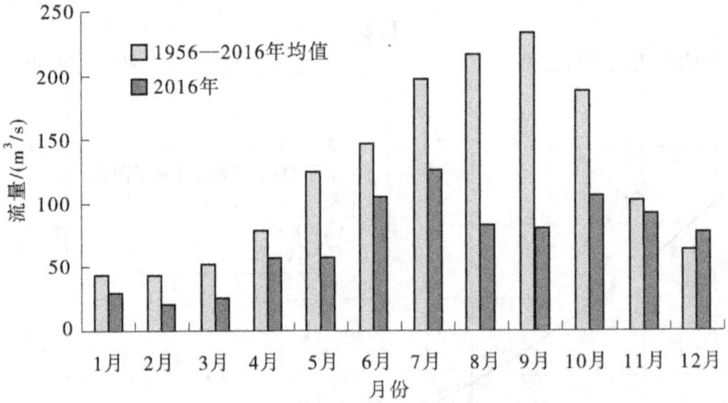

图 4-114 李家村站年内变化柱状图

3. 供水流量分析

依据李家村站 1956—2016 年月径流系列资料,对洮惠渠灌区 4—11 月灌溉期间水源供水流量进行统计分析。李家村站不同保证率相应的月平均流量计算成果见表 4-80。

表 4-80 李家村站不同保证率月平均流量计算成果

时段	均值/(m^3/s)	C_V	C_S/C_V	不同保证率 P 对应的流量/(m^3/s)				
				20%	50%	75%	90%	97%
4 月	79.1	0.33	3.5	98.3	74.2	59.9	50.5	43.9
5 月	125	0.48	3.5	165	109	81.2	66.4	58.7
6 月	146	0.42	3.5	188	131	100	82.7	72.1
7 月	197	0.49	3.5	261	171	127	104	92.1
8 月	216	0.59	3.5	292	177	126	104	95.8
9 月	233	0.66	3.5	318	180	127	107	101
10 月	189	0.53	3.5	252	160	117	95.6	85.8
11 月	103	0.38	3.5	131	94.4	74.2	61.6	53.5

洮惠渠灌区设计流量 8.2 m^3/s,加大流量 9 m^3/s,实际引水流量 7 m^3/s,取水期为每年 4—11 月。由分析计算结果可知,97%保证率条件下,各月来水在 43.9~101 m^3/s,均能满足洮惠渠灌区的取水保证率要求。从当年灌溉期各月的来水情况看,各月来水在 57.6~126 m^3/s,完全能够满足洮惠渠灌区取水要求。

4.9.2 洮惠渠灌区耗水系数

洮惠渠灌区因地下水埋深较大,灌区不具备地下水监测条件,地下退水参照《洮河流域水资源调查评价成果》中的灌溉水入渗系数进行考虑。

4.9.2.1 典型地块耗水系数

根据前述,本次研究分别在洮惠渠灌区设置一处典型地块,通过引排差法进行耗水系数试验。根据监测试验结果,经计算洮惠渠灌区典型地块耗水系数为0.571。

4.9.2.2 典型灌区耗水系数

本研究对典型灌区等进行了渠系断面、长度、防渗措施、渠床土壤等调查,开展了灌区引退水流量监测试验,在此基础上测算了典型灌区耗水系数,按照引排差试验成果及灌溉入渗补给系数、地下水埋深等相关资料,计算出洮惠渠灌区耗水系数分别为0.761。

4.10 泾河南干渠灌区

4.10.1 泾河南干渠灌区试验监测结果

4.10.1.1 灌区引退水量

根据监测成果,总干渠渠首站引水量为1 078万m^3、跃进渠进水口站引水量689.2万m^3、团结渠进水口站引水量308.8万m^3,灌区全年引水总量为2 076万m^3。引水量统计见表4-81,引水口引水量结构情况见图4-115。泾河各站实测引水流量过程成果见图4-116~图4-118。

表4-81 泾河南干渠灌区各引水口引水量统计

引水口站	引水量/万 m^3	百分比/%
干渠渠首站	1 078	52
跃进渠进水口站	689.2	33
团结渠进水口站	308.8	15
全年引水总量	2 076	100

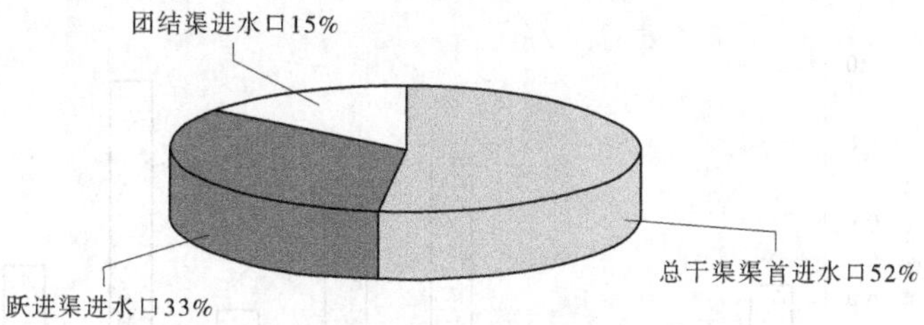

图4-115 泾河南干渠灌区引水口引水量结构图

根据监测,灌区有6处退水,其退水量为:南坡泄水闸站123.8万m^3、吴老沟泄水闸站64.46万m^3、南干渠信河村泄水闸站9.167万m^3、王沟泄水闸站12.65万m^3、白水村泄水闸站230.2万m^3,经过调查崆峒古镇景观湖退水量82.25万m^3。全年退水总量为522.53万m^3。退水口退水量统计见表4-82,退水口退水量结构情况见图4-119。泾河各站实测退水流量过程成果见图4-120~图4-124。

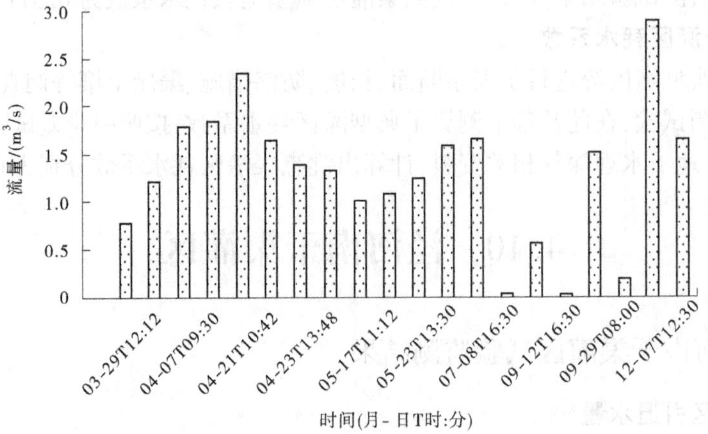

图 4-116　泾河总干渠渠首站实测引水流量过程成果

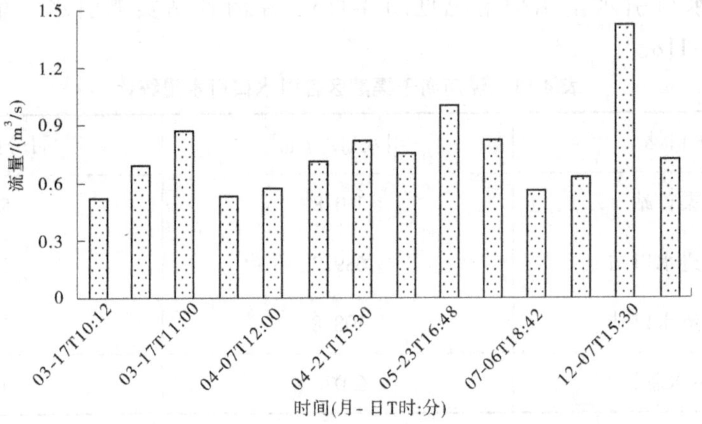

图 4-117　泾河跃进渠进水口站实测引水流量过程成果

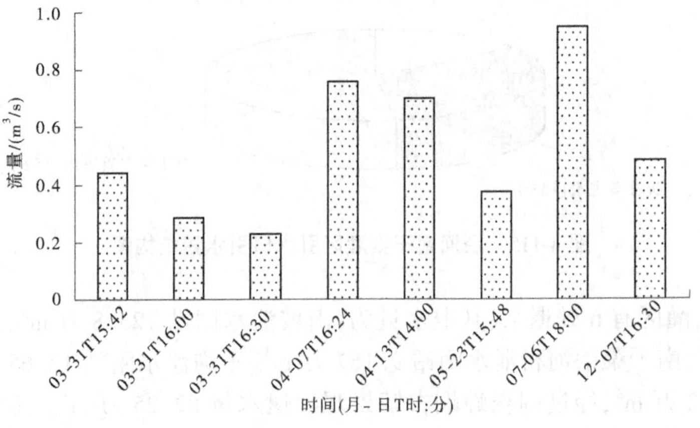

图 4-118　泾河团结渠进水口站实测引水流量过程成果

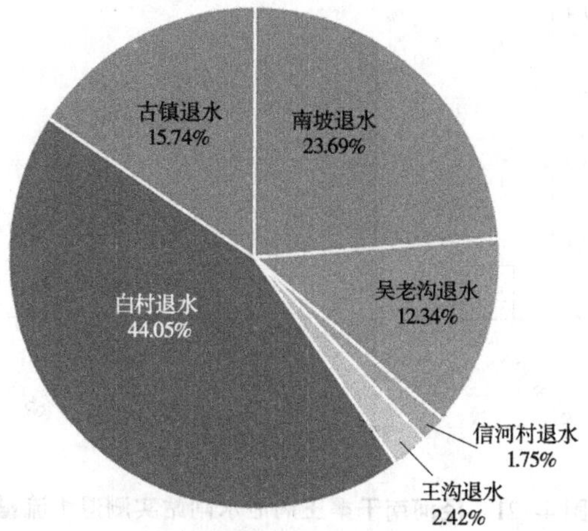

图 4-119 泾河南干渠灌区退水口退水量结构情况图

表 4-82 泾河南干渠灌区各退水口退水量统计

退水口站	退水量/万 m^3	百分比/%
南坡泄水闸站	123.8	23.69
吴老沟泄水闸站	64.46	12.34
南干渠信河村泄水闸站	9.17	1.75
王沟泄水闸站	12.65	2.42
白水村泄水闸站	230.2	44.05
崆峒古镇景观湖	82.25	15.74
全年退水总量	522.53	100

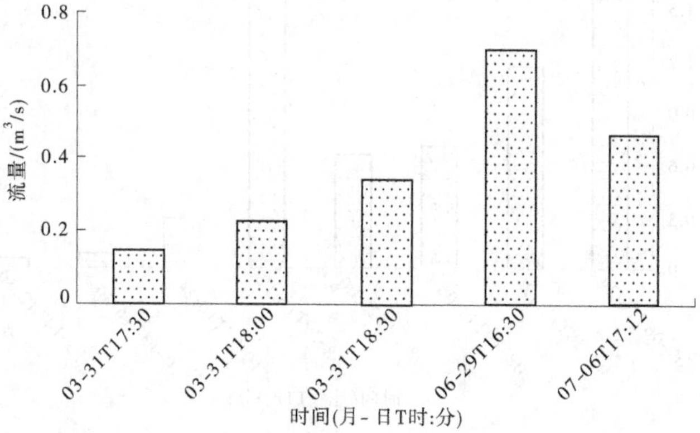

图 4-120 泾河南干渠信河村泄水闸站实测退水流量成果

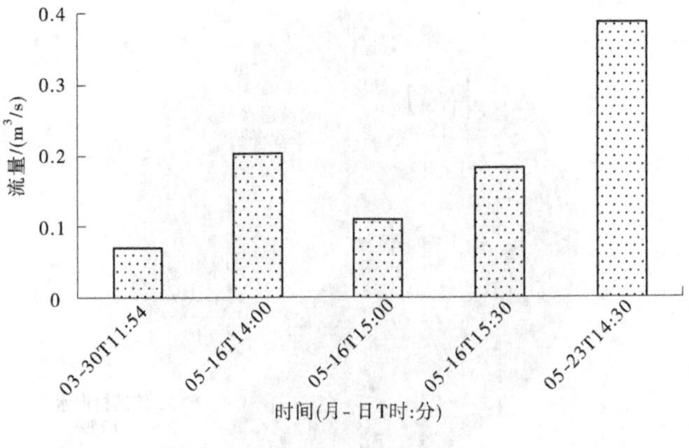

图 4-121　泾河南干渠王沟泄水闸站实测退水流量成果

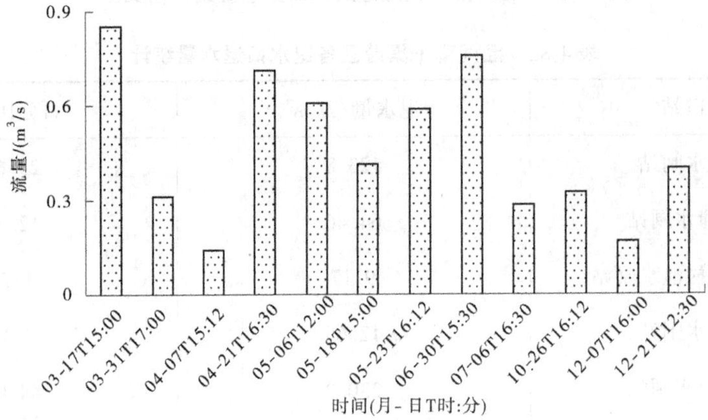

图 4-122　泾河南干渠白水村泄水闸站实测退水流量成果

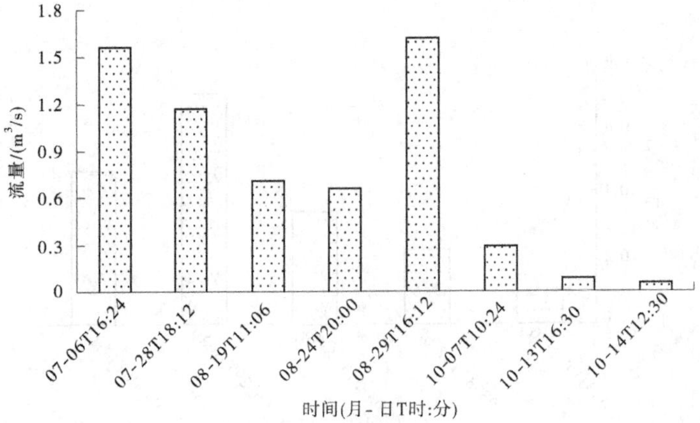

图 4-123　泾河南干渠南坡泄水闸站实测退水流量成果

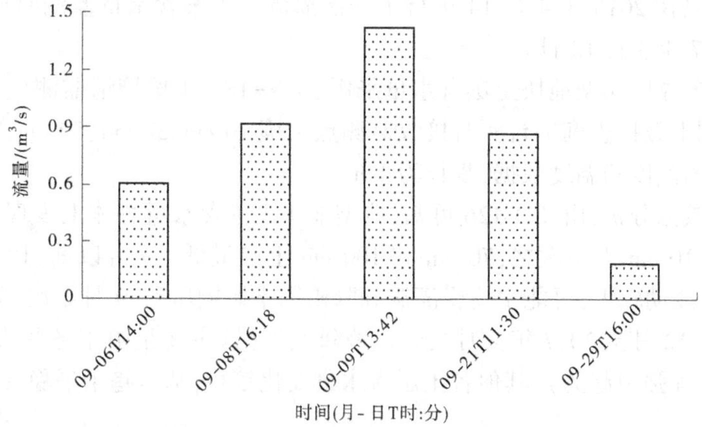

图 4-124 泾河南干渠吴老沟泄水闸站实测退水流量成果

4.10.1.2 典型地块引退水量

泾河南干渠灌区典型地块仅于 2016 年 4 月 14 日引水灌溉一次,无退水。依据典型地块断面水资源监测整编成果,经对典型地块引水口监测断面引水量计算,典型地块引水量 0.190 1 万 m^3。典型地块实测引水流量过程成果见图 4-125。

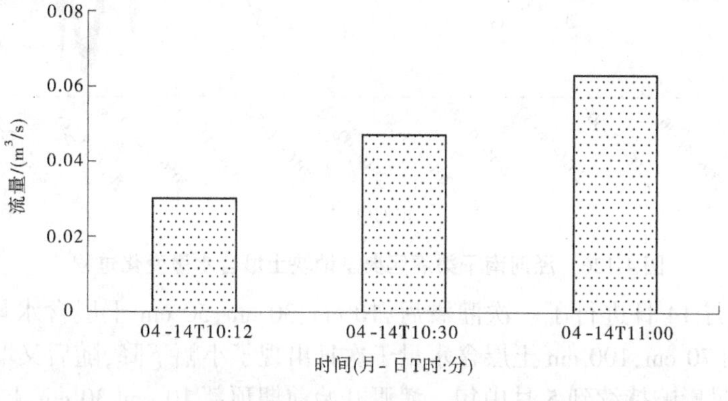

图 4-125 泾河南干渠灌区典型地块实测引水流量过程成果

4.10.1.3 土壤含水量

泾河南干渠灌区典型地块内布设了 1 个土壤含水量监测点,位于崆峒区白水镇马莲村甘肃农业大学试验田内。典型地块土壤类型为黄绵土,土质绵软,粉状结构,土壤质地为重壤或中壤,易耕作,但蓄水性较差。种植作物为玉米。泾河南干渠灌区典型地块土壤含水量监测点基本情况见表 4-83。

表 4-83 泾河南干渠灌区典型地块土壤含水量监测点统计

名称	位置	纬度	经度	作物种类
KTX-TR	马莲村	35°27′19.8″	106°56′42.9″	玉米

典型地块只在2016年4月14进行了一次灌溉。土壤含水量监测时段为2016年3月30日至2017年3月12日。

泾河南干渠灌区典型地块土壤含水量采用ARN-TSC土壤墒情监测设备开展土壤墒情自动监测,网上数据查询平台实时接收监测点土壤10 cm、30 cm、50 cm、70 cm、100 cm五处不同深度的湿度和温度数据,步长为1 h。

根据监测数据分析,由图4-126可知,典型地块土壤含水量总体上表现为30 cm土层最高、50 cm和10 cm土层次之,70 cm和100 cm土层最低。9月以前,10 cm、30 cm、50 cm土层含水量波动较大,可能主要受灌溉和降雨因素影响所致,9月至次年3月除10 cm土层在2016年12月至2017年2月之间显著降低外(这主要是由于冬季天气寒冷、风力较大,蒸发作用加强引起的),其他各土层含水量变化较小,基本趋于平稳。

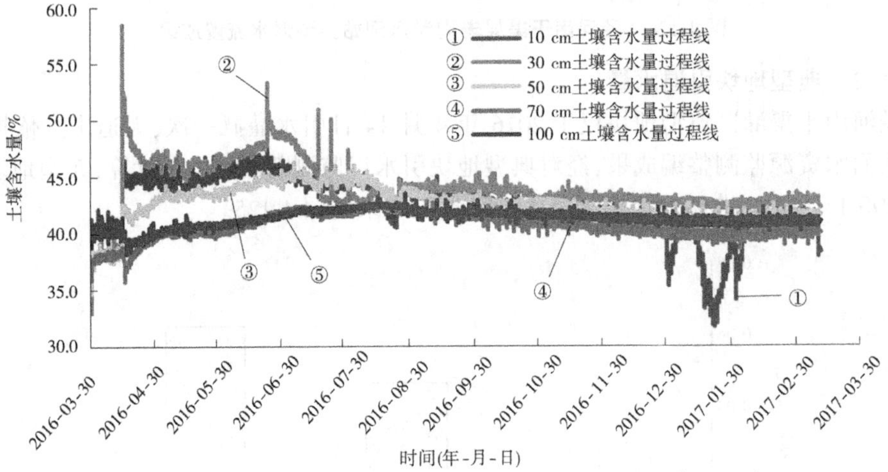

图4-126 泾河南干渠灌区典型地块土壤含水量变化过程

2016年4月14日进行了一次灌溉后,10 cm、30 cm、50 cm土层含水量均于当日18时明显增大,而70 cm、100 cm土层含水量于次日出现了小幅下降,随后又增大的情况,此次灌溉对含水量影响持续到5月中旬。灌溉开始前期顶部10 cm、30 cm土层的含水量先达到最大值,由于灌溉水量首先使中上部土层的含水量达到田间持水量以后,才向底部运动,所以50 cm以下的中下部土层变化较为缓慢,明显滞后。各土层含水量变化反映了一次灌溉过程,与灌溉期一致。

4.10.1.4 降水

1. 雨量站点分布

泾河南干渠灌区内现布设有窑峰头雨量站1处,从窑峰头雨量站的分布来看,窑峰头站能够代表南干渠灌区上段区域的降水情况。

在现有的1处雨量站中,窑峰头站距离典型地块较近(4.6 km),基本能够代表典型地块的降水情况。窑峰头雨量站基本情况见表4-84。

2. 年降水量分析

降水量丰平枯水年标准,通常用保证率划分丰平枯水年。降水系列一般服从P-Ⅲ型概率分布,采用频率分析法确定统计参数和各频率设计值作为划分丰平枯水年标准。降水量丰平枯水年划分标准见表 4-85,窑峰头水文站历年降水量系列频率适线见图 4-127。

表 4-84　窑峰头雨量站基本情况

代表区域	站名	坐标		设立年份	地点
		东经	北纬		
灌区上段	窑峰头	106°55′	35°29′	1975 年	甘肃省平凉市崆峒区四十里铺镇窑峰头村

表 4-85　降水量丰平枯水年划分标准

丰平枯级别	划分标准 P
特丰水年	$P>20\%$
丰水年	$P\leqslant 20\%$
偏丰水年	$20\%<P<50\%$
平水年	$P=50\%$
枯水年	$50\%<P\leqslant 75\%$
偏枯水年	$75\%<P\leqslant 95\%$
特枯水年	$P>95\%$

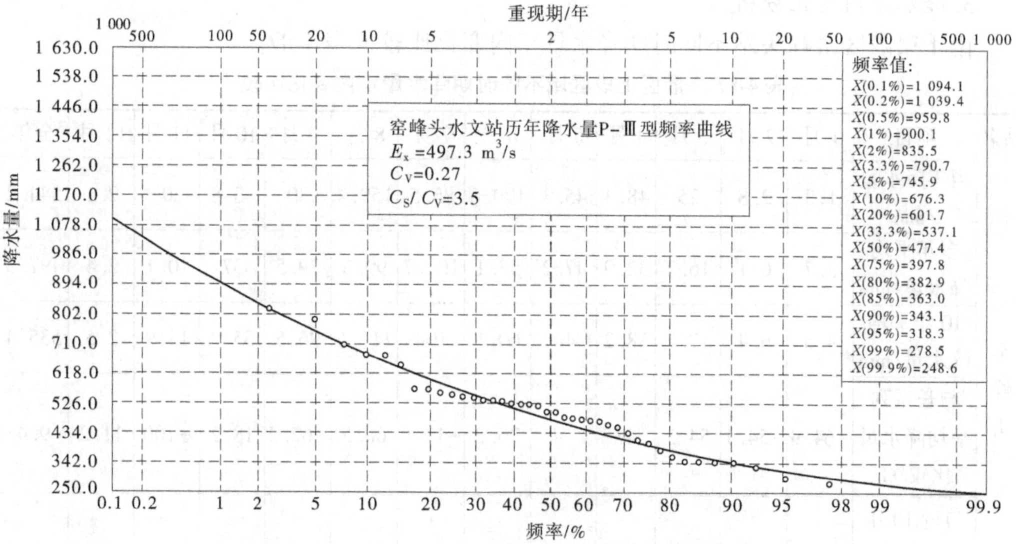

图 4-127　窑峰头水文站年降水量系列频率适线

2016 年窑峰头站降水量为 544. 2 mm,平水年降水量为 477. 4 mm,大于平水年 $P=50\%$的划分标准,所以 2016 年总体上属偏丰水年份。南干渠灌区窑峰头站不同保证率年平均降水量计算成果见表 4-86,年降水量与多年均值比较见图 4-128。

表 4-86　窑峰头站不同保证率年平均降水量计算成果

均值/mm	C_V	C_S/C_V	不同保证率 P 对应的降水量/mm				
			20%	50%	75%	90%	95%
497.3	0.27	3.5	601.7	477.4	397.8	343.1	318.3

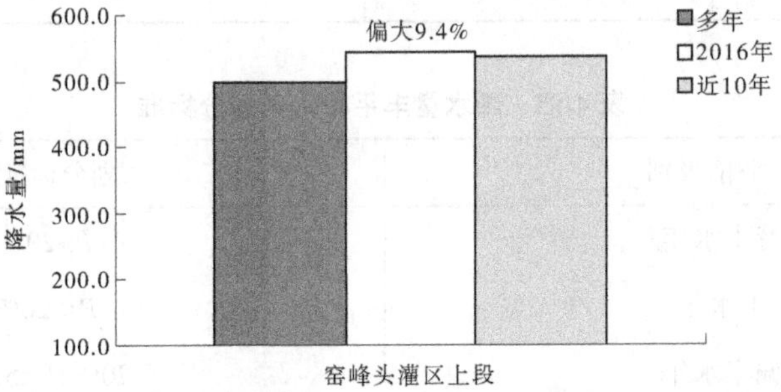

图 4-128　南干渠灌区当年降水量与多年均值比较柱状

从上面图表可以看出，位于灌区上段区域的窑峰头站当年降水量 544.2 mm，与多年均值 497.3 mm(1976—2016 年)比较，相对偏大 9.4%，较近 10 年平均值偏大 1.6%，降水量主要集中在 4—10 月，占全年降水量的 84.5%。

窑峰头站降水量监测资料表明，当年南干渠灌区上段区域、典型地块附近属于偏丰水年份。

3. 降水年内变化分析

南干渠灌区窑峰头站不同时期降水量年内变化比较见表 4-87。

表 4-87　灌区上段区域不同时期降水量年内变化比较

站名	项目	1月	2月	3月	4月	5月	6月	7月	8月	9月	10月	11月	12月	全年
窑峰头	当年降水量/mm	1.3	2.8	25	48.4	45.3	100.6	85.5	159.4	30	43.8	0	2.1	544.2
	多年平均降水量/mm	3.7	6.1	16.2	32.9	47.2	57.1	106.7	99.3	79.5	37	10.1	2.4	497.3
	10年平均降水量/mm	4.5	6.4	17.7	38.2	44	60.1	104	111.6	96.5	35.9	13.9	2.5	535.4
	与长系列平均降水量比较/%	-64.9	-54.1	54.5	47	-4	76.2	-19.9	60.5	-62.2	18.2	-100	11.2	9.4
	与近10年平均降水量比较/%	-71.1	-56.2	41.2	26.7	3	67.4	17.8	42.8	-68.9	21.9	-100	-15.7	-1.6

从窑峰头站降水的年内变化来看，当年降水量主要集中在汛期的 4—10 月，占全年的 84.5%，其他月份仅占 15.5%；与多年平均情况比较可看出，在 3—11 月灌溉期间，6 月、8

月降水量分别较常年同期偏多76.2%和60.5%，9月偏少62.2%，11月无降水。按照月尺度标准：6月、8月属于丰水月份，9月、11月属于枯水月份，其他月份基本正常。经与近10年均值比较，从距平百分数来看，与多年比较情况基本一致。

通过对位于南干渠灌区上段区域的窑峰头站当年降水量与多年和近10年平均情况的年内变化比较，总体上来看，南干渠灌区上段区域6月、8月属丰水月份，9月、11月属于枯水月份，其他月份基本正常。窑峰头站降水量年内变化见图4-129。

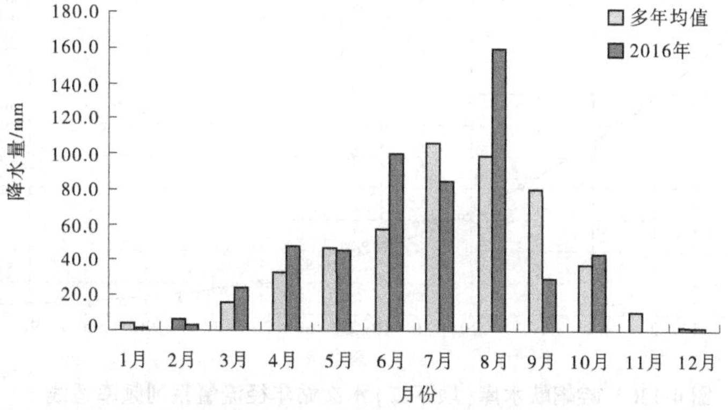

图4-129 南干渠灌区上段区域窑峰头水文站降水量年内变化柱状图

4.10.1.5 水源供水流量

1.年径流量分析

1)径流量丰平枯水年标准

通常用保证率划分丰平枯水年。径流系列一般服从P-Ⅲ型概率分布，采用频率分析法确定统计参数和各频率设计值作为划分径流量丰平枯水年标准。丰平枯级别及划分标准见表4-88。

表4-88 径流量丰平枯水年划分标准

丰平枯级别	划分标准
特丰水年	$P \leq 12.5\%$
偏丰水年	$12.5\% < P \leq 37.5\%$
平水年	$37.5\% < P \leq 62.5\%$
偏枯水年	$62.5\% < P \leq 87.5\%$
特枯水年	$P > 87.5\%$

2)年径流量分析

南干渠灌区引水口处崆峒峡水库(坝下二)水文站始设于1977年，现有1977—2016年完整的月年径流资料，因此，采用崆峒峡水库(坝下二)站40站年径流系列资料进行统计分析。崆峒峡水库(坝下二)站年径流量系列频率适线如图4-130所示，计算结果见

表 4-89。

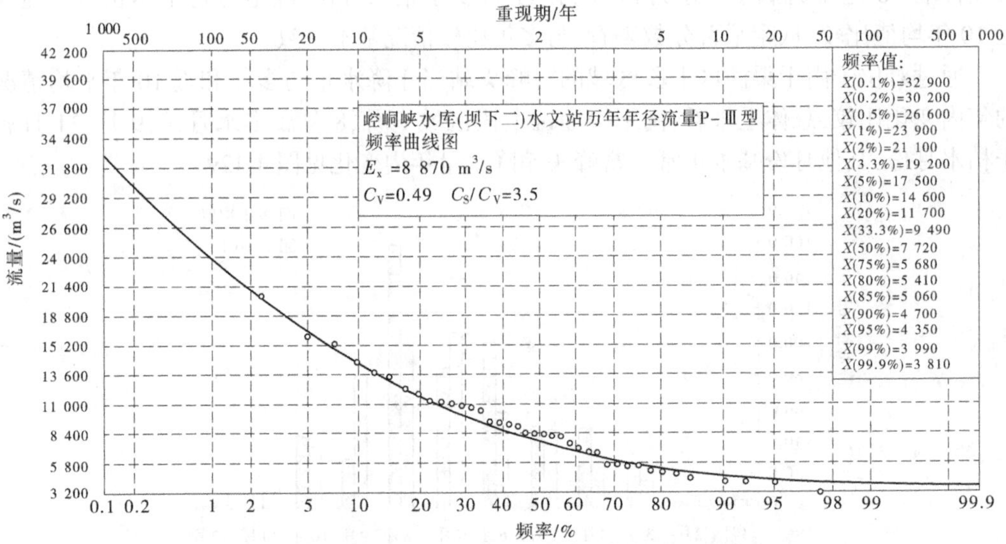

图 4-130　崆峒峡水库(坝下二)水文站年径流量系列频率适线

表 4-89　崆峒峡水库(坝下二)站不同保证率年平均流量计算成果

均值/万 m³	C_V	C_S/C_V	不同保证率 P 对应的径流量/万 m³				
			20%	50%	75%	90%	95%
8 870	0.49	3.5	11 700	7 720	5 680	4 700	4 350

崆峒峡水库(坝下二)站当年来水量 4 204 万 m³,与该站不同保证率计算成果比较,当年来水量的频率大于 87.5%,因此,当年属特枯水年份。

平凉水文站始设于 1974 年,处于泾河干流总干渠渠首下游约 12 km 处,现有 1974—1981、1997—2016 年完整的月年径流资料,因此,采用平凉站 28 站年径流系列资料进行统计分析。平凉站年径流量系列频率适线如图 4-131 所示,计算结果见表 4-90。

表 4-90　平凉站不同保证率年平均流量计算成果

均值/万 m³	C_V	C_S/C_V	不同保证率 P 对应的径流量/万 m³				
			20%	50%	75%	90%	95%
10 900	0.95	2.5	16 500	7 300	3 820	2 620	2 400

平凉站当年来水量 2 719 万 m³,与该站不同保证率计算成果比较,当年来水量大于 87.5%,因此,当年属特枯水年份。

南干渠灌区引水口处窑峰头水文站始设于 1975 年,处于泾河支流跃进渠上游约 2.62 km 处,现有 1976—1998 年、2009—2016 年完整的月年径流资料,因此,采用窑峰头站 31 站年径流系列资料进行统计分析。窑峰头站年径流量系列频率适线如图 4-132 所示,计算结果见表 4-91。

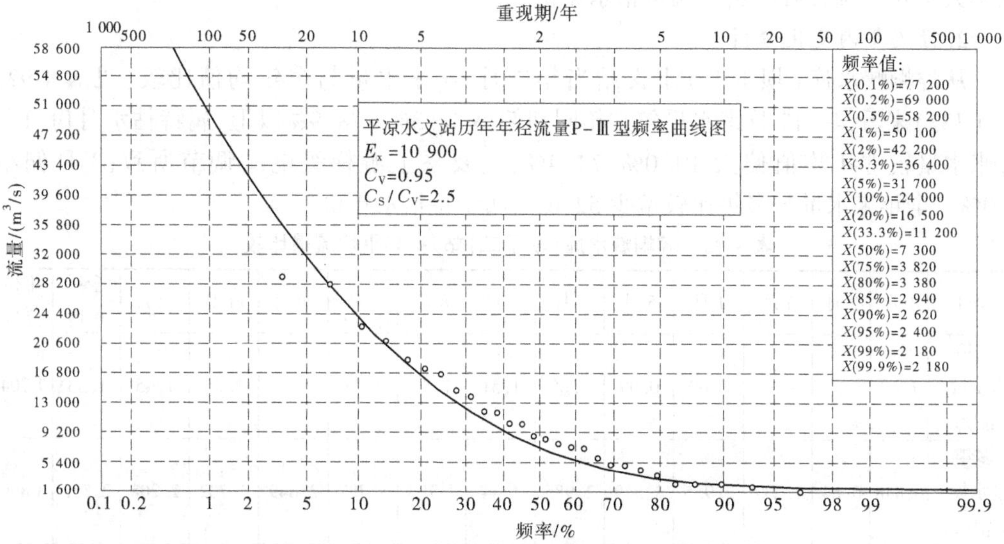

图 4-131 平凉水文站年径流量系列频率适线

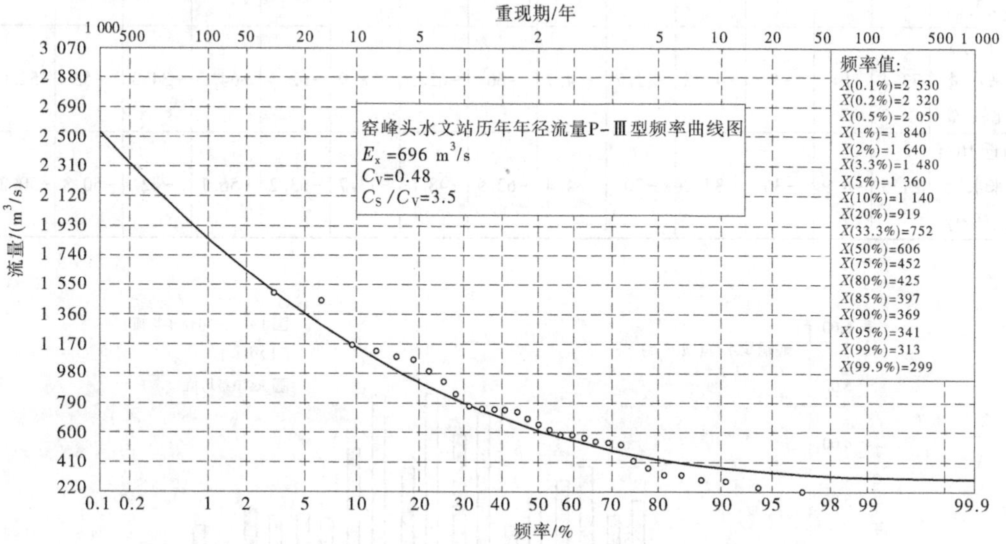

图 4-132 窑峰头水文站年径流量系列频率适线

表 4-91 窑峰头站不同保证率年平均流量计算成果

均值/万 m^3	C_V	C_S/C_V	不同保证率 P 对应的径流量/万 m^3				
			20%	50%	75%	90%	95%
696	0.48	3.5	919	606	452	369	341

窑峰头站当年来水量 322.2 万 m^3，与该站不同保证率计算成果比较，当年来水量的

频率大于 87.5%，因此，当年属特枯水年份。

2. 径流年内变化分析

从崆峒峡水库（坝下二）水文站当年逐月、年来水量与多年均值比较（见表 4-92、图 4-133）来看，4—12 月来水量较常年同期偏小 34.3%~78.9%以上，属特枯水月份；1、2 月来水量较常年均值偏大 19.0%、73.4%，主要系上游梯级电站调节所致；3 月偏小 9.0%。全年来水量与多年比较偏少 52.6%，属于特枯水年份。

表 4-92　崆峒峡水库（坝下二）站月、年平均流量比较

项目	1月	2月	3月	4月	5月	6月	7月	8月	9月	10月	11月	12月	全年平均	年径流量
当年来水量/(m^3/s)	1.47	1	1.12	1.69	0.99	1.65	1.51	1.81	1.01	1	1.23	1.45	1.33	4 204
多年来水量/(m^3/s)	0.848	0.84	1.237	2.955	3.549	2.985	4.44	4.784	4.787	2.649	2.702	2.208	2.832	8 866
近 10 年来水量/(m^3/s)	1.21	1.05	1.750 4	2.69	3.295 1	2.52	4.065 2	3.52	3.846 8	2.72	2.8	2.502	2.664	8 438
与长系列来水量比较/%	73.4	19	-9	-42.8	-72.7	-44.7	-66	-62.2	-78.9	-62.3	-64.5	-34.3	-53	-52.6
与近 10 年来水量比较/%	21.5	-4.9	-36	-37.2	-70	-34.4	-62.9	-48.6	-73.7	-63.2	-56.1	-42	-50.3	-50.2

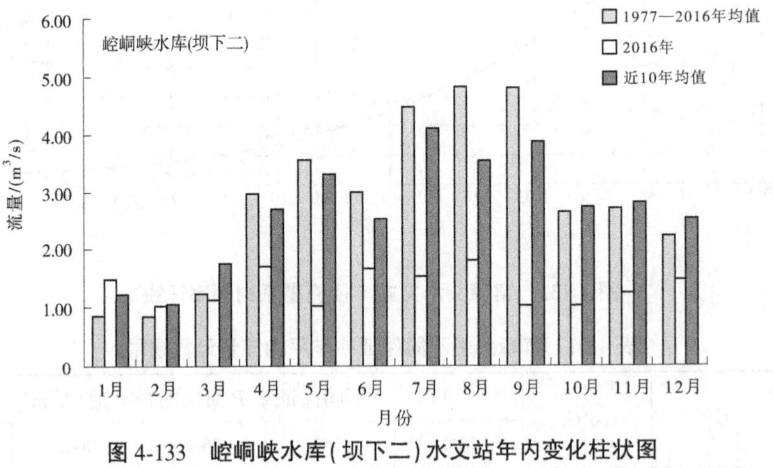

图 4-133　崆峒峡水库（坝下二）水文站年内变化柱状图

当年逐月、年来水量与近 10 年比较情况来看，当年 5 月、7 月、9 月、10 月、11 月来水量近 10 年同期偏小 56.1%~73.7%，属特枯水月份；3 月、4 月、6 月、8 月、12 月偏小 34.4%~48.6%，属枯水月份；1 月较当年同期偏大 21.5%，2 月来水基本正常。全年来水量与当年比较偏少 50.2%,属特枯水年份。

从平凉水文站当年逐月、年来水量与多年均值比较(见表 4-93、图 4-134)来看,1—11 月来水量较常年同期偏小 52.4%~87.8%以上,属特枯水月份;12 月来水量较常年均值偏小 38.7%,属特枯水月份;全年来水量与多年比较偏少 75.0%,属于特枯水年份。

表 4-93　平凉站月、年平均流量比较

项目	1月	2月	3月	4月	5月	6月	7月	8月	9月	10月	11月	12月	全年平均	年径流量
当年来水量/(m^3/s)	0.587	0.538	0.705	0.398	0.359	0.872	0.998	1.08	1.02	0.947	1.48	1.32	0.86	2 719
多年来水量/(m^3/s)	1.233	1.267	1.508	1.716	2.049	2.239	4.801	5.542	8.336	6.288	3.839	2.153	3.414	10 864
近 10 年来水量/m^3/s	1.54	1.3	1.467	1.389	2.6	2.56	4.866	4.185	5.383	4.17	4.12	2.183	2.980	9 432
与长系列来水量比较/%	-52.4	-57.5	-53.3	-76.8	-82.5	-61.1	-79.2	-80.5	-87.8	-84.9	-61.4	-38.7	-75.5	-75
与近 10 年来水量比较/%	-61.8	-58.6	-51.9	-71.3	-86.2	-65.9	-79.5	-74.2	-81.1	-77.3	-64	-39.5	-71.2	-71.2

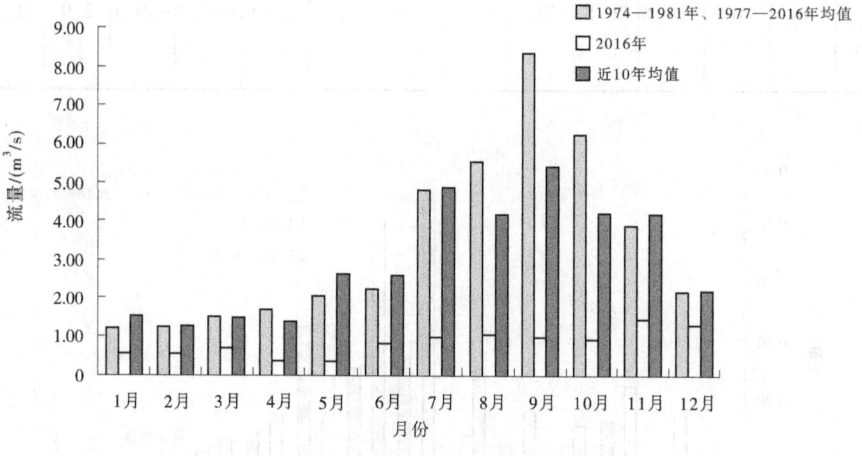

图 4-134　平凉水文站年内变化柱状图

当年逐月、年来水量与近 10 年比较情况来看,当年 1—11 月来水量较近 10 年同期偏小 51.9%~86.2%,属特枯水月份;12 月来水量较当年均值偏小 39.5%,属特枯水月份;全年来水量与当年比较偏少 71.2%,属于特枯水年份。

从窑峰头水文站当年逐月、年来水量与多年均值比较(见表 4-94、图 4-135)来看,3 月、4 月、6 月、7 月、8 月、11 月来水量较常年同期偏小 22.1%~49.6%,属枯水月份;1 月、2 月、5 月、9 月、10 月来水量较常年均值偏小 60.1%~100%以上,属于特枯水月份;12 月份来水量较常年均值偏小 16.9%,属偏枯水月份;全年来水量与多年比较偏少 53.7%,属于特枯水年份。

表 4-94 窑峰头水文站月、年平均流量比较

项目	1 月	2 月	3 月	4 月	5 月	6 月	7 月	8 月	9 月	10 月	11 月	12 月	全年平均	年径流量
当年流量/(m^3/s)	0	0	0.124	0.117	0.034	0.132	0.295	0.252	0.042	0.068	0.093	0.059	0.101	322.2
多年流量/(m^3/s)	0.039	0.166	0.217	0.15	0.174	0.248	0.541	0.5	0.323	0.171	0.126	0.071	0.227	696.2
近 7 年流量/(m^3/s)	0	0.053 5	0.158	0.097	0.118	0.079	0.271	0.247	0.321	0.139	0.104	0.015	0.134	422.7
与长系列流量比较/%	-100	-100	-42.8	-22.1	-80.5	-46.8	-45.5	-49.6	-87	-60.1	-26.2	-16.9	-54.8	-53.7
与近 7 年流量比较/%	0	-100	-21.6	20.8	-71.1	66.8	8.9	2	-86.9	-51.2	-10.3	2.9	-23.9	-23.8

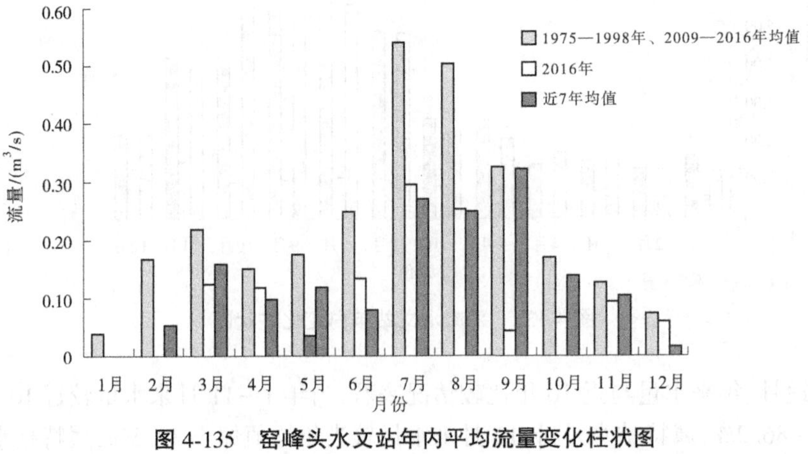

图 4-135 窑峰头水文站年内平均流量变化柱状图

当年逐月、年来水量与近 7 年比较情况来看,当年 6 月、12 月来水量较近 7 年均值偏

大66.8%~290%以上,属特丰水月份;2月、5月、9月、10月较当年均值偏小51.2%~100%,属特枯水月份;4月较常年同期偏大20.8%,其余月份来水基本正常。全年来水量与当年比较偏少23.8%,属枯水年份。

3. 供水流量分析

依据崆峒峡水库(坝下二)站1977—2016年月径流系列资料,对南干渠灌区3—12月灌溉期间水源供水流量进行统计分析。崆峒峡水库(坝下二)站、平凉站、窑峰头站不同保证率相应的月平均流量计算结果见表4-95~表4-97。总干渠、跃进渠、团结渠、崆峒峡水库(坝下二)站、平凉站、窑峰头站2016年月、年流量对照见表4-98。

表4-95 崆峒峡水库(坝下二)站不同保证率月平均流量计算成果

时段	均值/(m^3/s)	C_V	C_S/C_V	不同保证率 P 对应的流量/(m^3/s)				
				20%	50%	75%	90%	95%
3月	1.24	0.76	3.5	1.76	0.918	0.583	0.459	0.434
4月	2.95	0.38	3.0	3.75	2.71	2.12	1.77	1.62
5月	3.55	0.68	3.5	5.01	2.80	1.85	1.42	1.28
6月	2.99	0.48	3.0	3.95	2.60	1.94	1.58	1.47
7月	4.44	0.89	3.0	6.35	2.97	1.86	1.55	1.51
8月	4.78	0.96	3.0	6.84	3.01	1.91	1.63	1.58
9月	4.79	0.92	3.0	6.85	3.11	1.96	1.68	1.63
10月	2.65	0.88	3.0	3.79	1.78	1.11	0.928	0.901
11月	2.70	0.66	3.0	3.78	2.16	1.43	1.11	0.999
12月	2.21	0.54	3.0	3.01	1.90	1.35	1.04	0.906

表4-96 平凉站不同保证率月平均流量计算成果

时段	均值/(m^3/s)	C_V	C_S/C_V	不同保证率 P 对应的流量/(m^3/s)				
				20%	50%	75%	90%	95%
3月	1.51	0.80	3.0	2.16	1.09	0.695	0.544	0.513
4月	1.72	0.92	3.0	2.46	1.12	0.705	0.602	0.585
5月	2.05	0.98	3.0	2.91	1.25	0.799	0.697	0.677
6月	2.24	0.81	3.0	3.20	1.59	1.01	0.806	0.762
7月	4.80	1.08	2.5	7.30	2.83	1.44	1.06	1.01
8月	5.54	1.02	2.5	8.42	3.49	1.77	1.27	1.16
9月	8.34	1.11	2.5	12.7	4.75	2.42	1.83	1.75
10月	6.29	1.12	2.5	9.56	3.59	1.76	1.32	1.26
11月	3.84	1.02	2.5	5.84	2.42	1.23	0.883	0.806
12月	2.15	0.88	3.0	3.07	1.44	0.903	0.752	0.731

表 4-97　窑峰头站不同保证率月平均流量计算成果

时段	均值/(m^3/s)	C_V	C_S/C_V	不同保证率 P 对应的流量/(m^3/s)				
				20%	50%	75%	90%	95%
3 月	0.217	0.33	3.5	0.269	0.204	0.166	0.139	0.126
4 月	0.150	0.58	3.0	0.207	0.126	0.087	0.066	0.060
5 月	0.174	0.86	3.0	0.249	0.118	0.075	0.061	0.059
6 月	0.248	0.86	3.0	0.355	0.156	0.099	0.084	0.082
7 月	0.541	1.36	2.5	0.790	0.238	0.124	0.108	0.108
8 月	0.500	0.87	3.0	0.715	0.340	0.215	0.175	0.170
9 月	0.323	0.90	3.0	0.462	0.213	0.136	0.113	0.110
10 月	0.171	0.78	3.0	0.245	0.125	0.079	0.063	0.060
11 月	0.126	0.63	3.0	0.176	0.103	0.069	0.053	0.048
12 月	0.071	0.74	3.0	0.101	0.053	0.034	0.027	0.025

从表 4-95~表 4-97 综合分析来看,总干渠渠首站设计流量 7.0 m^3/s,加大流量 8.5 m^3/s,实际引水流量 7.0 m^3/s,取水期为每年 3—12 月。由分析计算结果可知,崆峒峡水库(坝下二)站 95%保证率条件下,各月入库水量在 0.434~1.63 m^3/s,从当年总干渠灌溉期各月的来水情况看,各月引水在 0.049~1.39 m^3/s,所以崆峒峡水库(坝下二)站的各月入库水量完全能够满足总干渠渠首站的取水要求。

表 4-98　各站月、年流量对照表

站名	3 月	4 月	5 月	6 月	7 月	8 月	9 月	10 月	11 月	12 月	年径流量/万 m^3
总干渠	0.149	1.39	0.379	0	0.333	0.374	0.414	0.049	0	0.996	−1 078
崆峒峡水库(坝二)	1.12	1.69	0.99	1.65	1.51	1.81	1.01	1	1.23	1.45	4 204
平凉	0.705	0.398	0.359	0.872	0.998	1.08	1.02	0.947	1.48	1.32	2 719
窑峰头	0.124	0.117	0.034	0.132	0.295	0.252	0.042	0.068	0.093	0.059	322.2
合计	0.829	0.515	0.393	1.004	1.293	1.332	1.062	1.015	1.573	1.379	3 041.2
跃进渠	0.325	0.475	0.455	0.049	0.207	0	0	0.083	0.34	0.667	−689.2
团结渠	0.06	0.244	0.232	0.038	0.148	0.05	0	0	0.098	0.295	−308.8
合计	0.385	0.719	0.687	0.087	0.355	0.05	0	0.083	0.438	0.962	998

跃进渠设计流量 1.5 m^3/s,团结渠设计流量 1.2 m^3/s,取水期均为每年 3—12 月。平凉站距跃进渠 28.2 km,窑峰头站距跃进渠 2.62 km,窑峰头站距入泾河口距离 1.41 km,跃进渠距团结渠 7.08 km,由分析计算结果可知,平凉站、窑峰头 95%保证率条件下,各月入库水量在 0.513~1.76 m^3/s,从当年跃进渠灌溉期各月的引水情况看,各月引水量在 0.049~0.667 m^3/s,团结渠灌溉期各月引水量在 0.038~0.295 m^3/s,平凉站和窑峰头站的各月、年来水量均大于跃进渠和团结渠的取水总量,所以灌溉期各月来水量完全能够满

足跃进渠和团结渠的取水要求。

4.10.2 泾河南干渠灌区耗水系数

4.10.2.1 典型地块耗水系数

根据前述,本次研究在泾河南干渠灌区设置一处典型地块,通过引排差法进行耗水系数试验。根据监测试验结果,经计算泾河南干渠灌区典型地块耗水系数为 0.880。

4.10.2.2 典型灌区耗水系数

本研究对典型灌区等进行了渠系断面、长度、防渗措施、渠床土壤等调查,开展了灌区引退水流量监测试验,在此基础上测算了典型灌区耗水系数,按照引排差试验成果及灌溉入渗补给系数、地下水埋深等相关资料,计算出泾河南干渠灌区耗水系数为 0.668。

4.11 景电泵站灌区

4.11.1 景电泵站灌区试验监测结果

4.11.1.1 灌区引退水量

景电工程渠首引水量和退水量统计结果见表 4-99~表 4-101。一期从 4 月开始提水,二期从 3 月开始主要供民勤生态用水,从民勤分水断面计量 2016 年引水量为 7 940 万 m^3。其

表 4-99 景电泵站灌区 2016 年引水量统计 单位:万 m^3

月份	合计		一期		二期灌区					
					小计		二期灌区		民调	
	引水量	平均流量	引水量	平均流量	引水量	平均流量	引水量	平均流量	引水量	平均流量
1月										
2月										
3月	553	2.46			553	2.46	20	0.43	534	2.43
4月	3 221	13.26	709	3.57	2 512	9.69	775	3.74	1 737	6.70
5月	5 993	22.38	1 833	6.84	4 161	15.53	2 458	9.37	1 703	6.36
6月	8 180	31.56	2 842	10.97	5 338	20.59	5 338	20.61		
7月	8 408	31.39	2 819	10.53	5 589	20.87	5 589	20.87		
8月	7 800	29.79	2 575	10.28	5 226	19.51	4 055	15.04	1 171	4.37
9月	566	4.68	0		566	4.68	25	0.69	541	4.72
10月	4 199	20.85	1 000	8.90	3 199	11.94	2 184	8.81	1 015	3.79
11月	7 045	28.30	2 469	10.65	4 575	17.65	3 335	12.64	1 240	4.78
12月										
合计	45 966	20.52	14 247	7.72	31 719	13.66	23 779	10.24	7 940	4.74

表 4-100 景电灌区引、退水量统计 单位:万 m³

断面名称	引水量	断面名称	退水量
一期工程	14 247.7	东风村	2 653.2
二期工程	31 719.5	兴水村	435.7
其中:民调	7 940.4	管理房后	17.0
合计	45 967.2	合计	3 105.9

表 4-101 灌区退水量监测计算成果

月份	平均流量/(m^3/s)				退水口水量/(m^3)			
	JD-TS1(五佛乡兴水村)	JD-TS2(芦阳镇东风村)	JD-TS3(二期总一泵管理房后)	小计	JD-TS1(五佛乡兴水村)	JD-TS2(芦阳镇东风村)	JD-TS3(二期总一泵管理房后)	小计
1	0.051	1.136	0.005	1.192	137 722	3 041 021	13 919	3 192 662
2	0.048	1.097	0.005	1.150	121 738	2 748 038	13 021	2 882 797
3	0.072	1.016	0.009	1.097	192 413	2 732 198	24 581	2 949 192
4	0.092	0.725	0.005	0.822	239 398	1 878 997	12 010	2 130 405
5	0.130	0.603	0.005	0.738	347 537	1 616 929	13 478	1 977 944
6	0.174	0.525	0.005	0.704	451 286	1 361 119	12 960	1 825 365
7	0.171	0.585	0.005	0.761	458 627	1 567 453	13 392	2 039 472
8	0.133	0.638	0.005	0.776	354 797	1 710 030	13 392	2 078 219
9	0.125	1.029	0.005	1.159	322 728	2 666 199	12 960	3 001 887
10	0.165	0.958	0.005	1.128	441 389	2 566 425	13 392	3 021 206
11	0.324	0.652	0.005	0.981	840 664	1 689 137	13 475	2 543 276
12	0.167	1.103	0.005	1.275	448 515	2 954 092	13 392	3 415 999
合计	0.138	0.839	0.005	0.982	4 356 813	26 531 638	169 972	31 058 424

中二期在总七泵站与总八泵站间供内蒙古部分供水用水。一期与二期交叉供水分界线大致在总七泵站,为黄河水系与石羊河流域及沙漠的分界线。2016 年一期供水 14 247 万 m³,二期 23 779 万 m³,总计为 45 966 万 m³。各引水口断面逐日平均流量过程见图 4-136~图 4-138。

东风沟位于灌区东南,芦阳镇东风村东,其中娃娃水退水沟在东风村北汇入,2016 年计量退水量为 2 653.2 万 m³,占计量退水量的 85.4%,五佛乡兴水村位于景电取水泵站以北,年退水量为 435.7 万 m³,占计量退水量的 14.0%,二期总一泵管理房后年退水量为

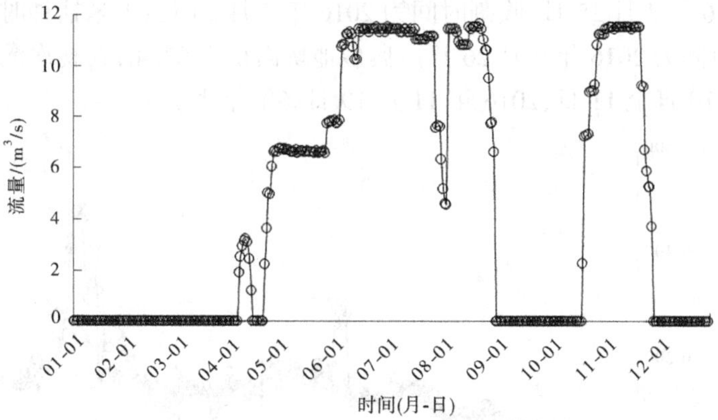

图 4-136 兴水村一期泵站引水口 JD-JS1 断面逐日平均流量过程

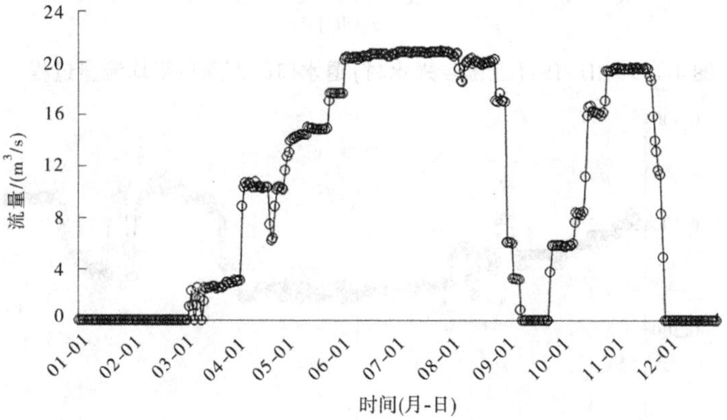

图 4-137 兴水村二期泵站引水口 JD-JS2 断面逐日平均流量过程

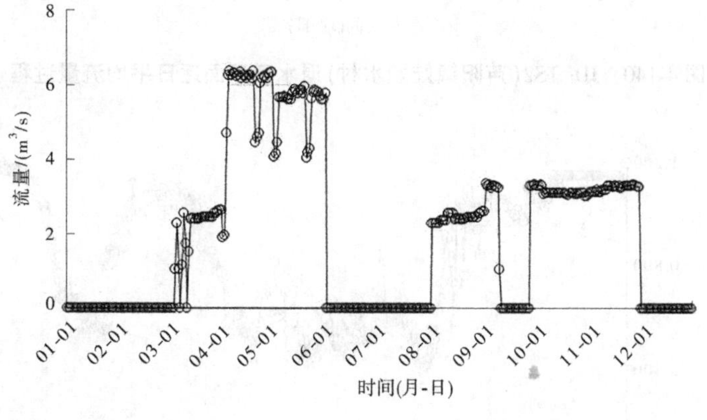

图 4-138 新井村流域外调水(民勤调水)MQ-DS1 断面逐日平均流量过程

17.0 万 m^3,占计量退水量的 0.6%。各退水口断面逐日平均流量过程见图 4-139~图 4-142。

4.11.1.2 典型地块引退水量

景电泵站灌区典型地块位于灌区试验站,种植作物主要有苗木、玉米、小麦等。小麦播种时间为2016年3月25日,收割时间为2016年7月23日;玉米播种时间为2016年4月12日,收割时间为2016年9月26日。典型地块面积为82.4亩,初次灌溉时间(春灌)为2016年4月10日至11日,2016年11月19日冬灌结束。

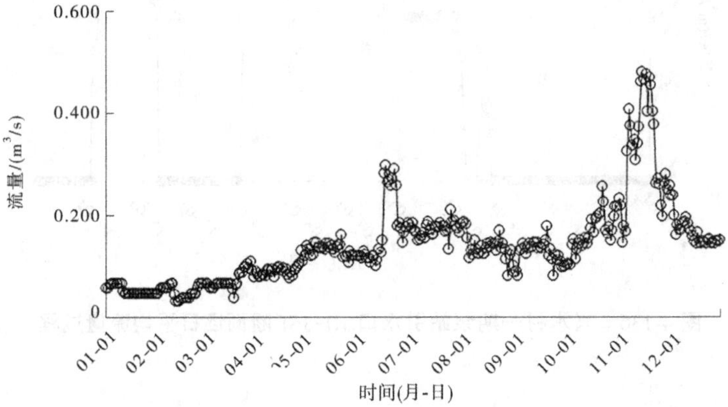

图4-139 JD-TS1(五佛乡兴水村)退水口断面逐日平均流量过程

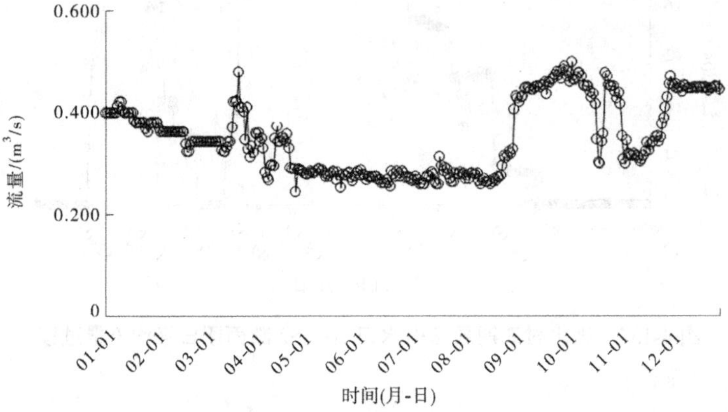

图4-140 JD-TS2(芦阳镇娃娃水村)退水口断面逐日平均流量过程

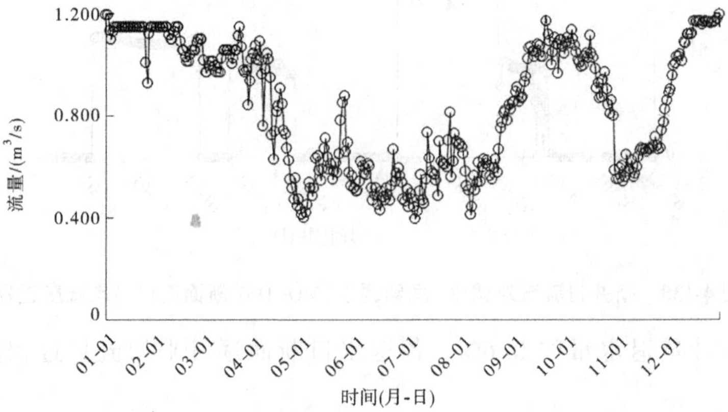

图4-141 JD-TS3(芦阳镇东风村)退水口断面逐日平均流量过程

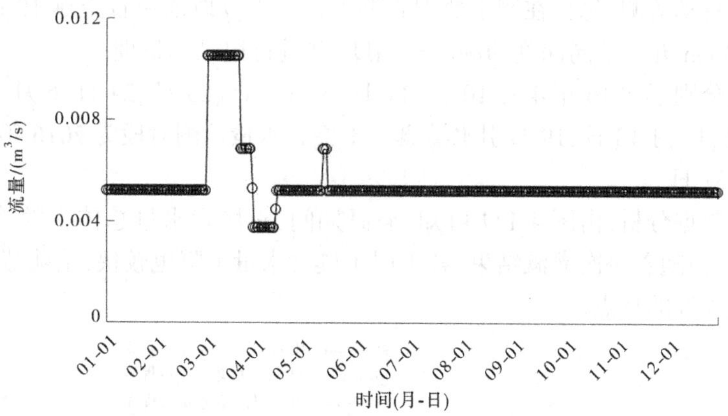

图 4-142　JD-TS4(二期总一泵管理房后)退水口断面逐日平均流量过程

根据景电泵站灌区灌溉试验站 2016 年各种农作物灌溉水量监测情况统计计算,典型地块 2016 年引水量为 3.129 万 m^3,无地表退水。景电泵站灌区典型地块实测引水流量过程成果见图 4-143。

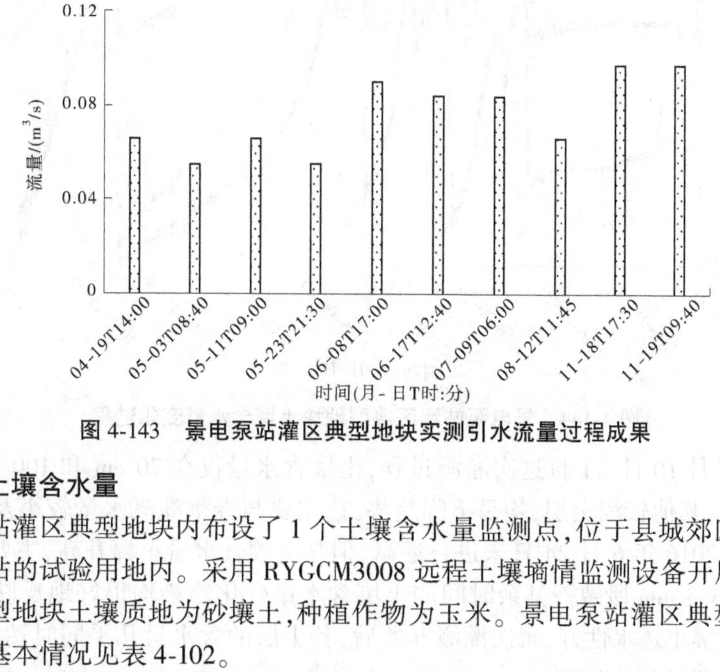

图 4-143　景电泵站灌区典型地块实测引水流量过程成果

4.11.1.3　土壤含水量

景电泵站灌区典型地块内布设了 1 个土壤含水量监测点,位于县城郊区的景电管理局灌溉试验站的试验用地内。采用 RYGCM3008 远程土壤墒情监测设备开展土壤墒情自动监测。典型地块土壤质地为砂壤土,种植作物为玉米。景电泵站灌区典型地块土壤含水量监测点基本情况见表 4-102。

表 4-102　景电泵站灌区典型地块土壤含水量监测点基本情况

名称	位置	纬度	经度	作物种类	测量仪器
JD-TR1	景电管理局灌溉试验站	37°13′1.9″	104°05′19.8″	玉米	RYGCM3008

景电泵站灌区典型地块土壤含水量监测点采用 RYGCM3008 远程土壤墒情监测设备

开展土壤墒情自动监测，每日在网上数据查询平台分别读取前一日土壤 10 cm、30 cm、50 cm、70 cm、100 cm 五处不同深度的湿度和温度，并进行记录和整理。

典型地块分别于 2016 年 4 月 10 日、11 日，5 月 3 日、23 日、24 日，6 月 8 日、17 日，8 月 12 日、13 日，11 月 18 日、19 日引水灌溉。土壤含水量监测时段为 2016 年 3 月 30 日至 2016 年 12 月 31 日。

根据监测数据分析，由图 4-144 可知，灌溉期间，土壤含水量总体上随着土壤深度增加呈上升趋势，但随着每次灌溉结束，各土层土壤含水量下降也较快，呈陡涨陡落趋势，符合砂壤土透水性好的特点。

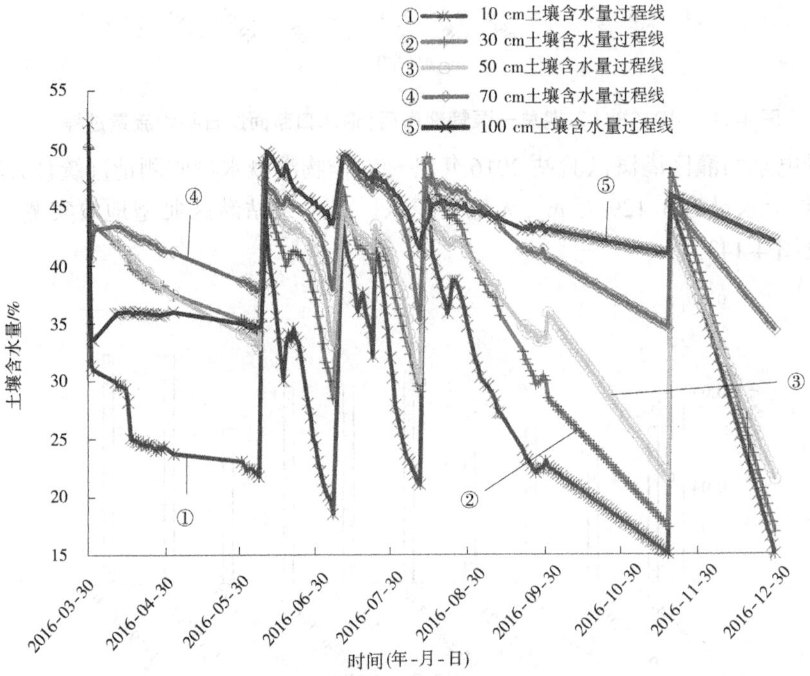

图 4-144　景电泵站灌区典型地块土壤含水量变化过程

2016 年 4 月 10 日、11 日这次灌溉过程，土壤含水量仅在 70 cm 和 100 cm 较深土层稍微有所升高，其他较浅土层，均呈下降趋势，这主要与春季灌溉水量较小及风大蒸发作用强烈有关。2016 年 6 月 24 日未进行灌溉，但是土壤含水量小幅升高，主要由于当日降雨量达到了 66. 3 mm 所致。其余时间的土壤含水量变化趋势均很好地反映了每次灌溉过程。由于砂壤土透水性好，每次灌溉开始后，各土层的含水量几乎同时达到最大值，但最大值滞后于灌溉开始时间。

4. 11. 1. 4　降水

1. 雨量站点分布

景电泵站灌区内现布设有气象站 1 处，位于景泰县城，处于景电泵站灌区中央，能够代表灌区的降水情况。

2. 年降水量分析

本次收集到景泰县气象站 2004—2016 年共 13 年降水资料，其中最大年降水量 299. 5

mm(2007 年),最小年降水量 97.3 mm(2005 年),平均年降水量 171 mm。

1)旱情等级标准

依据《旱情等级标准》(SL 424—2008),采用降水量距平百分率评估农业旱情时,旱情等级划分标准见表 4-103。

表 4-103 降水量距平百分率旱情等级划分 %

旱情等级	降水量距平百分率 D_p		
	月尺度	季尺度	年尺度
轻度干旱	$-60<D_p\leqslant-40$	$-50<D_p\leqslant-25$	$-30<D_p\leqslant-15$
中度干旱	$-80<D_p\leqslant-60$	$-70<D_p\leqslant-50$	$-40<D_p\leqslant-30$
严重干旱	$-95<D_p\leqslant-80$	$-80<D_p\leqslant-70$	$-45<D_p\leqslant-40$
特大干旱	$D_p\leqslant-95$	$D_p\leqslant-80$	$D_p\leqslant-45$

2)年降水量分析

景泰县气象站 2016 年降水量 109.5 mm,与多年均值比较,相对偏小 36.0%,按照《旱情等级标准》(SL 424—2008)降水量距平百分率旱情等级划分,当年属中度干旱年份。

3. 降水年内变化分析

景泰县气象站 2016 年降水量年内分布见表 4-104。从表 4-104 来看,当年降水量主要集中在汛期的 5—8 月,占全年的 70.3%,其他月份仅占 29.7%。与多年平均情况比较,在 4—11 月灌溉期间,4 月、6—11 月降水量分别较常年同期偏少 68.4%、33.0%~100%,按照月尺度标准,7 月、8 月属于轻度干旱月份,4 月、6 月、9 月为中度干旱月份,10 月为严重干旱月份,11 月为特大干旱月份。景泰县气象站降水量年内变化柱状图见图 4-145。

表 4-104 景泰县气象站降水量年内分布

项目	1月	2月	3月	4月	5月	6月	7月	8月	9月	10月	11月	12月	全年
2016 年降水量/mm	1.1	4.7	14.9	2.3	24.6	5.7	22.4	24.3	7.9	1.6	0	0	109.5
与长系列降水量比较/%	-40.4	153	251	-68.4	27.5	-75.6	-33	-34.5	-72.5	-85.4	-100	-100	-36

4.11.1.5 水源供水流量

景电一期灌区位于黄河水系;二期灌区以长岭山—十里岘—白墩子南山为分水岭,东南部为黄河水系,西北部为内陆河水系;其间为白墩子盐池。全灌区地处黄河流域与内陆河流域过渡区(灌区建设前为荒漠区),由于深居大陆内部,气候干旱,灌区及其周边地区河流稀少,除过境河流黄河外,尚有芦阳沙河等若干条较大沙河及其一些支流(小沙河),这些沙河常年干涸。

黄河经兰州、白银、靖远,从景泰的尾泉进入县境,途经龙湾、索桥、五佛、翠柳等地,由北长滩下五龙旋口出县境,流入中卫,是灌区周边唯一长年有径流的河流。

景电泵站灌区直接从黄河提水,2014 年、2015 年和 2016 年提水量分别为 4.597 亿

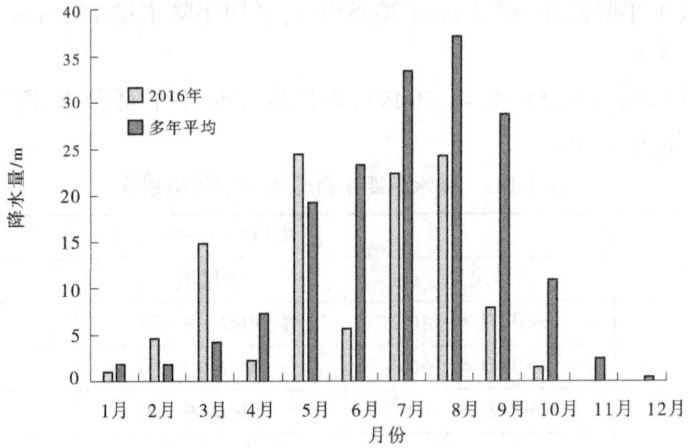

图 4-145 景泰县气象站降水量年内变化柱状图

m^3、4.598 亿 m^3、4.597 亿 m^3(数据几乎相等,可见降水对灌溉影响甚微),而景电泵站灌区许可取水量为 4.66 亿 m^3(其中一期 3.18 亿 m^3,二期 1.48 亿 m^3),年提水量约占许可取水量的 98.6%。

距离本灌区最近的水文站为黄河安宁渡(二)站,该站 2014 年、2015 年和 2016 年径流量分别为 311.5 亿 m^3、273.5 亿 m^3、238.2 亿 m^3,远远大于灌区提水量。

4.11.2 景电泵站灌区耗水系数

4.11.2.1 典型地块耗水系数

根据前述,本次研究在景电泵站灌区设置一处典型地块,通过引排差法进行耗水系数试验。根据监测试验结果,经计算景电泵站灌区典型地块耗水系数为 0.816。

4.11.2.2 典型灌区耗水系数

本研究对典型灌区等进行了渠系断面、长度、防渗措施、渠床土壤等调查,开展了灌区引退水流量监测试验,在此基础上测算了典型灌区耗水系数,按照引排差试验成果及灌溉入渗补给系数、地下水埋深等相关资料,计算出景电泵站灌区(一期)和景电灌区耗水系数分别为 0.782 和 0.932。

4.12 洛东灌区

4.12.1 洛东灌区试验监测结果

洛东灌区 2014 年 4 月 1 日至 2015 年 3 月 31 日在 3 个引水断面、6 个退水断面共施测引退水流量 230 次(见表 4-105)。

洛东灌区各引水干渠引水流量过程线见图 4-146~图 4-149,洛东灌区各月和年引水量见图 4-150、图 4-151。

表 4-105 洛东干渠各监测点流量监测情况

监测目的	站名	垂线数		测速垂线测点	测速历时/s	测流次数	岸边系数		最大流量/(m^3/s)
		测深	测速				左	右	
引水	东干渠	12	12	1	≥100	30	0.70	0.70	7.50
	西干渠	8	8	1	≥100	22	0.70	0.70	3.50
	中干渠	10	10	1	≥100	22	0.70	0.70	4.50
退水	冯村	6	6	1	≥100	27	0.70	0.70	0.829
	埝桥	3	3	1	≥100	22	0.70	0.70	0.829
	中排干	4	4	1	≥100	21	0.70	0.70	0.051
	婆合	3	3	1	≥100	28	0.70	0.70	0.448
	安仁	3	3	1	≥100	4	0.70	0.70	0.239
	堤浒	3	3	1	≥100	14	0.70	0.70	0.115

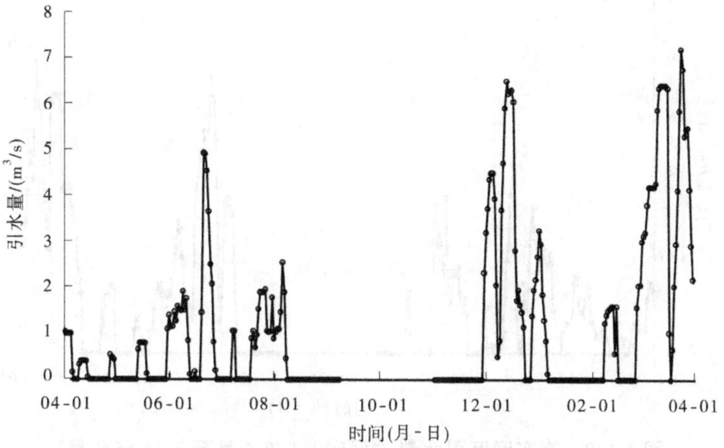

图 4-146 东干渠引水量过程(2014 年 4 月至 2015 年 3 月)

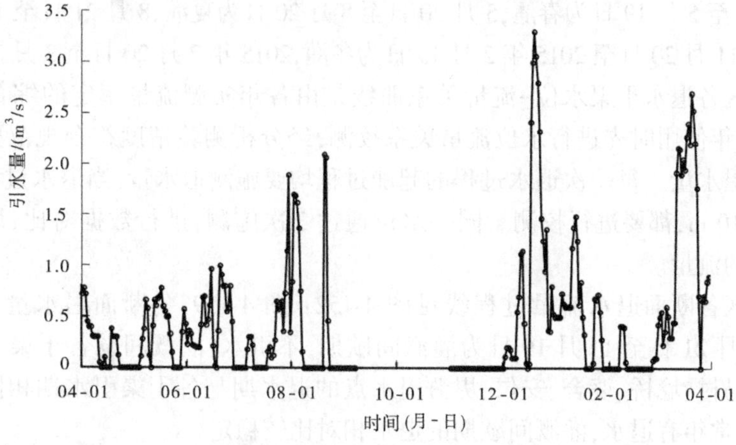

图 4-147 中干渠引水量过程(2014 年 4 月至 2015 年 3 月)

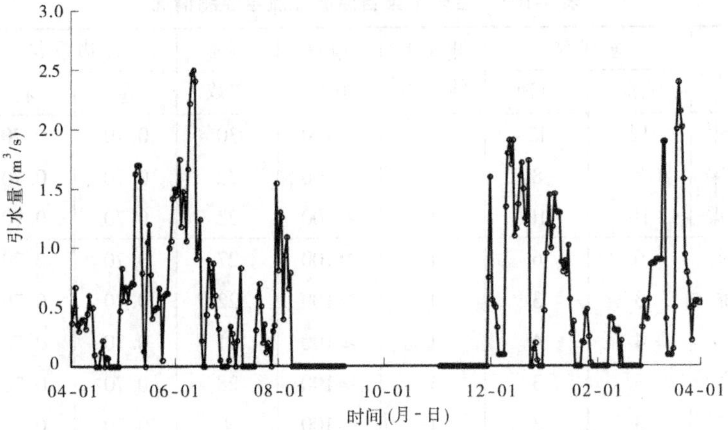

图 4-148　西干渠引水量过程(2014 年 4 月至 2015 年 3 月)

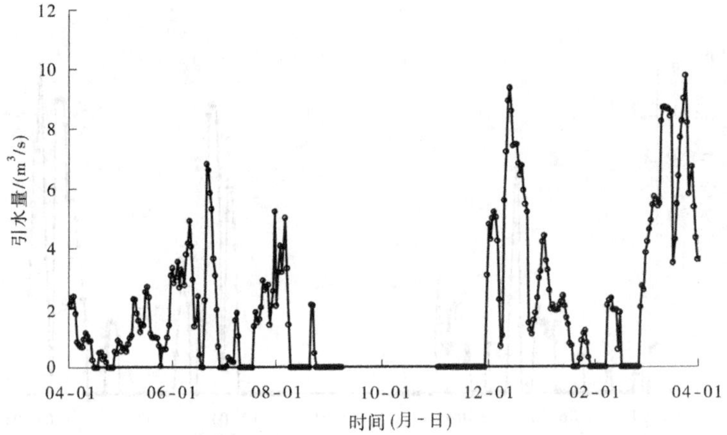

图 4-149　洛东灌区引水量过程(2014 年 4 月至 2015 年 3 月)

4 月 1 日至 5 月 19 日为春灌,5 月 20 日至 8 月 20 日为夏灌,8 月 21 日至 11 月 19 日为灌溉间歇期,11 月 20 日至 2015 年 2 月 19 日为冬灌,2015 年 2 月 20 日至 3 月 31 日为春灌。

洛东灌区各退水干渠水位-流量关系曲线是由各年实测流量率定的综合水位-流量关系曲线,每年使用时先进行水位流量关系校测,经分析测验精度符合规范要求后,由实测水位推求退水量。每一次退水过程的起涨过程均要施测退水量,当退水过程稳定后,水位每变化 0.10 m,都要进行校测。同一水位通过 3 次施测,进行数据对比,取其平均值,作为该水位的流量。

洛东灌区各断面退水流量过程线见图 4-152～图 4-159,各断面退水量见图 4-160～图 4-167。8 月 21 日至 11 月 19 日为灌溉间歇期,不引水,灌溉间歇各干渠无退水,无须监测。冬灌冯村、埝桥、婆合、安仁、堤浒退水点的退水期与各干渠引水期相同;中排干是灌区排碱沟,常年有退水,灌溉间歇期的退水相对比较稳定。

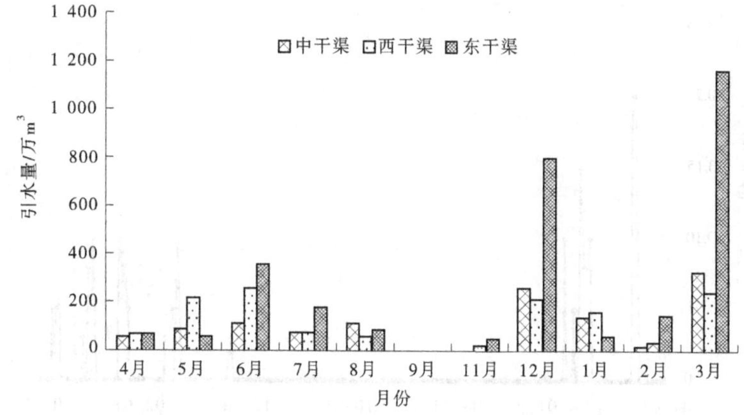

图 4-150 洛东灌区各月引水量(2014 年 4 月至 2015 年 3 月)

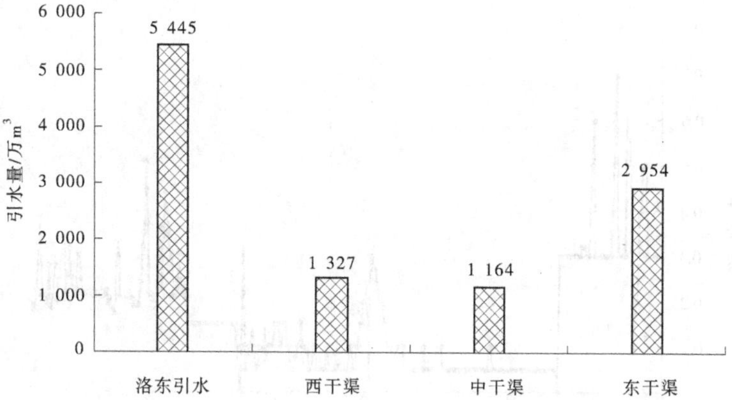

图 4-151 洛东灌区总引水量(2014 年 4 月至 2015 年 3 月)

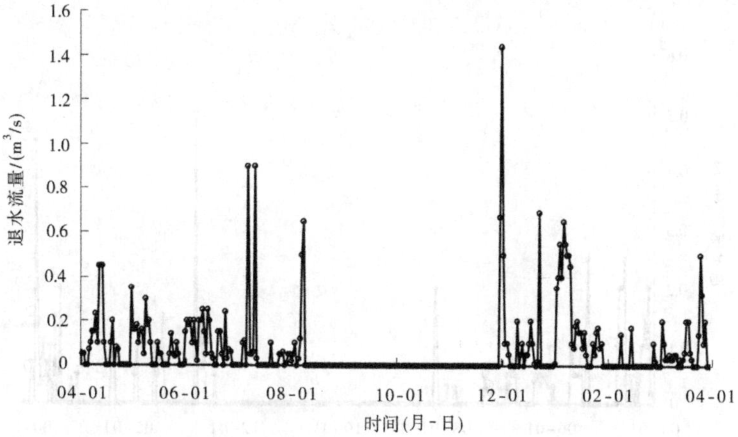

图 4-152 冯村灌区退水流量过程线(2014 年 4 月至 2015 年 3 月)

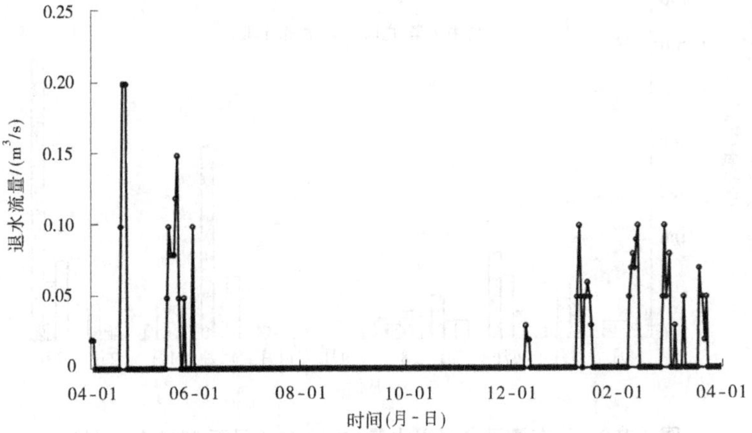

图 4-153　埝桥退水流量过程线(2014 年 4 月至 2015 年 3 月)

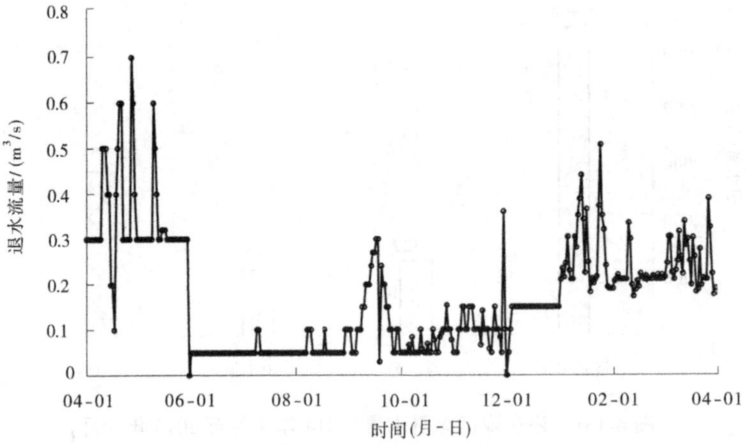

图 4-154　中排干退水流量过程线(2014 年 4 月至 2015 年 3 月)

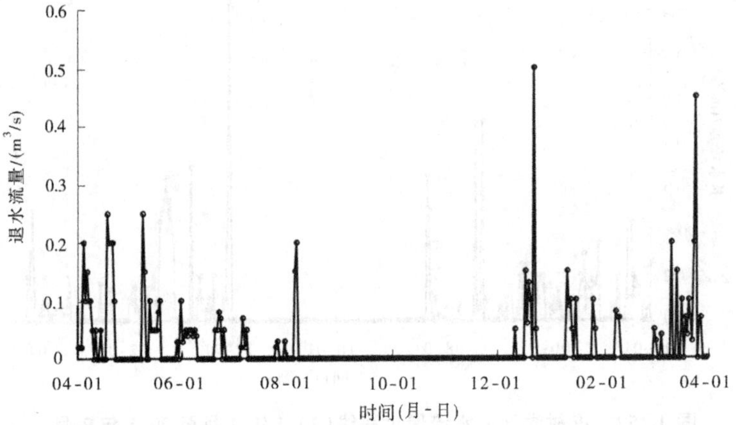

图 4-155　婆合退水流量过程线(2014 年 4 月至 2015 年 3 月)

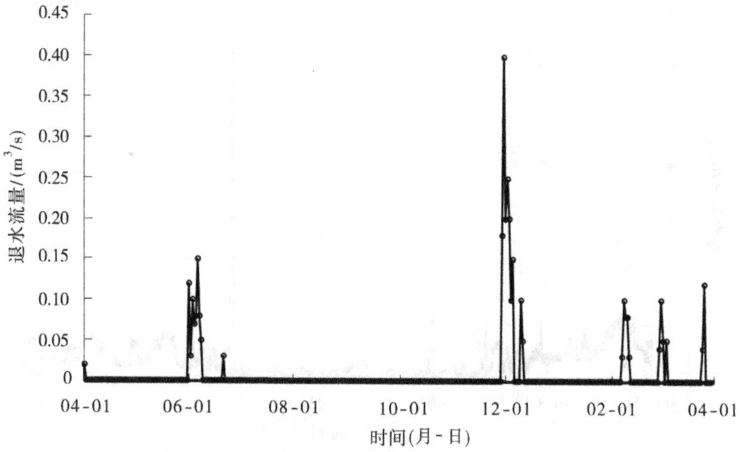

图 4-156 安仁退水流量过程线(2014 年 4 月至 2015 年 3 月)

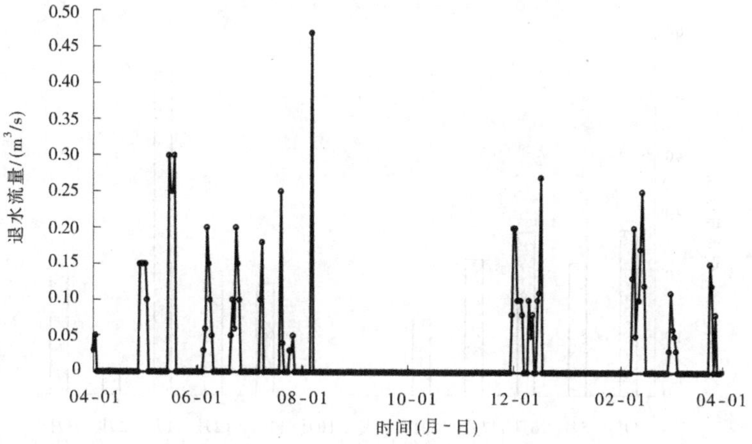

图 4-157 堤浒退水流量过程线(2014 年 4 月至 2015 年 3 月)

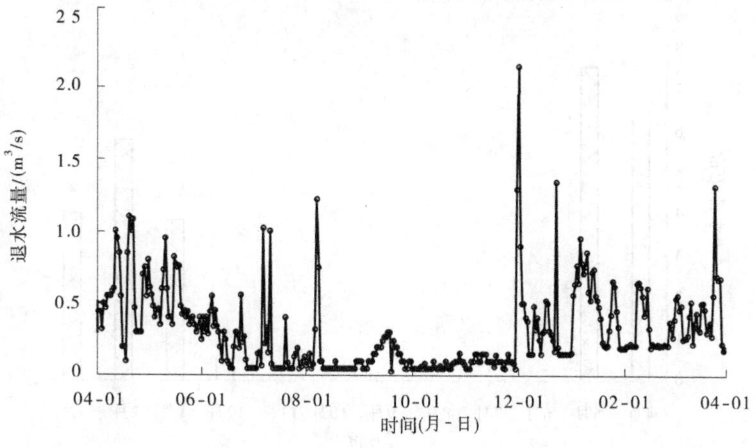

图 4-158 洛东灌区退水流量过程线(2014 年 4 月至 2015 年 3 月)

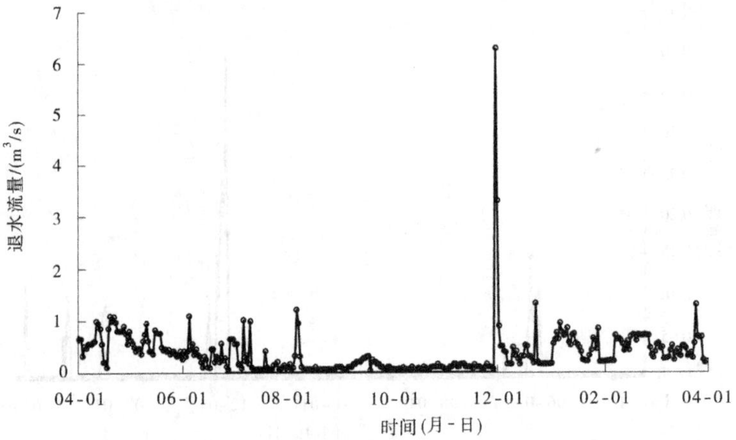

图 4-159　洛东灌区及总干渠退水流量过程线(2014 年 4 月至 2015 年 3 月)

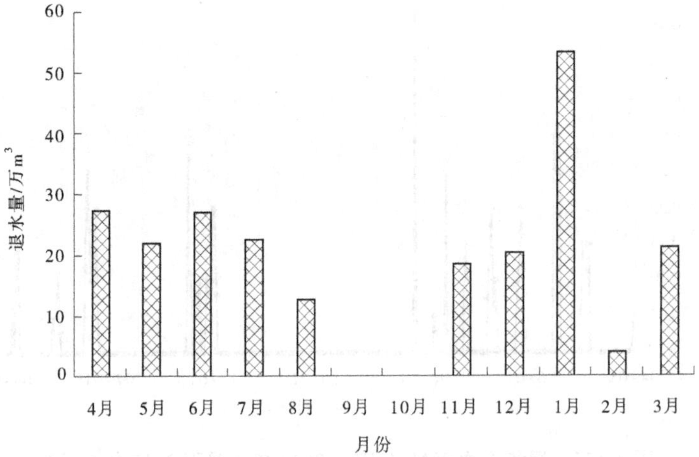

图 4-160　冯村退水量柱状图(2014 年 4 月至 2015 年 3 月)

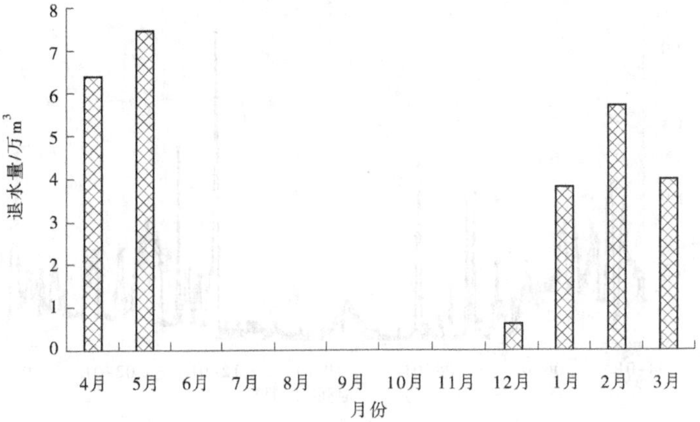

图 4-161　埝桥退水量柱状图(2014 年 4 月至 2015 年 3 月)

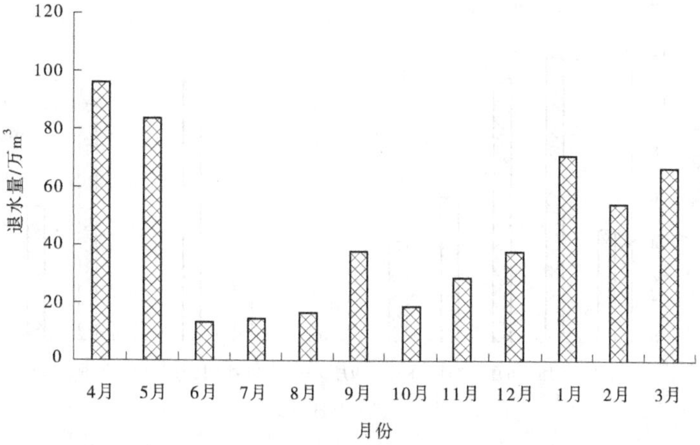

图 4-162 中排干退水量柱状图(2014 年 4 月至 2015 年 3 月)

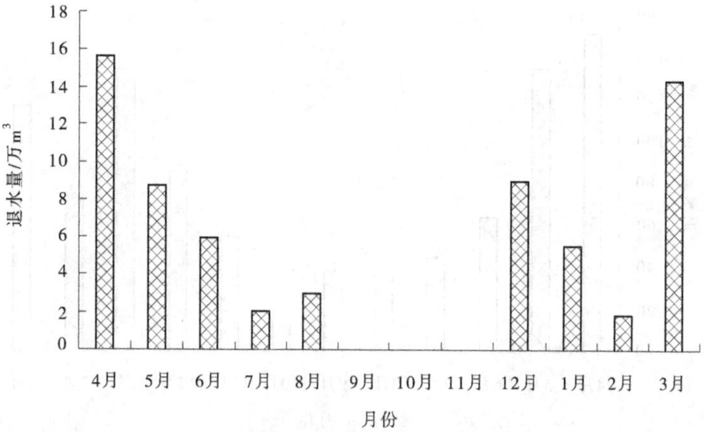

图 4-163 婆合退水量柱状图(2014 年 4 月至 2015 年 3 月)

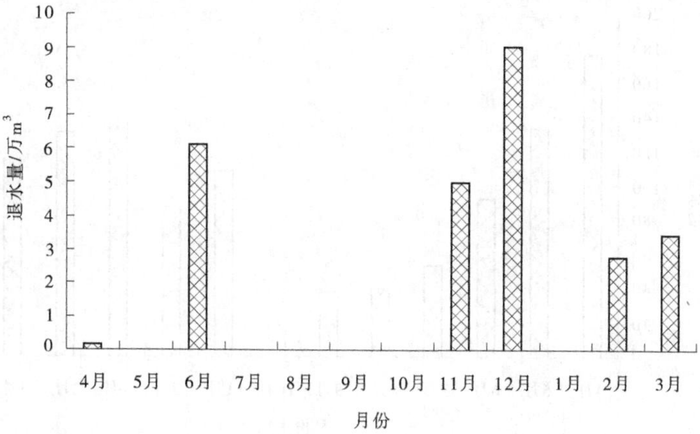

图 4-164 安仁退水量柱状图(2014 年 4 月至 2015 年 3 月)

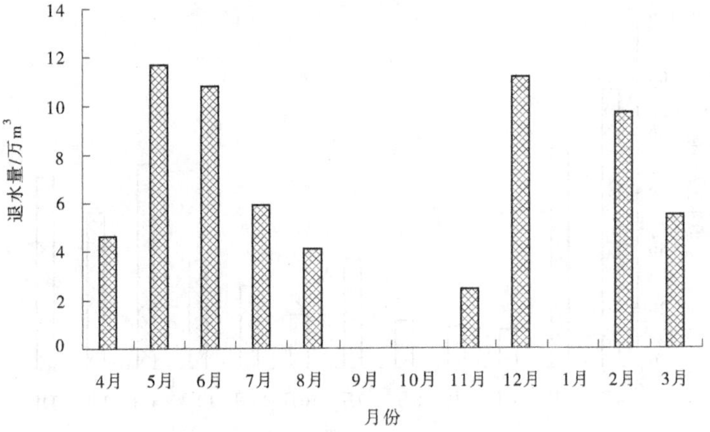

图 4-165　堤浒退水量柱状图(2014 年 4 月至 2015 年 3 月)

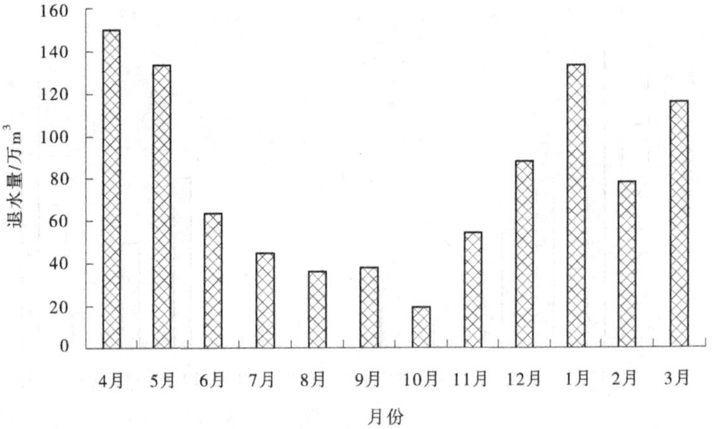

图 4-166　洛东灌区退水量柱状图(2014 年 4 月至 2015 年 3 月)

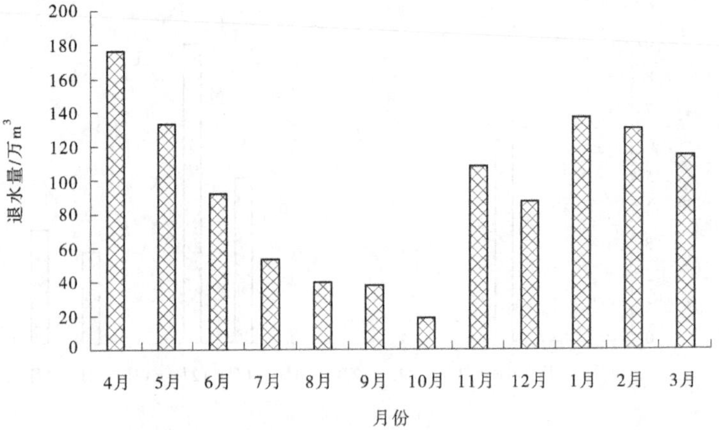

图 4-167　洛东灌区及总干渠的退水量柱状图(2014 年 4 月至 2015 年 3 月)

4.12.2　洛东灌区耗水系数

4.12.2.1　灌区耗水系数

根据2014年4月1日至2015年3月31日洛东灌区引退水监测试验资料统计，洛东灌区引水量为5 445.3万m^3，退水量为950.4万m^3（见表4-106），则耗水系数为0.825。根据洛东灌区灌溉试验期间的西、中、东干渠逐月引水量和6个退水口逐月退水量资料，计算洛东灌区耗水系数见表4-106、表4-107。

表4-106　洛东灌区耗水系数分析

时间	引水量/万m^3				退水量/万m^3							耗水系数
	西干渠	中干渠	东干渠	小计	冯村	埝桥	中排干	婆合	安仁	堤浒	小计	
4月	65.7	53.8	66.1	185.6	27.2	6.4	95.9	15.6	0.2	4.6	149.9	0.192
5月	216.6	86.0	56.1	358.7	21.8	7.4	83.5	8.7	0	11.7	133.1	0.629
6月	253.8	109.8	355.4	719.0	27.0	0	13.0	6.0	6.1	10.8	62.9	0.913
7月	73.7	76.0	179.7	329.4	22.4	0	14.3	2.1	0	5.9	44.7	0.864
8月	55.6	110.1	83.2	248.9	12.5	0	16.4	3.0	0	4.1	36.0	0.855
9月	0	0	0	0	0	0	37.6	0	0	0	37.6	—
10月	0	0	0	0	0	0	18.7	0	0	0	18.7	—
11月	20.3	0	47.8	68.1	18.2	0	28.6	0	5.0	2.4	54.2	0.204
12月	211.8	255.1	797.6	1 264.5	20.1	0.6	37.6	9.0	9.1	11.1	87.5	0.931
1月	158.7	136.5	61.3	356.5	53.0	3.8	70.8	5.5	0	0	133.1	0.627
2月	31.4	13.5	144.8	189.7	3.7	5.7	54.1	1.9	2.8	9.7	77.9	0.589
3月	239.8	323.0	1 162.1	1 724.9	21.1	4.0	66.6	14.3	3.5	5.4	114.9	0.933
合计	1 327.4	1 163.8	2 954.1	5 445.3	227.0	27.9	537.1	66.1	26.7	65.7	950.4	0.825

表4-107　洛惠渠洛东灌区引退水量及耗水系数

断面名称	引水量/万m^3	退水量/万m^3	耗水系数
东干渠	1 327.4	92.3	0.930
西干渠	1 163.8	255.1	0.781
中干渠	2 954.1	603.0	0.796
合计	5 445.3	950.4	0.825

4.12.2.2　考虑地下水回归影响的耗水系数

以上分析计算耗水系数只考虑地表引退水，而未考虑退水中包括的农田降雨汇流量和灌溉水入渗补给量以地下潜流的形式排入河道的水量，为了使耗水系数更准确，在以上计算的基础上，分析计算降雨和地下水影响下的洛东灌区耗水系数。扣除中干渠灌区降雨产生的径流和洛东灌区因灌溉引水通过地下水回归河道的水量因素的耗水系数。

2014 年关中地区是一个特殊年份，4 月灌区遭遇近 20 年同期最大降雨，7 月、8 月遭遇 50 余年的大旱，9 月华西秋雨，冬灌时间又较长，一直持续到 2015 年的 1 月。

洛东灌区包括阶地和低阶地两种地貌类型，阶地主要包括Ⅱ级阶地和Ⅲ级阶地，低阶地包括Ⅰ级阶地。根据洛东灌区地形地貌、地质和水文地质条件等，将洛东灌区作为一个计算分区进行资源量的计算。

经计算，洛东灌区地下水总补给量为 4 863.31 万 m^3，总排泄量为 4 091.33 万 m^3，地下水蓄变量为 236.65 万 m^3，则绝对均衡差为 535.33 万 m^3，相对地下水总补给量偏差为 11.01%，满足精度要求。

根据地下水资源量的计算结果，洛东灌区地下水总补给量为 4 863.31 万 m^3，灌溉水入渗补给量为 1 283.85 万 m^3，则灌溉水入渗补给量占地下水总补给量的比率为 0.26。将此比率近似地作为灌溉水入渗补给量形成的河道排泄量占地下水总补给量形成的河道排泄量的比率和灌溉水入渗补给地下含水层的水量占地下水蓄变量的比率。洛东灌区河道排泄量为 1 714.92 万 m^3，则灌溉水入渗补给量形成的河道排泄量为 452.71 万 m^3。

根据《雨水集蓄利用工程技术规范》（GB/T 50596—2010），农田降雨汇流量计算公式如下：

$$W_a = k \cdot \eta \cdot R_p \cdot A \tag{4-6}$$

式中：W_a 为天然降雨条件下年集水量，m^3；k 为单位换算系数；A 为集水面积，hm^2；R_p 为对应 P 频率的年降水量，mm；η 为集流面径流系数。

本研究采用多年平均降水量从大荔县当地的雨量站获得，灌区总排干控制灌溉面积 15 万亩，合 10 000 hm^2；年平均径流系数参考甘肃省雨水集蓄利用工程技术标准中自然土坡，降雨保证率按 75%计，径流系数采用 0.07。

根据灌区管理经验，其他退水沟一般汛期降雨停灌，日降雨量小于 15 mm 时不产流，因此本研究统计不小于 15 mm 降雨量及其产生的径流量。经计算，2000—2014 年不同灌溉阶段降雨量及产生的径流量，从不同灌溉阶段看，冬灌期（1—2 月）多年平均降雨量和径流量最小，分别为 2.2 mm 和 1.55 万 m^3，汛期（7—10 月）多年平均降雨量和径流量最大，分别为 188.6 mm 和 132.00 万 m^3。全年（1—12 月）多年平均降雨量和径流量分别为 262.4 mm 和 183.68 万 m^3。

2014 年全年（1—12 月）不小于 15 mm 降雨量和径流量分别为 284.2 mm 和 198.94 万 m^3。冬灌期（1—2 月）多年平均降雨量和径流量均为 0，汛期（7—10 月）和夏季（6—9 月）多年平均降雨量和径流量分别为 209 mm 和 146.30 万 m^3。全年（1—12 月）多年平均降雨量和径流量分别为 284.2 mm 和 198.94 万 m^3。

根据农田降雨汇流量的计算，2000—2014 年不同灌溉阶段降雨量产生的径流量，汛期（7—10 月）多年平均为 132.00 万 m^3，全年为 183.68 万 m^3。2014 年汛期（7—10 月）不小于15 mm径流量为146.30万m^3,全年(1—12月)径流量为198.94万m^3。综合考虑2014年的平均成果,结合灌区特点,采用2014年汛期数据径流量为146.30万m^3。

洛东灌区试验年度监测引水量为5 445.3万m^3;监测退水量为950.5万m^3,其中扣除农田降雨形成的退水量146.3万m^3以及加上灌溉水入渗补给量形成的河道排泄量452.7万m^3,洛东灌区退水量为1 256.9万m^3,则洛东灌区耗水系数为0.769。

4.13 东雷泵站灌区

4.13.1 东雷泵站灌区引退水调查结果

在二黄调度中心了解到,由上游到下游退水口分别为将军沟、万泉河、蒲石、芝麻湾、汉村、加西、沉沙退水。二级站退水至北洛河,一级站退水至黄河。

一黄灌区退水85个流量,目前40个流量。一黄和二黄均9个机组,7大2小,可以提供近几年引退水资料。渠系利用系数为:总干渠0.85,干渠0.92,支渠0.93,斗渠0.88。一黄加西一个总干渠退水口和沉沙退水。北干二级泵站:12台1200LW-60型立式蜗壳泵,总容量42 600 kW,设计扬程55.8 m,设计流量40 m^3/s,系统按计划取水,不浪费。

东雷二黄一级站渠首(太里湾一级站),东雷二级泵站,汉村退水闸:南部为东干渠,渡槽-洛惠渠,芝麻湾退水口-洛河(党川):1个流量,距离蒲石10 km,蒲石退水-洛河:自流灌溉,控制80万亩,距渠首100 km,渠口宽12 m。

东雷抽黄水利工程一、二黄2014年供水量分别为1.5亿m^3和3.1亿m^3,实灌面积分别为72万亩和60万亩。

东雷抽黄干渠2013年冲沙水量为479.8万m^3,退水量为1 032.6万m^3。东雷抽黄灌区总干渠2009—2013年退水量见表4-108。2011—2013年东雷抽黄一级站提水量在1.5亿~1.8亿m^3,4个二级站提水量在1亿~1.3亿m^3(见表4-109),总干渠退水量在1 400万~1 800万m^3(见表4-108)。

4.13.2 东雷灌区耗水系数

根据东雷二黄管理局近年渠首引、退水量月年资料,计算渠首耗水系数,2010年渠首耗水系数为0.970,2014年为0.897,5年均值为0.942(见表4-110)。

东雷二期抽黄灌区从塬上(即二级站)开始,虽引水不能直接退回黄河河道,但退水进入北洛河,汇流渭河后最终进入黄河,因此,采用引退水法分析计算其耗水系数。根据东雷二期抽黄灌溉年2012年11月至2014年9月引退水资料,2012年11月到2013年8月二级站取水量为25 687.5万m^3,退水量2 044.5万m^3,耗水系数为0.92;2013年11月至2014年9月二级站取水量30 083.1万m^3,退水量3 032.3万m^3,耗水系数为0.899;2012年11月到2014年9月二级站取水量55 770.6万m^3,退水量5 076.8万m^3,耗水系数为0.91(见表4-111)。

表 4-108　东雷抽黄灌区总干渠退水量统计　　单位：万 m^3

月份	2009 年		2010 年		2011 年		2012 年		2013 年	
	冲沙量	退水量	冲沙量	退水量	冲沙量	退水量	冲沙量	退水量	冲沙量	退水量
1										
2	60.51	41.04		0	120.5	164.5	95.25		60.21	51.5
3		114.63	61.51	236.69		302.4		549.18		361.16
4	61.01	329.04	62.12	139.94	132.62	92.3	101.03	184.5	62.23	103.22
5		0							178.25	51.67
6	93.01	27	232.1	187	80.25		101.81	236.66		206.68
7		288.36		263.5		848.34		115		196.34
8	93.6	74.16	232.04	96.34	82.94	0	105.86	229.9	179.07	62.01
9										
10										
11										
12										
小计	308.13	874.23	587.77	923.47	416.31	1 407.5	403.95	1 315.2	479.76	1 032.6

注：春灌 2—4 月，夏灌 5—8 月，冬灌 11—12 月。退水量为一、二黄合计量。

表 4-109　东雷抽黄灌区一、二级站 2011—2013 年抽水量统计　　单位：万 m^3

项目	2011 年	2012 年	2013 年
东雷一级站	17 776.7	14 947	16 890.6
东雷二级站	1 241.91	964.29	1 215.85
新民二级站	2 737.36	1 985.55	2 371.77
南乌牛二级站	7 815.51	7 608.98	7 317.45
加西二级站	1 004.46	203.02	1 256.15
二级站小计	12 799.2	10 761.8	12 161.2
总干渠退水	1 823.85	1 719.19	1 512.34

表 4-110　东雷二期抽黄管理局灌区近年渠首引水耗水系数

年份	渠首引水量/万 m^3	退水量/万 m^3	引排差/万 m^3	耗水系数
2010 年	30 882	919	29 963	0.970
2011 年	24 822	1 287	23 535	0.948
2012 年	37 393	1 734	35 659	0.954
2013 年	35 753	2 139	33 614	0.940
2014 年	29 569	3 033	26 536	0.897
小计	158 419	9 112	149 307	0.942

表 4-111 东雷二期抽黄近两年取、退水情况统计 单位:万 m^3

年份	日期	二级站取水量	退水量		
			塬上党川、蒲石	北干渠将军沟	合计
2013 年	2012 年 11 月 17 日至 11 月 30 日	1 550.7	106.4	3.1	109.5
	2012 年 12 月 1 日至 12 月 14 日	2 627.8	180.5	6.0	186.5
	2013 年 2 月 14 日至 2 月 28 日	2 066.9	151.6	3.4	155.0
	2013 年 3 月 1 日至 3 月 20 日	2 870.3	210.5	5.4	215.9
	2013 年 3 月 28 日至 4 月 30 日	4 946.4	372.2	8.2	380.4
	2013 年 6 月 7 日至 6 月 30 日	3 825.4	316.7	10.4	327.1
	2013 年 7 月 1 日至 7 月 31 日	4 098.3	339.3	13.2	352.5
	2013 年 8 月 1 日至 8 月 28 日	3 701.7	306.5	11.1	317.6
	小计	25 687.5	1 983.7	60.7	2 044.5
2014 年	2013 年 11 月 6 日至 11 月 30 日	4 148.5	304.6	8.8	313.4
	2013 年 12 月 1 日至 12 月 9 日	999.7	73.4	2.0	75.4
	2014 年 2 月 6 日至 2 月 28 日	2 944.3	303.5	11.1	314.6
	2014 年 3 月 1 日至 3 月 11 日	1 460.9	150.6	5.5	156.1
	2014 年 3 月 24 日至 3 月 31 日	1 219.8	103.8	5.6	109.4
	2014 年 4 月 1 日至 4 月 22 日	3 047.5	259.4	10.2	269.6
	2014 年 6 月 9 日至 6 月 30 日	4 040.0	438.4	5.2	443.6
	2014 年 7 月 1 日至 7 月 31 日	6 005.5	651.7	10.3	662.0
	2014 年 8 月 1 日至 8 月 31 日	5 305.1	575.7	8.7	584.4
	2014 年 9 月 1 日至 9 月 12 日	911.8	98.9	4.8	103.7
	小计	30 083.1	2 960.0	72.2	3 032.3

东雷一期抽黄塬上(即二级站)引水量,作为引黄不能回归黄河河道的水量,东雷一期有 4 座扬水站,运行时间较长,计划用水强,没有退水,因此,塬上引水即为耗水量,耗水系数近似为 1。

2014 年灌溉年东雷一、二期从塬上抽黄水量为 41 266.08 万 m^3,退水量为二黄进入北洛河的水量为 3 032.3 万 m^3,引排差为 38 233.78 万 m^3,东雷一、二期塬上抽黄耗水系数为 0.927。

东雷二期抽提到塬上基本没有退水,从时段考虑灌溉年采用最接近的年份以及对河道的引排差的基础上考虑,从塬上本次采用东雷二期抽黄管理局耗水系数为 0.91。

4.14 人民胜利渠灌区

4.14.1 人民胜利渠灌区引黄水量分析

2010—2016 年人民胜利渠灌区渠首张菜园引黄闸引水量及其流域内外用水量统计结果见表 4-112。2010—2016 年张菜园闸多年平均引黄水量为 29 220 万 m^3,其中,流域外用水量 22 942 万 m^3,占引黄总量的 78.51%;流域内用水量 6 278 万 m^3,占引黄总量的 21.48%。可见,通过张菜园闸引走的黄河水,在流域外的用水量远远大于流域内的用水量,尤其是 2016 年,流域外的用水量比流域内的用水量大了 8 倍多,占引黄河水总量的比例为 87.47%。

表 4-112 2010—2016 年人民胜利渠灌区引水量与流域内外用水量统计

年份	张菜园闸引水量/万 m^3	流域外(海河流域)		流域内(黄河流域)	
		用水量/万 m^3	所占引水比例/%	用水量/万 m^3	所占引水比例/%
2010 年	32 544	23 226	71.37	9 318	28.63
2011 年	29 910	22 660	75.76	7 250	24.24
2012 年	37 133	26 616	71.68	10 517	28.32
2013 年	29 327	22 761	77.61	6 566	22.39
2014 年	22 529	18 463	81.95	4 066	18.05
2015 年	26 100	22 830	87.47	3 270	12.53
2016 年	27 000	24 039	89.03	2 961	10.97
平均	29 220	22 942	78.51	6 278	21.48

2010—2016 年张菜园闸引黄水量及流域内外用水量过程见图 4-168,可以看出,流域外用水占引黄总量的比例呈逐年增加的趋势,流域内的用水比例相应逐年减小。

4.14.2 人民胜利渠灌区耗水系数计算

人民胜利渠灌区 2010—2016 年度平均引水量为 29 220 万 m^3,流域内和流域外用水量即为耗水量,无法回归到黄河内,均值为 29 220 万 m^3,经计算人民胜利渠灌区耗水系数均值为 1。

4.15 渠村灌区和南小堤灌区

4.15.1 渠村灌区和南小堤灌区引黄水量分析

渠村灌区与南小堤灌区毗邻,均在濮阳境内,渠村闸和南小堤闸的引黄水量可分别统

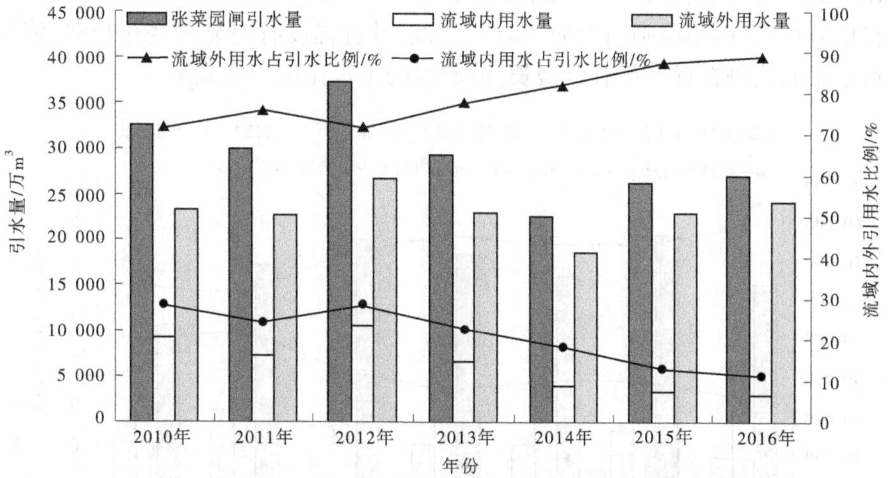

图 4-168　2010—2016 年张菜园闸引黄水量及流域内外用水量过程

计，但向流域外的送水量是合计值。因此，将两个灌区合并分析其流域内外的用水量和用水比例。共有两套数据，分别由濮阳市水务局和濮阳河务局提供，分别进行统计分析。

4.15.1.1　渠村闸和南小堤闸 2010—2016 年引黄水量情况(一)

据濮阳市水务局灌溉处资料统计，2010—2016 年渠村灌区渠首闸渠村引黄闸和南小堤灌区渠首闸南小堤引黄闸引水量及其合计流域内外用水量统计结果见表 4-113。2010—2016 年渠村闸、南小堤闸及其合计多年平均引黄水量分别为 50 619 万 m³、16 779 万 m³、67 398 万 m³，其中，流域外用水量 24 902 万 m³，占合计引黄总量的 37.16%；流域内用水量 42 497 万 m³，占合计引黄总量的 62.84%。流域内的用水量比流域外的用水量大很多。

表 4-113　2010—2016 年渠村闸和南小堤闸引水量与流域内外用水量统计

年份	渠村引水量/万 m³	南小堤引水量/万 m³	合计引水量/万 m³	流域外(海河流域)		流域内(黄河流域)	
				用水量/万 m³	所占引水比例/%	用水量/万 m³	所占引水比例/%
2010 年	48 707	14 422	63 129	19 576	31.01	43 553	68.99
2011 年	54 225	21 600	75 825	26 374	34.78	49 451	65.22
2012 年	48 425	17 014	65 440	22 782	34.81	42 658	65.19
2013 年	52 479	18 581	71 060	23 087	32.49	47 973	67.51
2014 年	55 028	19 711	74 739	27 444	36.72	47 295	63.28
2015 年	52 405	15 913	68 318	31 463	46.05	36 855	53.95
2016 年	43 066	10 213	53 279	23 586	44.27	29 693	55.73
平均	50 619	16 779	67 398	24 902	37.16	42 497	62.84

2010—2016 年渠村闸和南小堤闸引黄水量及流域内外用水量过程见图 4-169，可以看出，通过渠村闸和南小堤闸引走的黄河水，引水量过程没有明显的变化趋势，流域外用水占引黄总量的比例在近三年有所增长，流域内的用水比例相应减小。

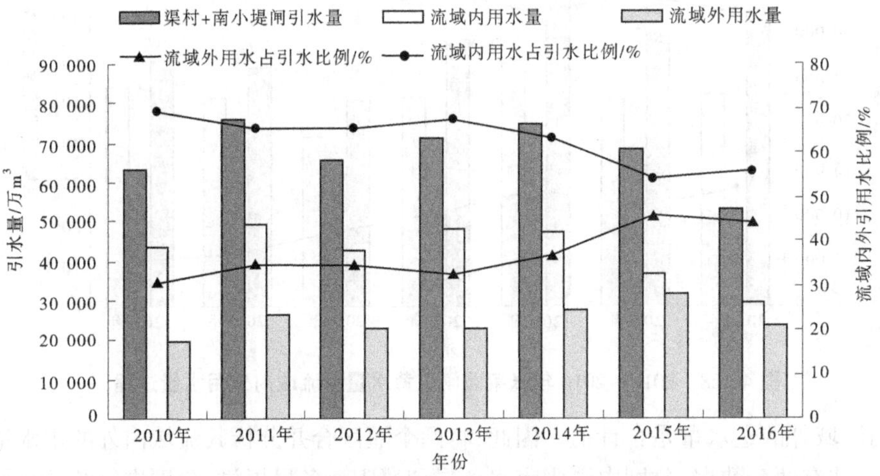

图 4-169　2010—2016 年渠村闸和南小堤闸引黄水量及流域内外用水量过程

4.15.1.2　渠村闸和南小堤闸 2010—2016 年引黄水量情况(二)

据濮阳河务局资料统计，2010—2016 年渠村灌区渠首闸渠村引黄闸和南小堤灌区渠首闸南小堤引黄闸引水量及其合计流域内外用水量统计结果见表 4-114。2010—2016 年渠村闸、南小堤闸及其合计多年平均引黄水量分别为 50 619 万 m^3、16 779 万 m^3、67 399 万 m^3，其中，流域外用水量 27 162 万 m^3，占合计引黄总量的 40.47%；流域内用水量 40 237 万 m^3，占合计引黄总量的 59.53%。流域内的用水量大于流域外的用水量。

表 4-114　2010—2016 年渠村闸和南小堤闸引水量与流域内外用水量统计

年份	渠村引水量/万 m^3	南小堤引水量/万 m^3	合计引水量/万 m^3	流域外(海河流域)		流域内(黄河流域)	
				用水量/万 m^3	所占引水比例/%	用水量/万 m^3	所占引水比例/%
2010 年	48 707	14 422	63 129	19 576	31.01	43 553	68.99
2011 年	54 225	21 600	75 825	29 376	38.74	46 449	61.26
2012 年	48 425	17 014	65 439	25 661	39.21	39 778	60.79
2013 年	52 479	18 581	71 060	25 984	36.57	45 077	63.43
2014 年	55 028	19 711	74 739	30 514	40.83	44 225	59.17
2015 年	52 405	15 913	68 318	33 585	49.16	34 734	50.84
2016 年	43 066	10 213	53 279	25 436	47.74	27 843	52.26
平均	50 619	16 779	67 398	27 162	40.47	40 237	59.53

2010—2016 年渠村闸和南小堤闸引黄水量及流域内外用水量过程见图 4-170，可以看出，流域外用水占引黄总量的比例在近三年有所增长，流域内的用水比例相应减小。

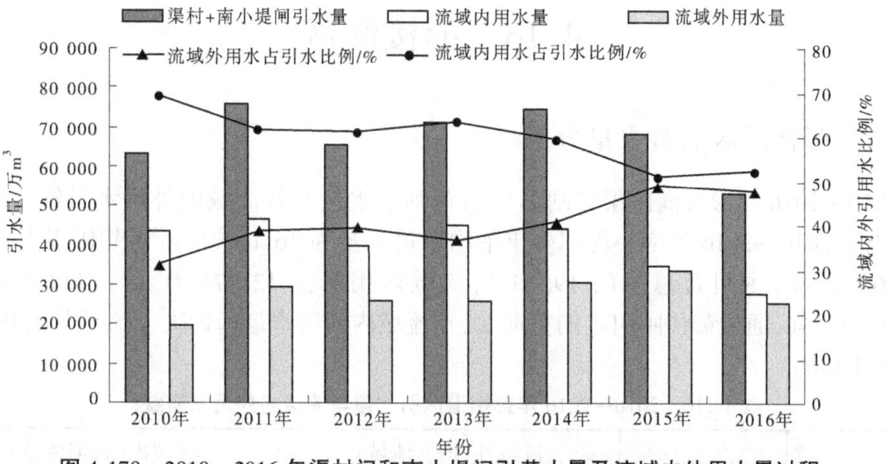

图 4-170 2010—2016 年渠村闸和南小堤闸引黄水量及流域内外用水量过程

4.15.1.3 渠村闸和南小堤闸 2010—2016 年引黄水量情况比较

经比较,两套数据的统计结果比较接近,渠村闸和南小堤闸的合计引黄水量不变,仅在流域内外的用水量上有一些出入,濮阳水务局提供的数据,流域外的用水量偏小,流域内的用水量偏大,见表 4-115。

表 4-115 2010—2016 年渠村闸和南小堤闸引用水量不同数据来源统计

年份	合计引水量/万 m^3	流域外(海河流域)				流域内(黄河流域)			
		用水量/万 m^3		所占引水比例/%		用水量/万 m^3		所占引水比例/%	
		水务局	河务局	水务局	河务局	水务局	河务局	水务局	河务局
2010 年	48 707	19 576	19 576	31.01	31.01	43 553	43 553	68.99	68.99
2011 年	54 225	26 374	29 376	34.78	38.74	49 451	46 449	65.22	61.26
2012 年	48 425	22 782	25 661	34.81	39.21	42 658	39 778	65.19	60.79
2013 年	52 479	23 087	25 984	32.49	36.57	47 973	45 077	67.51	63.43
2014 年	55 028	27 444	30 514	36.72	40.83	47 295	44 225	63.28	59.17
2015 年	52 405	31 463	33 585	46.05	49.16	36 855	34 734	53.95	50.84
2016 年	43 066	23 586	25 436	44.27	47.74	29 693	27 843	55.73	52.26
平均	50 619	24 902	27 162	37.16	40.47	42 497	40 237	62.84	59.53

4.15.2 渠村灌区和南小堤灌区耗水系数计算分析

渠村灌区和南小堤灌区 2010—2016 年度平均引水量为 50 619 万 m^3,流域内和流域外用水量即为耗水量,无法回归到黄河内,均值为 50 619 万 m^3,经计算人民胜利渠灌区耗水系数均值为 1。

4.16　彭楼灌区

4.16.1　彭楼灌区引黄水量分析

2010—2016 年彭楼灌区渠首闸彭楼引黄闸引水量及其流域内外用水量统计结果见表 4-116。2010—2016 年南小堤闸多年平均引黄水量为 16 177 万 m^3，其中，流域外用水量 3 204 万 m^3，占引黄总量的 19.81%；流域内用水量 12 973 万 m^3，占引黄总量的 80.19%。可知，通过彭楼闸引走的黄河水，在流域内的用水量远远大于流域外的用水量，详见表 4-116。

表 4-116　2010—2016 年彭楼灌区引水量与流域内外用水量统计

年份	彭楼灌区引水量/万 m^3	流域外(海河流域)		流域内(黄河流域)	
		用水量/万 m^3	所占引水比例/%	用水量/万 m^3	所占引水比例/%
2010 年	17 389	4 500	25.88	12 889	74.12
2011 年	18 612	2618	14.07	15 994	85.93
2012 年	19 243	5 694	29.59	13 549	70.41
2013 年	18 656	2 248	12.05	16 408	87.95
2014 年	14 001	3 277	23.41	10 723	76.59
2015 年	13 253	3 487	26.31	9 767	73.69
2016 年	13 298	1 899	14.28	11 399	85.72
平均	16 177	3 204	19.81	12 973	80.19

2010—2016 年彭楼闸引黄水量及流域内外用水量过程见图 4-171，可以看出，彭楼闸近三年年引水量均小于前三年，流域内的用水量与引水量变化相同，流域外用水量年际变化相对较大，此外，流域内外用水占引黄总量的比例年际变化较大。

4.16.2　彭楼灌区耗水系数计算分析

彭楼灌区 2010—2016 年平均引水量为 16 177 万 m^3，流域内和流域外用水量即为耗水量，无法回归到黄河内，均值为 16 177 万 m^3，经计算彭楼灌区耗水系数均值为 1。

4.17　大功灌区

4.17.1　大功灌区引黄水量分析

大功灌区的引黄涵闸有两个，分别为红旗闸和于店闸。两个涵闸的引水总量即为大功灌区的引水量。

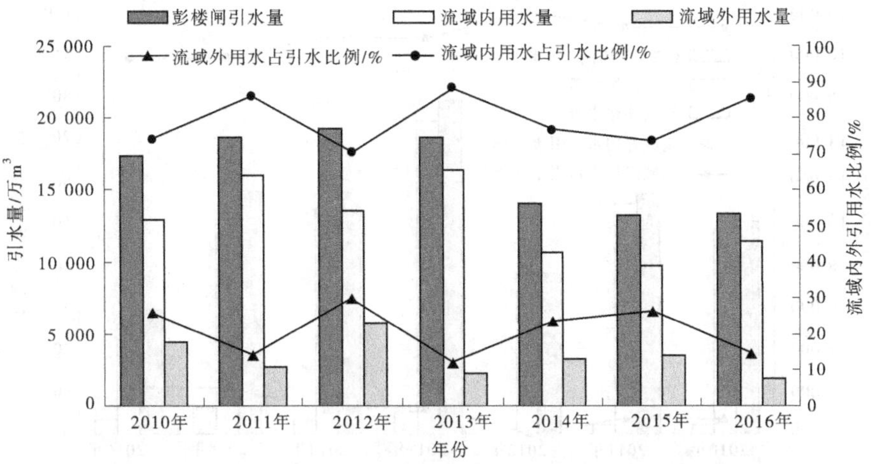

图 4-171　2011—2016 年彭楼闸引黄水量及流域内外用水量过程

2010—2016 年大功灌区通过红旗和于店引黄闸引水量及其流域内外用水量统计结果见表 4-117。2010—2016 年大功灌区多年平均引黄水量为 10 523 万 m^3，其中，流域外用水量 637 万 m^3，占引黄总量的 6.05%；流域内用水量 9 886 万 m^3，占引黄总量的 93.95%。可知，通过红旗闸和于店闸引走的黄河水，在流域内的用水量远远大于流域外的用水量，见表 4-117。

表 4-117　2010—2016 年大功灌区引水量与流域内外用水量统计

年份	红旗闸、于店闸总引水量/万 m³	流域外（海河流域）		流域内（黄河流域）	
		用水量/万 m³	所占引水比例/%	用水量/万 m³	所占引水比例/%
2010 年	10 092	398	3.94	9 694	96.06
2011 年	11 320	430	3.80	10 890	96.20
2012 年	7 615	0	0	7 615	100.00
2013 年	15 821	1 031	6.52	14 790	93.48
2014 年	11 447	693	6.05	10 754	93.95
2015 年	11 489	1 247	10.85	10 242	89.15
2016 年	5 879	660	11.23	5 219	88.77
平均	10 523	637	6.05	9 886	93.95

2010—2016 年大功灌区引黄水量及流域内外用水量过程见图 4-172，可以看出，大功灌区引水量过程没有明显的变化趋势，流域内的用水量与引水量变化相近，但流域外近四年的用水量大于前三年，此外，流域外用水占引黄总量的比例在近四年有所增长，流域内的用水比例相应减小。

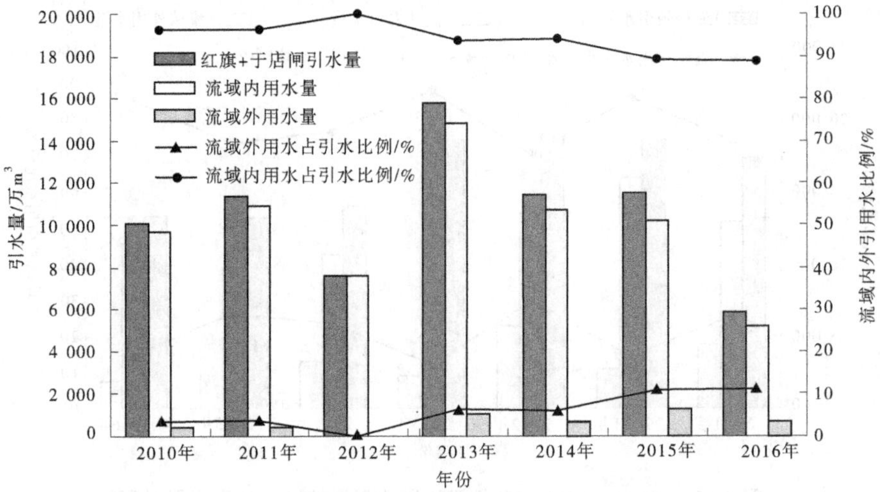

图 4-172　2010—2016 年大功灌区引黄水量及流域内外用水量过程

4.17.2　大功灌区耗水系数计算分析

大功灌区 2010—2016 年度平均引水量为 10 523 万 m^3，流域内和流域外用水量即为耗水量，无法回归到黄河内，均值为 10 523 万 m^3，经计算大功灌区耗水系数均值为 1。

5 省区黄河流域灌区地表水耗水系数推算

5.1 青海省灌区

5.1.1 青海省灌区地表水耗水系数

通过对青海省黄河流域农业灌区详细的调查研究,在对灌区集中度、区域典型地形地貌、耕作区代表性土壤、灌区灌溉水源、主要灌溉方式、农业结构、主要农作物品种、灌区规模、灌区条件和试验条件等10个因素进行了综合分析的基础上,选择以青海省湟水流域礼让渠灌区和大峡渠灌区、黄河干流浅山高抽官亭泵站灌区、黄河干流河谷西河灌区和黄丰渠灌区、柴达木盆地格尔木市农场灌区、香日德河谷灌区和德令哈灌区等8个大型灌区为研究对象。湟水流域礼让渠灌区和大峡渠灌区耗水系数分别为0.715和0.632,黄河干流浅山高抽官亭泵站灌区0.961,黄河干流河谷西河灌区和黄丰渠灌区分别为0.747和0.430,柴达木盆地格尔木市农场灌区、香日德河谷灌区和德令哈灌区分别为0.665、0.617和0.636。

按青海省黄河流域不同类型灌溉水源和灌溉方式占比加权,推算出青海省湟水谷地、黄河干流泵站灌区、黄河干流谷地灌区耗水系数分别为0.673、0.961和0.592。青海省黄河流域、柴达木盆地不同水源灌溉面积统计见表5-1。按灌溉面积和灌溉水量加权平均,推算得到青海省黄河流域灌区耗水系数分别为0.687和0.688。

表5-1 青海省黄河流域、柴达木盆地不同水源灌溉面积统计

项目	青海省黄河流域		湟水流域		黄河干流谷地		柴达木盆地	
	灌溉面积/万亩	占比/%	灌溉面积/万亩	占比/%	灌溉面积/万亩	占比/%	灌溉面积/万亩	占比/%
总灌溉面积	223.6	100	139.9	100	83.7	100	93.3	100
水库	45.0	20.1	31.7	22.7	13.3	15.9	28.9	31.0
塘坝	4.4	2.0	1.1	0.8	3.3	4.0	0.1	0.1
河湖引水	150.7	67.4	103.3	73.9	47.3	56.6	61.8	66.3
闸河湖泵站	23.6	10.5	4.5	3.3	19.0	22.7	0.7	0.8
固定	23.5	10.5	4.4	3.2	19.0	22.7	0.7	0.8
流动	0.1	0	0.1	0.1	0	0	0	0
机电井	5.2	2.3	3.0	2.2	2.1	2.5	7.4	7.9
其他	2.6	1.2	0.1	0.1	2.5	3.0	0.7	0.8
井渠结合灌溉面积	1.7	0.8	1.5	1.0	0.2	0.3	6.4	6.8

按灌溉面积加权平均推算的青海省农业灌区耗水系数为 0.679。按灌溉水量加权平均推算的青海省农业灌区耗水系数为 0.673。

5.1.2　与《黄河水资源公报》对比

按灌溉面积加权平均推算得到青海省黄河流域灌区耗水系数为 0.679，略低于 2014 年《黄河水资源公报》中青海省农田灌溉耗水系数 0.712，与 1998—1999 年、2003—2005 年农田灌溉耗水系数比较接近，同样略低于其他年份农田灌溉耗水系数。

按灌溉水量加权平均推算得到青海省黄河流域灌区耗水系数为 0.673，略低于 2014 年《黄河水资源公报》中青海省农田灌溉耗水系数 0.712，其他规律同按灌溉面积加权平均推算得到青海省黄河流域灌区耗水系数，见表 5-2 和图 5-1。

表 5-2　《黄河水资源公报》青海省 1998—2019 年历年农田灌溉耗水系数

年份	取水量	耗水量	耗水系数	年份	取水量	耗水量	耗水系数
1998 年	14.55	10.03	0.689	2009 年	11.13	9.00	0.809
1999 年	14.97	10.47	0.699	2010 年	11.27	8.31	0.737
2000 年	15.25	11.61	0.761	2011 年	11.53	8.50	0.737
2001 年	13.53	9.63	0.712	2012 年	9.22	6.70	0.727
2002 年	13.20	9.91	0.751	2013 年	9.66	7.00	0.725
2003 年	12.44	8.58	0.690	2014 年	8.79	6.26	0.712
2004 年	12.45	8.63	0.693	2015 年	8.81	6.29	0.714
2005 年	12.18	8.45	0.694	2016 年	8.79	6.30	0.717
2006 年	12.89	11.00	0.853	2017 年	7.99	5.72	0.716
2007 年	12.31	10.53	0.855	2018 年	7.69	5.50	0.715
2008 年	11.63	9.74	0.837	2019 年	6.77	4.85	0.716

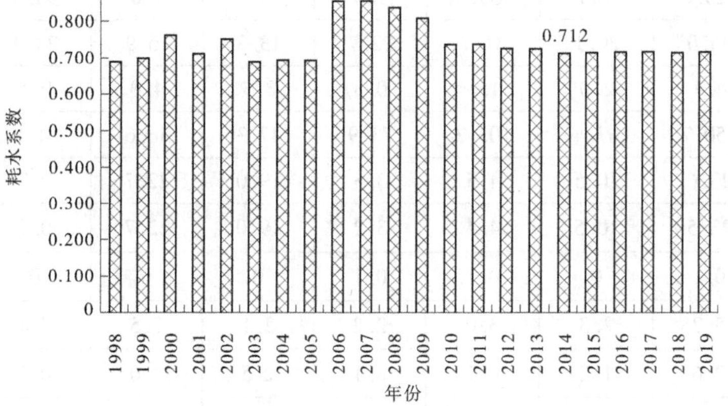

图 5-1　《黄河水资源公报》青海省 1998—2019 年历年农田灌溉耗水系数

5.2 甘肃省灌区

5.2.1 甘肃省灌区地表水耗水系数

根据《全国第一次水利普查成果》,甘肃省黄河流域共有不同类型灌区 333 处,总有效灌溉面积 555.3 万亩,实际灌溉面积 472.05 万亩,其中提水 105 处,有效灌溉面积 206.61 万亩,实际灌溉面积 188.80 万亩,占甘肃省黄河流域灌溉总面积的 37.21%;自流引水 209 处,有效灌溉面积 303.37 万亩,实际灌溉面积 244.58 万亩,占甘肃省黄河流域灌溉总面积的 54.63%;井灌 4 处,有效灌溉面积 3.63 万亩,实际灌溉面积 3.23 万亩,占甘肃省黄河流域灌溉总面积的 0.65%;其他水源类型为 15 处,有效灌溉面积 41.69 万亩,实际灌溉面积 35.44 万亩,占甘肃省黄河流域灌溉总面积的 7.51%。由表 5-3 可以看出,自流引水所占面积最大,提水次之,甘肃省黄河流域大部分灌溉类型集中在这两种类型,两者的有效灌溉面积占甘肃省黄河流域总有效灌溉面积的 91.84%,井灌最少仅占总有效灌溉面积的 0.65%,见表 5-3~表 5-6。

表 5-3 甘肃省不同规模与水源类型灌区情况

灌区规模与类型			个数	有效灌溉面积/万亩	实际灌溉面积/万亩	节水灌溉工程面积/万亩				
						防渗渠道地面灌溉	管道输水地面灌溉	喷灌	微灌	合计
大型灌区		提水	3	139.68	137.90	128.49	1.33	0	7.68	137.50
		自流引水	20	821.37	717.93	360.82	100.77	6.27	103.71	571.57
		总计	23	961.05	855.83	489.31	102.10	6.27	111.39	709.07
中型灌区	1 万~5 万亩	提水	41	49.76	49.53	14.15	3.13	0.73	6.71	24.72
		自流引水	120	161.75	152.61	55.25	21.25	2.60	29.97	109.07
		小计	161	211.51	202.14	69.40	24.38	3.33	36.68	133.79
	5 万~15 万亩	提水	7	31.11	30.42	10.51	3.38	3.59	9.94	27.42
		自流引水	39	247.23	246.27	95.78	26.51	5.30	31.29	158.88
		小计	46	278.34	276.69	106.29	29.89	8.89	41.23	186.30
	15 万~30 万亩	提水	2	37.73	37.24	16.99	3.25	0.69	5.79	26.72
		自流引水	7	163.81	140.03	57.85	22.24	4.06	31.63	115.78
		小计	9	201.54	177.27	74.84	25.49	4.75	37.42	142.50
	中型总计	提水	50	118.60	117.19	41.65	9.75	5.01	22.44	78.85
		自流引水	166	572.79	538.91	208.88	70.00	11.96	92.89	383.73
		小计	216	691.39	656.10	250.53	79.75	16.97	115.33	462.58

续表 5-3

灌区规模与类型		个数	有效灌溉面积/万亩	实际灌溉面积/万亩	节水灌溉工程面积/万亩				
					防渗渠道地面灌溉	管道输水地面灌溉	喷灌	微灌	合计
小型灌区	提水	2 765	68.7	60.24	33.24	13.67	5.47	7.23	59.61
	自流引水	2 746	98.95	82.96	36.32	16.67	4.99	24.37	82.35
	小计	5 511	167.65	143.2	69.56	30.34	10.45	31.6	141.95
纯井灌区	土渠	225	22.89	21.91	0	0	0	0	0
	渠道防渗	873	84.24	40.3	29.76	0.07	0	0	29.83
	低压管道	277	23.32	22.37	0	21.76	0	0	21.76
	喷灌	123	2.89	2.51	0	0	2.45	0	2.45
	微灌	167	6.65	6.45	0	0	0	6.45	6.45
	小计	1 665	139.99	93.54	29.76	21.83	2.45	6.45	60.49
全省总计		7 415	1 960.08	1 748.67	839.17	234.03	36.14	264.75	1 374.09

表 5-4　甘肃省灌溉面积和分水源灌区灌溉用水情况

灌区规模与类型			个数	有效灌溉面积/万亩	实际灌溉面积/万亩	节水灌溉工程面积/万亩					年毛灌溉用水量/万 m^3
						防渗渠道地面灌溉	管道输水地面灌溉	喷灌	微灌	合计	
大型灌区		提水	3	139.68	137.90	128.49	1.33	0	7.68	137.50	59 692
		自流引水	20	821.37	717.93	360.82	100.77	6.27	103.71	571.57	406 451
		总计	23	961.05	855.83	489.31	102.10	6.27	111.39	709.07	466 143
中型灌区	1 万～5 万亩	提水	41	49.76	49.53	14.15	3.13	0.73	6.71	24.71	22 550
		自流引水	120	161.75	152.61	55.25	21.25	2.60	29.97	109.07	63 678
		小计	161	211.51	202.14	69.40	24.38	3.33	36.67	133.78	86 228
	5 万～15 万亩	提水	7	31.11	30.42	10.51	3.38	3.59	9.94	27.42	17 347
		自流引水	39	247.23	246.27	95.78	26.51	5.30	31.29	158.88	102 197
		小计	46	278.34	276.69	106.29	29.89	8.89	41.23	186.30	119 545
	15 万～30 万亩	提水	2	37.73	37.24	16.99	3.25	0.69	5.79	26.73	15 965
		自流引水	7	163.81	140.03	57.85	22.24	4.06	31.63	115.78	73 412
		小计	9	201.54	177.27	74.84	25.49	4.75	37.42	142.51	89 377
	中型总计	提水	50	118.60	117.19	41.65	9.75	5.01	22.44	78.86	55 863
		自流引水	166	572.79	538.91	208.88	70.00	11.96	92.89	383.73	239 287
		小计	216	691.39	656.10	250.54	79.75	16.97	115.32	462.59	295 150

续表 5-4

灌区规模与类型		个数	有效灌溉面积/万亩	实际灌溉面积/万亩	节水灌溉工程面积/万亩					年毛灌溉用水量/万 m^3
					防渗渠道地面灌溉	管道输水地面灌溉	喷灌	微灌	合计	
小型灌区	提水	2 765	68.70	60.24	33.24	13.67	5.47	7.23	59.60	27 228
	自流引水	2 746	98.95	82.96	36.32	16.67	4.99	24.37	82.34	40 918
	小计	5 511	167.65	143.20	69.56	30.34	10.45	31.60	142	68 146
纯井灌区	土渠	225	22.89	21.91	0	0	0	0	0	9 599
	渠道防渗	873	84.24	40.30	29.76	0.07	0	0	29.83	27 507
	低压管道	277	23.32	22.37	0	21.76	0	0	21.76	5 851
	喷灌	123	2.89	2.51	0	0	2.45	0	2.45	603
	微灌	167	6.65	6.45	0	0	0	6.45	6.45	1 312
	小计	1 665	139.99	93.54	29.76	21.83	2.45	6.45	60.48	44 871
全省总计		7 415	1 960.08	1 748.67	839.17	234.03	36.14	264.75	1 374.09	874 310

表 5-5　甘肃省黄河流域灌溉面积和分水源灌区情况

水源类型	数量/个	有效灌溉面积/万亩	实际灌溉面积/万亩
提水	105	206.61	188.80
自流引水	209	303.37	244.58
井灌	4	3.63	3.23
其他	15	41.69	35.44
总计	333	555.30	472.05

表 5-6　甘肃省黄河流域不同类型水源灌溉面积统计

水源类型	提水	自流引水	井灌	其他
有效灌溉面积/万亩	206.61	303.37	3.63	41.69
占总面积比例/%	37.21	54.63	0.65	7.51

根据甘肃省灌区取水有关资料统计，甘肃省黄河流域共取水 23.75 亿 m^3，其中，209 处自流引水共计引水 14.40 亿 m^3，占甘肃省黄河流域总引水量的 60.6%；105 处提水共引水 8.36 亿 m^3，占甘肃省黄河流域总引水量的 35.2%；井灌共有 4 处，引水量为 0.02 亿 m^3，仅占甘肃省黄河流域总引水量的 0.1%；其他 15 处，共计引水量为 0.97 亿 m^3，占甘肃省黄河流域总引水量的 4.1%。自流引水所占比重最大，提水次之，井灌最少，自流引水与提水占甘肃省黄河流域引水量的 95.8%，见表 5-7。

表 5-7　甘肃省黄河流域灌区实灌面积及灌溉引水量统计

水源类型	自流引水	提水	井灌	其他	总计
实际灌溉面积/万亩	244.58	188.80	3.23	35.44	472.05
占总面积比例/%	51.81	40.00	0.68	7.15	100
灌溉引水量/亿 m^3	14.40	8.36	0.02	0.97	23.75
占引水总量比例/%	60.6	35.2	0.1	4.1	100

根据引排差法,甘肃省黄河流域典型灌区洮惠渠灌区、泾河南干渠灌区和景电泵站灌区耗水系数分别为 0.761、0.668、0.782(景电灌区一期)、0.932(景电灌区)。按灌溉面积、灌溉水量加权平均推算得到甘肃省黄河流域灌区耗水系数见表 5-8 和表 5-9。

表 5-8　洮惠渠灌区、泾河南干渠灌区、景电灌区(一期)耗水系数计算

项目	灌区耗水系数	甘肃省黄河流域耗水系数	
		灌溉面积	灌溉水量
洮惠渠灌区	0.761	0.805	0.768
泾河南干渠灌区	0.668		
景电灌区一期	0.782		

表 5-9　惠渠灌区、泾河南干渠灌区、景电灌区耗水系数计算表

项目	灌区耗水系数	甘肃省黄河流域灌区耗水系数	
		灌溉面积	灌溉水量
洮惠渠灌区	0.761	0.849	0.821
泾河南干渠灌区	0.668		
景电灌区	0.932		

5.2.2　与《黄河水资源公报》对比

本研究按灌溉面积加权平均推算得到甘肃省黄河流域灌区耗水系数为 0.849,略高于 2016 年《黄河水资源公报》中甘肃省农田灌溉耗水系数 0.836,与 2011—2019 年历年农田灌溉耗水系数比较接近,明显高于 1998—2010 年历年农田灌溉耗水系数。

按灌溉水量加权平均推算得到甘肃省黄河流域灌区耗水系数为 0.821,略低于 2016 年《黄河水资源公报》中甘肃省农田灌溉耗水系数 0.836,同样略低于 2011—2019 年历年农田灌溉耗水系数比较接近,但明显高于 1998—2010 年历年农田灌溉耗水系数,见表 5-10 和图 5-2。

表 5-10 《黄河水资源公报》甘肃省 1998—2019 年历年农田灌溉耗水系数

年份	取水量/亿 m^3	耗水量/亿 m^3	耗水系数	年份	取水量/亿 m^3	耗水量/亿 m^3	耗水系数
1998 年	20.52	15.22	0.742	2009 年	23.44	18.68	0.797
1999 年	22.48	17.35	0.772	2010 年	24.25	19.01	0.784
2000 年	23.19	18.93	0.816	2011 年	24.55	21.25	0.866
2001 年	23.45	18.96	0.809	2012 年	24.17	20.56	0.851
2002 年	22.03	17.91	0.813	2013 年	22.27	19.35	0.869
2003 年	21.15	16.92	0.800	2014 年	21.33	18.29	0.857
2004 年	21.16	17.11	0.809	2015 年	20.33	17.56	0.864
2005 年	23.40	18.96	0.810	2016 年	21.24	17.76	0.836
2006 年	24.20	19.26	0.796	2017 年	21.49	18.22	0.848
2007 年	23.05	18.40	0.798	2018 年	20.59	17.64	0.857
2008 年	23.67	19.19	0.811	2019 年	20.43	17.47	0.855

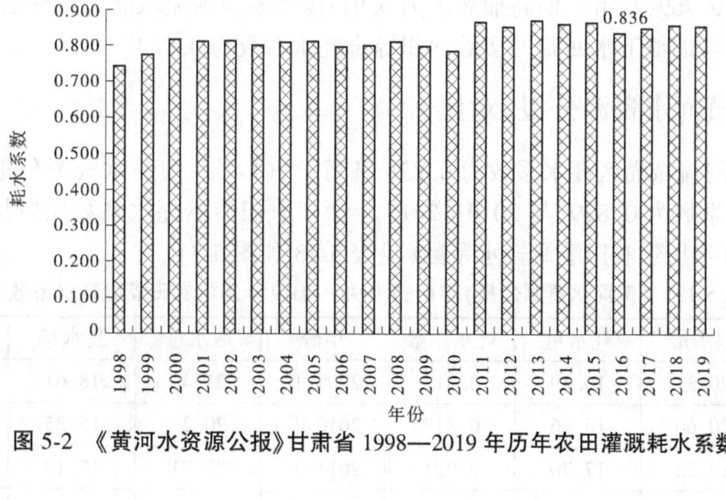

图 5-2 《黄河水资源公报》甘肃省 1998—2019 年历年农田灌溉耗水系数

5.3 陕西省灌区

5.3.1 陕西省灌区地表水耗水系数

明渠试验成果中洛东灌区和东雷二期耗水系数分别为 0.825 和 0.91，节水与小型灌区耗水系数按 1 计算，陕西省黄河流域大中型自流灌区实灌面积占比为 61.9%，大中型高抽灌区面积占比 25.7%，小型灌区面积占比 12.3%，计算得陕西省黄河流域灌区实灌面积综合耗水系数为 0.868(见表 5-11)。考虑地下水回归的洛东灌区耗水系数为 0.769，东雷抽黄耗水系数为 0.91，则陕西省黄河流域灌区实灌面积综合耗水系数为 0.834(见表 5-12)。

表 5-11　陕西省黄河流域灌区综合耗水系数(明渠试验成果)

灌区类型	灌区面积/万亩	面积占比	耗水系数	综合耗水系数
大中型自流灌区	588.36	0.619	0.825	0.868
大中型高抽灌区	244.65	0.257	0.91	
小型灌区	117.3	0.123	1	
合计	950.31	1		

表 5-12　陕西省黄河流域灌区综合耗水系数(地下水回归成果)

灌区类型	灌区面积/万亩	面积占比	耗水系数	综合耗水系数
大中型自流灌区	588.36	0.619	0.769	0.834
大中型高抽灌区	244.65	0.257	0.91	
小型灌区	117.3	0.123	1	
合计	950.31	1		

根据灌区试验成果,洛东灌区明渠耗水系数为 0.825,结合地下水回归河道的洛东灌区耗水系数为 0.769,东雷二期高抽灌区为 0.91;陕西省黄河流域灌区实灌面积综合耗水系数为 0.868,考虑地下水回归的实灌面积综合耗水系数为 0.834。

5.3.2　与《黄河水资源公报》对比

陕西省黄河流域灌区耗水系数为 0.834 略高于 2014 年《黄河水资源公报》中陕西省农田灌溉耗水系数为 0.829,与 2010—2015 年历年农田灌溉耗水系数比较接近,明显低于 2000—2009 年历年农田灌溉耗水系数(见表 5-13 和图 5-3)。

表 5-13　《黄河水资源公报》陕西省 1998—2019 年历年农田灌溉耗水系数

年份	取水量	耗水量	耗水系数	年份	取水量	耗水量	耗水系数
1998 年	20.31	16.49	0.812	2009 年	21.49	18.61	0.866
1999 年	20.60	16.86	0.818	2010 年	20.23	16.85	0.833
2000 年	19.22	17.70	0.921	2011 年	20.71	17.17	0.829
2001 年	19.27	17.73	0.920	2012 年	21.85	18.27	0.836
2002 年	19.00	17.53	0.923	2013 年	23.04	19.09	0.829
2003 年	14.15	12.42	0.878	2014 年	22.69	18.82	0.829
2004 年	16.68	14.69	0.881	2015 年	21.75	17.96	0.826
2005 年	19.58	17.33	0.885	2016 年	20.22	16.63	0.822
2006 年	21.99	19.43	0.884	2017 年	21.20	17.39	0.820
2007 年	20.15	17.80	0.883	2018 年	20.26	16.57	0.818
2008 年	22.74	19.70	0.866	2019 年	18.07	14.62	0.809

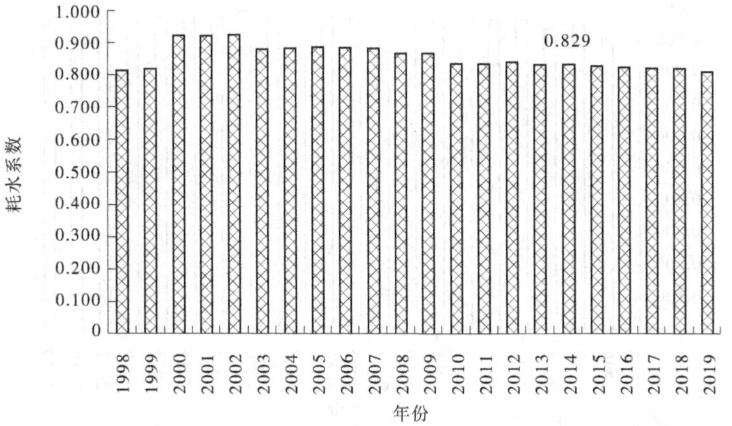

图 5-3 《黄河水资源公报》陕西省 1998—2019 年历年农田灌溉耗水系数

5.4 河南省灌区

5.4.1 河南省灌区地表水耗水系数

河南省流域内外灌区,除天然文岩渠灌区有少量退水外,其余灌区流域内和流域外用水量即为耗水量,无法回归到黄河内。综合考虑以上因素,河南省流域内外灌区黄河地表水综合耗水系数接近 1。

5.4.2 与《黄河水资源公报》对比

由于河南省灌区基本无法回归到黄河内,本研究与 1998—2019 年历年农田灌溉耗水系数比较接近(见表 5-14 和图 5-4),耗水系数均接近 1。

表 5-14 《黄河水资源公报》河南省 1998—2019 年历年农田灌溉耗水系数

年份	取水量	耗水量	耗水系数	年份	取水量	耗水量	耗水系数
1998 年	28.73	25.64	0.892	2009 年	30.90	29.95	0.969
1999 年	32.26	29.75	0.922	2010 年	29.13	28.12	0.965
2000 年	27.87	26.31	0.944	2011 年	35.25	34.31	0.973
2001 年	25.26	23.55	0.932	2012 年	33.86	33.43	0.987
2002 年	30.77	29.48	0.958	2013 年	33.61	32.72	0.974
2003 年	22.49	21.61	0.961	2014 年	29.55	28.64	0.969
2004 年	20.48	19.66	0.960	2015 年	28.23	27.33	0.968
2005 年	21.65	21.08	0.974	2016 年	28.48	27.36	0.961
2006 年	29.66	28.52	0.962	2017 年	31.07	29.82	0.960
2007 年	23.95	23.15	0.967	2018 年	31.54	30.59	0.970
2008 年	28.07	27.03	0.963	2019 年	36.97	35.77	0.968

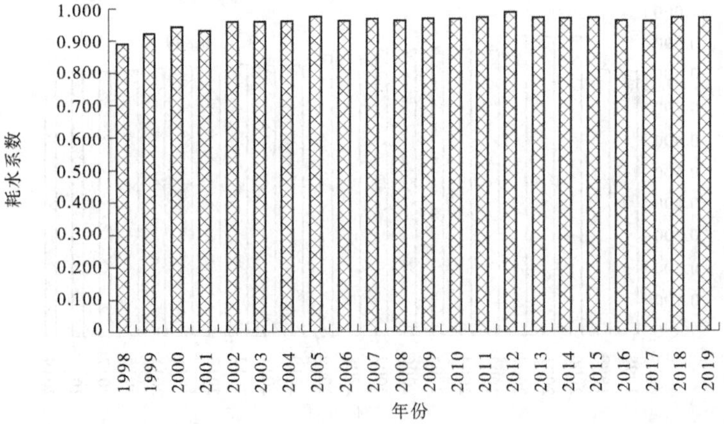

图 5-4 《黄河水资源公报》河南省 1998—2019 年历年农田灌溉耗水系数

6 资料整编及质量控制

6.1 资料整编

在整编表项和电算数据输入、校对、审查的基础上，运行整编程序，进行水位、流量、降水监测项目的整编计算，并生成各项整编成果表；对土壤墒情监测项目按照规范要求，编制土壤墒情监测成果表。

6.1.1 电算整编成果

运行程序完成整编计算后，各监测断面（站）依据监测项目分别形成如下整编成果：

(1)逐日平均水位表；

(2)逐日平均流量表及月年统计表；

(3)逐日降水量及月年统计表；

(4)降水量摘录表；

(5)各时段最大降水量表(1)和表(2)。

各监测断面（站）依据监测项目形成的整编表项成果如下：

(1)水文监测断面一览表；

(2)降雨量、蒸发量站一览表；

(3)监测断面月年平均流量对照表；

(4)测站说明表；

(5)水准点、水尺零点高程考证表；

(6)实测流量成果表；

(7)实测大断面成果表；

(8)逐日水面蒸发量表；

(9)整编说明表。

6.1.2 土壤墒情资料整编

土壤墒情整编资料包括：墒情监测站一览表；土壤墒情监测站说明表及位置图；土壤墒情监测成果表；自动墒情监测资料（垂线平均土壤含水量）摘录成果表；墒情监测资料（地温）摘录成果表。

土壤温度监测资料摘录成果表，参照自动墒情监测资料摘录成果表式样，根据每日8时观测值分别编制土壤10 cm、30 cm、50 cm、70 cm、100 cm五处不同深度的温度资料摘录成果表。

6.2 监测工作要求

6.2.1 监测断面布设基本要求

水位、流量监测断面的布设应符合下列要求:①监测断面应避开涡流、回流等影响;②宜设在渠道顺直、断面稳定、水流均匀、水流脉动较小的渠段;③堰闸上游断面应设在堰闸上游水流平稳处,与堰闸的距离不宜小于最大水头的3~5倍;下游断面应设在堰闸下游水流平稳处,距消能设备末端的距离不宜小于消能设备总长的3~5倍;④需要进行比降观测时,应在基本监测断面的上、下游分别设置比降水位监测断面;⑤测流断面应水流平稳,断面控制良好,水位流量关系较为稳定;⑥测流断面宜与水位监测断面重合,因水位太低或流速较大时,可根据实际需要选择临时测流断面;⑦监测断面的位置应相对稳定,一经确定不得随意改变,保持水位监测资料的一致性和连续性。

6.2.2 水准点及大断面监测要求

测量前对水准仪进行外观、圆水准器、十字丝、i角的检验、水准尺弯曲度检验,其中i角为水准仪望远镜的视准轴和水准管轴在竖直平面上投影的夹角。

每个监测断面设立2个水准点,采用假定高程,有条件需引测高程,两个水准点间相互校测1次,发现有变动迹象或可能时,应随时校测。采用三等水准测量。

首次流量测验前需对各监测断面进行断面测量,较大水过后如渠道冲淤变化较大时应施测过水断面部分。

6.2.3 水位监测要求

水位定时观测时间以北京标准时间为准。水位观测符合《水位观测标准》(GB/T 50138—2010)的各项技术规定。

渠道水位观测应注意上下游是否有壅水出现。所列监测要素均采用水文记载表格式填写。

6.2.4 流量监测要求

6.2.4.1 测量方法和要求

流量测验中各种测流方法、流速仪的选取必须符合《河流流量测验规范》(GB 50179—2015)的各项技术规定。

测流时,严密注意上游的水流情况,发现有较大漂浮物和异常现象时,必须确保测验仪器安全。测流结束后,及时进行大断面的套绘,分析冲淤变化情况。

6.2.4.2 测次布设

应根据高中低各级水位的水流特性、测站控制情况和测验精度要求,掌握各个时期的水情变化,合理地分布于各级水位和水情变化过程的转折处,以满足确定水位流量关系或推算逐日流量和各项特征值的要求。流量的测次布置按各渠道实际情况并严格按照规范执行。

6.2.5 土壤墒情监测要求

土壤墒情监测站点的选取应符合下列规定:①墒情监测的代表性地块应根据其地貌、土壤、气象和水文地质条件以及种植作物的代表性选定;②代表性地块应平整且不易积水;③土壤含水量采样点应布置在距代表性地块边缘、路边 10 m 以上且平整的地块,应避开低洼易积水的地方;④土壤含水量采样点应同沟槽和供水渠道保持 20 m 以上的距离,避免沟渠水侧渗对土壤含水量产生影响;⑤监测位置应相对稳定,一经确定不应随意改变,保持墒情监测资料的一致性和连续性。

6.2.6 总体要求

(1)水文测验必须执行水文测验技术规定,符合水文测验的技术标准。

(2)原始资料必须现场做到一作两校,即初作、一校、二校。做好资料的现场检查分析工作,应对测验结果根据测站特性、河流水情和测验现场的具体情况按下列要求进行检查分析:①对测点流速、水深和起点距测量记录进行检查分析;②点绘横断面和垂线流速横向分布图,检查分析其分布的合理性;点绘水位与各种水力因素(水面宽、平均水深、最大水深、最大流速、垂线平均流速等)关系图,以及水深与流速关系图,检查分析其合理性;③点绘水位与流量、水位与面积、水位与流速关系曲线图,检查分析变化趋势和三个关系曲线相应关系的合理性。

(3)流量资料合理性检查时,因突出点产生的原因可能是人为错误,也可能是特殊水情的变化,检查时可逆工序进行。首先要从点绘入手,检查是否点错,点绘正确时,再仔细复核原始记录,检查计算方法和计算过程有无错误。若点绘与计算都没有错误,再从测验方面检查。

(4)发现问题应及时查明原因,当突出点是计算错误所造成的,则应及时进行改正;当突出点是测验错误所造成的,则应及时进行补测;当突出点是由于水力因素变化所造成的,则应作为可靠资料看待,并及时进行复测,作为整编时的参考,必要时可说明其情况。

(5)按照规范要求,每次监测前对流速仪进行全面检查,流速仪每次测流后清洗加油;备用仪器每半年加一次油;存于通风干燥处。使用期 1~2 年,使用次数超 150 次或实际使用时间超 50~80 h 时要求送检。

6.3 成果表审查

按照《水文资料整编规范》(SL/T 247—2020)、《水文年鉴汇编刊印规范》(SL/T 460—2020)质量要求,认真审查、严格把关,对整编成果的水文数据、整编方法、辅助说明、图表的编制等内容进行了全面审查,并对整编成果进行了校对和修改,形成了最终成果。

6.3.1　说明资料的审查

6.3.1.1　水位资料整编说明书的审查

水位资料整编说明书中各站的水准点校测及高程变动情况一栏中水准点的引测填写方法正确。

水尺零点高程校测及高程变动情况一栏中水尺零点高程的变动情况填写正确,水尺使用情况填写正确。

各站水位的观测情况(包括与自记仪比测情况)一栏中填写说明正确、规范、扼要。

资料整编中发现的问题及解决方法填写正确。

6.3.1.2　流量资料整编说明书的审查

流量资料整编说明书中各站的测站特性填写正确,符合测站实际情况。

测验情况一栏中全年实测数据与原始资料校核填写正确;测验方法填写正确;全年分布测次情况及全年施测次数填写正确;流速仪、停止表使用情况填写正确;测深方法填写正确;本年 $Z-Q$ 关系线定线方法及与历年关系比较填写正确;关系线延长方法填写正确。

6.3.1.3　渠道站一览表的审查

渠道站一览表内各项内容填写正确、规范。

6.3.1.4　渠道站分布图的审查

渠道站分布图清晰、准确。

6.3.1.5　渠道站说明表的审查

渠道站说明表中各站的测站沿革、断面布设、测验河段及其附近河流情况、断面及主要测验设施布设情况、基本水尺水位观测设备等文字说明翔实、准确、简明、规范。

6.3.1.6　渠道站水尺零点高程考证表的审查

各渠道站本年使用的基本水尺零点高程均无变动,水尺零点高程考证表内容填写正确、规范、水尺零点高程考证清楚。

6.3.1.7　渠道站水准点高程考证表的审查

各渠道站本年使用的水准点高程均无变动,水准点高程考证表内容填写正确、规范、水准点高程考证清楚。

6.3.1.8　水文要素综合表的审查

灌区内引水口、退水口,典型地块引水口、退水口的水位流量水文要素综合过程线图经对照检查,过程相应,峰形吻合,符合渠道站特性。

6.3.2　基本资料的审查

为灌区耗水系数试验研究开展的水文监测资料成果,按水文年鉴汇编刊印规范标准,基本资料的成果表主要有逐日平均水位表,逐日平均流量表,实测流量成果表,实测大断面成果表,月年平均流量对照表,逐日降水量表,降水量摘录表,各时段最大降水量表(1)、(2),逐日水面蒸发量表,土壤墒情监测成果表,土壤墒情监测资料(垂线平均土壤含水量)年特征值统计表。

6.3.2.1 **表头的检查**

对各种成果表表头与原始进行了全面校核;表头格式符合规范要求;河名、站名、断面名称、年份等控制性信息正确,与测站一览表完全一致。

6.3.2.2 **逐日平均水位表**

经对监测断面的逐日平均水位表全面审查,日均值间变化合理,月年极值与日值无矛盾;附注填写规范齐全;表头的基面名称、高差改正数正确,并且与测站一览表进行了对照检查,填写完全一致。

6.3.2.3 **逐日平均流量表**

经监测断面的逐日平均流量表全面审查,月、年极值及日期与日值无矛盾,日值变化合理,无突大突小的反常现象;附注填写规范齐全;经与测站一览表对照检查,表头集水面积正确。

6.3.2.4 **实测流量成果表**

经对监测断面的实测流量成果表与流量测验记载表逐次进行校对,施测号数、施测时间、断面位置、测验方法等填写正确;全面检查并计算流量、面积、流速之间的关系,计算断面面积、水面宽、水深之间的关系,数字均正确无误;水面宽随水位的变化情况合理;附注填写规范完整。

6.3.2.5 **实测大断面成果表**

经监测断面的实测大断面成果表与断面测量记载本逐次进行校对,测时水位填写正确,与逐日表中水位无矛盾;起点距及其对应的河底高程数字正确;用大断面图检查河底高程变化合理;起点距及左右岸无矛盾;换行时整米数及附注填写完整齐全;两岸书写格式及表格排列符合规范要求。

6.3.2.6 **月年平均流量对照表**

与各监测断面逐日平均流量表进行了校核;检查了干渠进、退水对照关系和典型地块引、退水对照关系,并重新计算了对照关系数值;河名等控制性指标与测站一览表进行了对照检查;经审查,该表各项数据准确无误,控制性指标正确。

6.3.2.7 **土壤墒情监测成果表**

对土壤墒情监测成果表进行了全面审查,成果表与原始记录一致;降水间隔天数、时段降水量、时段蒸发量填写正确;月、年特征值统计各项数据正确。对土壤 10 cm、30 cm、50 cm、70 cm、100 cm 五处不同深度温度摘录表进行了全面审查,成果表与原始记录一致,月年特征值的计算和挑选正确。

6.4 综合资料说明

6.4.1 水文监测情况

对灌区引水口断面和退水口断面,典型地块引水口断面和退水口断面当年的水位、流量项目进行了监测,各监测断面水位控制良好,流量测验方法正确,测验精度满足规范要求,高程系统采用合理;对典型地块的土壤墒情开展了自动监测,资料连续完整,满足使用要求;降水量采用距典型地块较近的水文站观测资料,资料完整可靠。

6.4.2 资料整编情况

对灌区干渠、典型地块水文监测断面以及典型地块土壤墒情、典型地块附近降水的所有监测资料均进行了整编,资料整编成果各表项初作和校审两道工序齐全,表项完整,图表齐全,说明完备,规格统一,数字准确,符号无误,资料可靠,方法正确,达到《水文资料整编规范》(SL/T 247—2020)、《土壤墒情监测规范》(SL 364—2015)质量定性标准要求;成果数字无系统错误,无特征值错误,达到《水文资料整编规范》(SL/T 247—2020)成果数字质量标准要求。

7　研究成果合理性分析

《黄河水资源公报》(2012 年)提出耗水量是指取水量扣除其回归到黄河干、支流河道后的水量。农业灌溉耗水系数是衡量灌溉水消耗状况的重要指标,集中反映了灌溉系统设计、渠系工程质量、灌溉管理水平、灌水来源及方式、灌区种植结构、灌区土壤地质特性等的综合指标,对流域(或区域)水量平衡分析和水资源利用效率评价有重要作用。为保证本研究的成果质量,在研究方法确定、监测方案设计、监测方法和设施设备选择、典型灌区和典型地块选取、监测结果分析中,全面开展了数据可靠性和成果合理性的审查。

本研究以典型灌区引退水试验和用水调查统计为基础,运用引排差法和数据模型分析了典型灌区耗水系数,现从研究方法的选择、典型代表性分析、试验方法、设备和成果可靠性、计算节点选择的合理性、主要参数和指标对比分析等 6 个方面论证本研究典型灌区耗水系数研究成果的合理性。

7.1　单站合理性分析

7.1.1　水位合理性分析

在水位观测时段内采用人工两段制观测(与雷达水位计观测值进行对照,采用雷达水位计观测值进行整编),且根据水位涨落变化随时增加测次。断面流量测点分布合理,瞬时水流关系曲线基本一致。

7.1.2　流量合理性检查

流量测验断面控制较好,采用临时曲线法定线。断面采用两条水位流量关系曲线和单一曲线法定线。流量高低水延长符合规范要求。进水量由闸门人工控制,全年未出现水量突增或突减等特殊水情。

7.1.3　降水量、蒸发量合理性分析

降水量采用固态存储雨量计、人工雨量器平行观测,蒸发量采用 20 cm 口径蒸发器进行观测。降水量一般只测记降雨、降雪、降雹的水量,并注记雪、雹符号。单纯的雾、露、霜,不论其量大小均不测记。降水量记至 0.1 mm,不足 0.05 mm 的降水不做记载。历时记至分钟。蒸发量以 8 时为日分界。一般每日 8 时观测蒸发量一次,蒸发量以毫米计,测记至 0.1 mm。有降水之日观测日降水量进行蒸发量计算。

对逐日水面蒸发量与逐日降水量进行了对照,未出现偏大或偏小的不合理水面蒸发量。

7.1.4 土壤墒情合理性分析

通过试验站墒情监测,取得了完整资料。经初步分析,其田地土壤含水量与灌溉、降雨、气温等变化保持一致。其表层土壤与深层土壤含水量变化符合外部来水时土壤的影响。

7.2 综合合理性分析

综合合理性分析是对监测区域内各站整编成果的全面对照分析检查,一般是利用上下游或区域内各水文要素间的相关或成因联系,来判断监测资料成果的合理性,主要包括上下游站水流沙的合理性检查和相邻站及区域降水量面上对照检查。

7.2.1 水位资料综合合理性分析

(1)经对干渠退水口、典型地块引退水口各监测断面高程成果对照,均用 GPS 测定高程,采用假定基面,自上而下依次降低,高程系统统一相一致,高程系统采用合理。

(2)干渠进、退水口水位均受闸门控制,人为因素影响大,其变化过程不相一致。但从干渠进、退水时间上来看,上下游各断面间相应,控制良好,变化合理。

7.2.2 流量资料综合合理性分析

流量资料的综合合理性分析主要是通过上、下游逐时流量过程线洪水及各站洪水总量对照表配合检查。

各引水口年径流量,通过渠道来水总量及上下游流量过程对照,其上、下游过程线相应,资料合理,符合洪水量上、下游沿途变化情况。

7.3 典型灌区选择的代表性分析

根据灌区选择原则,对青海、甘肃、陕西、河南四省黄河流域典型灌区进行了现场查勘,收集分析了第一次全国水利普查成果、各省及相关市县区国民经济统计资料、农业综合区划、区域水文地质普查成果、土壤志等资料,从灌区集中度、灌区灌溉水源、农业结构、主要农作物品种、灌区规模、灌区条件和试验条件等方面进行了综合分析,选择确定了典型试验灌区。

以气候、土地利用、地学、地下水影响和灌溉方式等灌溉耗水影响因子来进行分类,选择典型灌区为代表,通过对典型灌区的研究来分析各省黄河流域灌区耗水系数的方法是切实可行的。同时,在典型灌区选择典型地块重点研究农田灌溉排水和渗漏问题,在典型地块上对土体尺度灌溉下渗问题进行深入研究,对地块尺度试验成果进行验证,以提高研究的精度和合理性。

典型灌区在灌溉规模、地形地貌、土壤性质、灌溉水源、灌溉方式、主要作物品种等方面具有甘肃省黄河流域引黄灌区的典型特征,开展农业灌溉耗水系数研究具有较强的代表性和可行性。

7.4 试验研究方法选择的合理性分析

目前计算农业灌区耗水率的方法,大致可归纳为两类,一类是利用灌溉试验、渠系水有效利用系数、地下水计算参数等间接推算耗水率,即间接法,也称引排差法。另一类是通过灌区水量平衡分析直接计算耗水系数,通过对农业灌区降水、灌溉水、土壤水和地下水"四水"平衡转化模型,直接计算农田水分消耗率,即直接法。另外,在黄河干流部分河段进行水量平衡时,依据河道上下游水文测站资料和区间来水、取水、退水资料,来推算控制河段水量误差,进而间接推求区间综合消耗水量,称河段平衡法,属于间接法中的具体应用。

由于典型灌区所在河流多数没有河流水文控制站,或者上下水文控制站间未控支流较多,河段平衡法应用受限。另外,国办法〔1987〕61号《关于黄河可供水量分配方案报告》中分配的可利用水量是以"间接法"引排差为分配基础,目前黄河水量调度中也采用引排差方法进行用水管理,《黄河水资源公报》亦采用该法进行各省耗水量分析。

7.5 测验方法、设施设备和测验成果的可靠性分析

试验时段选择充分考虑典型灌区和典型试验区主要作物品种生长周期和耗水规律、主要农作物灌溉制度、灌区气象条件等因素,监测时段确定合理。监测断面选择符合水文参数测验和引退水计算的基本要求,监测渠段位置顺直、床质坚固、平滑、稳定,且具有足够长度,形状尽量对称,监测渠段水流平稳集中,且无岔流、分流、壅水、回水等现象等。试验中严格按规范开展了水位、流量等测验,测流过程中坚持随测、随算、随分析、随整理的"四随"工作,测验误差控制符合要求,并严格资料整编要求,明确注意事项。保证了观测精度和测验成果真实、准确、完整和可靠。

典型地块退水流量较小,根据《水工建筑物与堰槽测流规划》和退水水流特点,经对各类量水设施和量水技术进行对比,考虑自动量水设备在地块田间野外长期安置管理保护因素和田间退水量测要求,经分析论证,部分退水断面采用直角三角形薄壁量水堰。典型地块在灌溉期有退水时随时监测,量测设施精度满足分析要求。

7.6 计算节点选择的合理性分析

青海、甘肃两省试验从地块尺度和灌区尺度等2个层次,开展灌区引退水试验,测算分析农业灌溉耗水系数。由于不同灌区地域和作物种植结构有差异,水资源条件和灌溉方式不尽相同,灌区运行管理和耕作措施技术水平亦有区别。另外,不同尺度研究采用的灌溉定额也有区别,地块尺度为实际灌溉用水定额,灌区尺度按渠首引水计算为毛灌溉定额。从农业灌区耗水系数计算要求以及对加强用水管理角度分析,采用的灌溉用水定额是合理的。

为揭示田间灌溉水渗漏规律,本研究同步开展了田间土壤含水量观测试验。田间土壤含水量观测试验结果,对灌溉水入渗规律研究有一定的指导意义。

7.7　典型灌区主要指标合理性分析

将本研究成果与各省行业用水定额中的关键指标进行对比分析,以评价本研究成果的合理性。

以景电泵站灌区为例,根据监测试验成果分析,景电泵站(一期)灌区扣除由于渠系工程保护、清除垃圾、防洪除险等需要的渠道退水量、向灌区外的退水量后,灌区引水总量为 14 247.7 万 m^3,灌区实灌面积为 33.45 万亩,按灌溉用水量计算的单位面积灌溉量为 425.94 m^3/亩,平均次灌水量为 106.5 m^3/亩。按《甘肃省行业用水定额》(修订本,2012)中的块灌方式,按 50%降水频率,小麦灌水定额和玉米灌溉定额为 380 m^3/亩和 480 m^3/亩,灌水定额分别为 70 m^3/亩和 95 m^3/亩。从灌溉定额分析,该项指标基本研究反映出了典型灌区农田灌溉水利用实际情况。

8 结论与展望

8.1 结 论

水资源是经济社会快速发展的主要约束条件,加强水资源管理,实施最严格的水资源管理制度,确立用水总量控制制度和用水效率控制制度,是当前国家、流域和各省科学管理水资源的重要抓手。农业作为主要用水产业,深入研究农业灌溉供、用、耗、排规律,对加强用水管理、合理分配水量、严格用水制度、提高用水技术具有重要意义。本研究以青海、甘肃、陕西、河南四省典型农业灌区为对象,开展灌溉耗水试验研究,研究成果不仅为黄河流域其他地区相关研究提供一定借鉴,并为进一步完善流域管理与行政区管理相结合的水资源管理体制提供技术支撑。本研究采用流域耗水量"引排差"计算方法,对典型灌区用、耗、退水等规律进行了初步阶段性研究。取得的主要结论与阶段性成果如下:

(1)通过调研灌区引水方式、设计引水流量、实际引水流量、引水计量方法;灌区渠系系统及衬砌情况、灌区规模、灌溉方式、作物种植结构、灌溉频次及灌溉定额,灌区有效利用系数;灌区排水系统、退水口位置、退水流量、退水量监测方法等,厘清灌区供水、用水和耗水数据。

(2)选择典型试验灌区,开展农田灌溉引退水规律研究,监测每个进水口和退水口流量,采用以河道为主的引排差(即流域耗水量)法率定农业灌溉耗水系数,对黄河水资源公报中地表水耗水量的核算具有借鉴和指导意义,为提高用配水计划和水资源利用效率提供支撑。

(3)按青海省黄河流域不同类型灌溉水源和灌溉方式占比加权,推算出青海省湟水谷地、黄河干流泵站灌区、黄河干流谷地灌区耗水系数分别为0.673、0.961和0.592;按灌溉面积和灌溉水量加权平均,推算得到青海省黄河流域灌区耗水系数分别为0.687和0.688;按灌溉面积和灌溉水量加权平均推算得到青海省灌区耗水系数分别为0.679和0.673。这些数据均略低于2014年《黄河水资源公报》中青海省农田灌溉耗水系数0.712。

(4)根据引排差法,甘肃省黄河流域典型灌区洮惠渠灌区、泾河南干渠灌区和景电泵站灌区耗水系数分别为0.761、0.668、0.782(一期)、0.932(景电灌区);按灌溉面积、灌溉水量加权平均推算得到甘肃省黄河流域灌区耗水系数分别为0.849和0.821。2016年《黄河水资源公报》中甘肃省农田灌溉耗水系数0.836位于两者之间。

(5)陕西省黄河流域灌区实灌面积综合耗水系数为0.868。考虑地下水回归的洛东灌区耗水系数为0.769,东雷抽黄耗水系数为0.91,则陕西省黄河流域灌区实灌面积综合耗水系数为0.834。

根据灌区试验成果,洛东灌区明渠耗水系数为0.825,结合地下水回归河道的洛东灌区耗水系数为 0.769,东雷二期高抽灌区为 0.91;陕西省黄河流域灌区实灌面积综合耗水系数为 0.868,考虑地下水回归的实灌面积综合耗水系数为 0.834。这些数据略高于 2014 年《黄河水资源公报》中陕西省农田灌溉耗水系数为 0.829。

(6)河南省流域内外灌区,除天然文岩渠灌区有少量退水外,其余灌区流域内和流域外用水量即为耗水量,无法回归到黄河内。综合考虑以上因素,河南省流域内外灌区黄河地表水综合耗水系数接近 1。由于河南省灌区基本无法回归到黄河内,本研究与 1998—2019 年历年《黄河水资源公报》农田灌溉耗水系数比较接近。

8.2 展 望

8.2.1 试验研究方面

灌区的作物蒸发蒸腾、潜水蒸发、各水文地质参数以及引黄灌区引黄退水的监测等试验有待进一步加强。同时要继续开展土壤墒情和地下水监测,深化灌区水循环机理研究。只有掌握真实可靠的试验数据,才能更准确地对区域的耗水机制进行定量的分析,才能为全面掌握农业灌区耗水规律,加强水资源管理提供依据。

8.2.2 时空变异性研究方面

由于黄河灌区引黄灌溉范围大,不同地区有不同的自然地理条件、农作物种植结构、灌溉习惯等都影响着区域水平衡,导致不同地区水平衡模式发生变异。对此,以往也做过局部的研究工作,如局部地区单项或几项均衡要素的试验和测定,但对不同区域引黄灌区的水平衡机制和水系统循环要素的构成以及它们之间的相互转化关系尚缺乏系统的研究,尤其是区域尺度上的研究更少。因此,在以往研究的基础上,对小尺度与大尺度区域的水均衡与耗水规律转换机制研究,以及大型灌区尺度的水均衡模型及计算方法研究需要进一步加强。

8.2.3 引黄灌区节水管理方面

从水管单位性质、管理体制、经费保障、人员结构、责权划分和水价形成机制等方面改革完善灌区管理体制,提高灌区管理水平。应大力推广田间渠系用水计量设施,提高灌区水资源监控能力和信息化管理水平,实施按量计价水费核算制度,提倡用水户节约用水,完善斗门管理维护和启闭操作制度,降低斗农渠退水率。加强渠系和建筑物检查维护,减少因管理不善造成的干渠无效退水。进一步加强田间灌溉工程建设,解决灌溉渠系最后一公里问题,提高田间渠系衬砌率,减少渠道渗漏。完善灌区取水、需水和配水计划,制定合理的灌溉制度,强化灌区用水计划执行和灌溉定额实施监督;尽最大可能适时适量灌溉,尽可能减少灌溉水地表退水和田间深层渗漏,结合灌区种植结构调整,大力发展节水灌溉,提高田间水利用效率,降低农业灌溉耗水系数。

参考文献

[1] 中华人民共和国水利部 . 2017 年中国水资源公报[M]. 北京:中国水利水电出版社, 2018.

[2] Hussein O,Wim G M. Impart of spatial variations of land surface parameter soil regional evaporation:a case study with remote sensing data[J]. Hydrological processes,2001(15):1585-1607.

[3] Jensen M E, Burman R D, Allen R G. Evapotranspiration and irrigation water requirement[R]. ASCE manual 70,1990.

[4] Pater D, Richard G. Estimating referene evapotran-spiration under inaccurate data conditions[J]. Irrigation and drainage systems,2001(16):35-45.

[5] Schmugge T, Hook S J, Coll C. Recovering surface temperature and emissivity from thermal infrared multispectral data[J]. Remote Sens. Environ, 1998, 65:121-131.

[6] Tim R, David L B. Estimating one-time-of-day meteorological data from standard daily data as inputs to thermal remote sensing based energy balance models[J]. Agricultural and forest meteorology, 1999(96): 219-238.

[7] 蔡明科,魏晓妹,粟晓玲. 灌区耗水量变化对地下水均衡影响研究[J]. 灌溉排水学报,2007, 26(4): 16-20.

[8] 陈玉民,华佑亭,张鸿,等. 华北地区冬小麦需水量图与灌溉需水量评价研究[J]. 水利学报, 1987(11):10-20.

[9] 程维新,唐跃虎. 北京地区草坪耗水量测定方法及需水量浅析[J]. 节水灌溉,2002(5):12-14.

[10] 丛振涛,杨静,雷慧闽,等. 位山灌区四水转化模型模拟研究[J]. 人民黄河,2011,22(3):70-72.

[11] 代俊峰,崔远来. 基于 SWAT 的灌区分布式水文模型:Ⅱ. 模型应用[J]. 水利学报,2009,40(3): 311-318.

[12] 董斌,崔远来,黄汉生,等. 国际水管理研究院水量平衡计算框架和相关评价指标[J]. 中国农村水利水电,2003(1):5-8.

[13] 胡顺军,康绍忠,宋郁东,等. 利用地下水动态观测资料估计芦苇耗水量[J]. 灌溉排水学报,2003, 22(3):19-21.

[14] 贾仰文,周租昊,雷晓辉,等. 渭河流域水循环模拟与水资源调度[M]. 北京:中国水利水电出版社, 2010.

[15] 井涌. 水量平衡原理在分析计算流域耗水量中的应用[J]. 西北水资源与水工程,2003,14(2):30-32.

[16] 康绍忠,刘晓明,熊运章. 土壤 - 植物 - 大气连续体水分传输理论及其应用[M]. 北京:水利电力出版社,1994.

[17] 李东,吕文星,潘启民,等. 黄河河南段流域内外引水量调研分析[J]. 地下水,2020,42(6):163-166.

[18] 李东,吕文星,钱新鹏,等. 甘肃省景泰川电力提灌灌区耗水系数监测试验研究[J]. 地下水,2021, 43(2) :110-112.

[19] 李东,张伟峰,高亚军,等. 陕西省黄河流域典型灌区地表耗水系数监测试验研究[J]. 地下水, 2021,43(1):88-90.

[20] 李金柱. 区域蒸散发影响因素综合分析[J]. 山西水利,2003(3):23-24.

[21] 李晓鹏,张佳宝,朱安宁,等. 基于 GIS 的农田土壤水分渗漏量分布模拟[J]. 土壤通报,2009,40(4):743-746.
[22] 刘昌明,夏军,郭生练,等. 黄河流域分布式水文模型初步研究与进展[J]. 水科学进展,2004,15(4):495-500.
[23] 刘苏峡,莫兴国,朱永华,等. 基于水量平衡的流域生态耗水量计算:以海河为例[J]. 自然资源学报,2004,19(5):662-669.
[24] 刘钰,Pereira L S,Teixeira J L,等. 参照腾发量的新定义及计算方法对比[J]. 水利学报,1997(6):27-33.
[25] 吕文星,张学成,周鸿文,等. 湟水流域灌区水循环规律研究[J]. 江苏农业科学,2018,46(20):308-312.
[26] 吕文星,周鸿文,高源,等. 青海省格尔木市农场灌区典型地块耗水系数研究[J]. 江苏农业科学,2017,45(21):263-268.
[27] 马文 E. 耗水量与灌溉需水量[M]. 熊运章,林性粹,译. 北京:农业出版社,1982.
[28] 秦大庸,于福亮,裴源生. 宁夏引黄灌区耗水量及水均衡模拟[J]. 资源科学,2003,25(6):19-24.
[29] 任建华,李万寿,张婕. 黑河干流中游地区耗水量变化的历史分析[J]. 干旱区研究,2002,19(1):18-22.
[30] 上官周平,邵明安. 21 世纪农业高效用水技术展望[J]. 农业工程学报,1999, 15(1):17-21.
[31] 邵爱军,彭建萍,刘培斌. 用水量均衡法确定腾发量[J]. 华北水利水电学院学报,1996,17(3):24-28.
[32] 史俊通,杨改河,唐拴虎,等. 用耗水系数作为旱区农业生产力水平区划指标的探讨[J]. 干旱地区农业研究,1995,13(1):100-104.
[33] 水利部水利水电规划设计总院. 水资源开发利用情况调查评价[R]. 2002.
[34] 粟晓玲,曹红霞,康绍忠. 关中地区灌溉农业发展对区域蒸发的影响研究[J]. 灌溉排水学报,2004,23(3):24-27.
[35] 孙彦坤,梁荣欣,张洪泽. 春小麦耗水规律研究[J]. 东北农业大学学报,1997,28(4):340-344.
[36] 佟玲,康绍忠,粟晓玲,等. 区域作物耗水时空分布影响的研究进展[J]. 节水灌溉,2004(1):3-6.
[37] 王少丽,Randin N. 相关分析在水量平衡计算中的应用[J]. 中国农村水利水电,2004(4):46-49.
[38] 王西平,姚树然. VSMB 多层次土壤水分平衡动态模型及其初步应用[J]. 中国农业气象,1998,19(6):27-31.
[39] 肖素君,王煜,张新海,等. 沿黄省(区)灌溉耗用黄河水量研究[J]. 灌溉排水,2002,21(3):60-63.
[40] 谢新民,赵文俊,裴源生,等. 宁夏水资源优化配置与可持续利用战略研究[M]. 郑州:黄河水利出版社,2002.
[41] 邢大韦,张玉芳,粟晓玲. 陕西省关中灌区灌溉耗水量与耗水结构[J]. 水利与建设工程学报,2006,4(1):6-8.
[42] 许迪,刘钰. 测定和估算田间作物腾发量方法研究综述[J]. 灌溉排水,1997,16(4):54-59.
[43] 于涛,何大伟,陈静生. 黄河流域灌溉农业的发展对黄河水量和水质的影响[J]. 农业环境科学,2003,22(6):664-668.
[44] 岳卫峰,杨金忠,王旭升,等. 河套灌区义长灌域耗水机制分析[J]. 中国农村水利水电,2004(8):11-13.
[45] 岳卫峰. 内蒙古河套灌区义长灌域耗水机制研究[D]. 武汉:武汉大学,2004.
[46] 张秋玲. 基于 SWAT 模型的平原区农业非点源污染模拟研究[D]. 杭州:浙江大学,2010.
[47] 张霞. 宁蒙引黄灌区节水潜力与耗水量研究[D]. 西安:西安理工大学,2007.

[48] 张学成,等.黄河流域水资源调查评价[M].郑州:黄河水利出版社,2006.
[49] 张学成,王玲,司凤林. 黄河河川径流耗水量预测分析[J]. 水利水电技术.2001,32(5):8-12.
[50] 张永勤,彭补拙,缪启龙,等.南京地区农业耗水量估算与分析[J].长江流域资源与环境,2001,10(5):413-418.
[51] 赵凤伟,魏晓妹,粟晓玲.灌区耗水量问题初探[J].节水灌溉,2006(1):25-27.
[52] 赵明,郭志中,王耀琳,等.不同地下水位植物蒸腾耗水特性研究[J].干旱区研究,2003,20(4):286-291.
[53] 周宏飞.塔里木河干流区的水量消耗和潜力分析计算[J].干旱区资源与环境,1998,12(3):49-52.
[54] 周鸿文,翟禄新,吕文星,等.基于VSMB模型的灌溉水损耗模拟研究[J].湖北农业科学,2015,54(23):5866-5871,5940.
[55] 周英,徐腊梅.陕西泾阳玉米耗水规律研究[J].南京气象学院学报,1998,21(1):125-129.
[56] 周志轩,王艳芳.基于BP神经网络的灌区耗水量模拟预测模型[J].农业科学研究,2011,32 (3):41-43.
[57] 朱发昇,董增川,冯耀龙,等.干旱区农业灌溉耗水计算方法[J].灌溉排水学报,2008,27(1):119-122.
[58] 朱永霞.社会水循环全过程能耗评价方法研究[D].北京:中国水利水电科学研究院,2017.
[59] 吴爱民,荆继红,宋博.略论中国水安全问题与地下水的保障作用[J].地质学报,2016,90(10):2939-2947.